Cloud Computing
Security Practice

云计算安全实践
从入门到精通

王绍斌 卢朝阳 余波 朱志强 编著

电子工业出版社
Publishing House of Electronics Industry
北京·BEIJING

内 容 简 介

本书将云计算安全能力建设对应到 NIST CSF 中，从云计算安全能力建设的角度由浅入深地总结云计算安全产业实践的基本常识、云安全能力构建的基础实验与云计算产业安全综合实践。在简单介绍基本原理的基础上，以云计算应用安全能力建设为主，重点介绍在云安全能力建设中的典型案例与实验。其中实验部分又分为基础篇、提高篇和综合篇，通过动手实验可以让你快速学习基本的安全策略、安全功能、安全服务及最佳实践，深度体验云上安全能力的建设设计与实现，最终完成自定义安全集成和综合安全架构的设计与实现。

本书内容全面、有深度，且层层递进，非常适合从事云计算相关行业的人员，以及高等院校信息安全和云安全相关专业的学生。

未经许可，不得以任何方式复制或抄袭本书之部分或全部内容。
版权所有，侵权必究。

图书在版编目（CIP）数据

云计算安全实践：从入门到精通 / 王绍斌等编著. —北京：电子工业出版社，2021.8
ISBN 978-7-121-41356-8

Ⅰ.①云… Ⅱ.①王… Ⅲ.①云计算－网络安全 Ⅳ.①TP393.08

中国版本图书馆 CIP 数据核字（2021）第 113249 号

责任编辑：李淑丽
印　　刷：三河市良远印务有限公司
装　　订：三河市良远印务有限公司
出版发行：电子工业出版社
　　　　　北京市海淀区万寿路 173 信箱　　邮编：100036
开　　本：787×980　1/16　　印张：37.75　　字数：797 千字
版　　次：2021 年 8 月第 1 版
印　　次：2021 年 8 月第 1 次印刷
定　　价：148.00 元

凡所购买电子工业出版社图书有缺损问题，请向购买书店调换。若书店售缺，请与本社发行部联系，联系及邮购电话：（010）88254888，88258888。
质量投诉请发邮件至 zlts@phei.com.cn，盗版侵权举报请发邮件至 dbqq@phei.com.cn。
本书咨询联系方式：（010）51260888-819，faq@phei.com.cn。

推荐语

云计算并非新生事物，经历十余年的发展，在理论、技术、产品和商业模式方面都日趋成熟。近年来，我国云计算市场保持着超过 30%的年平均增长率，是全球增速最快的市场之一，其应用已经遍布政府、金融、制造、能源等领域，特别是在计算能力、安全技术、数据库、Serverless 等领域已实现世界领先，有望成为支撑"新基建"、政府和企业数字化转型、智能升级、融合创新等服务的泛在基础设施。然而，安全始终是萦绕着云计算的重大威胁与挑战。调查表明，云计算各个层次的安全问题已成为影响全球企业、运营商、政府向云计算过渡的最大障碍，成千上万的国家政令、经济数据、商业秘密、用户隐私，甚至是国防信息都存储在"云端"，一旦云计算"停摆"就会带来无法估量的重大损失。

恰逢其时，欣闻王绍斌博士的新作《云计算安全实践——从入门到精通》即将出版。本书在密切关注和跟踪云计算及安全技术进展的同时，在专业领域也涉及广泛：介绍了 CSF，CAF，GDPR 等多个与云基础设施、云治理、云规划和云数据密切相关的安全框架；介绍了 ATT&CK、零信任等前沿防护体系理念；在为读者提供顶层视角的同时，还从云安全的实操出发，从基础到提高，再到综合应用，精心设计了多个云安全技术实验，使理论与实践相互印证、切实"落地"；还从能力验证与评估的角度给企业提供了安全"上云"的行动指南，是一本不可多得的广度与深度兼具、理论与实践交相辉映的云安全领域新作。

卿昱

中国电子科技网络信息安全有限公司董事长、党委书记

中国电子科技集团公司第三十研究所所长、党委书记

云计算作为网络和信息技术领域的一种创新应用模式，已经改变了信息技术的商业模式。我国正处于发展数字经济、建设网络强国的战略时期，云计算在这个时期扮演着不可替代的重要角色。随着"互联网+"政务服务应用的不断深入，我国政府部门会有越来越多的信息系统"上云"，云计算安全将会受到前所未有的高度重视。

本书系统地介绍了云计算安全的基础知识和技术方法，以及云计算安全能力建设的实践经验，对"上云"行业的各个部门提高云计算安全能力具有重要的参考价值。本书深入浅出，不仅能使读者真正达到从入门到精通，而且也是云计算安全从业人员不可多得的实操参考书，特此推荐！

李新友
国家信息中心首席工程师
国家信息中心网络安全部副主任
《信息安全研究》主编

等级保护 2.0 提出了网络安全战略规划目标，定级对象从传统的信息系统扩展到网络基础设施、信息系统、大数据、云计算平台、工业控制系统、物联网系统、采用移动互联技术的信息系统等。网络安全综合防御体系包含安全技术体系、安全管理体系、风险管理体系、网络信任体系；覆盖全流程的机制能力措施包括组织管理、机制建设、安全规划、安全监测、通告预警、应急处置、态势感知、能力建设、技术检测、安全可控、队伍建设、教育培训、经费保障。

本书作者作为亚马逊云计算公司的安全从业人员，在总结云计算安全实践的基础上，将云计算安全能力建设由浅入深地进行了系统总结，这对云计算行业应用和产业发展，对国家推进安全等级保护制度，对提高各行各业的安全能力建设，都具有重要的参考价值，也是读者学习云安全能力建设实践的重要参考。

李超
公安部第一研究所研究员

云计算产业的发展已经进入第四代,作者作为亚马逊云安全的资深专家,编写的这本权威著作,以亚马逊云安全实践技术为主线,非常清晰地描述了云安全的概念、技术体系和实践方法,并通过基础篇、提高篇和综合篇,帮助读者由浅入深地进行云安全的最佳实践与动手实验。本书对于致力于网络空间安全专业学习和实践的本科生和研究生,以及致力于云安全综合能力建设的不同规模和不同行业的从业人员来说,都是一本极佳的实践性教材和实用指南。

沈晴霓

北京大学教授,博士生导师

我认识王绍斌博士好多年了,他一直深耕在安全计算领域,孜孜不倦。本书理论结合实践,可读性强,是他在云计算领域中不断耕耘的又一丰硕果实。

陈震

清华大学教授

云计算是一种通过网络统一组织和灵活调用各种 ICT(Information and Communications Technology)信息资源,实现大规模计算和存储的信息处理方式。在过去的十几年中,云计算已经从单纯技术上的概念过渡到影响整个 ICT 产业的业务模式。自 2020 年以来,全球云计算技术、产业、应用等多方面都呈现更加迅猛的发展趋势。

人们常把云计算服务比喻成自来水公司提供的供水服务。原来每个家庭和单位自己挖水井、修水塔,自己负责水的安全问题,如避免受到污染、防止别人偷水等。从这个比喻中,我们窥见到云计算及云安全的本质:云计算随时随地享受云中提供的服务,而不关心云的位置和实现途径,是一种到目前为止最高级的服务方式。与传统安全不同的是,随着服务方式的改变,云计算时代的安全设备和安全措施的部署位置不同,安全责任的主体也发生了变化。在自家掘井自己饮用的年代,水的安全性由自己负责,而在自来水时代,水的安全性由自来水公司做出承诺,客户只需要在使用水的过程中注意安全问题即可。

云安全主要关心三个问题:第一,云计算服务商提供服务的安全性,如用户的账号安全、数据的存储安全等。第二,当用户使用云计算服务时,也需要在安全性和性能上做平衡,云中存储的数据需要按照敏感程度来采用明文或者密文的存储方式,获得更加主动的安全性。第三,防止他人盗用账号中的资源。

未来的时代将是云的时代,而云安全是云计算走入千家万户的前提。本书作者在全球领先的云计算公司工作多年，将云安全的基础理论结合最佳实践娓娓道来、深入浅出，相信能够帮助读者快速进入云安全领域，并加深对云安全相关知识的理解。除了基础理论，本书还设计了大量的综合性实验，以实践验证理论，既可以作为教材，也可以作为云安全的技术参考书。

陈晶

武汉大学教授，博导生导师

2021 年 5 月 23 日于武汉市珞珈山

这本书实践性很强，而且覆盖了云计算安全的方方面面。以 AWS 为主，兼顾其他主要云服务环境，涵盖了美国、欧洲和中国等主要相关标准和治理体系，值得专业人士和入门人员一读。

赵粮

绿盟科技海外业务 COO

本书作者在云安全方面有丰富的经验，本书内容注重理论和实践结合，既包括云安全相关的体系和模型，也包括动手实验，同时还介绍了国内外，如 NIST 有关安全合规方面的要求，非常全面和实用。

薛锋

微步在线创始人，CEO

绍斌兄联系我给他的这本新书写推荐，一开始我完全是一头雾水。虽然最近几年在甲方做一些安全相关的工作，但是自己没法和专职的安全从业人员相比，我怎么有资格给一本权威的安全图书来写推荐呢？读完书稿，我才觉得这本书对于和我一样的甲方技术人员来说，在怎样保障云上系统安全方面，真是一场"及时雨"。

对于各个企业来说，是否"上云"已经不是一个需要讨论的话题了。各种纯公有云和混合云的方案层出不穷。前几年，有人认为云不如自己的机房安全，也有人认为云厂商已经帮我们设计好了。而 AWS 的安全责任共担模式对如何在云上考虑安全责任的边界进行了清晰的阐述，但是具体该怎么实施呢？

甲方负责安全的人都有这种感觉，概念听了不少，工具买了一堆，但是当被领导问系统是否安全时，心里还是没底。这是因为安全问题遵循短板理论，即便实施了再多的安全措施，但只要有一个遗漏，也会满盘皆输。说到底，还是缺乏系统安全性。大家在传统机房或者私有云安全方面工作多年，也积累了一些经验，但是在涉及公有云的安全时还是无从下手。NIST 的 CSF 安全框架是安全领域的权威指导，虽然后来 NIST 也发布了一个云计算的参考架构，但是其偏理论，不易作为实际操作的指南。

本书充满了作者对云安全问题的精彩见解，不仅全面覆盖了与公有云安全相关的基础理论，而且提供了大量的实验来指导读者构建安全能力。本书不仅把 NIST 的 CSF 对应到不同云计算安全组件，同时提供怎样使用这些组件进行动手实验，既解决了为什么这么做的问题，也解决了怎么做的问题。

在拜读本书的时候，美国最大成品油管道因为遭遇勒索软件而被迫关闭，影响了美国东海岸近一半的燃油供应。2021 年 2 月美国佛罗里达州一家水处理工厂被黑客攻入，差点对供水系统投毒。由此来看，计算机安全威胁已经从线上到了线下，从数据安全扩散到了人身安全。每家企业的技术人员都值得花时间好好阅读本书，以便系统性地提升构建云安全的能力。

张明

Two Sigma（腾胜投资）前架构副总裁

我们已经迈入了云计算时代，如果你想找一本云计算安全方面的图书，我非常推荐本书。

本书作者在云计算安全领域深耕多年，有非常丰富的经验，其带领 AWS 中国安全团队很多年，对于企业如何安全"上云"，有着很高的造诣及丰富的实战经验。这本书由作者多年的经验沉淀所成，其中的构思、覆盖范围、文笔及具体案例，让我这个工作多年的安全老兵也赞叹不已。

如书名所言，本书偏重实践，也就是干货，通过动手实验的方式，让你从容处理从基础到提高，再到综合应用的不同安全场景。同时，本书也从更高维度来阐述云安全，如和不同安全体系的结合（NIST，CAF、GDPR、零信任、ISO 27000 等），以及云安全的推荐建设路径。 本书理论结合实践，非常值得一看。

欧建军

百济神州首席信息安全官

沃尔沃汽车亚太区前首席信息安全官

云计算技术经过十多年的发展，已经成为各行各业数字化建设中必不可少的一部分。无论是使用公有云，还是构建私有云和混合云，云计算安全体系的建设都至关重要。绍斌师兄长期工作在云安全的一线，其新作《云计算安全实践——从入门到精通》，既有丰富的安全理论知识，又有基于实战总结出来的最佳实践与动手实验。对于想深入了解和实践云计算安全体系建设的人员具有非常大的参考价值。

李华

北京海云捷迅科技有限公司联合创始人，董事长

序言 1

在信息时代，云计算是基础。云计算产业从 2006 年到现在已经进入发展的第二个十年，成为传统行业数字化转型升级、向互联网+迈进的核心支撑。云计算通过方便的按需使用的方式，通过网络，利用共享的可设置的计算资源池，以最少的管理快速部署，提供计算资源（如网络、服务器、存储、应用和服务）。云计算是以应用为目的，通过互联网创建的一个内耗最小、功效最大的虚拟资源服务集合。云计算社会就是利用云计算思想来实现社会资源的高效利用和分配，大幅提高社会生产率。

根据 Gartner 的报告，亚马逊是全球云计算领域的领导者和开拓者。Gartner 已将 Amazon Web Services 区域/可用区模式视为运行高可用性的企业应用程序的一种推荐方法。在 2020 年云基础设施和平台服务（Cloud Infrastructure and Platform Services，CIPS）魔力象限中，Gartner Research 将 Amazon Web Services 定位在"领导者象限"中。在此魔力象限中，CIPS 被定义为"标准化、高度自动化的产品，其中基础设施资源（如计算、联网和存储）由集成式平台服务加以补充"。

截至目前，全球云计算市场的开发还不到 10%。中国是全球最大的发展中国家，也是互联网应用领域发展最快的国家。亚马逊 Amazon Web Services 从 2013 年开始开拓中国云计算市场，至今已经在中国深耕八年，建成了北京区域和宁夏区域，服务上万个企业客户。亚马逊 Amazon Web Services 会坚持长期在中国深耕发展，做好云计算平台，发挥云计算平台的独特价值，和中国企业一起成长，致力于帮助中国企业数字化转型升级、帮助世界基于云计算的企业服务中国、帮助中国企业走向世界。

云计算产业和技术的发展日新月异，Amazon Web Services 提供了大量基于云的全球性产品，其中包括计算、存储、数据库、分析、联网、移动产品、管理工具、物联网、安全性和企业应用程序等。这些服务可以帮助组织快速发展、降低 IT 成本。很多大型企业和热门的初创公司都非常信任 Amazon Web Services，并通过这些服务为各种工作负载提供技术支持，其中包括 Web 和移动应用程序、游戏开发、数据处理与仓库、存储、存档及很多其他工作负载。

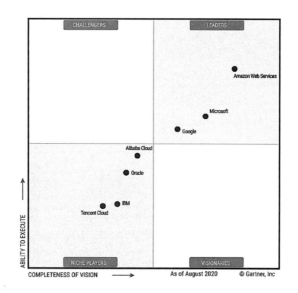

Gartner：2020 年云基础设施和平台服务魔力象限

我们希望及时总结和分享自己的实践经验，和我们的客户与合作伙伴共同成长。感谢亚马逊 Amazon Web Services 大中华区产品团队对云安全经验的整理与总结。本书作者在总结 Amazon Web Services 安全实践经验的基础上，系统梳理了云计算及云安全的基础知识、应用实践与系统实验，并将云计算安全能力建设的具体实践对应到 NIST CSF 中，从理论、标准、需求分析、设计与实现、安全评估等各个环节由浅入深地总结了云计算安全产业实践。希望本书的出版能够对云计算相关行业客户的安全能力建设起到参考作用。

本书的撰写和出版是一种在中国普及和推广云计算很好的尝试，我们将继续及时总结和分享 Amazon Web Services 云计算实践系列：云计算服务、云存储服务、云网络服务、云计算架构设计、云计算人工智能服务、云计算区块链服务、云计算物联网服务、云计算大数据分析服务、云计算卫星通信服务、云计算量子计算服务等。希望我们的分享能够促进云计算产业的快速发展，帮助客户和合作伙伴更好地服务社会，共同促进信息时代社会的进步。

再次感谢王绍斌博士及几位安全专家的经验总结，感谢电子工业出版社的支持，感谢所有参与评审的业界领导、专家、学者和朋友们。

是为序。

顾凡

亚马逊 Amazon Web Services 大中华区产品部总经理

2021 年 5 月 23 日

序言 2

当今，世界进入了数字时代。云计算作为数字经济的基础设施推动着数字化转型、推动着各行各业的数字化和互联互通，AI、大数据、区块链、边缘计算、5G、物联网等新兴技术也在云计算的支撑下打破技术边界，合力支撑产业变革、赋能社会需求。相对应的，随着越来越多的价值和使命由云计算来承载和支撑，云计算的安全已成为影响国家安全、社会稳定、行业安全、企业安全，以及个人的人身安全、财产安全、隐私保护等方方面面的大事，而且与我们每个人的日常生活息息相关。因此，云计算的安全，不仅是相关领域的科学家、工程师、专业从业人员必须要关心的，而且也值得每个人关注和学习，并积极运用学到的知识、技能和能力来武装和保护自己。

在云安全的发展历程中，亚马逊 AWS、CSA（Cloud Security Alliance，云安全联盟）、NIST 分别是服务厂商、产业组织、政府智库的典型代表。

2006 年，亚马逊首次推出专业云计算服务，AWS 以 Web 服务的形式向企业提供 IT 基础设施服务，并建立了数据中心安全等基础安全保障措施。

2009 年，国际 CSA 发布了首个云计算安全的最佳实践《云计算关键领域安全指南》1.0 版本。

2010 年，CSA 提出《云控制矩阵（Cloud Control Matrix，CCM）》，其被业界认为是云安全的黄金标准。

2013 年，CSA 正式发布了基于 CCM 的 STAR 认证，使云服务安全性首次得到全球通用的自我评估和第三方评估。

2018 年，NIST 发布了网络安全框架 CSF1.1，从网络空间安全的更高层级对云安全能力建设系统性地给出对应。

  然而，云计算的普及对云安全从业者的数量和质量提出了极大的需求，《云计算安全实践——从入门到精通》的问世是产业之幸。它对云安全的基础知识、基础实验、前沿实践、发展趋势等内容做了综合、全面的介绍，不仅能帮助所有安全技术领域的人员迅速掌握基本理论，并且能获得云安全实操经验，缩短从入门到精通的时间，可以说这本书是对 CSA CCSK 云安全知识很好的补充。

  我认识本书主要作者王绍斌博士多年，他具有丰富的云安全建设经验，相信他带领作者们所奉献的内容必定是安全技术领域的精彩佳作。

李雨航

国际云安全联盟（CSA）大中华区主席

2021 年 5 月 13 日

前　言

2019 年 11 月，电子工业出版社李淑丽编辑向我约稿，希望我能写一本指导云计算相关公司构建云计算安全能力的书，于是有了本书。上一次与电子工业出版社合作出版《信息系统攻击与防御》还是在 2007 年，转眼 14 年过去了。感谢李淑丽编辑让我和电子工业出版社能够再续前缘，希望以后能够基于兴趣继续和电子工业出版社合作出版好书。

云计算产业的发展已经进入第二个十年，云计算作为一种基础设施已经开始大规模支持各行各业的发展。本书在参考软件工程的思想和 NIST CSF（National Institute of Standards and Technology Cybersecurity Framework，美国国家标准与技术研究院网络安全框架）的基础上，将云计算安全能力建设对应到 NIST CSF 中，从云计算安全能力建设的角度由浅入深地总结云计算安全产业实践的基本常识、云安全能力构建的基础实验与云计算产业安全的综合实践。我们希望本书能够对云计算相关产业的安全能力建设起到参考作用。

本书编写原则：①少而精。只介绍与云安全相关的成熟的知识、技术、方法与实践。②自成逻辑。每个章节既可以自成体系，又可以作为本书的一部分来构成整体知识体系。③由浅入深，从入门到精通。在介绍基本原理的基础上，以云计算应用安全能力建设为主，重点介绍在云安全能力建设中的典型案例与实验。

本书共分为 11 章。

第 1 章介绍云安全的基础知识，包括云计算的基本定义、云计算的发展阶段、云安全的定义、云安全的理念与责任共担模型、云安全产业的发展，以及基于云计算的安全产品。

第 2 章介绍云安全相关的几种框架和体系，重点介绍 NIST CSF 和云采用框架（Cloud Adoption Framework，CAF），其他的安全体系作为补充简要介绍。

第 3 章介绍云安全治理模型，主要从战略的视角介绍如何选择云安全治理模型、如何构建云安全治理模型和如何实践云安全治理模型。其目的是为不同规模的用户提供自上而下的参考模型，为不同安全要求的用户提供可参考的云安全规划设计架构。

第 4 章介绍云安全的需求、规划、建设和实施路径。不同行业、不同规模的公司对云安全起点的要求是不一样的。为了更好地帮助用户选择适合自己的安全建设目标和路径，我们基于 Security by Design (SbD) 方法将用户的实际情况和发展方式进行了梳理，从而为用户提供可参考的、持续的云安全规划和建设路径。

第 5 章将云计算安全建设实践对应到 NIST CSF 框架中，以 Amazon Web Services（本书中简称为 AWS）云原生安全产品和服务为例，介绍在云计算安全建设实践中与 NIST CSF 对应的云安全识别能力、云安全保护能力、云安全检测能力、云安全响应能力和云安全恢复能力。

第 6～8 章为基础篇、提高篇和综合篇，分别介绍云安全综合能力建设的实践与实验。

第 6 章基础篇是云上基础安全实验，适合云安全初学者，主要目的是帮助初学者动手操作，快速学习云上基本的安全策略、安全功能和安全服务，并帮助读者学习配置自动部署云安全实验场景和安全最佳实践。其包括 10 个基础实验：手工创建第一个根用户账户；手工配置第一个 IAM 用户和角色；手工创建第一个安全数据仓库账户；手工配置第一个安全静态网站；手工创建第一个安全运维堡垒机；手工配置第一个安全开发环境；自动部署 IAM 组、策略和角色；自动部署 VPC 安全网络架构；自动部署 Web 安全防护架构；自动部署云 WAF 防御架构。

第 7 章提高篇是云上安全进阶实验组，主要目的是帮助读者深入学习云上的安全服务和技术，深度体验云上安全能力的设计与实现。其包括 9 个提高实验：设计 IAM 高级权限和精细策略；集成 IAM 标签细粒度访问控制；设计 Web 应用的 Cognito 身份验证；设计 VPC EndPoint 安全访问策略；设计 WAF 高级 Web 防护策略；设计 SSM 和 Inspector 漏洞扫描与加固；自动部署云上威胁智能检测；自动部署 Config 监控并修复 S3 合规性；自动部署云上漏洞修复与合规管理。

第 8 章综合篇是云上安全综合实验组，主要目的是帮助读者全面进行自定义安全集成和综合复杂安全架构的设计与实现。其包括 6 个综合实验：集成云上 ACM 私有 CA 数字证书体系；集成云上的安全事件监控和应急响应；集成 AWS 的 PCI-DSS 安全合规性架构；集成 DevSecOps 安全敏捷开发平台；集成 AWS 云上综合安全管理中心； AWS Well-Architected Labs 动手实验。

第 9 章介绍云安全能力评估。本章基于 CAF 和 CSF 模型，聚焦于指导企业评估采用云服务时应具备的安全能力，以及如何保证云上安全建设与主流云厂商的最佳实践保持一致。本章从评估原则、范围、方法等角度出发，指导企业从实际出发评估云上安全能力，从实际出发制定自己的建设计划。

第 10 章以 AWS 的认证体系和竞训平台为例，帮助企业了解不同知识储备的员工可以通过哪些课程、认证和训练平台来培养、改进和提升云计算及云安全的技能。

第 11 章介绍云安全的发展趋势与云安全面临的挑战。

本书可以作为云计算相关行业从业者和具备基本计算机知识的学生，从入门到精通学习云安全实践的技术参考书。

云计算技术和安全技术发展得很快，本书的内容可能存在遗漏甚至错误的地方，恳请读者不吝批评指正。

本书得到了亚马逊 AWS 大中华区产品部总经理顾凡先生，亚马逊 AWS 大中华区市场部总经理邱胜先生，亚马逊 AWS 大中华区公共关系部门总监钟敏先生的大力支持。本书得到了电子工业出版社的大力支持，电子工业出版社编辑李淑丽女士为本书的出版做了大量的工作。

本书还得到了业界专家学者的评审和推荐，还有一些专家学者和朋友评阅了本书的初稿，在此一并致以诚挚的谢意。没有你们的支持就不可能有本书的顺利出版，谢谢你们！

最后要感谢我的儿子。在家写稿的过程中，他常常站在我的身旁看我写作，并询问一些有关亚马逊在中国发展情况的问题，他也热切地期盼着本书的出版，他的关注给了我完成本书的动力。

王绍斌

2021 年 5 月 22 日

目 录

第1章 云安全基础 1
  1.1 云安全定义 4
  1.2 云安全理念与责任共担模型 7
  1.3 云安全产业与产品 10
    1.3.1 云原生安全产品 11
    1.3.2 第三方云安全产品 17
  1.4 云安全优势 21

第2章 云安全体系 22
  2.1 NIST CSF 22
    2.1.1 什么是 NIST CSF 框架 22
    2.1.2 CSF 的作用 23
    2.1.3 CSF 的核心 25
    2.1.4 CSF 在云治理中的作用 29
  2.2 CAF 30
    2.2.1 什么是 CAF 30
    2.2.2 CAF 的维度 30
    2.2.3 CAF 的能力要求 31
    2.2.4 CAF 的核心内容 31
    2.2.5 CAF 在云转型中的作用 32
  2.3 GDPR 33
    2.3.1 什么是 GDPR 33
    2.3.2 GDPR 的重要意义 34

	2.3.3	云中进行 GDPR 合规的注意事项	34
	2.3.4	GDPR 的责任分担	35
	2.3.5	云服务商的 GDPR 传导路径	36
	2.3.6	云用户的 GDPR 挑战与影响	38
2.4	ATT&CK 云安全攻防模型		39
	2.4.1	ATT&CK 定义	39
	2.4.2	ATT&CK 使用场景	39
	2.4.3	AWS ATT&CK 云模型	41
2.5	零信任网络		46
	2.5.1	为什么提出零信任	46
	2.5.2	零信任的理念	46
	2.5.3	零信任的价值体现	47
	2.5.4	零信任的安全体系	48
	2.5.5	零信任的核心内容	49
	2.5.6	零信任在云平台上的应用	50
2.6	等级保护		51
	2.6.1	什么是等级保护	51
	2.6.2	等级保护的重要意义	52
	2.6.3	等级保护的标准体系	53
	2.6.4	云环境下的等级保护	58
2.7	ISO 27000 系列安全标准		59
	2.7.1	ISO 27000 系列	59
	2.7.2	ISO 27001 体系框架	60
	2.7.3	ISO 27001 对云安全的作用	61
	2.7.4	企业如何在上云中合理使用标准	62
	2.7.5	云服务商如何合规	63
	2.7.6	ISO 27000 的安全隐私保护	63
2.8	SOC		64
	2.8.1	什么是 SOC	64
	2.8.2	SOC 2 的重要意义	65
	2.8.3	SOC 2 的核心内容	65
	2.8.4	SOC 2 对云服务商的要求	67
2.9	中国云计算服务安全标准		68
	2.9.1	标准的背景	68

- 2.9.2 标准的概述 ... 68
- 2.9.3 标准对云服务商的能力要求 ... 69
- 2.9.4 标准的意义 ... 70
- 2.10 FedRAMP ... 70
  - 2.10.1 FedRAMP ... 70
  - 2.10.2 FedRAMP 的基本要求与类型 ... 71
  - 2.10.3 FedRAMP 的评估与授权机制 ... 71
  - 2.10.4 FedRAMP 的意义与价值 ... 72

第 3 章 云安全治理模型 ... 73

- 3.1 如何选择云安全治理模型 ... 73
  - 3.1.1 云安全治理在数字化转型中的作用 ... 73
  - 3.1.2 云安全治理模型的适用性说明 ... 74
  - 3.1.3 云安全治理模型的三种不同场景 ... 74
  - 3.1.4 云安全责任共担模型 ... 75
  - 3.1.5 云平台责任共担模型分类 ... 76
- 3.2 如何构建云安全治理模型 ... 81
  - 3.2.1 云安全治理模型设计的七个原则 ... 81
  - 3.2.2 基于隐私的云安全治理模型 ... 82

第 4 章 云安全规划设计 ... 83

- 4.1 云安全规划方法 ... 83
  - 4.1.1 SbD 的设计方法 ... 84
  - 4.1.2 SbD 的目标 ... 84
  - 4.1.3 SbD 的过程 ... 84
- 4.2 云资产的定义和分类 ... 87
  - 4.2.1 云中资产的定义与分类 ... 87
  - 4.2.2 云中数据的定义与分类 ... 87
  - 4.2.3 AWS 三层数据分类法 ... 91
- 4.3 云安全建设路径 ... 91
  - 4.3.1 起步阶段的云安全建设路径 ... 92
  - 4.3.2 升级阶段的云安全建设路径 ... 94
  - 4.3.3 发展阶段的云安全建设路径 ... 97
  - 4.3.4 整合阶段的云安全建设路径 ... 100
  - 4.3.5 成熟阶段的云安全建设路径 ... 102

第 5 章　NIST CSF 云安全建设实践 ········· 105

5.1　云安全识别能力建设 ········· 106
- 5.1.1　云安全识别能力概述 ········· 107
- 5.1.2　云安全识别能力构成 ········· 107
- 5.1.3　云安全识别能力建设实践 ········· 110

5.2　云安全保护能力建设 ········· 115
- 5.2.1　云安全保护能力概述 ········· 115
- 5.2.2　云安全保护能力构成 ········· 116
- 5.2.3　云安全保护能力建设实践 ········· 120

5.3　云安全检测能力建设 ········· 140
- 5.3.1　云安全检测能力概述 ········· 141
- 5.3.2　云安全检测能力构成 ········· 142
- 5.3.3　云安全检测能力建设实践 ········· 145

5.4　云安全响应能力建设 ········· 147
- 5.4.1　云安全响应能力概述 ········· 148
- 5.4.2　云安全响应能力构成 ········· 150
- 5.4.3　云安全响应能力建设实践 ········· 151

5.5　云安全恢复能力建设 ········· 154
- 5.5.1　云安全恢复能力概述 ········· 155
- 5.5.2　云安全恢复能力构成 ········· 155
- 5.5.3　云计算恢复能力建设实践 ········· 156

第 6 章　云安全动手实验——基础篇 ········· 158

6.1　Lab1：手工创建第一个根用户账户 ········· 162
- 6.1.1　实验概述 ········· 162
- 6.1.2　实验步骤 ········· 162
- 6.1.3　实验总结 ········· 165
- 6.1.4　策略示例 ········· 166
- 6.1.5　最佳实践 ········· 168

6.2　Lab2：手工配置第一个 IAM 用户和角色 ········· 169
- 6.2.1　实验概述 ········· 169
- 6.2.2　实验架构 ········· 169
- 6.2.3　实验步骤 ········· 169
- 6.2.4　实验总结 ········· 177

6.2.5 策略逻辑 · 177
6.2.6 策略示例 · 180
6.3 Lab3：手工创建第一个安全数据仓库账户 · 182
6.3.1 实验概述 · 182
6.3.2 实验架构 · 182
6.3.3 实验步骤 · 183
6.3.4 实验总结 · 187
6.4 Lab4：手工配置第一个安全静态网站 · 187
6.4.1 实验概述 · 187
6.4.2 实验架构 · 187
6.4.3 实验步骤 · 187
6.4.4 实验总结 · 194
6.5 Lab5：手工创建第一个安全运维堡垒机 · 194
6.5.1 实验概述 · 194
6.5.2 实验场景 · 194
6.5.3 实验架构 · 195
6.5.4 实验步骤 · 196
6.5.5 实验总结 · 203
6.6 Lab6：手工配置第一个安全开发环境 · 203
6.6.1 实验概述 · 203
6.6.2 实验场景 · 204
6.6.3 实验架构 · 204
6.6.4 实验步骤 · 204
6.6.5 实验总结 · 208
6.7 Lab7：自动部署 IAM 组、策略和角色 · 209
6.7.1 实验概述 · 209
6.7.2 实验架构 · 209
6.7.3 实验步骤 · 209
6.7.4 实验总结 · 219
6.8 Lab8：自动部署 VPC 安全网络架构 · 219
6.8.1 实验概述 · 219
6.8.2 实验架构 · 220
6.8.3 实验步骤 · 220

- 6.8.4 实验总结 ... 224
- 6.9 Lab9：自动部署 Web 安全防护架构 ... 224
  - 6.9.1 实验概述 ... 224
  - 6.9.2 实验架构 ... 224
  - 6.9.3 实验步骤 ... 225
  - 6.9.4 实验总结 ... 229
- 6.10 Lab10：自动部署云 WAF 防御架构 ... 229
  - 6.10.1 实验概述 ... 229
  - 6.10.2 实验目标 ... 229
  - 6.10.3 实验步骤 ... 230
  - 6.10.4 实验总结 ... 234

第 7 章 云安全动手实验——提高篇 ... 235

- 7.1 Lab1：设计 IAM 高级权限和精细策略 ... 235
  - 7.1.1 实验概述 ... 235
  - 7.1.2 实验场景 ... 235
  - 7.1.3 实验步骤 ... 236
  - 7.1.4 实验总结 ... 248
- 7.2 Lab2：集成 IAM 标签细粒度访问控制 ... 249
  - 7.2.1 实验概述 ... 249
  - 7.2.2 实验条件 ... 249
  - 7.2.3 实验步骤 ... 249
  - 7.2.4 实验总结 ... 266
- 7.3 Lab3：设计 Web 应用的 Cognito 身份验证 ... 266
  - 7.3.1 实验概述 ... 266
  - 7.3.2 实验场景 ... 267
  - 7.3.3 实验架构 ... 267
  - 7.3.4 实验步骤 ... 269
  - 7.3.5 实验总结 ... 287
- 7.4 Lab4：设计 VPC EndPoint 安全访问策略 ... 287
  - 7.4.1 实验概述 ... 287
  - 7.4.2 实验架构 ... 288
  - 7.4.3 实验步骤 ... 289
  - 7.4.4 实验总结 ... 318

7.5 Lab5：设计 WAF 高级 Web 防护策略 ·············318
7.5.1 实验概述 ·············318
7.5.2 实验工具 ·············319
7.5.3 部署架构 ·············319
7.5.4 实验步骤 ·············320
7.5.5 实验总结 ·············328
7.6 Lab6：设计 SSM 和 Inspector 漏洞扫描与加固 ·············329
7.6.1 实验概述 ·············329
7.6.2 实验步骤 ·············329
7.7 Lab7：自动部署云上威胁智能检测 ·············338
7.7.1 实验概述 ·············338
7.7.2 实验条件 ·············338
7.7.3 实验步骤 ·············338
7.7.4 实践总结 ·············342
7.8 Lab8：自动部署 Config 监控并修复 S3 合规性 ·············343
7.8.1 实验概述 ·············343
7.8.2 实验架构 ·············343
7.8.3 实验步骤 ·············344
7.8.4 实验总结 ·············360
7.9 Lab9：自动部署云上漏洞修复与合规管理 ·············360
7.9.1 实验模块 1：使用 Ansible 与 Systems Manager 的合规性管理 ·············360
7.9.2 实验模块 2：监控与修复 Windows 的 RDP 漏洞 ·············373
7.9.3 实验模块 3：使用 AWS Systems Manager 和 Config 管理合规性 ·············382

第 8 章 云安全动手实验——综合篇 ·············390
8.1 Lab1：集成云上 ACM 私有 CA 数字证书体系 ·············390
8.1.1 实验概述 ·············390
8.1.2 实验架构 ·············391
8.1.3 实验步骤 ·············391
8.1.4 实验总结 ·············430
8.2 Lab2：集成云上的安全事件监控和应急响应 ·············431
8.2.1 实验概述 ·············431
8.2.2 用户场景 ·············431
8.2.3 部署架构 ·············431

   8.2.4 实验步骤 ······ 432
   8.2.5 实验总结 ······ 456
 8.3 Lab3：集成 AWS 的 PCI-DSS 安全合规性架构 ······ 457
   8.3.1 实验概述 ······ 457
   8.3.2 部署模板 ······ 458
   8.3.3 实验架构 ······ 462
   8.3.4 实验步骤 ······ 465
   8.3.5 实验总结 ······ 475
 8.4 Lab4：集成 DevSecOps 安全敏捷开发平台 ······ 475
   8.4.1 实验概述 ······ 475
   8.4.2 实验条件 ······ 476
   8.4.3 实验步骤 ······ 476
   8.4.4 实验总结 ······ 494
 8.5 Lab5：集成 AWS 云上综合安全管理中心 ······ 494
   8.5.1 实验概述 ······ 494
   8.5.2 实验场景 ······ 494
   8.5.3 实验条件 ······ 494
   8.5.4 实验模块 1：环境构建 ······ 495
   8.5.5 实验模块 2：安全中心视图 ······ 496
   8.5.6 实验模块 3：安全中心自定义 ······ 503
   8.5.7 实验模块 4：自定义处置与响应 ······ 512
   8.5.8 实验模块 5：自动化补救与响应 ······ 519
 8.6 Lab6：AWS WA Labs 动手实验 ······ 525
   8.6.1 AWS WA Tool 概念 ······ 525
   8.6.2 AWS WA Tool 作用 ······ 526
   8.6.3 AWS WA Labs 实验 ······ 527
   8.6.4 AWS WA Tool 使用 ······ 536
   8.6.5 AWS WA Tool 安全最佳实践 ······ 536

第 9 章 云安全能力评估 ······ 543

 9.1 云安全能力评估的原则 ······ 543
   9.1.1 云安全能力的评估维度 ······ 543
   9.1.2 安全能力等级要求 ······ 545

9.2 云安全能力评估内容 ·· 545
  9.2.1 识别与访问管理 ·· 545
  9.2.2 基础设施安全 ·· 548
  9.2.3 数据安全保护 ·· 550
  9.2.4 检测与审计（风险评估与持续监控）······························ 553
  9.2.5 事件响应与恢复能力评估 ·· 555

第10章 云安全能力培训与认证体系 ·· 557

10.1 云安全技能认证 ·· 557
  10.1.1 云安全学习路径 ·· 557
  10.1.2 云安全认证路径 ·· 560
  10.1.3 云安全认证考试 ·· 561
10.2 竞训平台 AWS Jam ·· 568
  10.2.1 竞训平台介绍 ·· 568
  10.2.2 AWS Jam 竞赛活动分类 ·· 569
  10.2.3 AWS Jam 平台注册 ·· 569
  10.2.4 AWS Jam 平台解题示例 ·· 570

第11章 云安全的发展趋势 ·· 571

11.1 世界云安全的发展趋势 ·· 571
  11.1.1 云安全快捷、自动化的合规能力 ·································· 571
  11.1.2 云原生安全能力重构企业安全架构 ······························ 572
  11.1.3 重建云环境下安全威胁的可见和可控能力 ························ 573
  11.1.4 人工智能持续提升安全自动化能力 ······························ 574
  11.1.5 安全访问服务边界的变化 ·· 575
11.2 新时期云计算安全 ·· 576
  11.2.1 新基建带来的云安全挑战 ·· 576
  11.2.2 云安全为"一带一路"保驾护航 ·································· 577
  11.2.3 疫情敲响云安全警钟 ·· 578
  11.2.4 全球隐私保护升级 ·· 579

第1章 云安全基础

1961年,在麻省理工学院一百周年纪念典礼上,约翰·麦卡锡(John McCarthy)(1971年图灵奖获得者)第一次提出了"Utility Computing"的概念。2002年亚马逊启用了AWS(Amazon Web Services)平台。Google(谷歌)发表了Google-File-System(2003年)、Google-MapReduce(2004年)、Google-Bigtable(2006年),分别指出了HDFS(分布式文件系统)、MapReduce(并行计算)和Hbase(分布式数据库),至此奠定了云计算的发展方向。2006年,亚马逊第一次将其弹性计算能力作为云服务售卖,这标志着云计算新的产业和商业模式诞生。直到2008年4月,Google才将自己的云业务GAE(Google App Engine)对外发布,通过专有Web框架,允许开发者开发Web应用并部署在Google的基础设施上。同年,微软发布云计算平台Windows Azure Platform,并尝试将技术和服务托管化、线上化。

在信息时代,云计算是基础。云计算产业从2006年到现在已经进入发展的第二个十年,已成为传统行业向"互联网+"迈进的核心支撑。

1. 什么是云计算

云计算是通过网络,以方便、按需使用的方式,利用共享、可设置的计算资源池,以最少的管理快速部署来提供计算资源,如网络、服务器、存储、应用和服务。

云计算是以应用为目的,通过互联网创建的一个内耗最小、功效最大的虚拟资源服务集合。

云计算社会就是利用云计算思想实现社会资源的高效利用和分配,大幅度提高社会生产率。

云计算本质上是商业模式的创新,是优化社会资源配置的方式,是"互联网+"发展的核心竞争力,是社会管理变革的需要,是信息时代社会分工发展的必然结果。

云计算本身没有独创的技术,而是在满足云计算商业模式创新基础上的技术整合与创新。

创新的本质是服务于人的需求,而亚伯拉罕·马斯洛的需求理论把人的需求进行了分类,给了我们创新的指引。人的活动空间就是我们的创新空间。每个企业提供的服务其实就是在满足社会中人的某一种层次的需求，这个需求也可以对应到马斯洛的需求理论中。因此，在信息时代，云计算是社会分工发展的必然结果，是生产力驱动生产关系变革的必然结果，不以人的意志为转移。

2. 云计算产业发展

云计算产业发展可以分为四个阶段：

第一个阶段：IT 资源的云化（传统 IT 计算资源互联网化）。这一阶段的主要目标是实现全球 IT 基础设施的互联互通，为全球 70 亿人创建互联互通的信息高速公路，为全球企业和个人提供计算资源。这一阶段起步于 2003 年前后，标志性的事件是亚马逊把计算资源提供给合作伙伴和客户。

第二个阶段：物质资源的云化（物联网、工业互联网和产业互联网）。在有了信息高速公路之后，还必须将物理世界数字化、信息化，才能实现对物理世界中社会资源的高效利用和分配。此主要目标是将原有的封闭的物理系统数字化、自动化，形成开放共享的物理世界。这一阶段起步于 2010 年前后，即开始对物联网、工业互联网和产业互联网进行大规模研究的时期。

第三个阶段：智力资源的云化（人工智能、大数据、机器学习等）。智力资源作用的对象是物质资源，而物理世界的数字化是实现智力资源的云化基础。这一阶段的主要目标是通过人工智能、大数据分析和机器学习等技术，把人类社会创造的智力资源的最佳实践应用在各行各业，大幅度提高社会生产率。其起步于 2013 年前后，当时人工智能、大数据开始向各个行业大规模渗透。其中，2017 年 10 月机器人"索菲娅"被授予沙特公民身份具有里程碑的意义，她也因此成为全球首个获得公民身份的机器人。

第四个阶段：社会管理的云化（数据垄断、政治安全、全球化）。当物理世界和智力世界的互联和共享突破了原有的社会边界，可以实现全球共享时，现有的以国家为边界的社会治理方式已经不能适应信息时代全球协调发展的模式。生产力的发展驱动生产关系的变革导致社会上层建筑的管理方式必将发生翻天覆地的变化。这一阶段起步于 2016 年，当时各国政府开始意识到传统政治的治理与管控方式在信息时代失灵了，开始加强对信息传播的研究、管控，以及对信息时代社会治理的探讨，其主要体现在全球化和反全球化的政治斗争中，并扩散到了商业领域。

3. 云计算的优势

传统的数据中心由各种硬件组成，通过远程服务器连接到网络。此服务器通常安装在场所内，并为使用硬件的所有员工提供对业务存储数据和应用程序的访问。拥有此 IT 模型的企业必须购买额外的硬件和升级，以扩展其数据存储和服务来支持更多的用户。传统 IT 基础架构还需要强制软件升级，以确保硬件在发生故障时可以采用故障安全系统。对于拥有 IT 数据中心的企业而言，需要内部 IT 部门来安装和维护硬件。

与传统的数据中心模式不同，云计算模式具有很强的可扩展性、弹性，并且能节约成本和快速全局部署。

可扩展性。云可以让你轻松使用各种技术，从而更快地进行创新，并可以构建几乎任何可以想象的东西。你可以根据需要快速启动资源，从计算、存储和数据库等基础设施服务到物联网、机器学习、数据湖和分析等。你也可以在几分钟内部署技术服务，并且可以实现从构思到实施的速度比以前快几个数量级。这些都可以使你自由地试验、测试新想法，以打造独特的客户体验并实现业务转型。

弹性。借助云计算，你无须为之后处理业务高峰期的活动而预先过度预置资源。相反，你可以根据实际需求预置资源量，也可以根据业务需求的变化立即扩展或缩减这些资源，以扩大或缩小容量。

节约成本。利用云计算，你可以将资本支出（如数据中心和物理服务器的费用）转变为可变费用，并且只需为使用的 IT 付费。此外，由于规模经济的效益，可变费用比自行部署费用低得多。

快速全局部署。借助云计算，你可以扩展到新的地理区域，并在几分钟内进行全局部署。例如，AWS 的基础设施遍布全球，而你只需单击几下鼠标即可在多个物理位置部署应用程序，另外，将应用程序部署在离最终用户更近的位置，可以减少延迟并改善他们的体验。

4. 云计算的类型

云计算主要包括基础设施即服务（IaaS）、平台即服务（PaaS）和软件即服务（SaaS）三种类型。由于每种类型的云计算都提供不同级别的控制、灵活性和管理，因此你可以根据需要选择正确的服务集。

IaaS 包含云 IT 的基本构建块，通常提供对网络功能、计算机（虚拟或专用硬件）和数据存储空间的访问。IaaS 提供最高级别的灵活性，这可以使你对 IT 资源进行管理控制。它与许多 IT 部门和开发人员熟悉的现有的 IT 资源很相似。

PaaS 可以让你无须管理底层基础设施（一般是硬件和操作系统），从而将更多精力放在应用程序的部署和管理上。这有助于提高工作效率，因为你不用操心资源购置、容量规划、软件维护、补丁安装或与应用程序运行有关的任何无差别的繁重工作。

SaaS 提供了一种完善的产品，其运行和管理皆由服务提供商负责。在大多数情况下，人们所说的 SaaS 指的是最终用户应用程序（如基于 Web 的电子邮件）。使用 SaaS 产品，你无须考虑如何维护服务或管理基础设施，只需要考虑如何使用特定软件即可。表 1-0-1 列出了几种典型的云部署模型和云服务类型。

表 1-0-1

云部署模型	说明
公共云（Public Cloud）	公共云是基于标准云计算的一个模式，其中，服务提供商创造资源，公众可以通过网络获取这些资源。类似于 AWS，Microsoft Azure 和 GCP（Google Cloud Platform）的公共多租户产品
私有云（Private Cloud）	一个业务实体的专用云环境，通常由该实体中的许多组织共享，不对公众提供服务
混合云（Hybrid Cloud）	混合云是公共云和私有云服务的组合
多云（Multiple Cloud）	云服务的组合，通常包括托管在多个公共云和私有云上的多种类型的服务（计算、存储等）

云服务类型	说明
IaaS	按需提供对网络功能、计算机（虚拟或专用硬件）和数据存储空间的服务
PaaS	提供基于云的应用程序开发环境和框架
SaaS	按需提供解决方案或完善的产品，其运行和管理皆由服务提供商负责，用户只需要考虑如何使用特定软件即可

1.1 云安全定义

安全是一种感觉，安全感是客观风险/主观承受能力的动态平衡。客观风险包涵当前业务风险、技术风险、合规风险等，主观承受能力是针对客观风险可以采用的防范方法、工具和手段。企业安全合规的目标是将业务风险控制在可接受的范围内。如果识别出来的所有风险都有对应的防范手段且足够预防该风险，并且针对未识别的客观风险有例外的预防措施，我们就认为针对该业务的安全措施是足够安全的，在客观上是不受威胁的，在主观上是不存在恐惧的。客观风险和主观承受能力都是可以被量化的，其中对客观风险最简单、最基本的量化方法就是，列出所有潜在的风险，根据该风险对业务影响的重要程度由低到高顺序打分，并求和汇总形成客观风险的量化指标。对主观承受能力量化的基本方法就是针对防范的方法、工具和手段可以预防的客观风险，根据该客观风险对应的重要程度由低到高顺序打分，并求和汇总形成客观风险对应的主观承受能力的量化指标。

安全的最大问题是如何确定安全的度，一般会基于以下三个因素来选择一个合适的安全目标：第一，定义或者量化有哪些安全威胁。第二，评估被保护物品的价值。第三，明确安全措施所要达到的目标。

信息安全，就是保护信息及信息系统免受未经授权的进入、使用、披露、破坏、修改、检视、记录及销毁。信息安全的目标是保护信息的机密性、完整性、可用性、不可否认性，以及以此为基础的其他的安全属性。如图 1-1-1 所示，信息安全的目标和保护机制就是保障信息平台及信息内容"进不来、拿不走、看不懂、改不了、逃不掉、打不垮"。信息平台安全包含物理安全、网络安全、系统安全、数据安全、边界安全、用户安全。

图 1-1-1

以上信息安全的基本常识同样适用于云安全。

云安全是指保护基于云的关键业务应用程序的可用性、数据和虚拟基础架构的机密性、完整性、可用性、不可否认性等。云安全的要求适用于所有云部署模型（公共云、私有云、混合云、多云），以及所有类型的基于云的服务和按需解决方案（IaaS，PaaS，SaaS）。

云安全面临的挑战涉及技术、管理和法律法规等多个方面。根据云安全联盟发布的统计数据，云计算面临九大安全威胁：

1）数据破坏。

2）数据丢失。

3）账户或业务流量被劫持。

4）不安全的接口和 API。

5）拒绝服务。

6）恶意的内部人员。

7）云服务的滥用。

8）部署云服务前没有对云计算进行足够的审查。

9）共享技术漏洞。

图 1-1-2 列出了几种典型的云安全威胁示例。网络攻击者可以使用盗取的凭证或受到威胁的应用程序利用云安全漏洞来发起攻击，破坏服务或窃取敏感数据。

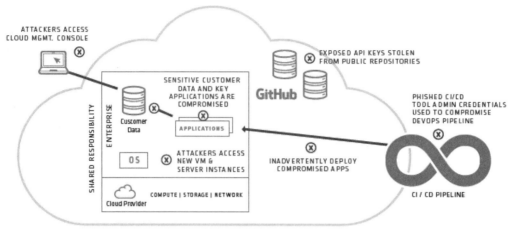

图 1-1-2

云安全的三大研究方向：

1）云计算安全，主要研究如何保障云自身及云上各种应用的安全，包括云计算机系统安全、用户数据的安全存储与隔离、用户接入认证、信息传输安全、网络攻击防护、合规审计等。

2）安全基础设施的云化，主要研究如何采用云计算新建与整合安全基础设施资源，优化安全防护机制，包括通过云计算技术构建超大规模的安全事件、信息采集与处理平台，实现对海量信息的采集与关联分析，提升对全网安全事件的把控能力及风险控制能力。

3）云安全服务，主要研究各种云计算平台为用户提供的安全服务，如防病毒服务等。

云安全常见的最佳实践如下：

1）保护云管理控制台。所有云提供商都会提供管理控制台，用于管理账户、配置服务、排除故障，以及监视使用情况和计费。由于这些控制台是网络攻击者的常见目标，因此组织必须严格控制和监视对云管理控制台的特权访问，以防止攻击和数据泄露。

2）保护虚拟基础架构。虚拟服务器、数据存储、容器和其他云资源也是网络攻击者的常见目标。网络攻击者可能会利用 Puppet、Chef 和 Ansible 等自动配置工具发起攻击和中断服务。客户必须实施强大的安全系统和实践，以防止未经授权访问云自动化脚本和配置工具。

3）保护 API SSH 密钥。云应用通常会调用 API 来停止或启动服务器、实例化容器及进行其他环境的更改。诸如 SSH 密钥之类的 API 访问凭证通常被硬编码到应用程序中，放置在 GitHub 等公共存储库中，这就可能成为攻击者的目标。因此，组织必须从应用程序中删除嵌入式 SSH 密钥，并确保只有经过授权的应用程序才能够访问它们。

4）保护 DevOps 管理控制台和工具的安全。由于大多数 DevOps 组织都依赖于一组 CI/CD

工具在云中开发和部署应用程序,因此攻击者经常会尝试利用 DevOps 管理控制台和工具发起攻击或窃取数据。客户必须要严格控制和跟踪在应用程序开发和交付管道的每个阶段中使用的工具和对管理控制台的访问,以降低风险。

5)保护 DevOps 管道代码。在整个开发和交付管道中,攻击者可能会利用云应用程序的漏洞进行攻击。由于开发人员经常将安全凭证硬编码存储在共享存储或公共代码存储库的源代码中,因此如果使用不当,应用程序凭证可能会被用于窃取专有信息或造成严重破坏。客户必须从源代码中删除机密信息,并根据策略采用适当的系统和实践自动监视和控制访问。

6)保护 SaaS 应用程序管理员账户的安全。每种 SaaS 产品都包括一个用于管理用户和服务的管理控制台,而 SaaS 管理员账户一般是黑客和网络犯罪者的目标。客户必须严格控制和监视 SaaS 管理控制台的访问权限,以确保 SaaS 安全并降低风险。

1.2 云安全理念与责任共担模型

在云计算时代,随着服务方式的改变,云安全设备和安全措施的部署位置与传统安全有所不同,安全责任的主体也发生了变化。在"自家掘井自己饮用"的年代,水的安全性由自己负责;在自来水时代,水的安全性由自来水公司负责,客户只需在使用水的过程中注意安全问题即可。在网络安全方面同样如此,原来用户自己要保障服务的安全性,而现在由云计算服务提供商来保障。

在云环境下,有几个基本的安全理念。

第一,自动化。所有的安全措施必须自动化。如果不能自动化实现,而需要人工干预,那么人工干预本身就是最大的安全风险。

第二,松耦合。每个安全措施或者服务,都要既可以加进来也可以拿出去。加进来不会对现有系统带来新的风险,造成新的破坏;拿出去不会对原有系统产生影响。

第三,微服务。微服务把安全限定在最小的边界范围内。对于每个服务,我们都要把它的安全风险和管控措施限定在服务的边界内。

基于自动化、松耦合和微服务的理念,我们可以灵活地把服务加进来,拿出去,在不安全的基础上构建安全。在云环境下,我们可以实现在沙滩上构建高楼大厦。我们认为每一粒沙子都是安全的,并把所有的沙子堆积起来,形成基础或者地基。假如每一粒沙子是一个 CPU,则由这些"沙子"构建出来的计算资源支撑着云环境。当某个 CPU 坏掉时,可以有足够的 CPU 来随时自动替换,以便使整个云平台对客户提供的计算服务是安全可靠的。

云平台的安全措施主要有随机、隔离、实时可验证机制（可信，零信任机制）几种方法保障。

当一个计算单元坏掉或者达到一定的峰值时，它可以根据预先配置的策略随时自动启动一个新的计算单元。当计算和存储资源随机分配时，下一个租户无法判断前一个租户使用的资源。随机加上虚拟化的隔离技术，再利用可信计算技术，从物理的信任链实现可验证安全，可保证云平台是安全的。

公有云比传统的IT环境更安全是因为公有云上使用的技术、解决方案经过了每个行业及其典型客户长时间的验证。针对面临的客观风险，公有云提供的控制手段足够强大，能把业务风险控制在可接受的范围，能做到客观上不受威胁，主观上不存在恐惧，这样就会让客户觉得安全。

云上数据的基本策略是加密，既可以实现客户端、服务端的加密，也可以根据客户的需要、应用场景和安全策略实现端到端的加密。

租户之间的安全机制采用隔离加随机分配资源加定制化的安全策略实现。在云平台上，因为存在公共的不可接受的原则，如租户之间不可以相互攻击，所以隔离加随机加云平台的安全策略和不可接受的原则，保证了租户之间是安全的。

云服务商的可信就是云平台厂商要提供技术可证明的安全，即需要证明技术是可验证的、安全的。客户部署在云上的系统和客户系统所产生的所有数据，都是技术可验证的且只能由客户完全控制，这就构成了云服务商的可信赖性、可验证性。云平台希望赋能客户的安全建设：客户对自己的数据资产完全可见，对自己的系统完全实现技术可控，对自己的运行状态可审计，能够根据自己的业务发展阶段和安全策略灵活构建自己的系统，通过工具的自动化实现定制化的安全能力。

对于基于云的服务，云服务商和客户采用责任共担模式来保护云的安全。其共同承担责任有两个基本的原则：第一，客户拥有和控制自己的系统和数据；第二，云基础设施"谁使用，谁控制，谁负责"。按照谁使用谁控制谁负责的原则，云服务商负责底层基础架构（如云存储服务、云计算服务、云网络服务）的安全，而客户则负责虚拟机及程序之上的所有内容（如访客操作系统、用户、应用程序、数据等）的安全。基于责任共担模型，客户必须制定各种安全措施，以保护基于云的应用程序和数据并降低安全风险。

用户和使用的云服务商不同，安全的责任也不同。如图1-1-3所示。

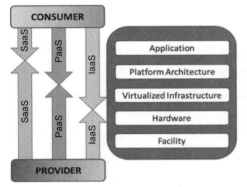 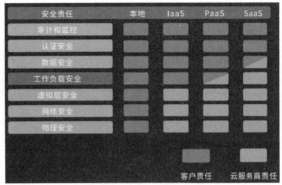

图 1-1-3

IaaS 云服务商主要负责为用户提供基础设施服务,包括服务器、存储、网络和管理工具在内的虚拟数据中心。云服务商的基本职责包括提供云计算基础设施的可靠性、物理安全、网络安全、信息存储安全、系统安全,以及虚拟机的入侵检测、完整性保护等。而云计算用户则需要负责其购买的虚拟基础设施以上层面的所有安全问题,如自身操作系统、应用程序的安全等。

PaaS 云服务商主要负责为用户提供简化的分布式软件开发、测试和部署环境。云服务商除了负责底层基础设施的安全,还需要解决应用接口安全、数据与计算可用性等问题。而云计算用户则需要负责操作系统或应用环境之上的应用服务的安全。

SaaS 云服务商需要保障其所提供的 SaaS 服务,即从基础设施到应用层的整体安全。云计算用户需要维护与自身相关的信息安全,如身份认证账号、密码的防泄露等。

无论是 IaaS,PaaS,还是 SaaS,都是分界面上下的移动。无论是云服务商还是云客户,根据"谁使用,谁控制,谁负责"的原则,它们的分界面都在上下浮动。因此,在云的安全责任中,无论是安全审计、监控、认证,还是数据安全、负载安全、虚拟层的安全、网络层的安全、物理层的安全都由它们共同承担责任。如果这些资源都由本地使用,也就是我们传统的数据中心或者私有云,则由云用户完全控制,自己负责。除此以外,只要是中间有分界线的,就属于服务商和客户之间按照"谁使用,谁控制,谁负责"的原则分担责任,这就是云责任共担模型的核心。

AWS 一直将安全当成首要任务,并将责任共担模式作为顶层设计,图 1-1-4 所示为 AWS 强制执行的责任共担模型。其中,云的安全由 AWS 负责,而云中的安全则由客户来承担。客户在云中的系统,不论是对应用、内容的保护,还是对平台、网络的保护,都由客户来自主选择并具有对安全的控制权。这与客户对数据中心(on-site)的保护没有区别。AWS 有许多安全工具和功能可供用户选择，以满足其对网络安全、配置管理、访问控制和数据加密的安全需求。

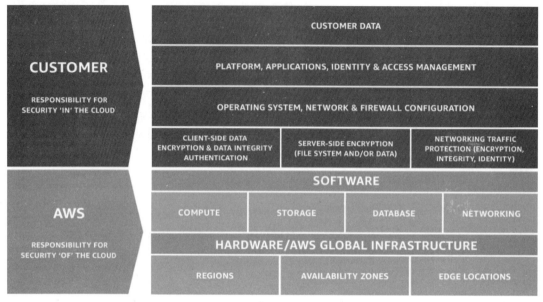

图 1-1-4

在这种责任共担模式下，AWS 云服务商需要向客户证明由平台控制的部分是安全的。一般有两种证明模式：第一，直接向客户证明。如果客户有强大的安全团队想自己验证，那么我们会告诉客户如何进行技术验证来证明平台是安全的，但这种方式使用很少。因为我们不能要求客户都具有非常强大的安全团队和安全能力去独立开展技术验证。第二，通过客户认可的第三方，即通过客户信任的认证机构、测评机构、审计机构等获得审计和验证，以可信赖的第三方向客户证明平台是安全的。客户控制的部分，由客户负责。云服务商只是向客户提供该领域内的全球最佳实践、合规要求及参考实现，而由用户做最终决策。

1.3 云安全产业与产品

云计算安全与传统信息安全并无本质的区别，许多安全问题并非是云计算环境所特有的，如黑客入侵、恶意代码攻击、拒绝服务攻击、网络钓鱼或敏感信息外泄等，都是存在已久的信息安全问题。在网络安全日益严峻的形势下，传统的网络安全系统与防护机制在防护能力、响应速度、防护策略更新等方面越来越难以满足日益复杂的安全防护需求。面对各类恶意威胁和病毒传播的互联网化，必须要有新的安全防御思路与之抗衡，而通过将云计算技术引入安全领域，将会改变过去网络安全设备单机防御的思路。通过全网分布的安全节点、安全云中心超大规模的计算处理能力，可实现统一策略动态更新，全面提升安全系统的处理能力，并为全网防御提供了可能，这也正是安全互联网化的一个体现。

在传统数据中心的环境中，员工泄密时有发生，而同样的问题极有可能出现在云计算的环境中。由于云计算自身的虚拟化、无边界、流动性等特性，使得其面临较多新的安全威胁；同时，由于云计算应用导致 IT 资源、信息资源、用户数据、用户应用的高度集中，因此其带来的安全隐患与风险也比传统应用的高很多。例如，云计算应用将企业的重要数据和业务应用都放在云服务商的云计算系统中，云服务商如何实施严格的安全管理和访问控制措施，来避免内部员工、其他用户、外部攻击者等对用户数据的窃取和滥用；如何实施有效的安全审计对数据的操作进行安全监控；如何避免云计算环境中多客户共存带来的潜在风险、数据分散存储和云服务的开放性；如何保证用户数据的可用性等，这些都是对现有安全体系带来的新挑战。

此外，云服务商可能同时经营多项业务，在开展业务和开拓市场的过程中可能会与其他客户形成竞争关系，也可能存在巨大的利益冲突，这都将大幅增加云服务商内部员工窃取客户资料的动机。此外，某些云服务商对客户知识产权的保护是有限制的。因此，在选择云服务商时，除了考虑它与其他客户的竞争关系，还需要审核它提供的合约内容。此外，有些云服务商所在国家的法律规定，允许执法机关未经客户授权直接对数据中心的资料进行调查，这也是在选择云服务商时必须要注意的。欧盟和日本的法律限制涉及个人隐私的数据传送及储存于该地区以外的数据中心。

基于以上云安全的现实环境，云安全产业可以分为两个部分：一部分是服务商直接提供的安全产品，另一部分是第三方安全公司提供的安全产品。前者也被叫作云原生安全产品，指的是云厂商配套云服务提供的安全产品；后者指的是适配云原生服务（如容器、微服务等）的安全产品。

1.3.1 云原生安全产品

云平台本身也是云安全的服务商，这一点毋庸置疑。但是它们与第三方合作厂商的关系及对生态的理解又都是不一样的。而 AWS 无论是在云计算相关产品上还是在云安全上都做到了行业标杆，其对云安全的定位和做法引领了行业的发展。图 1-1-5 所示为公有云平台提供的安全产品，可以看出各个云平台提供的安全能力，其中 AWS 和 Google 的 GCP 处于领先地位，接下来是 Microsoft 和 Alibaba。

Google 在 GCP 中不断投入，它无论是在控制台还是 API 方面都有细粒度的安全配置策略，同时有大量的安全认证和广泛的安全生态，还提供 Guest OS 的安全及 K8S 和容器的安全。但是它没有硬件的安全支持，也缺少安全总览视图。

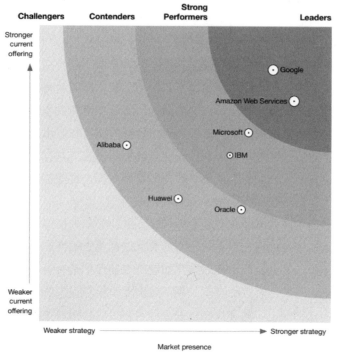

图 1-1-5

AWS 的 API 相对比较友好，IaaS 层的安全思考最多。控制面板有 IAM（Identity and Access Management，身份识别与访问管理）类的功能，其中通过 inspector 可以解决 Guest OS 的问题、VPC（Virtual Private Cloud，虚拟私有云）可以解决网络隔离的问题、Macie 可以解决数据发现和分类的问题。

微软的 Azure 安全平台的大部分功能都可以通过 PowerShell 的脚本实现。Azure 提供很多安全类产品，也正准备提供无密码验证机制、集成 Microsoft Graph 开发工具，以及工作负载的安全基线功能。

2019 年的 AWS 云安全报告提到，云安全客户最关注的问题是数据泄露、数据隐私和机密性，如图 1-1-6 所示。

AWS 的安全产品和管理服务如图 1-1-7 所示，在 AWS 的原生安全产品中有 71% 的受访者使用了 IAM 产品，65% 的使用了 CloudWatch，45% 的使用了 CloudTrail。另外，还有 42% 的使用了 AD（Active Directory）管理和 35% 的使用了 Trusted Advisor。

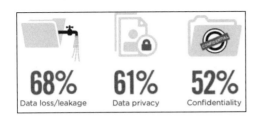

图 1-1-6

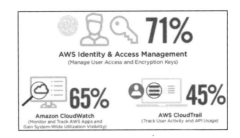

图 1-1-7

由此可以看出,客户非常关心数据安全的问题,而且大部分客户使用了云计算平台提供的安全产品。

由于 AWS 对云安全责任共担模型的理解及对安全生态的重视,因此形成了一系列产品。AWS 平台提供的云原生安全产品包括五类:身份访问控制类、检测式控制类、基础设施保护类、数据保护类、事故响应类及合规类,如表 1-1-2 所示,表 1-1-3 所示为 AWS 的管理与监管工具。

表 1-1-2

类别	使用案例	AWS 服务
身份访问控制类	管理对服务和资源的访问	AWS Identity & Access Management
	单点登录((Single Sign On,SSO)服务	AWS Single Sign-On
	应用程序身份管理	Amazon Cognito
	托管的 Microsoft Active Directory	AWS Directory Service
	分享 AWS 资源的服务	AWS Resource Access Manager
	集中控制与管理 AWS 账户	AWS Organizations
检测式控制类	一体化的安全性与合规性中心	AWS Security Hub
	托管的威胁检测服务	Amazon GuardDuty
	分析应用程序的安全性	Amazon Inspector
	记录和评估 AWS 资源的配置	AWS Config
	跟踪用户活动和 API 使用的情况	AWS CloudTrail
	IoT 设备的安全管理	AWS IoT Device Defender
基础设施保护类	DDoS 保护	AWS Shield
	过滤恶意 Web 流量	AWS Web 应用程序防火墙(WAF)
	集中管理防火墙规则	AWS Firewall Manager

续表

类别	使用案例	AWS 服务
数据保护类	大规模发现和保护敏感数据	Amazon Macie
	密钥存储和管理	AWS Key Management Service (KMS)
	实现监管合规性的、基于硬件的密钥存储	AWS CloudHSM
	预置、管理和部署公有和私有 SSL/TLS 证书	AWS Certificate Manager
	轮换、管理和检索密钥	AWS Secrets Manager
事故响应类	调查潜在的安全问题	Amazon Detective
	快速、自动且经济实惠的灾难恢复	CloudEndure Disaster Recovery
合规类	免费的自助门户，允许按需访问 AWS 合规性报告	AWS Artifact

表 1-1-3

工具	说明
Amazon CloudWatch	监控资源和应用程序
AWS Auto Scaling	扩展多种资源以满足需求
AWS 聊天机器人	适用于 AWS 的 ChatOps
AWS CloudFormation	使用模板创建和管理资源
AWS CloudTrail	跟踪用户活动和 API 使用情况
AWS 命令行界面	用于管理 AWS 服务的统一工具
AWS 计算优化器	确定最佳的 AWS 计算资源
AWS Config	跟踪资源库存和变更
AWS Control Tower	设置和管理安全、合规的多账户环境
AWS 控制面板移动应用程序	在外出时访问资源
AWS License Manager	跟踪、管理和控制许可证
AWS 管理控制台	基于 Web 的用户界面
AWS Managed Services	适用于 AWS 的基础设施运营管理
AWS OpsWorks	利用 Chef 和 Puppet 实现操作自动化
AWS Organizations	集中控制与管理 AWS 账户
AWS Personal Health Dashboard	AWS 服务运行状况的个性化视图
AWS Service Catalog	创建和使用标准化产品
AWS Systems Manager	了解运行状况并采取相应措施
AWS Trusted Advisor	优化性能和安全性
AWS Well-Architected Tool	检查并改进工作

AWS 的安全产品是让客户能够安全地使用云计算，因为很多时候不是 AWS 的安全性不够，而是客户没有很好地配置而导致安全问题，如 S3 配置不当引发的数据泄露。

AWS 友好且安全的 API，让很多云安全厂商可以很好地开发基于 AWS 的安全产品，这也引导了 Azure 和 GCP 的云安全建设思路，这样有利于把云安全生态真正地建立起来。

Google 在 2015 年成立了 CNCF（Cloud Native Computing Foundation），这使得云原生受到越来越多的关注。如图 1-1-8 所示，云原生应用集成的四个概念：DevOps、持续交付、微服务和容器。

CNCF 对云原生技术的定义是有利于各组织在公有云、私有云和混合云等新型动态环境中，构建和运行可弹性扩展的应用。云原生的代表技术包括容器、服务网格、微服务、不可变基础设施和声明式 API。云原生是基于云环境定制化设计云上应用的一种设计思路，用于构建和部署云应用，以充分发挥云计算的优势。

未来的云原生架构可分为三个方向：新的应用场景、新的技术变革和新的生态发展。如图 1-1-9 所示。

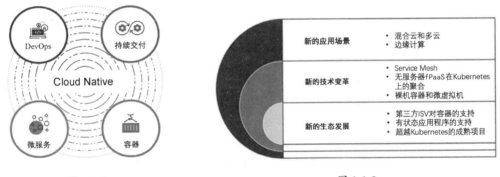

图 1-1-8　　　　　　　　　　　　　　图 1-1-9

新的应用场景会降低对云环境的依赖，因为容器会让工作负载和应用变得与平台无关，所以云原生架构在云各种环境下都能得到很好的适配。考虑到计算和网络资源的有限，使用容器和简单的编排工具更适用于边缘计算这种场景。

新的技术变革有 Service Mesh 微服务运行时的架构，包括控制层面的技术，如 Consul、Istio 和 SmartStack，数据层面的技术，如 Envoy、HAProxy 和 NGINX，以及将两者结合的技术，如 Linkerd。无服务的 fPaaS 也是云计算产生的一种应用方向，它类似于 AWS 的 Lambda，都是基于 Kubernetes 和 Container 的技术。目前，容器都是运行在 VM 上的，这很好地结合了两者的优点，一个用于分发，另一个用于安全隔离，但是 VM 导致的虚拟化资源消耗问题还需要解决，可能未来会通过直接在裸机上运行容器来解决这一问题，如 Kata Container 和 gVisor

技术。

新的生态发展需要更多的厂商支持。一方面是对 ISV 容器化交付的压力，目前容器化交付的软件还是以开源为主，如 Elasticsearch、NGINX 和 Postgres。商业化软件也在做相关努力，如 IBM 在对 WebSphere 和 DB2 做容器化的交付方案。另一方面是之前容器运行的都是无状态的服务，为了支持有状态的服务就需要有存储的加成，因此出现了软件定义存储（Software-Defined Storage，SDS）及云存储服务。除了 Kubernetes 项目，新的生态发展还需要更多成熟的项目。目前，CNCF 完成的项目有 Kubernetes（编排）、Promethus（监控）、Envoy（网络代理）、CoreDNS（服务发现）、Containerd（容器运行）、Fluentd（日志）、Jaeger（调用追踪）、Vitess（存储）和 TUF（软件升级），另外还有很多孵化中的项目。

CNCF 对云原生安全的理解可以简称为 4C，即 Cloud（云）、Cluster（集群）、Container（容器）和 Code（代码），如图 1-1-10 所示。

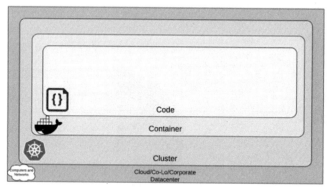

图 1-1-10

Cloud 是基础，云平台的安全和安全使用是基础，跟上文提到的 CSPM 一致，但是除去这些还有一些基于 Kubernetes 的基础安全问题，如 Kubernetes Masters 不能对外开放、Master 节点和 Worker 节点只能在特定限制下通信、K8S 访问云计算 API 遵守最小权限原则等。

Cluster 分为两个方面：集群自身的安全和在集群上运行的业务的安全。集群自身安全包括 K8S 的 API 访问安全、Kubelete 的访问安全、工作负载运行时的安全及相关组件的安全等四个部分。K8S 的 API 访问安全主要要做到 API 的认证和授权控制及 TLS 的加密支持。对于 Kubelete 的 API，也需要做到认证和授权控制。对于运行时的工作负载，要限制使用资源和控制权限，以及禁止加载非必要的内核模块，除此之外还需要限制网络访问、云平台的 API 访问和 Pod 在 Node 上的运行。相关组件的安全要考虑 etcd 的访问控制、开通审计日志、限制 alpha 和 beta 的功能访问、经常更换架构的认证凭证、对于第三方的集成要进行安全评估、密钥进行加密和定期更新漏洞等。

Container 层面涉及三个安全问题：容器的漏洞扫描、镜像签名与策略和权限控制。

Code 层面的安全包括 SAST、DAST 和 IAST 的产品，以及 SCA 对开源软件安全的考虑。

CNCF 对云原生安全的理解大部分都是基于 K8S 进行的，虽然 K8S 在容器编排层面上已经成为标准，但是也未必全面。

对云原生安全的理解，其实可以从以下四个方面考虑：

第一、云原生基础设施安全，包括 K8S 和 Container。

第二、DevSecOps 的安全加成，也就是整个流程的安全工具链。

第三、CI/CD 的持续集成和持续交付，其可以让整个安全的修复做到非常自然，即在一次持续交付过程中就可以把相关漏洞修复上线，也可以跟随整个软件交付的周期来内生植入安全因素，同时还可以做凭证的更换等。之前，在系统上线之后就很难仅针对安全进行变更，而在这个敏捷开发的过程中其就有了很好的保证。

第四、微服务安全。其中，API 是微服务的基础，也是未来应用的交互方式。而除了 API，关注微服务的发现、隔离等安全内容也具有特定的价值。

1.3.2　第三方云安全产品

比较主流的第三方云安全产品有 CSPM（Cloud Security Posture Management，云安全配置管理）、CWPP（Cloud Workload Protection Platform，云工作负载保护平台）和 CASB（Cloud Access Security Broker，云访问安全代理）三种，其中 CSPM 适合于多云环境或 Iaas+fPaaS 的情况，CWPP 适合于 IaaS 或以容器为主的 IaaS，CASB 适合于 SaaS 或 PaaS 的情况。这三种产品都是伴随着云计算的兴起而产生的。

1. CSPM

CSPM 也被叫作云安全态势管理，核心解决的是云计算平台在使用过程中的配置安全问题，这类配置问题包括访问控制类、网络类、存储类、数据加密类等类型。CSPM 能自动扫描并及时发现云上的风险，本质是使用云服务的安全控制台。

CSPM 的典型应用场景包括合规评估、运营监控、DevOps 集成、事件响应、风险识别和风险可视化。目前，CSPM 的相关功能在其他产品中也有所覆盖，比如在 CWPP 和 CASB 类型的产品中也涉及这个领域的功能，同时一些云计算厂商也有基本的设计，包括 AWS 的 Trust Advisor、Azure 的 Security Center 和 GCP 的 Security Command Center。但是每个云上的安全设计只是解决了自身云的问题，而混合云的情况就需要第三方厂商来统一管理。多云的管理平台有时候也会利用 CSPM 的能力对多云安全的问题做一些工作。因此，CSPM 本身更像是一种能力，被其他产品或者云厂商拥有，但作为单独产品的竞争力不够。

目前，CSPM 的厂商还是集中在 AWS 上，因为 AWS 的客户数量较大，但是做的深度不够。另外，AWS 现在的云计算产品越来越多，而 CSPM 涉及的产品类型比较少，还是集中在一些基本的产品上，如 S3。这种产品的定价是基于云管理平台的管理员账户数量来定的，每个账户的使用费用在 1000 美金左右。

2. CWPP

在介绍 CWPP 云工作负载保护平台之前，先说明一下 CSPM 和 CWPP 的区别，如图 1-1-11 所示。在云计算方面，CSPM 管理控制层的安全问题，CWPP 管理数据层的安全问题。

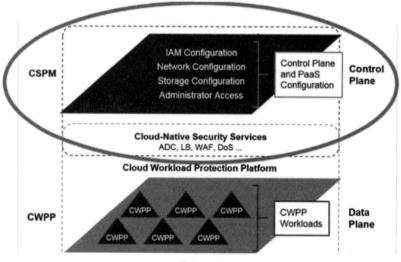

图 1-1-11

CWPP 主要具有三个方面的安全能力：攻击面减小、执行前防护和执行后防护。

3. CASB

CASB 已经进入了 Gartner 报告的魔力象限图，其比 CSPM 和 CWPP 更加成熟，拥有较大的市场空间。

CASB 在我国和美国的发展有很大差异，核心原因是 IT 环境不同。美国的整个办公环境在 SaaS 领导者 Salesforce 的推进下得到了全面发展，如 CRM 使用 Salesforce，HRM 使用 Workday，运维使用 ServiceNow，安全使用 Crowdstrike，市场人员使用 Hubspot，办公使用 Office365 或者 Google Docs，存储使用 Box 或者 Dropbox，IM 使用 Slack，视频会议使用 Zoom。这些 SaaS 化的办公产品完全可以支撑 SMB，甚至一些大客户的日常办公，这就使得 SaaS 的应用安全变得更加重要。从本质上来说，SaaS 化的应用场景带来了对 CASB 的需求，Gartner

公司断言 CASB 对于云就相当于防火墙对于传统的数据中心。

虽说我国已经有一些公司在 SaaS 化办公环境下做了一些工作，但是渗透率一直不高，主流还是传统的办公环境和本地化部署的软硬件。在这种情况下，CASB 的需求并没有凸显出来，甚至有些公司把 CASB 理解为传统办公环境的应用安全。

CASB 有四个核心方面的支撑：可视化、数据安全、威胁保护和合规。可视化是表示在企业中对所有的应用都有识别的能力，不会遗漏一些未知的 SaaS 应用。数据安全包括数据分类、数据发现及敏感数据的处理，也被叫作云端的 DLP。针对数据安全保护，还有一些解决方案会使用部分同态加密技术，把数据加密存储在云端，然后直接对密文进行处理，而最终在本地的是明文。威胁保护主要是指访问控制，有的厂商会与 UEBA 结合建设零信任机制，有的会 OEM 一些反恶意软件和沙盒类产品来检测威胁。合规的重点就是利用 CSPM 的一些能力集成来达成合规的一些要求。

CASB 的基础架构如图 1-1-12 所示，数据来源包括 IaaS 或者 SaaS 的 API、正向代理、反向代理，以及已存在产品的数据，如 SWG、FW 的数据和 API 的四个方面。正向代理或者反向代理获取的数据只是技术层面的，而 IaaS 和 SaaS 的 API 及其他产品的数据在国内很难获取。

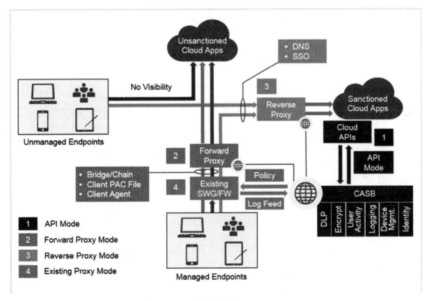

图 1-1-12

图 1-1-13 是 CASB 的一些经典使用场景，企业内部人员在访问 IaaS，PaaS 和 SaaS 时都会受到 CASB 的监控，外部人员想要进入企业内部也需要 CASB 的认证，同时 CASB 也会阻止一些不合法应用的访问。

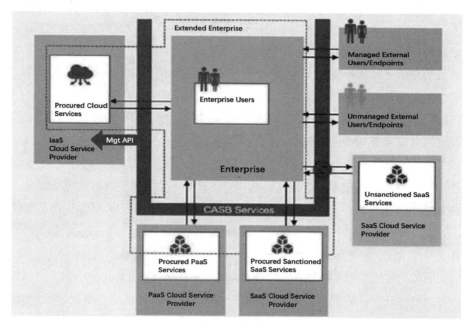

图 1-1-13

CSPM，CWPP 和 CASB 在 IaaS 层面上的部署，如图 1-1-14 所示，CSPM 通过 API 交互来实现功能，CWPP 在每个工作负载上部署，CASB 既可以使用网络代理的数据也可以使用云平台的 API 数据。

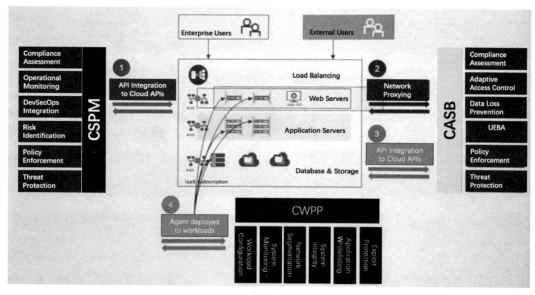

图 1-1-14

1.4 云安全优势

云计算平台的核心竞争力主要有两点：①修路。有全球化的平台（能提供基础设施统一的全球超级市场）。②造工具。有足够丰富、无差别的服务（能提供数字世界繁荣的商品和服务体系）。基于以上两点，与传统IT安全不同，云安全有下面六方面的优势。

第一，继承全局安全性和遵从性控制。云平台提供的是全球无差别的产品和服务，故必须满足全球和地区最严格的合规要求，且经过了大量企业客户的长期验证。这是传统个体企业没有办法匹配和实现的。

第二，具有卓越的可视性和可控制性。遵循"谁使用，谁控制，谁负责"的精神，云服务商要为客户提供可见、可控、可审计的安全能力，这也是传统企业难以实现的。但云在最开始的设计阶段就已经基于责任共担模型将这些设计好了，客户可以直接采用云的可见、可控、可审计能力。

第三，满足最高标准的隐私和数据安全。因为云要在全球使用，所以必须要满足全球和各地区隐私数据安全的要求。

第四，业务和安全融合，通过深度集成自动化提高业务安全性。云不是基于单个产品和安全的目标，而是基于业务的目标和风险的控制，通过深度集成自动化实现业务安全。

第五，可靠的安全市场和合作伙伴丰富了客户的选择。当安全厂商希望作为合作伙伴在云上提供安全服务时，必须要满足云平台对它的基本检验。云安全市场和合作伙伴网络，既为客户提供各种选择，同时由于云平台具有很高的准入门槛，也帮助客户做好了安全把关。

第六，快速规模化创新的生命周期。由于云平台提供的是全球无差别的产品和服务，因此客户只要在云上做好技术可行性和商业可行性的验证，云平台就可以帮助客户快速规模化部署到全球，实现自动缩放，提高创新的生命周期，在云上实现最快速的迭代。

第 2 章　云安全体系

云计算在带来便利的同时，也带来了新的安全技术风险、政策风险和安全合规风险。那么，如何设计云计算安全架构、如何保障云计算平台的安全合规、如何有效提升安全防护能力是需要研究的重要课题。本章介绍 NIST CSF、CAF、GDPR、云安全攻击模型、零信任网络、等级保护、ISO 安全标准、SOC 等云安全设计重点参考的安全框架。

2.1　NIST CSF

2.1.1　什么是 NIST CSF 框架

NIST CSF（National Institute of Standards and Technology Cyber Security Framework）即美国国家标准与技术研究院网络安全框架，是目前全球最受欢迎的安全框架之一，重点是指导企业进行云安全的建设和运营。如今，NIST CSF 作为 NIST 于 2005 年开发的 800-53 安全标准的替代品，已被广泛接受。NIST 800-53 本质上是 2002 年的 FISMA（Federal Information Security Management Act，联邦信息安全管理法案）的具体实施纲要，该法案之所以获得通过，是因为在"9·11"之后需要更好地保护网络免受威胁。然而，NIST 800-53 相对比较复杂并包含大量基于传统数据中心架构的安全要求，对一般企业上云的指导意义有限，因此为了适应企业上云的需要，NIST CSF 应运而生。

NIST CSF 不是强制监管标准，也没有任何审计机构能对其进行认证。企业采用 NIST CSF 的意义在于能切实将设计目标建立在基于安全风险的建设上，并以结果为导向。如果你深入研究该框架的各个部分，就能够体会到它的指导性和实用性。

在实践中，并非所有的企业都面临相同的威胁或持有对风险相同的态度和反应，如一些公司努力推动创新并可以接受一定的风险，而另一些公司则希望提供高可靠的服务来为客户提供支持，而此框架通过形式化的过程使企业可以灵活地根据业务目标、风险偏好、预算和资源限制等情况来实施适宜的安全战略，也能很容易被企业管理层或各个相关部门理解。

NIST CSF 并不是一个独立的框架，在某种意义上，它是 FISMA，HIPAA（Health Insurance Portability and Accountability Act）等许多其他标准的基础。如今，随着全球各国在网络空间安全能力建设和制度创新上的突飞猛进，一些国家已经根据实际情况建立了适用于本国网络安全的法律和制度，并相继出台了指导企业进行安全能力建设的要求和指南等，但对于需要更好的安全性保护的一般企业而言，NIST CSF 更容易被理解和采用，并且已经被包括亚马逊在内的主流云平台作为指导客户进行安全建设的重要依据。

CSF 的诞生最早应追溯到 2012 年，美国国土安全部（Homeland Security）的报告显示当年的网络安全事件比上一年增加了 52%，在网络安全不断恶化的形式下，美国时任总统奥巴马于 2013 年签署了第 13636 号行政命令，以提升关键信息基础设施的网络安全能力。这个行政令要求隶属于商务部的 NIST（美国国家标准与技术研究院），基于已有的标准和指导来研究和制定美国联邦关键基础设施的安全标准，随后在 2014 年的网络安全增强法（Cybersecurity Enhancement Act）中巩固了 NIST 的地位。由 NIST 的 3000 多位来自政府、学术界和各行业的网络安全专业人士共同研究和编写，并于 2014 年 2 月 12 日发布了 SP 800-53《信息系统与组织的安全和隐私控制框架》的 1.0 版本。CSF 是一组标准和最佳实践指导，可以帮助组织管理网络安全的风险，提升业务效率。

2017 年 5 月 11 日，美国时任总统特朗普签署了 13800 号行政令，将 CSF 纳入联邦政府策略范畴，要求联邦机构执行 CSF 网络安全框架，以支持组织的网络安全保护和风险管理。在过去的几年中，CSF 不仅在保护关键信息基础设施上发挥了重大作用，而且已经成为全球许多政府、行业与组织参考和采用的通用框架和标准。根据 Gartner 的报告，CSF 在更新后的第一年——2019 年已被超过 30%的私营机构采用，目前已成为全球最流行的安全建设框架参考指导之一。

2018 年 2 月在国际标准化组织（International Organization for Standardization，ISO）发布的 ISO/IEC 27103 标准报告中，辉映了 CSF 的网络安全框架与最佳实践，在识别、保护、检测、响应和恢复的五个阶段，利用已有的标准、认证和框架，聚焦组织的安全成果输出。2018 年 4 月 16 日，NIST 又发布了《提升关键信息基础设施网络安全框架》的 1.1 版本，其提供了更全面的身份认证、供应链安全、网络攻击生命周期、物联网、安全软件开发、企业安全风险治理等内容，并沿用至今。

2.1.2 CSF 的作用

CSF 可以指导企业根据其业务目标、需求、风险承担能力和资源情况来确定安全防御和风险管理的优先级，具体来说，企业可以确认哪些措施对保障业务安全最重要。这将有助于对企业的安全规划和投入进行优先排序，最大限度地提高单位投入的安全投资回报，在此过程中企业也能不断改进。总的来说，CSF 具有通用性、指导性、自发性和灵活性等优点。

首先，对企业而言，CSF 是一个公开的自愿性框架，是一个基于现有标准、实践的自愿性指导文件，目的在于帮助组织更好地进行安全治理与风险管理。CSF 并不创建任何新标准体系或语言，而是充分利用已有的安全技术和标准，根据客户需求组织和建立一套更加一致的框架。它虽然不是一个完全意义上的标准，但却是一套很好的可以帮助组织理解目前网络安全态势的方法。在识别跨组织业务的网络安全风险后，企业便可以构建适合自己的控制能力。

其次，在企业使用该框架时，可以根据自身情况进行定制，以寻找最适合自身风险状况和需求的方案。由于不同的企业面临着独特的风险、威胁和承受能力，因此在实践中，它们期待实现的安全防御效果也会有所不同。无论是关键基础设施运营者，还是企事业单位，都不应该把 CSF 当作核查清单来全面实施框架中的各项要求，而应该充分发挥其指导性和灵活性的特点，将框架中的标准描述与自身的网络安全防御和风险管理进行比较，以确定安全优先级和改善措施。

与此同时，它也提供了一种解决网络安全风险管理的通用语言，其有助于促进内部和外部组织所有利益相关者关于风险和网络安全管理的沟通，也将改善包括 IT 部门、建设部门、运维部门，以及高级管理团队之间的沟通和理解。在外部客户和服务商的沟通中，企业也可以利用该框架介绍和传递安全保障能力和安全建设期望等信息。

CSF 不仅可以作为企业风险管理全生命周期的框架指导，在企业迁移至云上时，还可以作为一个操作性非常强的优良架构的最佳实践参考。图 2-1-1 列出了 CSF 的主要特点。

图 2-1-1

无论是对于安全防护能力较为成熟的企业，还是刚刚开始考虑网络安全的企业，都可以考虑使用该框架，区别是每个企业的当前安全状态和安全建设的优先级有所不同。从合规层面上来讲，一些企业还可以利用 CSF 的规范来协调或消除与企业内外部政策间的冲突。CSF 框架被用作评估风险和措施的一个战略规划工具，这在一些政府和大型企业的应用案例中表现得非常有价值，如沙特亚美集团（Saudi Aramco）利用 CSF 来评价自身安全的成熟度，以改进网络安全管理能力；国际信息系统审计协会（Information System Auditing and Control Association，ISACA）通过内部传递 CSF 框架提升认证人员对网络安全重要性的认识，并将其作为实践指南；在日本，CSF 被用来作为日本大型企业网络安全管理人员与世界网络安全从业人员交流和沟通的重要依据。

CSF 在行业标准上也有广泛的应用，如医疗行业的健康保险携带和责任法案（Health Insurance Portability and Accountability Act，HIPAA），该法案对多种医疗健康产业都具有规范作用，包括规则、机构的识别、医护与病人的身份识别、医疗信息安全、隐私和健康计划等要求。其中涉及网络安全的规则部分没有明确的具体控制措施和指标，但这些规则的管理流程、服务和机制与 CSF 有一致的对应关系，因此大多数的安全在提到 HIPAA 合规时，其安全建设的参考依据就是 CSF 的控制项。

2.1.3 CSF 的核心

CSF 提供了一套简单但有效的安全框架结构，核心部分由安全核心（Core）、安全层级（Tiers）和安全档案（Profile）三部分组成。下面着重介绍 CSF 的核心部分和其在云环境下的遵从和应对等问题。

1. 安全核心

CSF 的安全核心部分是针对关键信息基础设施的一组通用的网络安全措施、预期成果和参考。该核心在从执行层到管理层的不同层面上都提供了行业标准、准则和实践，是一系列的安全实践、技术和运营的管理措施，从识别（Identify）、保护（Protect）、检测（Detect）、响应（Respond）、恢复（Recover）五个功能维度来建议，其中每个维度都分别包含类别、子类别和信息参考。类别代表安全能力目标，而子类别是进一步描述安全目标，信息参考则是部分列举目前已有的标准、指南和实践，以供企业参考。在框架开发过程中，常常被企业引用的是指南。需要注意的是，子类别中汇集的安全标准并不是全集，而是只列出了 NIST 建议参考的部分控制措施。当企业进行云上建设时，可以将核心部分与每个关键类别、子类别中的参考信息进行匹配，作为实践的参考指南。图 2-1-2 所示为 CSF 安全核心的部分体系。

Function Unique Identifier	Function	Category Unique Identifier	Category
ID	Identify	ID.AM	Asset Management
		ID.BE	Business Environment
		ID.GV	Governance
		ID.RA	Risk Assessment
		ID.RM	Risk Management Strategy
		ID.SC	Supply Chain Risk Management
PR	Protect	PR.AC	Identity Management and Access Control
		PR.AT	Awareness and Training
		PR.DS	Data Security
		PR.IP	Information Protection Processes and Procedures
		PR.MA	Maintenance
		PR.PT	Protective Technology
DE	Detect	DE.AE	Anomalies and Events
		DE.CM	Security Continuous Monitoring
		DE.DP	Detection Processes
RS	Respond	RS.RP	Response Planning
		RS.CO	Communications
		RS.AN	Analysis
		RS.MI	Mitigation
		RS.IM	Improvements
RC	Recover	RC.RP	Recovery Planning
		RC.IM	Improvements
		RC.CO	Communications

图 2-1-2

（1）识别

识别功能是 CSF 核心维度的第一项，包含资产管理、商业环境、治理、风险管理策略和供应链风控。企业通过信息系统、人员、资产、数据等信息形成对组织层面的理解，可以提升对风险的识别和管理能力，通过了解资产状态、业务环境、支持关键业务的资源情况，以及所涉及的安全风险，能够专注于根据风险管理策略和业务需求进行优先级排序。

识别和管理 IT 资产是企业进行安全治理的首要环节，但由于网络分层、分级等原因，资产清点工作和维持准确的资产账目都并非易事，这就可能导致资产被忽略，而无法及时进行管理和更新，留下安全隐患。但在云环境下，不仅传统 IT 环境中客户费力的维护物理设备的工作将被省去，而且资产云化对资产和数据将会带来极大的可管理性。无论云上负载是否在运行，还是网络结构如何分层、分级，客户都可以利用云原生的管理工具来快速地识别、分类、标记或采用需要的策略并对逻辑资产进行盘点和管理。企业在云上也更容易针对风险级别和重要性操作进行自动化管理，云原生服务可以最大化地避免人为误操作和误判断带来的安全意外，由此，云上的 IT 资源、访问权限、访问行为都可以更加可视化地被呈现和管理。

（2）保护

企业可以通过制定和实施适当的防护措施，来确保关键服务的安全。保护功能旨在控制和限制网络安全的威胁和安全事件的影响范围，包含身份管理和访问控制、安全意识与培训、数据安全、信息保护过程与步骤、运维和安全防护技术。

当涉及威胁和安全防护时，我们一般会从业务的可用性、保密性和完整性等角度去考虑。相比传统的数据环境，云服务能够带来更高的服务可用性，这主要是由于企业可以将应用部署在逻辑隔离的不同区域，云平台的容量管理弹性能够很好地处理数据中心的中断等问题。在保密方面，云平台需要能够对数据流转和保存的全生命周期进行加密，同时也需要具备 TLS/SSL 等可支持建立虚拟专用网络或其他安全传输通道的能力来保障云与外部环境信息通信的保密性。在完整性方面，云平台需要通过各类管理工具对保护对象（数据、日志、操作行为等）进行完整性检查和状态改变监控。与此同时，云上用户需要既能轻松管理身份访问控制，也能使用第三方提供的身份权限验证，以便安全和方便地管理客户到云平台的访问环境。针对云上的安全意识培训，云平台也应该能够提供针对不同云上角色的培训，同时还需要具备通过生态向客户提供特色安全培训服务的能力。

（3）检测与监控

检测与监控是指制定并实施措施来持续检测和发现安全事件，功能包括异常行为和事件检测、持续的安全监控及监控流程保持。

这部分要求企业具备收集、分析和预警安全事件并能够进行风险管理的能力，云平台可以自动进行账户级的操作审计，这是因为云平台都是通过向客户提供 API 来调用云资源的。当然，海量的数据分析是一个很大的挑战，因此能够对日志、流量等海量数据进行快速和自动化的分析以响应安全事件，同时过滤误报和低风险告警是考量云平台的指标。当企业对异常行为或安全事件分析时，结合威胁情报、数据重要性等多维度数据的关联性分析必不可少，因此，云平台的人工智能与机器学习服务也可能会被利用起来进行深度实时分析。

（4）响应

通过采取措施来对检测到的网络安全事件及时响应，也是安全建设非常重要的环节。响应的作用在于限制威胁蔓延和安全事件的影响范围，包括响应计划、内外部沟通、分析、缓解和改进五个子类别。

对于任何一个企业，对威胁的响应速度都至关重要，云平台恰好可以提供对复杂响应计划和流程的自动化处理能力，缩短从威胁发现到响应的时间。比如，对于可疑的云实例，其可以快速隔离、留存快照、通过安全分析工具进行分析处置，这种自动化流程在云端会更加具备一致性和可重复性。云平台也可以引入人工操作对安全事件进行调查，整个自动化和人工分析过程都可以被记录下来，以便回顾和复盘。

（5）恢复

恢复是安全核心部分的最后一个环节，但也是企业安全建设的根本要求，即在遇到安全事件时，可以恢复提供服务，保证业务正常运行。恢复包括恢复计划、改善和内外部沟通机制三部分，其目的是最大限度地减小网络安全事件的影响。

在恢复阶段，客户需要对自身的数据和应用的恢复负责，前面已经提到云平台的可用性可以很好地解决客户自我恢复的问题。同时，云平台也需要为客户提供各类具有自我修复功能的工具。除了技术恢复手段，客户还可以通过各类管理手段进行对外沟通，使商誉损失最小化。

2. 安全层级

安全层级代表企业的网络安全管理能力，类似于企业的安全能力成熟度模型。它描述了企业在网络安全风险管理实践中，基于风险、威胁感知、可重复和适应性的成熟度。安全层级包含从被动式的 1 级到自适应的 4 级，不断提升。在层级选择过程中，企业应根据当前的风险管理实践、威胁环境、法律法规和商业目标，以及企业的一些约束来选择。

虽然类似，但安全层级并不是代表成熟度的标准，而是为企业提供有关网络安全风险管理和运营风险管理的指导，即企业从整体出发评估当前的网络安全风险管理活动，并根据内部规定、法规和风险承受能力，来确认其是否充分。当具备成本效益并能降低网络安全风险时，企业可以将安全层级升级到更高级别。

在描述安全层级时，一般会从风险管理流程、综合风控计划和外部参与的角度对企业的安全状态进行描述。由于这部分会因企业状态的不同而有所差异，因此这里只列出层级和其概括性的描述。

- 部分的（Partial）：临时性的，组织策略不一致的，不参与外部协作的安全层级；
- 风险指引（Risk Informed）：基于一定风险感知，内部策略不一致，较少参与外部协作的安全层级；
- 可重复（Repeatable）：具备一致性组织策略和流程，理解生态系统中企业安全态势的安全层级；
- 自适应（Adaptive）：有一致的组织策略，主动的且基于企业业务目标的，并能完成生态中安全协作的自适应安全层级。

3. 安全档案

安全档案是企业期望的网络安全效果和产出，企业可以通过从类别和其子类别中选择基于适合的项来进行规划。安全档案可以被认为是一种标准，即指导和实践在特定场景中的实施方案和应用。企业可以将当前状态与目标状态进行比较并分析差距，来改善网络安全状况。在具体实践中，企业可以根据业务驱动因素和自身的风险评估倾向来确定最重要的类别和子类别，还可以根据情况添加类别，以解除组织的风险。

2.1.4　CSF在云治理中的作用

在CSF中，云服务商在识别方面需要严格执行对数据中心和信息访问的管理，在员工和供应商不需要访问物理机房的特权时就立即撤销，并针对物理机房的所有访问定期进行记录和审核，同时严格控制、管理和持续监控对系统和数据的访问。如果客户在云上的数据和服务器逻辑上需要进行隔离，对于某些特权用户就需要遵从ISO，SOC等要求的独立的第三方进行审计。云平台系统也需要针对系统开发的生命周期来进行威胁建模和风险评估，对平台的风险定期采取内外部的评估方案进行测评。同时，在采购和供应商管理方面，云平台需要遵循ISO27001等标准。在防护阶段，云平台员工的权限需要基于最小权限进行管理，而在访问物理环境时，需要根据职责对个体进入数据中心的层级、时长等进行细粒度的管理。云平台也需要依据商业目的对第三方的访问进行最小权限管理，而这部分应该与对应的云平台厂商的接口部门进行责任连带的绑定，因为接口部门的员工有责任对第三方的行为进行管理。大规模的云平台应该具备更强的专业性和完善的能力来运营、维护、控制、部署、监控任何基础设施环境的变化，并提供冗余、紧急响应、数据擦除等专业服务，以确保安全防护措施的有效性。

另外，在检测环节中，云平台应该提供各类工具来帮助客户进行失陷检测和发现潜在的安全问题，应该通过有经验的安全团队来确定安全阈值和告警机制，应该将在逻辑和物理环境中由监控系统获取的信息进行关联，以增强平台的安全性。在响应阶段，云平台应该支持用户部署一个完整的事件响应策略和计划，包括启动应急、通知流程、恢复流程和重建阶段。另外，云平台还应该进行应急响应的自测，通过演练发现平台的问题，测试安全团队在检测、分析、遏制、消除、恢复等阶段的能力，并不断优化响应计划和流程，以提升响应能力。最后，在恢复阶段，云天然的弹性架构和自动化的处理流程可以帮助企业快速从事件中恢复，降低安全事件对业务的干扰。

近年来，日本、意大利、以色列、英国等国家都把CSF作为构建网络安全能力的指导和参考。而随着越来越多的政府机构和企业承认CSF的价值，其将会逐渐成为机构安全建设和风险管理的通用参考和工具，而世界主流的云服务商也开始结合该框架给客户提供完整的网络安全服务。尽管大多数企业都认识到改善企业网络安全有益于协作价值的提升，但制定和实施CSF说起来容易做起来难，企业还在不断持续迭代和验证、不断修正，以使其更加贴合业务需求。

2.2 CAF

2.2.1 什么是 CAF

CAF（Cloud Adoption Framework，云采用框架）是云厂商与公立机构及商业机构客户共同创建的企业云转型的框架。它可以帮助组织更好地设计采用云服务的途径，在构建贯穿 IT 建设生命周期的云采用方法中提供指导和最佳实践，而企业通过使用 CAF 可以更快地以较低的风险从采用的云服务实践中实现可衡量的业务收益。CAF 是一个公开的框架，任何人都可以在网络上获取它。需要注意的是，CAF 并不是一个企业可以拿来即用的交付手册，而是一个信息框架。

基于商业目标，CAF 为企业提供了一个全局的视角来驱动高效、安全的框架。CAF 可以帮助企业对上云商业价值进行识别，因为企业若想成功转型，就需要准确地识别哪些能力需要改善、哪些能力需要增加等。CAF 可以帮助企业制定有效的云采用战略和计划，解决目前的技术与管理架构与上云后存在的差距问题。

2.2.2 CAF 的维度

最早，CAF 是从业务、人员、成熟度、平台、流程、运营和安全七个维度划分的，但之后改为业务、人员、治理、平台、运营和安全六个维度，这主要是出于以下几个方面的考虑：

- 成熟度并不应该作为独立的维度划分，因为它在云环境中，无论是业务、平台，还是安全，都会有体现。
- 流程被融入治理，这是因为流程往往会引起技术和业务治理的混淆，而把它与治理合并，统一从业务角度去看待流程，将会使定义更加清晰。同时，技术的流程部分归入运营更为合适。
- 将先前定义的维度中包含的组件重新分解并定义为客户需要具备的能力，这将有助于简化企业构建云应用的设计要求，避免出现不同企业的不同组件使企业上云之路的规划不一致的问题。
- CAF 在更新中越来越匹配客户的实践要求，而在新版 V2 中，已经聚焦如何通过技能和过程来实现企业云上各项能力维度的建设。
- CAF 考虑的每个维度都包含独特的利益相关方及他们管理或拥有的责任。一般来讲，平台、安全和运营聚焦技术能力，而业务、人员和治理侧重于业务能力。

2.2.3 CAF 的能力要求

每个企业上云的过程都有独特的起点和要求,故需要根据业务优先级和现状来确定自己的 IT 牵引过程和目标。CAF 可以帮助企业管理层、业务部门、财务部门的人员理解他们在采用云服务后角色的转变,以便提前进行调整。

CAF 的每个安全维度都由一系列的能力要求构成,每个能力要求都由一些技能和流程构成,表 2-2-1 列出了 CAF 的六个维度及其角色和要求。

表 2-2-1

维度	角色	能力要求
业务	业务、财务与预算、战略管理者	帮助相关部门理解如何调整员工技能和组织流程来适应云化环境
人员	人力资源等	通过提升员工技能、优化组织流程和帮助各利益相关方更好地保持组织胜任力,来为云战略做准备
治理	首席信息官、项目经理、商业分析师等	提供相应技术和流程来支撑在云上的业务治理,管理和衡量投资在云上带来的价值
平台	首席技术官、IT 经理、技术架构师等	提供能实现和优化云上方案和服务的技能和流程的支撑
运营	运维经理、IT 支持经理等	提供保证系统健康和可靠性的技能和流程,以支撑云迁移、敏捷管理,持续性地实现云上最佳实践
安全	首席安全官、安全管理员、安全分析师等	提供基于组织安全控制、弹性和合规等要求相关的云上安全架构

2.2.4 CAF 的核心内容

云服务商应该把安全作为第一优先级的工作,并有能力对安全最敏感的客户提供安全的能力支撑,以满足 CAF 对安全维度的要求。如图 2-2-1 所示,CAF 的安全维度包含四个部分:

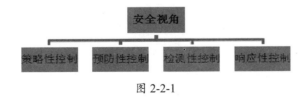

图 2-2-1

第一是策略性控制机制(Directive),旨在围绕运营环境构建治理、风险和合规的模型。其主要是在迁移中提供安全规划,而有效进行安全规划的关键是制定一份指导并提供给实施和运营的人员,该指导会确定控制机制及运营的具体内容,包括账户、权限、控制框架、数据分类、资产变更与管理、数据位置、最低权限访问等。

第二是预防性控制机制（Preventative），旨在保护你的工作负载并减少威胁和漏洞。它为实施安全基建提供了指南，而实施适当的预防性控制措施的关键在于安全团队可以构建自动化部署，以便在敏捷、可扩展云环境中建立安全能力。在利用策略性控制机制确定控制措施后，再利用预防性控制机制确定如何有效地实施控制措施，包括身份和访问、基础设施保护、数据保护等。

第三是检测性控制机制（Detective），其可以使企业在云中的部署实现操作可视化。企业通过收集大量的数据信息，并将这些信息集中到用于管理和监控日志、事件、测试、审计的可扩展平台中，可以帮助自身了解安全的整体状况，提升安全运营的透明度和敏捷性。这个环节包括日志记录和监控、安全测试、资产管理、变更检测。

第四是响应性控制机制（Responsive），旨在纠正偏离安全基线的行为，它为企业对安全事件的响应提供了指南。企业通过准备和模拟响应所需要的流程和操作，可以更好地应对日后可能出现的事件。同时，借助于自动化事件响应和恢复能力，企业可以将安全团队的关注点从响应转移到执行取证和根因分析上，这个环节包括事件响应、安全事件响应模拟、取证等。

2.2.5 CAF 在云转型中的作用

CAF 提供了一系列的行动计划来帮助客户更好地进行云迁移，其步骤并不复杂，但实施起来有一定的难度。首先，企业需要确定哪些利益相关者对采用云服务至关重要。其次，企业需要了解哪些问题可能会延迟或阻碍它们采用云，然后去解决这些问题，比如提升技能或调整流程等。最后，企业需要创建一个行动计划，以更新已识别的技能或过程，图 2-2-2 所示是亚马逊云的行动计划样例，以供参考。

从图 2-2-2 中可以看到，企业在 CAF 的六个维度上都需要识别和提炼出对应不同部门或角色的行动计划。但当上升至组织层面时，综合的计划和行动往往又过于复杂，变得非常难以有效执行。这时就需要有一个完整的行动计划，以判断近期需要完成的工作并把优先级高的一些任务放进行动模板中，而这个过程可以是不断循环的，以此来逐渐完成上云之旅。

由于 CAF 来自不同云厂商的经验和实践，因此会有细微差别，但框架涉及的方面基本类似，主要用来指导企业如何配备其云化的战略目标与业务发展目标并让它们保持一致。CAF 可以帮助企业发现其当前各种能力存在的差距，并通过设计工作流程来缩小这些差距。企业可以根据自己的需求，把 CAF 作为云迁移的向导和指南，以便所有利益相关方都能快速理解在云迁移的过程中如何调整和改善组织技能和流程。为了更好地使用 CAF，企业需要分析 CAF 控制框架如何满足自身的要求，并确定所有利益相关方的角色和工作，以及确定首要任务、长期目标、最低要求和可行的安全基准并不断迭代，以提高云上各类工作的负载和数据标准。

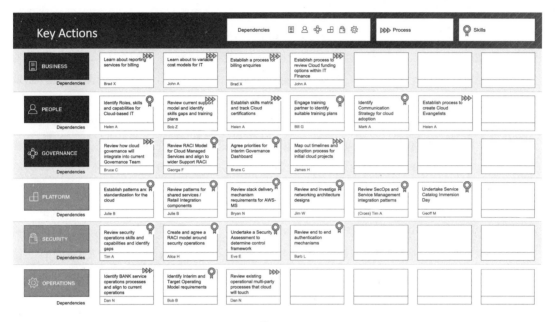

图 2-2-2

2.3　GDPR

2.3.1　什么是 GDPR

GDPR（General Data Protection Regulation，通用数据保护条例），是从 2018 年 5 月 25 日开始在欧盟区域实施的一项强制性的隐私法规。它作为用来保护欧盟公民个人隐私数据的一套规则，详细约束了企业应该如何收集、使用和处理欧盟公民个人数据的行为，违反的企业可能会面临最高两千万欧元或企业全球营收 4%的处罚。另外，除了政府处罚，个人还可以提起集体诉讼，这意味着欧盟在对个人信息保护的管理上达到了前所未有的高度。

其实，欧洲议会在 2016 年就已经通过了 GDPR，其包括 11 个章节和 99 个条款，取代了使用 20 多年的《第 95/46/EC 号保护个人在数据处理和自动移动中权利的指令》，更加偏重数据主体的权利，为欧盟公民提供了对个人信息控制和处理的权力，使得欧盟区域各国之间有了更明确的、统一的保护数据隐私的法律框架。GDPR 的推出极大地提升了信息服务的提供方与客户之间的信任，在过去的几年，包括谷歌、脸书在内的拥有大量个人信息的互联网信息服务公司,都开始更加慎重和严格对待数据处理和客户的隐私数据保护。

2.3.2 GDPR 的重要意义

相对于之前的各类数据隐私保护法,GDPR 有着更加广泛的使用范围和更加严格的要求。首先,GDPR 定义的一般数据更加广泛,任何可以确定和识别自然人的相关信息都被定义为个人资料信息,这不仅包括通用的物理个人身份、健康和生物信息,还包括虚拟的身份信息,如在线的身份识别标识、IP 地址、位置数据、RFID 标签等。其次,GDPR 扩大了使用的范围。无论数据控制者或处理者的实际数据处理行为是否在欧盟境内,只要是为欧盟内的数据主体提供服务,GDPR 就会有效;GDPR 也更加尊重数据主体对数据使用的许可权,数据管理者无论以何种方式收集个人的资料数据,都需要通过声明或肯定行动,征求主体明确的、具体的、毫不含糊的许可,否则就是违规。GDPR 的范围还包括监控欧盟个人的行为,即便该监控行为由位于欧盟之外的数据管理者来完成。实际上,每个网站和应用程序都或多或少以某种方式跟踪访问者的网上活动。因此,GDPR 也扩大了数据的责任范围,包括数据控制者和处理者,以及任何代理人都有责任和义务来合规地、安全地处理数据。另外,GDPR 首次要求控制者在获知个人数据泄露可能产生风险的情况下上报监管机构的最长时限,以及需要上报的内容。最后,GDPR 增加和完善了数据主体的两个新权利:一个是完善了个人信息的被遗忘权,即个人有主动要求服务提供者删除一切个人相关数据的权利。另一个是个人数据可移动和可携带的权利,即个人拥有从数据控制者获得通用的、可读的数据,并无障碍地将数据提供给另一个数据控制者的权力。

可以看到,在 GDPR 生效后,企业必须重视和遵从法律赋予个人的数据信息权(获取、改正、限制处理、反对、删除、移动等),这对企业的管理和运营提出了新的要求,即需要多部门共同合作来提升隐私保护的水平。

2.3.3 云中进行 GDPR 合规的注意事项

1. 数据安全

与传统环境的隐私保护相同,在云环境下也没有任何单一的工具、产品、平台、服务能够解决隐私保护的所有问题,虽然很多技术公司都在致力于推出自己的标准守则,但因为目前还没有通过国际公认的标准,所以没有办法通过第三方审计或评估来确保 GDPR 合规。在这种局面下,企业需要充分掌握哪类数据可以放在云中,以及在云上的各个层面怎样保障数据的安全,同时对重要、敏感或管制的信息进行隔离或增加安全保障措施。

2. 数据位置

在云环境下，企业需要明确云服务商的数据所在区域，以及云服务商如何处理和传输租户的数据，其中充分了解数据所属的管辖区域尤为重要。当数据跨境时，数据控制者需要澄清数据采集、使用场景、使用目的等问题，保证遵从 GDPR。

3. 数据权限

所有数据的使用都需要在法律的允许下进行，数据主体需要明确数据的授权访问、采集和使用，但由于 GDPR 扩大了个人信息数据的范围，因此隐私保护的边界变得更加模糊。数据控制者需要能充分帮助个人定义谁有权限在云端访问企业的数据，什么样的数据可以被访问，确保云服务商限制有权限访问企业数据的员工、供应商的最小范围。这样做，有助于企业在面临调查时能够全面展示并提供数据被访问的权限全景图，同时还有助于企业根据具体授权场景来判断客户可以接受哪些数据被使用或采集，避免保护过度。

4. 数据监管

云上数据的保护和管理涉及内外部的众多部门，包括外部的云服务商、SaaS 合作伙伴，内部的产品、研发、运营、法务、合规等多个部门，数据的拥有主体、使用和处理主体在不同阶段也可能不尽相同，所以数据隐私安全会涉及技术、管理、流程等多方面的问题，故无论是加强技术保障还是通过完善内部管理和流程都不能完全保证合规。因此，在没有明确的合规清单时，企业需要从产品交互、IT 架构、运营机制、合规审计等多个方面进行隐私与合规设计并且不断完善。当发生数据安全事件时，企业可以支持及时告警和信息收集，并记录解决问题的全过程。

2.3.4 GDPR 的责任分担

从 GDPR 的角度来看，云服务商既是数据控制者又是数据处理者。

云服务商在收集并决定处理数据时，被认为是数据控制者。此时，他们除了考虑采用的技术和执行成本，还需要考虑采集数据的性质、范围、情境、目的，以及对个人的权力和自由不同程度的影响和风险等因素，并实施适当的技术和管理措施。其具体包括：可以支持个人数据使用别名；能够保持服务的保密性、完整性、可用性和弹性；在发生物理或技术事件时，能够及时恢复数据的可用性；具备定期评估技术和管理措施的有效性机制，以保证数据的安全性。

当企业使用云服务商的服务来处理最终用户的数据时，云服务商充当数据处理者的角色，企业是数据控制方。这时若出现数据的安全事件，云服务商必须有能力支撑企业及时了解具体情况，以便其进行上报。需要注意的是，云服务商作为数据处理方若想利用第三方合作伙伴的能力，也必须获得数据控制方的允许。

云服务商无论是作为数据控制者还是作为数据处理者，都必须保留数据处理的记录，以方便监督部门查询。另外，云平台作为数据控制者，在采集、处理、存储和使用数据时，能够通过合适的技术手段和管理措施，在默认条件下仅处理为实现目的所用的最小数据量，另外未经个人允许，数据不能被非特定的自然人访问。

在被要求时，云服务商也应该展示他们为 GDPR 合规所做的准备和所处的水平，并能够提供详细的服务定义和说明。云服务商需要明确数据在哪里，客户联系人是谁，以及如何帮助客户解决任何可能的问题，比如供应商中谁有权力访问个人数据等。

CISPE（Cloud Infrastructure Services Providers in Europe）是欧洲的云基础设施服务提供商联盟，为云服务商提供数据保护的行为准则认证。该行为准则以 GDPR 的合规要求为基础，可以帮助云服务商按照 GDPR 的标准进行数据的保护。该行为准则明确了数据保护责任人的责任，明确了云服务商和客户在云环境下按照 GDPR 应该承担的角色；也介绍了云服务商需要表明 GDPR 合规的承诺和帮助客户合规所需要采取的行动，同时客户可以利用云服务商提供的信息来建立自己的合规战略。另外，该行为准则向客户提供他们在制定合规性相关决策时所需的与数据保护相关的信息，客户使用此类信息可以充分了解自己的安全级别，同时要求云服务商在履行安全承诺时公开所采取的具体步骤。

如果云服务商提供的云服务符合行为准则的要求，则可以为客户提供承诺，使其放心地使用云服务，而不用担心服务商是出于自己的营销、分析等目的而使用客户的隐私数据。CISPE 行为准则还提供了一个数据隐私保护的合规框架，保证客户能在合规且可靠的环境中控制数据，这对客户能够更好地实现隐私保护的控制权会产生极大的帮助。

2.3.5　云服务商的 GDPR 传导路径

1. 数据访问控制

GDPR 第 25 条要求数据控制者应实施适当的技术和组织规范，确保在默认情况下仅处理每个特定目的所必需的数据，仅允许授权的管理员、用户和应用程序访问云服务资源和客户数据。

云服务商可以通过身份访问控制，为不同的任务定义不同的账户和角色，并指定完成每个任务所需的最小权限。通过身份访问控制，不仅可以保证特定角色访问特定的资源，还可以允许任何执行特定任务的用户能利用临时安全凭证访问资源。云服务商应当确保临时安全凭证是动态生成的，仅供短期使用，过期后不能重用。另外，对于重要数据的访问或操作，云服务商还应该提供多重验证机制，以提升安全性。

云服务商还应该对不同的人员设置不同级别的资源权限，实现对资源的精细访问，并且对运营配置进行策略性的强制遵从，并提供对密码的保存和管理的能力。地理位置限制是 GDPR 的重要功能，云服务商可以对来自特定区域的用户进行细粒度的访问控制，如控制他们对 Web 应用程序和移动应用程序的访问。另外，管理来自不同来源的访问也是云服务商非常重要的能力，通过了解来自哪些移动应用的访问查看了哪些资源，会更加精准地做好敏感数据的访问控制。

2. 监控与审计

GDPR 第 30 条要求数据控制者保留对所有数据处理行为的记录，并明确哪些信息应当被保存和相关的要求。同时，它还要求数据控制者和数据处理者能够及时发出违规通知，这就需要云服务商具备监控各类日志记录的能力。

云服务商不仅需要记录管理和资产配置的信息，还需要记录这些资源是如何关联的，以及历史配置记录和变化，以便评估配置变化情况、账户关联情况、资源变动历史等，更好地做好数据行为的记录。此外，云服务商还应该具备持续监控账户访问行为和资源调用历史的能力，以识别哪些用户和账户调用了资源，并能实现自动化状态跟踪和控制，这些记录可以用于审计或事件排查等工作。云服务商还应该能够快速响应事件，并通知用户进行违规的补救，避免不合规带来的巨大经济损失。

云服务商在启用日志记录后，日志包含的内容应该足够丰富，如操作日志、流日志、访问日志、DNS 日志等，并能对威胁进行自动化异常检测。同时，云服务商应该能进行集中式安全管理，避免分散的治理带来不平衡的流程管理，并提供资源使用的可见性，这样就可以进行进一步的安全趋势分析和优先级排序，以降低严重数据安全事件带来的影响。

3. 数据保护

GDPR 第 32 条要求企业必须采用适当的措施来确保具备合适的风险应对能力等，也必须防止出现未经授权的数据泄露或个人资料访问。

通过在各个层级加密可以极大地降低相关隐私数据被泄露的风险，因为用户如果没有正确的密钥，则无法读取数据。对于静态数据和传输中的数据也要进行加密，确保没有有效密钥的任何用户或应用程序都无法访问敏感数据。云服务商还应该提供可扩展的数据加密服务，以保护云上存储和处理数据的完整性。同时，为了保障系统与服务的可靠性，云服务商也需要做数据的备份容灾。

4. 应急演练

应急演练的目的是评估响应流程，通过演练加强内部各个部门的协作，它是 GDPR 落地的必要条件，因为任何一个部门都无法涵盖 GDPR 合规的所有需求，所以云服务商应该为企业的数据安全事件响应机制提供支持，并加以评估测试。

2.3.6　云用户的 GDPR 挑战与影响

GDPR 的颁布迫使企业要立即进行基于隐私保护的设计，而为了确保隐私设计的合理性，企业需要进行数据隐私影响的评估。在这个过程中，企业需要考虑评估和如何保护正在使用的数据，考虑所有数据存储库的位置、处理方式及是否会被第三方访问，还需要考虑涉及哪些国家，并保证它们的保护水平具有一致性。

在制订 GDPR 计划时，考虑到隐私合规和数据主体的权利，企业必须先评估风险再制定优先级。根据 GDPR 的要求，对比企业当前的隐私现状需要先评估风险和差距，再执行优先级清单，证明其合规性。在具体执行时，需要遵循如下几个步骤：

1）促使管理层了解隐私保护改造的重要性和紧迫性，并联合企业内所有需要使用客户信息的部门参与到设计中。

2）企业需要全面了解所保存和处理的欧盟公民数据及其风险，另外为了降低风险所采用的措施也可能会引入新风险。

3）在企业内部建立隐私保护组织或雇佣数据保护负责人，专职进行数据保护方面的管理和组织工作。

4）制订、改善、更新符合 GDPR 要求的数据保护计划，同时建立 GDPR 合规进度表来监控计划的落实。

5）寻求外部资源的支持，因为有一个遵从 CISPE 行为准则的可靠的服务商至关重要。

6）测试违规后的响应计划，确保能在 72 小时内完成违规报告，把损失降到最低，并持续监控和改进流程。

GDPR 强调企业从规划设计开始就应该做到安全，并把安全保护作为默认规则，这是因为隐私和安全是影响业务发展是否持续的重要因素。虽然 GDPR 还缺乏具体的实践案例，但未来更多的国家会围绕 GDPR 的隐私保护法案出台类似的法律法规，而且随着个人隐私及数据意识的增强，数据安全保护及合规要求会越来越细致、越来越严格。

2.4 ATT&CK 云安全攻防模型

2.4.1 ATT&CK 定义

ATT&CK（Adversarial Tactics, Techniques, and Common Knowledge）是由 MITRE 公司在 2013 年推出的，包含对抗策略、技术和常识，是网络对抗者（通常指黑客）行为的精选知识库和模型，反映了攻击者攻击生命周期的各个阶段，以及已知的攻击目标平台。

ATT&CK 根据真实的观察数据来描述和分类对抗行为，将攻击者的攻击行为转换为结构化列表，并以矩阵、结构化威胁信息表达式（Structured Threat Informatione Xpression，STIX）和指标信息的可信自动化交换（Trusted Automatede Xchangeof Indicator Information，TAXII）的形式来表示。由于此列表全面地呈现了攻击者在攻击网络时所采用的行为，因此它对各种具有进攻性和防御性的度量、表示和其他机制都非常有用。

从视觉角度来看，ATT&CK 矩阵按照易于理解的格式将所有已知的战术和技术进行排列。攻击战术展示在矩阵顶部，每列下面列出了单独的技术。一个攻击序列至少包含一个技术，并且从左侧（初始访问）向右侧（影响）移动，这样就构建了一个完整的攻击序列。一种战术可能使用多种技术，如攻击者可能同时尝试鱼叉式网络钓鱼攻击中的钓鱼邮件和钓鱼链接。

ATT&CK 战术按照逻辑分布在多个矩阵中，并以"初始访问"战术开始，如发送包含恶意附件的鱼叉式网络钓鱼邮件就是该战术下的一项技术。ATT&CK 中的每一种技术都有唯一的 ID 号码，如技术 T1193。矩阵中的下一个战术是"执行"，在该战术下有"用户执行 T1204"技术，该技术描述了在用户执行特定操作期间执行的恶意代码。在矩阵后面的阶段中，你将会遇到"提升特权""横向移动"和"渗透"之类的战术。

攻击者不会使用矩阵顶部所有的 12 项战术，相反，他们会使用最少数量的战术来实现目标，因为这可以提高效率并且降低被发现的概率。例如，攻击者使用电子邮件中传递的鱼叉式网络钓鱼链接对 CEO 行政助理的凭证进行"初始访问"，在获得管理员的凭证后，攻击者将在"发现"阶段寻找远程系统。接下来可能是在 Dropbox 文件夹中寻找敏感数据，因为管理员对此也有访问权限，因此无须提升权限。最后攻击者通过将文件从 Dropbox 下载到计算机来完成收集。

2.4.2 ATT&CK 使用场景

在各种日常环境中，ATT&CK 都很有价值。当开展防御活动时，可以将 ATT&CK 分类法作为预判攻击者行为的参考依据。ATT&CK 不仅能为网络防御者提供通用技术库，还能为渗透测试和红队提供基础，即通用语言。组织可以以多种方式来使用 ATT&CK，下面是一些常见的场景。

1. 对抗模拟

ATT&CK 可用于创建对抗性模拟场景，对常见对抗技术的防御方案进行测试和验证。

2. 红队/渗透测试活动

攻防双方的渗透测试活动的规划、执行和报告可以使用 ATT&CK，为防御者和报告接收者提供一种通用语言。

3. 制定行为分析方案

ATT&CK 可用于构建和测试行为分析方案，以检测环境中的对抗行为。

4. 防御差距评估

ATT&CK 可以用于以行为为核心的常见对抗模型中，以评估组织内现有防御方案中的工具、监视和缓解措施。在研究 ATT&CK 时，大多数安全团队都倾向于为 Enterprise 矩阵中的每种技术尝试开发某种检测或预防控制措施。虽然这并不是一个坏主意，但是 ATT&CK 矩阵中的技术通常可以通过多种方式执行。因此，阻止或检测执行这些技术的一种方法并不一定意味着涵盖了执行该技术的所有可能方法。由于某种工具阻止了用另一种形式来采用这种技术，而组织机构已经适当地采用了这种技术，这可能会产生一种虚假的安全感。这时，攻击者仍然可以采用其他方式来采用该技术，但防御者却没有任何检测或预防措施。

5. SOC 成熟度评估

ATT&CK 可作为一种度量，确定 SOC 在检测、分析和响应入侵方面的有效性。SOC 团队可以参考 ATT&CK 已检测或未涵盖的技术和战术，这有助于了解防御的优势和劣势并验证缓解和检测控制措施，以便发现配置错误和其他操作问题。

6. 网络威胁情报收集

ATT&CK 对网络威胁情报很有用，因为 ATT&CK 是在用一种标准方式描述对抗行为，是根据攻击者利用的 ATT&CK 技术和战术来跟踪攻击主体。这就为防御者提供了一个路线图，以便他们可以对照操作控制措施，针对某些攻击主体查看自己的弱点和优势。针对特定的攻击主体创建 ATT&CK 导航工具内容，是一种观察环境中攻击主体或团体的优势和劣势的好方法。ATT&CK 还可以为 STIX 和 TAXII 2.0 提供内容，从而很容易地将支持这些技术的现有工具纳入其中。

2.4.3 AWS ATT&CK 云模型

随着云计算平台的快速发展，对云基础设施的攻击也显著增加。2019 年 AWS 针对云攻击推出了 AWS ATT&CK 云模型，下面针对云攻击模型的攻击战略和战术，以及防护和缓解措施做详细的介绍。

1. 初始访问

攻击者试图进入你的网络。

初始访问是使用各种入口向量在网络中获得其初始立足点的技术。其用于立足的技术包括针对性的鱼叉式欺骗和利用面向公众的 Web 服务器上的安全漏洞获得的立足点，例如有效账户和使用外部远程服务等。

攻击者通过利用面向互联网的计算机系统或程序中的弱点，产生破坏行为，这些弱点可能是错误、故障或设计漏洞等。这些应用程序通常是指网站，但也包括数据库（如 SQL）、标准服务（如 SMB 或 SSH），以及具有 Internet（因特网）可访问开放套接字的任何其他应用程序，如 Web 服务器和相关服务。

如果应用程序托管在基于云的基础架构上，则对其使用可能会导致基础实例受到损害，如使对手获得访问云 API 或利用弱身份和访问管理策略的路径。

对于网站和数据库，OWASP（Open Web Application Security Project，开放式 Web 应用程序安全性项目）公示的前十大安全漏洞和 CWE（Common Weakness Enumeration，常见弱点枚举）排名前 25 位，突出了最常见的基于 Web 的漏洞。

2. 执行

执行策略是使攻击者控制的代码在本地或远程系统上执行的技术。此策略通常与初始访问结合使用，作为获得访问权限后执行代码的手段，以及横向移动以扩展对网络远程系统的访问权限。

有权访问 AWS 控制台的攻击者可以利用 API 网关和 Lambda 创建能够对账户进行更改的后门，那么一组精心设计的命令就会触发 Lambda 函数返回角色的临时凭证，然后将这些凭证添加到本地 AWS CLI（AWS Command-Line Interfoce，AWS 命令行界面）配置文件中来创建恶意用户。

3. 持久性

对手试图保持立足点。

持久性是指攻击者利用重新启动、更改凭证等手段对系统访问的技术组成。攻击驻留技术包括任何访问、操作或配置更改，以便使它们能够在系统内持久隐藏，例如替换、劫持合法代码或添加启动代码。

Amazon Web Service Amazon Machine Images（AWS AMI）、Google Cloud Platform（GCP）映像和 Azure 映像，以及容器在运行时（如 Docker）都可以被植入后门以包含恶意代码。如果指示基础架构配置的工具始终使用最新映像，则可以提供持久性访问。

攻击者已经开发了一种工具，可以在云容器映像中植入后门。如果攻击者有权访问受感染的 AWS 实例，并且有权列出可用的容器映像，则他们可能会植入后门，如 Web Shell。攻击者还可能将后门植入在云部署无意使用的 Docker 映像中，这在某些加密挖矿僵尸网络实例中已有报道。

4. 提升权限

攻击者可以使用凭证访问技术窃取特定用户或服务账户的凭证，或者在侦察过程的早期通过社会工程来获取凭证以获得初始访问权限。

攻击者使用的账户可以分为三类：默认账户、本地账户和域账户。默认账户是操作系统内置的账户，如 Windows 系统上的 Guest 和 Administrator 账户，或其他类型的系统、软件、设备上的默认工厂或提供者设置账户。本地账户是由组织配置的账户，供用户远程支持、服务或在单个系统或服务上进行管理。域账户是由 Active Directory 域服务和管理的账户，其中为跨该域的系统和服务配置访问权限。域账户可以涵盖用户、管理员和服务。

受损的凭证可能会用于绕过放置在网络系统上各种资源的访问控制，甚至可能会用于对远程系统和外部可用服务（如 VPN、Outlook Web Access 和远程桌面）的持久访问。受损的凭证也可能会增加攻击者对特定系统或访问网络受限区域的特权。攻击者可能不选择将恶意软件或工具与这些凭证提供的合法访问结合使用，以便更难检测到它们的存在。

另外，攻击者也可能会利用公开披露的私钥或被盗的私钥，通过远程服务合法连接到远程环境。

在整个网络系统中，账户访问权、凭证和权限的重叠是需要关注的，因为攻击者可能会跨账户和系统进行轮转以达到较高的访问级别（即域或企业管理员），从而绕过访问控制。

5. 防御绕过

攻击者试图避免被发现。

防御绕过包括攻击者用来避免在整个攻击过程中被发现的技术。逃避防御所使用的技术包括卸载或禁用安全软件或对数据和脚本进行混淆或加密。攻击者还会利用和滥用受信任的进程来隐藏和伪装其恶意软件。

攻击者在执行恶意活动后可能会撤回对云实例所做的更改，以逃避检测并删除其存在的证据。在高度虚拟化的环境（如基于云的基础架构）中，攻击者可以通过云管理仪表板使用 VM 或数据存储快照的还原轻松达到此目的。该技术的另一个变体是利用附加到计算实例的临时存储。大多数云服务商都提供各种类型的存储，包括持久性存储、本地存储和临时存储，后者通常在 VM 停止或重新启动时被重置。

6. 凭证访问

攻击者试图窃取账户名和密码。

凭证访问包括用于窃取凭证（如账户名和密码）的技术，包括密钥记录和凭证转储。若攻击者利用了合法的凭证访问系统，则更难被发现，此时攻击者可以创建更多账户以帮助其增加最终实现目标的概率。

攻击者可能会尝试访问云实例元数据 API，以收集凭证和其他敏感数据。

大多数云服务商都支持云实例元数据 API，这是提供给正在运行的虚拟实例的服务，以允许应用程序访问有关正在运行的虚拟实例的信息。可用信息通常包括名称、安全组和其他元数据的信息，甚至包括敏感数据（如凭证和可能包含其他机密的 UserData 脚本）。提供实例元数据 API 是为了方便管理应用程序，任何可以访问该实例的人都可以访问它。

如果攻击者在运行中的虚拟实例上存在，则他们就可以直接查询实例元数据 API，以标识授予对其他资源访问权限的凭证。此外，攻击者可能会利用面向公众的 Web 代理中的服务器端请求伪造（Server-Side Request Forgery，SSRF）漏洞，该漏洞可以使攻击者通过对实例元数据 API 的请求访问敏感信息。

7. 发现

攻击者试图找出你的环境。

发现包括攻击者可能用来获取有关系统和内部网络知识的技术。这些技术可帮助攻击者在决定采取行动之前观察环境并确定方向。它们还允许攻击者探索他们可以控制的东西及进入点附近的东西，以便发现如何使他们当前的目标受益。

攻击者可以通过查询网络上的信息，来尝试获取与他们当前正在访问的受感染系统之间或从远程系统获得的网络连接的列表。

获得基于云环境的一部分系统访问权的攻击者，可能会规划出虚拟私有云或虚拟网络，以便确定连接了哪些系统和服务。针对不同的操作系统，所执行的操作可能是相同类型的攻击发现技术，但是所得信息都包括与攻击者目标相关的联网云环境的详细信息。不同云服务商可能有不同的虚拟网络运营方式。

8. 横向移动

横向移动由使攻击者能够访问和控制网络上的远程系统的技术组成，并且可以但不一定包括在远程系统上执行工具。横向移动技术可以使攻击者从系统中收集信息，而无须其他工具，如远程访问工具。

如果存在交叉账户角色，攻击者就可以使用向其授予 AssumeRole 权限的凭证来获取另一个 AWS 账户的凭证。在默认情况下，当使用 AWS Organization 时，父账户的使用者可以在子账户中创建这些交叉账户角色。

攻击者可以识别可用作横向移动桥接器的 IAM 角色，并在初始目标账户中搜索所有 IAM 用户、组、角色策略及客户管理的策略，并识别可能的桥接 IAM 角色。在 AssumeRole 事件的初始目标账户中，攻击者使用两天的默认回溯窗口配置和 1% 的采样率收集有关任何跨账户角色假设的信息。有了潜在的桥接 IAM 角色列表，MadDog 就可以尝试获取可用于横向移动的临时凭证账户了。

通过波动模式，攻击者可以使用 MadDog 通过从每个被破坏账户中获得的凭证来破坏尽可能多的 AWS 账户。通过持久性模式，MadDog 将在每个违规账户下创建一个 IAM 用户，以进行直接和长期访问，而无须遍历横向移动最初使用的 AWS 角色链。

9. 纵向移动

纵向移动包括使攻击者能够访问和控制系统并同时在两个不同的平面（即网络平面和云平面）上旋转的技术。

攻击者可以使用 AWS SSM（Simple Server Manager）来获得具有适当权限的 AWS 凭证在计算机中的反向 Shell。借助云的控制，攻击者可以向自己授予读取网络中所有硬盘的权限，以及在磁盘中搜寻凭证或用户的权限。

10. 收集

攻击者正在尝试收集目标感兴趣的数据。

收集包括攻击者用来收集信息的技术。通常，收集数据后的下一个目标是窃取（泄露）

数据。常见的目标来源包括各种驱动器类型、浏览器、音频、视频和电子邮件。常见的收集方法包括捕获屏幕截图和键盘输入。

攻击者可能会从安全保护不当的云存储中访问数据对象。

许多云服务商都提供在线数据存储解决方案，如 Amazon S3、Azure 存储和 Google Cloud Storage。与其他存储解决方案（如 SQL 或 Elasticsearch）的不同之处在于，它们没有总体应用程序，它们的数据可以使用云服务商的 API 直接检索。云服务商通常会提供安全指南，以帮助最终用户配置系统。

最终用户的配置出现错误是一个普遍的问题，发生过很多类似事件，如云存储的安全保护不当（通常是无意中允许未经身份验证的用户进行公共访问，或者所有用户都过度访问），从而允许公开访问信用卡、个人身份信息、病历和其他敏感信息。攻击者还可能在源存储库、日志等中获取泄露的凭证，以获取对具有访问权限控制的云存储对象的访问权。

11. 渗透与数据窃取

攻击者试图窃取数据。

渗透由攻击者用来从网络中窃取数据的技术组成。攻击者收集到数据后，通常会对其进行打包，避免在删除数据时被发现，这包括数据压缩和数据加密。用于从目标网络中窃取数据的技术通常包括在其命令和控制信道或备用信道上传输数据，以及在传输中设置大小限制。

攻击者通过将数据（包括云环境的备份）转移到他们在同一服务上控制的另一个云账户中来窃取数据，从而避免典型的文件下载或传输和基于网络的渗透检测。

通过命令和控制通道监视向云环境外部大规模传输的防御者，可能不会监视向同一个云服务商内部的另一个账户的数据传输。这样的传输可以利用现有云服务商的 API 和内部地址空间混合到正常流量中，或者避免通过外部网络接口进行数据传输。在一些事件中，攻击者创建了云实例的备份并将其转移到单独的账户中。

12. 干扰

攻击者试图操纵、中断或破坏系统和数据。

干扰包括攻击者用来通过操纵业务和运营流程破坏系统和数据的可用性或完整性的技术，包括破坏或篡改数据。在某些情况下，有时候业务流程看起来还不错，但可能已进行了更改，以使攻击者的目标受益。攻击者可能会使用这些技术实现其最终目标，或为违反保密性提供掩护。

常见的攻击战术包括 DDoS（Distributed Denial-of-Service，抗拒绝服务攻击）和资源劫持。攻击者可以对来自 AWS 区域中 EC2 实例的多个目标（AWS 或非 AWS）执行 DDoS，也可能会利用增补系统的资源，解决影响系统或托管服务可用性的资源密集型问题。

资源劫持的一个常见目的是验证加密货币网络的交易并获得虚拟货币。攻击者可能会消耗足够的系统资源，从而对受影响的计算机造成负面影响或使它们失去响应。服务器和基于云的系统经常是他们的目标，因为可用资源的潜力很大，但是有时用户终端系统也可能会受到危害，并用于资源劫持和加密货币挖掘。

2.5 零信任网络

2.5.1 为什么提出零信任

传统的网络体系结构是由外到内的分层网络，默认内部是安全的，认为网络安全就是边界安全。一旦认为用户是可信任的，则进入内网后，其访问就会畅通无阻。在虚拟化的云计算时代，大量边界部署的安全产品失去了保护作用。

传统网络工程师更关注基础设施而不是数据，很少考虑权限、数据位置等因素带来的安全隐患。在典型的网络架构中，聚合网络流量是核心，分发层提供更强的分发能力，接入层连接用户，而安全能力只能嵌套或叠加在网络各层，这样做带来的问题是，企业内部员工将获得过多的信任。

零信任的首创者安全分析师约翰·金德维格认为，企业不应天然对内部或外部产生信任，而应在授权前对一切进行验证。随着越来越多的企业上云，大量高价值的数据资源造成了目标和风险的集中，企业内部用户的越权访问等问题越来越严重，身份与权限成为安全隐患，迫使我们改变构建和运营网络的方式，因此，身份零信任安全架构也逐渐被越来越多的人所接受。零信任的基本概念并不是重建整个IT系统，而是一个结合已有的安全能力，基于场景和上下文，关注身份授权信任、业务安全访问并进行动态调整和持续评估的高效、安全、合规的网络安全构想。

2.5.2 零信任的理念

零信任体系是一种广泛使用的体系，它不依赖于特定的技术，可以极其灵活地满足各类场景或架构的安全需求。简单来说，零信任模型就是消除信任网络和不信任网络的架构，所有网络流量都不可信，所有保护对象都拥有微边界，不再定义内外网或信任区域，所有访问必须先认证再授权。因此，零信任架构并不是一种技术创新，而是一种概念创新，它需要遵循最小特权原则来进行纵深的防御。

首先，零信任体系需要保证网络资源能被安全访问，这就要求在没有检查是否授权前，所有访问的流量都假定是可疑的。通常的做法是，对所有的内部流量进行加密，用与保护公网数据相同的方式来保护内部数据免遭内部恶意滥用。其次，采用最小权限执行访问控制消除受限资源被不必要访问的隐患。在云中，基于角色的访问控制和基于资源的访问会作为访问控制的重要措施被严格实施。最后，零信任要求企业监控并记录所有流量，用户只能在验证后使用执行工作所需的资源。通过无间断的实时监控和日志留存的手段，分析流量和行为等信息，来确保网络流量的可见性，以方便事后的取证与调查。

2.5.3 零信任的价值体现

随着 IT 资源越来越多地以"云"的方式交付给客户，企业的边界被打破，网络资产和数据将面临更大的风险，而不断堆叠安全设备不但不经济，还会增加复杂性而难以管理，更无法整体对虚拟化资源进行有效管理。而零信任作为一个网络概念，通过有效编排使所有安全组件协调起来成为一个安全体系，企业通过拒绝授权可以最大限度地减少暴露面，避免不必要的恶意访问、数据泄露事件，并拒绝未授权的访问，以保障企业敏感数据和网络资产方的安全。

在零信任网络中，安全设备不再存在任何信任和不受信任的接口，不再有受信任和不受信任的网络，不再有受信任和不受信任的用户。零信任要求安全人员不再信任任何网络流量的安全性。在零信任网络中，任何数据包、流量、数据都不再获得天然的信任，已防止内部的权限滥用或恶意行为。与传统思路不同，零信任需要由内到外构建网络。

零信任将解决传统网络存在的三个问题，从而为安全的网络提供支持，实现安全性。首先，零信任架构有助于网络域的划分和管理，以确保安全性和合规性。而传统分层的网络很难分段，这是因为专注于网络高速交换的分层结构并没有提供有效分段的方法，即便使用虚拟 LAN（VLAN）进行分段，技术上也不能阻止恶意行为越权访问。其次，零信任架构可内置多个并行处理的交换核心。传统网络统一的交换结构无法进行并行的数据处理，这会降低云环境下数据传递的效率。再次，零信任可以构建内生安全的高效网络架构。同时，零信任可以实现从单个控制台演进到集中管理，避免出现传统网络中为了集中管理而造成的流量聚集和拥塞。零信任弥补了传统安全管理中心仅仅对事件管理而不能深入业务和应用的不足，而能通过统一的身份管理中心和访问控制中心进行集中认证、授权与访问控制管理，使安全与业务深度结合，并提供统一的细粒度的动态访问控制，帮助企业的安全管理者更全面、更清晰地掌握自身的网络风险。

零信任的流行，为重塑网络并创建安全网络提供了机遇。零信任体系与平台无关，可以支持任何类型的资源。零信任体系将降低企业为了满足合规性或者其他安全评估产生的大量成本，比如满足金融行业 PCI 合规要求的最有效的方法之一是通过网络分段来限制 PCI 的范围。零信任可以帮助企业在网络中限制数据所在的位置范围，简化合规性并降低评估成本。零信任支持安全能力的虚拟化，这使得在虚拟化环境中做网络分域的问题不复存在，也可以通过微边界分割无线网络与有线网络，保证非法访问点无法直接连接到核心交换组件，以保证其合规性。由于零信任架构要求所有组件模块化，因此它可以灵活扩展和调整。另外，零信任网络架构的模块化特点允许用户创建网络的子集合，并将较小的零信任网络连接到现有网络，以方便创建分段的合规子网，这样可以轻松地平衡工作负载，实现设备的互操作性并降低运营成本。我们可以看到，零信任架构中这些理想的特点都可以在云环境下得到很好地发挥。

值得注意的是，对于一些对数据不敏感的企业和组织，零信任反而是一种过度投资。在合规的前提下，针对某些以提供基础设施服务或运营服务的客户，数据安全并非其核心，细粒度的访问控制也可能会造成过度的投资，这点需要企业仔细考虑。

2.5.4 零信任的安全体系

在零信任体系中，安全性不再仅仅是覆盖在网络组件上的附加层，而是存在于网络中的一种内生能力。在理想的零信任架构中，使用集成的微网关作为网络的核心，创建可并行处理的安全网络域并进行集中管理，同时对各种数据进行采集以获得完整的网络可见性，是架构的灵魂与核心。

1）数据零信任：要求企业通过分类、隔离、加密、控制等技术和管理手段，构建自身的数据分类方案，以实现对所有存储、传输和使用中的数据加密。企业从数据安全的角度建立零信任体系相对更容易落地，无论数据处于终端、服务器、数据库、应用中的哪个位置，都应该存在自己的微边界，以便执行更细粒度的规则。因此，识别敏感数据，了解用户、应用、数据之间的关系，了解敏感数据如何在网络内外流动，创建自动化的数据安全策略并持续监控和响应，是数据零信任的关键。

2）网络零信任：企业需要通过分段、隔离和控制等手段来保护网络安全。这么做的主要目的是实现支持微分段和微边界，使连接到网络分段网关所在的交换区里的安全级别相同，这些并行工作的网络分段可以单独扩展，使其安全能力得以提升。

3）人员身份零信任：严格执行访问验证且进行持续监控以保证基于身份的合理访问授权，减少非法用户的恶意行为是确保新"身份边界"安全可靠的重要能力。攻击者常用的手段是通过盗用身份凭证进入企业网络环境，并通过提权、横向移动等方式进行下一步的威胁渗透，因此企业需要从组织控制、资源使用、角色权限、会话场景等角度进行动态的身份访问管理。

4）工作负载零信任：企业所有前后端的应用系统，包括应用栈、虚拟机、容器等都可能成为被威胁的因素，故都需要进行安全控制。而企业要想实现这一点，就需要通过收集用户、应用、设备、网络等上下文的信息并增加附加的验证机制，来排除可能存在的风险。

5）设备零信任：智能设备的出现使得设备类型不再局限于电脑或手机，物联网带来的风险要求企业将所有连接到网络中的设备都视为不受信任的资产，需要根据最初收集的设备信息始终进行安全验证，对于不合规的设备要启动修复通知，而且在连接过程中要持续地监控设备，始终执行访问策略，排除一次信任永久授权的旧模式。

6）可视化分析：企业需要充分识别和了解威胁，并通过各类工具、平台和系统来获取和分析与安全相关的数据；需要在不同的场景下基于业务、技术等多维度综合认知，建立自身的威胁可视化能力，这就对企业网络提出了一定的要求。而在云环境下，由于网络管理、身份管理、应用之间的依赖关系相对清晰，因此可以更有效地支撑零信任体系的构建。

7）自动化编排：在零信任原则下，安全事件促使企业针对威胁具备根据目标的优先级排序和自动化响应的能力。事件的执行需要通过预先定义的策略来处理，这样就可以经济、高效、准确地对事件进行响应和处理了，这不仅需要平台具备支持微边界下的内置处理能力，还需要具备自动与生态中的产品进行对接和集成的更完善的响应与处置能力。

2.5.5 零信任的核心内容

根据自己的最佳实践，不同的厂商会提供对于构建零信任体系的不同方案，这里我们对NIST在2019年提出的零信任架构比较重要的一些逻辑组件进行介绍。

策略引擎组件：该组件负责是否为给定主体授权，可以将企业已有的策略和规则，或引入的外部规则作为信任模型的考虑因素。

策略管理组件：该组件用来建立客户端与资源的连接，并提供访问凭证。它可以与策略引擎合成一个组件，也可以是单独的两个。

策略执行组件：该组件负责启用、监控和中断客户端与服务资源之间的连接，分为客户端策略执行组件（代理）和服务端策略执行组件（网关）两部分。

持续诊断组件：该组件收集企业当前系统的状态信息，并更新和配置软件的组件。简单来说，它可以判断访问源的设备是否运行了存在已知漏洞的系统、应用等。

行业合规组件：该组件包含所有垂直行业规范要求的策略规则，以确保企业的合规性。

威胁情报组件：该组件提供来自多源的安全威胁情报，包括恶意IP地址、DNS黑名单、恶意软件、远控漏洞等，其中策略引擎可以利用情报进行威胁的判断与阻止。

数据访问策略组件：该组件包含企业自定义的一系列基于数据属性的规则和策略，通过访问者的角色、任务来提供基于数据和资源的权限。

公钥基础设施组件：该组件向资源、访问者和应用颁发数字证书，也可以与第三方证书机构或政府的公钥基础设施进行集成。

身份管理组件：该组件负责创建、存储和管理企业的用户账户和身份记录，包含用户相关信息、角色、访问属性和分配的系统等信息。

安全事件管理组件：该组件可以汇集各类日志、流量、资源特权，对企业威胁进行告警，并提供企业安全状况等信息。

2.5.6　零信任在云平台上的应用

零信任不是一套单一的框架体系，而是网络设计的一种指导原则，各机构也都根据自己的理解发布了零信任架构的框架指南。

在约翰·金德维格正式提出零信任后，Google 从 2011 年开始探索零信任体系，并在 2014 年发表了 BeyondCorp 系列论文，并分享了其作为用户使用零信任的实践。咨询公司 Gartner 在 2017 年发布了自适应安全框架的 3.0 版本，提出了 ZTNA-零信任网络架构和 CARTA-持续自适应的风险与信任评估，它的理念与零信任一脉相承，这进一步推动了零信任的发展。2018 年，金德维格又开始发布新的零信任扩展生态 ZTX 研究报告，探索零信任架构在企业中的应用，以及对零信任厂商进行评估。

从 2019 年开始，NIST 也发表了 Special Publication 800-207 零信任架构的 1.0 和 2.0 草案，研究零信任的组件与结构。近年来，国内也有一些安全公司开始发表管理零信任的文章，这推动了国内零信任体系结合实际场景的落地实践和理论延伸。

云计算是实现零信任比较方便的服务交付方式，但其也需要企业对现有的组织架构、业务流程等进行全面的调整和改善，这个过程需要制定分阶段的目标并做好以下几项工作。

1）充分沟通，获得组织内部认同：由于它涉及由旧体系到新体系的转移和众多相关利益方，因此得到高层的许可和相关利益方的充分理解，有利于项目的顺利执行。

2）组建合适的团队：必须争取到关键部门的配合，包括 IT、安全、基础平台、第三方合作伙伴等。锁定他们的时间，才能协调落地执行。

3）确定迁移策略：从简单到复杂，通过逐渐限制特权网络或服务逐步向零信任网络迁移，避免激进和过度。

4）认真梳理业务和收集数据：在构建零信任网络时，只有识别各类业务的需求才能明确如何使用访问控制、如何迁移等具体工作。另外，识别业务和收集数据除了可以精准完成迁移策略，还可以增加用户体验，保证不会影响日常工作。

5）特殊场景处理：针对一些强制的用户验证等特殊场景，需要进行特殊处理。另外，需要对某些应用做必要的改造,如某些非 HTTP 协议可以通过 SSH 和 VDI 进行访问。

由于零信任的一个保护重点是企业数据资源,因此在落地过程中,标识敏感数据及数据流向至关重要。同时,如何设计访问的信任微边界,如何做好持续的监控与分析,如何根据优先级的自动化编排进行集中管理,都是决定体系落地是否成功的关键。

由于零信任是一个建立在现有安全框架和概念的基础上,不断发展和演进的框架,依赖于对组织服务、数据、用户和中断的基本理解,因此零信任落地的关键在于要足够成熟且要成为当今政府或大型企业的迫切选择。但是,目前市场上还没有哪个厂商可以提供完整而全面的零信任解决方案。零信任体系相对容易构建,但在混合环境中企业需要花更多的精力去思考如何发挥零信任理念的价值,包括网络分段、数据分类、负载与应用安全性、非受信验证的自动化编排、数据的可视化和集中管理,以保证通过基础架构的设计改善网络资产和敏感数据的安全态势,这方面还有很多工作需要持续进行。

2.6 等级保护

2.6.1 什么是等级保护

等级保护全称为"网络安全等级保护",是指按照重要性对网络和信息系统等级分类别保护的工作,其中也包含对网络中使用的网络安全产品实行按等级管理,并对网络中发生的安全事件分等级响应和处置的工作。等级保护制度由公安部设计,旨在保护我国网络空间的整体安全。

等级保护制度是我国网络空间安全管理的一项基础性制度,是保障国家网络安全和维护总体安全的支撑。国家通过制定统一的信息安全等级保护管理规范和技术标准,组织公民、法人和其他组织对重要网络、信息系统、重要资源进行分等级的安全保护,安全保护等级越高,安全保护能力就越强。在制度具体的实施中,既不能保护不足,也不能保护过度,而通过合理的等级保护既可以做到有侧重地加强安全建设和管理,也可以使建设成本被合理利用。等级保护不仅包含对非涉密网络的保护,还包含对涉密信息的分级保护,但在提到云计算技术时,主要讨论对非涉密网络体系的等级保护。

我国等级保护的发展经历了 20 多年的时间,从 1994 年 2 月 18 日国务院的《中华人民共和国计算机信息系统安全保护条例》(国务院令 147 号),到 2007 年 6 月实施的《信息安全等级保护管理办法》(公通字[2007]43 号),再到 2019 年 5 月 10 日的《信息安全技术 网络安全等级保护基本要求》(GB/T 22239—2019)。这几个关键的条例和办法的颁布也里程碑式地划分了中国信息安全保护制度从建立到全面推进的几个阶段。可以看到,为了适应多领域和新技术,等级保护也在逐渐迭代。信息安全等级保护作为国家信息安全工作的基本方法,也被广泛作为参考依据。

《中华人民共和国网络安全法》(以下简称《网络安全法》) 2017 年 6 月 1 日正式实施，作为中国安全领域的基本法，在其第二十一条明确规定"国家实行网络安全等级保护制度"，要求网络运营者应当按照网络安全等级保护制度的要求，履行安全保护义务，并在第三十一条规定了对国家关键信息基础设施，在网络安全等级保护制度的基础上，实行重点保护的要求。这为网络安全等级保护工作提供了重要的法律保障和支撑，等级保护进入 2.0 时代。为了贯彻《网络安全法》和解决云计算、物联网、大数据等领域的信息系统等级保护工作中的问题，中国在 2019 年又相继发布了《信息安全技术 网络安全等级保护安全设计技术要求》(GB/T 25070—2019) 等一系列基础性国家标准。

2.6.2 等级保护的重要意义

云计算作为信息化建设中的重要系统，在经过近十余年的发展后已经逐渐被市场认可和接受，包括金融、电信、工业制造等关键信息基础设施已运行在云端，新等级保护标准中明确了云计算平台作为等级保护对象的网络安全保护要求，这对于系统组成复杂并且具有非常强的开放性的云计算而言，有着非常重要的现实意义和指导意义。等级保护的作用主要体现为以下几点：

第一，等级保护是网络安全工作的重要方法和依据。企业通过分类梳理和分析现有基础设施、信息系统和数据资源等信息资产的安全风险，可以发现与国家安全标准间的差距，以及目前的不足和风险，并可以通过安全整改，加强自身的安全防护和恢复能力，避免出现由安全导致的重要损失和影响。

第二，网络安全等级保护是我国关于网络安全的基本国策，等级保护制度本身属于行政法规，其制定依据也是法律，这就意味着等级保护工作是遵循国家相关法律法规和制度的强制性要求，任何网络运营者都必须遵从，并保护网络免受干扰、破坏或者未经授权的访问，防止网络数据泄露或者被窃取，不履行就是违法行为，因此需要引起足够重视。

第三，等级保护也广泛地被各个行业的主管机构作为网络安全工作的要求来执行，目前包括金融、电力、通信、医疗、教育、交通等在内的行业主管单位已发文要求下属单位开展网络安全等级保护工作，行业单位需要把等级保护工作作为重要工作内容向上级主管汇报。

第四，等级保护也在主观上提升了企事业单位对网络安全保护的重视程度，定期的等级保护测评工作对落实单位和个人的网络安全义务、合理规避风险有重要的影响。通过等级保护测评，发现信息系统中的安全问题并制定整改方案，对信息做到"进不来、拿不走、改不了、看不懂、跑不了、可审计、打不垮"，是等级保护工作最重要的现实意义。

2.6.3 等级保护的标准体系

1. 体系框架

网络安全标准体系框架包含基础类标准、应用类标准和其他类标准三类,其中基础类标准主要针对信息安全等级划分的准则做介绍;应用类标准则是根据网络安全等级保护的建设、测评、整改等不同环节,分别制定相应标准;其他类标准包含对风险管理、事件管理、灾难恢复制定的一些指南和规范。图 2-6-1 列出了等级保护的安全框架。

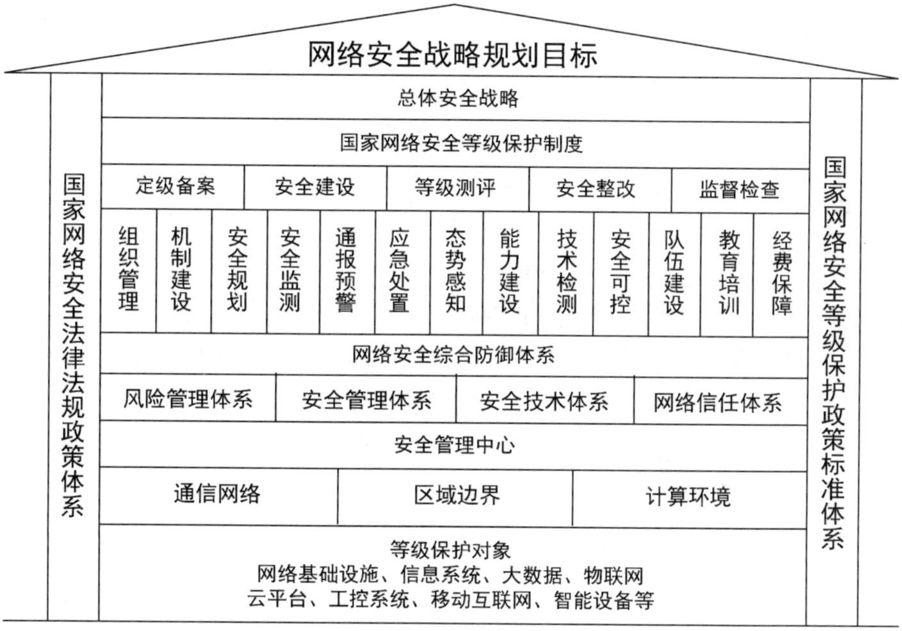

图 2-6-1

在等级保护的技术要求中,一个重要的体系框架就是"一个中心,三重防护"的指导理念。一个中心是指安全管理中心,三重防护是指通信网络、区域边界和计算环境的安全保障。在云计算环境下,等级保护也是遵循这个思想来进行设计和构建的,这主要是由于云计算仍然会面对包括网络侧基于带宽、传输会话等的安全挑战,同时攻击者也会利用云平台的一些特点实施基于身份、凭证、漏洞的面向云服务和云资源的网络攻击等。后面我们还会针对云安全的技术和管理要求进行深入探讨和分析。表 2-6-1 给出了等级保护的主要参考文件。

表 2-6-1

类别	主要文件
定级	《网络安全等级保护定级指南》《网络安全等级保护实施指南》
建设	《网络安全等级保护基本要求》《网络安全等级保护安全设计技术要求》
测评	《网络安全等级保护测评要求》《网络安全等级保护测评过程指南》
其他	《网络安全等级保护安全管理中心技术要求》等

2. 等级保护的分级

等级保护的思想体系参考了20世纪80年代美国发布的彩虹系列橘皮书——TCSEC标准，并根据实际情况，将TCSEC的七个级别重新归类为五级。因此，等级保护的思想是在吸纳国外实践经验的基础上，结合我国特点构建的信息安全保障的基本制度、策略和方法，用于指导用户开展保护信息安全的工作。

这五个级别分别是第一级：自主保护级、第二级：指导保护级、第三级：监督保护级、第四级：强制保护级、第五级：专控保护级，其中系统的重要程度逐级升高。这是根据网络在国家安全、经济建设、社会生活的重要程度，以及网络遭到破坏后，对国家安全、社会秩序、公共利益、公民、法人和其他组织合法权益的危害程度等因素进行分级的。其中，对客体的侵害程度需要根据客观方面的不同外在表现综合判断，根据对客户破坏的危害方式、危害后果和危害程度的描述，可以分为一般损害、严重损害和特别严重损害。如果定了一级，则不需要做等级测评，自助进行保护即可。对于其他级别，网络运营者需要通过"自主+专家评审+主管部门"的模式来进行定级。云平台作为关键信息系统基础设施平台，有明确的常态监督要求，其等级保护级别不应该低于第三级，同时云平台原则上应不低于其承载的等级保护对象的安全保护等级。表 2-6-2 给出了定级要素和安全保护等级关系。

表 2-6-2

受侵害客体	对客体侵害程度		
	一般损害	严重损害	特别严重损害
公民、法人和其他组织的合法权益	第一级	第二级	第三级
社会秩序、公共利益	第二级	第三级	第四级
国家安全	第三级	第四级	第五级

3. 定级对象

等级保护由最初的对计算机信息系统的保护，到对信息安全的保护，再到如今对网络安全空间的保护，其保护客体已扩大至网络设施、信息系统，以及由数据资源组成的网络空间的范畴。定级对象是确定的主要的安全责任主体，承载相对独立的业务应用，并且包含相互关联的多个资源，而网络运营者是指网络的所有者、管理者和网络服务提供者，而个人及家庭自建、自用的网络除外。

国家的关键信息基础设施是等级保护的重点保护对象，这些设施是指关系国家安全、国计民生的基础信息网络、重要信息系统、大数据和大型公共服务平台，涵盖政府、金融、能源、电信、交通、广电等重要行业。根据"谁主管、谁运营，谁负责"的原则，网络运营者就成为等级保护的责任主体，而企业需要对其建设、掌管、运营的各类系统等负责，除了需要符合等级保护的要求，它们还应该符合关键基础设备的具体安全保护办法。

与传统网络架构中的分区分域、各个组件之间紧耦合的特点不同，云环境中的网络架构呈现扁平化、业务应用与硬件平台松耦合的特点，因此单纯以物理网络和边界划分定级对象变得十分困难。参考之前提到的责任共担模型，公有云的定级对象分为云服务商控制部分和云服务客户控制部分。在责任共担模型下，云服务商需要运营和维护包含物理硬件和虚拟化层等的云支撑平台，而云上的租户根据服务模式承担其控制的应用系统等的安全责任。我们需要从定级对象的业务应用角度出发，梳理业务与对应模块的逻辑关系，进行切分定级。而对于私有云环境，有时候基础的支撑平台与其承载的业务应用存在对应关系，那么这时此平台和其承载的应用就有可能作为独立的定级系统进行定级，在一定程度上这增加了定级的复杂性和难度。

4. 工作流程

等级保护主要包含定级备案、方案设计、等级测评、建设整改和监督检查五个步骤。定级是等级保护的首要环节，即通过调查初步确定定级对象的网络安全保护等级，之后再通过专家评审和主管部门审核，确定网络安全保护等级。定级的主体是网络运营者和行业主管部门，包括公安机关、保密机关等。

云平台下的所有系统都需要进行定级，另外云服务商和云租户的应用系统应分别定级。在等级确定后，网络运营者或其主管部门需要到定级主管部门进行备案。而云服务商对平台本身也要进行单独备案，云上的租户也需要进行独立备案和相应的等级保护测评，若涉及平台端的内容则可以直接引用，不重复测评。企业需要接受等级保护测评，这项工作是由符合《网络安全等级保护测评机构管理办法》的测评机构依据国家网络安全等级保护规定进行检测评估的，主要目的是发现网络中存在的问题、了解目前的安全状况、排查网络隐患和发现薄弱环节、衡量安全保护技术和管理措施是否符合等级保护的基本要求。测评机构在测评后会给出《等级保护测试报告》。对于云平台来讲,第三级(含)以上的网络应当每年至少进行一次等级测评。根据测评结果,企业需要进行相应的建设整改,主要目的是提升安全管理水平和防范能力,降低安全隐患和安全事故,因此这是落实等级保护的关键。最后的监督检查包括备案单位定期自查、行业主管部门的督导检查和公安机关的监督检查。除了这五个步骤,新的等级保护还纳入了风险评估、安全监测、通报预警、事件调查、应急演练、灾难备份、自主可控、供应链安全、效果评价、综合考核等重点措施。

5. 基本要求

《网络安全等级保护基本要求》及行业标准规范或细则构成了网络安全建设整改的安全需求,此标准在推行网络安全等级保护制度的过程中起到了非常重要的作用。在等级保护的新标准中,其可以按管理部分和技术部分进行归类。管理部分包含制度、机构、人员,体现了管理中不可缺少的三要素,同时等级保护也对建设过程和运维过程中的管理提出了要求。技术部分对机房设施等物理环境、安全通信和区域边界的网络整体,以及安全计算环境包括构成的节点、数据和应用提出了要求,而安全管理中心主要是对系统管理、审计管理、安全管理提出要求。等级保护中的《网络安全等级保护基本要求》是网络安全建设整改的基本目标,而《网络安全等级保护安全设计技术要求》是实现该目标的方法和途径之一,技术要求从"一个中心和三重防护"四个方面给出了五个级别的网络安全保护设计要求,可用于指导网络的等级保护和安全技术设计,与基本要求配合使用。图 2-6-2 列出了等级保护中的云安全控制点与控制项。

安全要求类	层面	控制点				控制项			
		一级	二级	三级	四级	一级	二级	三级	四级
技术要求	安全物理环境	7	10	10	10	7	15	22	24
	安全通信网络	2	3	3	3	2	4	8	11
	安全区域边界	3	6	6	6	5	11	20	21
	安全计算环境	7	10	11	11	11	23	35	36
	安全管理中心	/	2	4	4	/	4	12	13
管理要求	安全管理制度	1	4	4	4	1	6	7	7
	安全管理机构	3	5	5	5	3	9	14	15
	安全管理人员	4	4	4	4	4	7	12	14
	安全建设管理	7	10	10	10	9	25	34	35
	安全运维管理	8	14	14	14	13	31	48	52
2.0 小计	/	42	68	71	71	55	135	212	228

图 2-6-2

等级保护中的安全通用要求是针对共性化保护需求提出的,等级保护对象无论以何种形式出现都必须根据安全保护等级实现相应级别的安全通用要求。而安全扩展要求是针对个性化保护需求提出的,需要根据安全保护等级和使用的特定技术或特定的应用场景选择性地实现安全扩展要求。等级保护针对云计算也提出了特别的安全扩展要求,云计算等级保护的每个等级要依据威胁的影响程度形成有梯度的防护,从而进行相应等级的网络安全保护能力的安全防御体系建设。图2-6-3给出了等级保护的安全通用要求与扩展要求的关系。

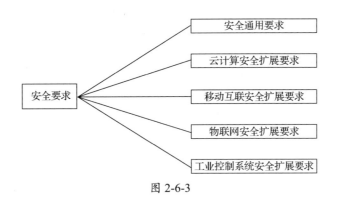

图 2-6-3

总的来说,新等级保护更加注重主动防御,以及从被动防御到事前、事中、事后全流程的安全可信、动态感知和全面审计,还有对传统信息系统之外的云计算等新技术的全覆盖。无论是云下还是云中,企业都需要通过安全技术手段加强身份鉴别、访问控制、入侵防范、数据完整性、保密性、个人信息保护等安全防护措施,实现平台的全方位安全防护。

6. 责任处罚

如果企业不履行网络安全等级保护的要求、不执行网络安全等级保护的相关工作,则可能会被罚款甚至承担刑事责任。《网络安全法》第五十九条规定:网络运营者不履行义务的,由有关主管部门责令改正,给予警告;拒不改正或者导致危害网络安全等后果的,处一万元以上十万元以下罚款,对直接负责的主管人员处五千元以上五万元以下罚款。关键信息基础设施的运营者不履行义务的,由有关主管部门责令改正,给予警告;拒不改正或者导致危害网络安全等后果的,处十万元以上一百万元以下罚款,对直接负责的主管人员处一万元以上十万元以下罚款。《网络安全法》的正式生效,使许多地区的相关部门开展了专项检查,加强了执法力度。

2.6.4 云环境下的等级保护

云计算作为外延的一个重要部分，与大数据、物联网、工业控制等被列入等级保护对象的范围。云计算作为一种通过网络提供计算等资源的服务模式，其中云平台提供基础设施和服务层软件集合，云客户按需动态自助管理和供给，这一特点决定了其在进行定级、备案、建设整改、等级测评、监督检查的过程中除了要遵从通用要求，还需要根据云计算的扩展要求进行等级保护建设。

云平台或系统由设施、硬件、资源抽象控制层、虚拟化计算资源、软件平台和应用软件等组成。前面已经提到，在云计算中由于云服务商和云客户对资源控制范围的不同决定了它们具有不同的安全责任边界，因此在定级对象上，云平台的服务商与云客户分别作为定级对象。对于大型的云平台，云计算基础设施和有关的辅助服务系统可划分为不同的定级对象。等级保护建设强调云平台的整体性，特别是在身份认证与授权、统一账户管理、安全审计等方面需要整体进行测评和过保，而对于跨地区联网的客户，可通过以云计算系统运维所在地为主备案地点进行等级保护备案和测评。

具体来看，云客户不再负责云平台安全物理环境中的数据中心、物理设施、办公场地等硬件设施的测评，而由云服务商负责承担软硬件基础设施的合规问题。在安全通信网络和区域边界中，云服务商需要提供云管平台、网管系统、开放性的安全接口和安全产品与服务，需要承担访问控制、入侵防范、安全审计的网络管理平台和附属设备的合规性，而云客户仅需要考虑客户网络安全策略和与其业务相关的虚拟机、虚拟网络设备、虚拟安全设备等虚拟环境的测评。在安全计算环境中，云服务商也承担了新纳入测评范围的镜像、快照等虚拟计算对象的过保工作。云客户只需要对虚拟设备、相关应用系统的软件、配置和业务数据信息等进行合规测评。在安全管理中心，强调云平台管理数据流与业务数据流的分离，以实现各自控制的部分达到检测的合规要求。在安全建设和运维管理上，云客户不需要再关注云平台的供应链管理、安全事件、重要信息变更和运维地点等问题，只需要考虑云服务商的选择和管理流程即可。

总的来说，新等级保护在企业解决云计算等新技术带来的新安全挑战的工作中，提供了重要的理论支撑、策略和方法，这对于云服务商和云客户都有重要的指导意义。图 2-6-4 给出了云计算等级保护安全技术的设计框架。

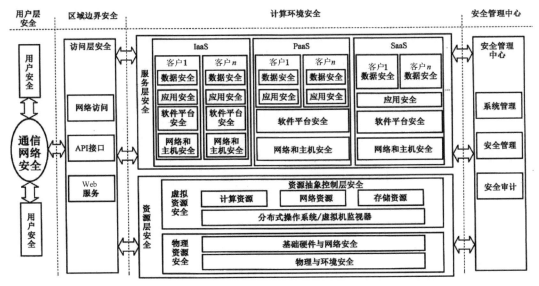

图 2-6-4

2.7 ISO 27000 系列安全标准

2.7.1 ISO 27000 系列

ISO 27000 系列标准又被称为"信息安全管理系统标准族",是由国际标准化组织(International Organization for Standardization,ISO)及国际电工委员会(International Electrotechnical Commission,IEC)共同制定的标准系列。该标准系列通过总结过去的最佳实践,提出对信息安全管理的指导和建议,同时也包含隐私、保密、法律、组织管理等诸多方面,以适应不同类型组织的要求。

ISO 27001 全称是 ISO/IEC 27001,是 ISO/IEC 27000 系列标准的一部分,第一个版本由 ISO 组织在 2005 年发布,2013 年更新了版本,并在 2017 年进行了细微的调整。它旨在提供一套综合的信息安全管理体系与安全控制实施要求与规则。作为企业信息安全管理评估的基础和参考基准,它已经成为世界通用的信息安全管理标准,在许多国家的政府、金融、电信等重要行业中被广泛应用。为了更清晰地了解 27000 系列,这里介绍几个和云计算保护相关的标准、规范和指南。

1) ISO 27001 提供了用于开发信息安全管理系统(Information Security Management System,ISMS)的策略、过程和控制框架,包括执行风险评估、设定目标和实施控制措施。

需要注意的是 ISO 27001 是管理标准，不是安全标准，它采用基于风险评估的方法，确定组织的安全要求，然后将风险置于组织可接受范围内所需的安全控制中进行管理。一旦确定了安全控制措施，ISO 27001 就会定义流程，以确保这些控制措施得到有效实施，同时控制措施要继续满足组织的安全需求。这里的关键点是企业决定所需的安全级别。因为 ISO 27001 没有定义要使用的风险评估方法，因此企业应根据风险评估和组织可接受的风险水平（风险偏好）来选择所需的安全控制措施。

2）ISO 27002 提供了与 ISO27001 共同实施的数百种控制和安全机制，这些控制包括安全策略、资产管理、访问控制、加密和操作安全性等。ISO 27002 旨在作为在基于 ISO 27001 信息安全管理系统实施过程中选择安全控制的参考，需要注意的是，企业可以获得 ISO 27001 的认证，但不能获得 ISO 27002 的认证。

3）ISO 27017 提供了有关实施云计算安全标准的指南，以及基于云的特定信息安全控制对 ISO 27001 进行了补充。ISO 27017 本质上是基于云服务的 ISO 27002 的信息安全控制操作规范，是建立在 ISO 27002 现有安全控制之上的指南。

4）ISO 27018 是一个适用于公有云个人身份信息控制的规范和其他相关指南，以解决其他 ISO 27000 标准未解决的公有云中 PII（个人可识别信息）保护的问题，重点是保护云中个人数据的安全。

信息的安全管理标准规则是通过实施一组适当的控制措施实现的，包括政策、技术、流程等。在实践中，企业需要建立、实施、监控、改善这些控制措施，并在统一的框架下构建一套全面的安全管理与控制体系。

2.7.2 ISO 27001 体系框架

ISO 27001 将安全体系建设分为 14 个控制项，认证机构在合规性检查时会对每个控制项进行审计。这些控制项包含策略、组织、架构、安全管理、事件响应、业务连续性管理、合规等。企业的安全管理体系需要将这些控制项融入企业流程中，并构建完整的信息安全管理体系文件，如下对 ISO 27001 的控制项和要求进行了总结。

1）信息安全策略：涵盖了应如何在信息安全管理体系中编写策略并对其进行合规性审查，企业的定期记录将会被审查。

2）信息安全组织：包括组织内的任务和责任分工，企业对其应该有清晰的组织结构来展示。

3）人力资源安全：包括企业在员工上任、离职或换岗期间告知员工信息安全职责的流程。

4）资产管理：数据资产管理和安全保护流程，包括软硬件和数据库等资产如何被管理，以保障它们的保密性和完整性。

5）访问控制：包括访问的授权原则、管理方法，以及员工的访问授权指南和流程。

6）加密：包括加密流程、加密方法和加密的最佳实践。

7）物理与环境安全：包括物理机房、数据中心的安防流程等。

8）运营安全：在欧洲的一般数据保护法出台后，企业采集和存储敏感数据的流程对企业管理建设至关重要。

9）通信安全：企业内所有的通信流程，包括邮件、视频电话等是如何被使用的，以及产生和传输的数据是如何被保证安全性的。

10）系统采购、开发和维护：在新设备购置后，企业需要按照一致的安全策略进行管理，并保证它们的高安全性。

11）供应商关系：所有企业与外部供应商的合同、合作方式和外部供应商访问企业数据的安全流程都需要明确和被管理。

12）安全事件管理：包括安全事件响应的最佳实践及企业如何发现和处置的流程。

13）企业涉及安全的连续性管理：指企业如何从业务中断或重大更改中恢复的流程。

14）合规：企业如何遵从所在地政府和行业的安全规范的流程和证据。

具体的安全管理体系将取决于企业组织和业务类型，只有将业务相关的流程落实到位，企业才有可能达到标准要求。

2.7.3 ISO 27001 对云安全的作用

ISO 27001 可以帮助企业建立一套规范的安全管理体系，可以更全面地对信息安全进行高效地综合管理。具体体现在以下方面：

1）实施 ISO 27001 可以改进风险管理和信息安全性，使企业的内部信息安全管理标准化，形成基于风险管理的框架。

2）ISO 27001 提供了一套标准的信息安全策略，这些策略能阐明组织实施管控的方法，确保企业良好的信息安全保护规范和流程，如强大的访问管理策略要求企业必须详细说明组织如何实施访问管理策略，该策略必须提供给所有员工，并且必须包含在其所提供的所有培训中。

3）ISO 27001 要求企业必须保留访问数据的个人信息列表，并且必须有理由作为支撑，为了确保遵循此过程，还必须对企业进行监视和审核，并及时处理违规行为。

4）企业通过 ISO 27001 信息安全管理体系认证后需要定期接收监督审核，这可以对其商业客户或合作伙伴展示很强的安全能力，而作为云平台也可以降低云客户在云环境下产生的安全疑虑。

5）企业实施此标准还可以提升不同部门对信息安全的意识并有利于加强协作。

6）ISO 27001 的国际通用性可以帮助企业更好地完成其所在地区或行业的合规要求。

在公有云环境中，获得 ISO 27001 等合规性认证是一个基本要求，这可以更好地证明平台各个层面对信息安全的承诺，并能与行业领先的最佳实践始终保持一致。

2.7.4 企业如何在上云中合理使用标准

把标准要求融入企业的安全管理流程中是一项长期的工作，而实际的过程又由企业的业务决定。企业并不需要全面而深入地对要求中的所有项进行细化，只需把控制措施中与企业密切相关的内容进行细化即可，兼顾覆盖其他的控制要求，并且通过不断地优化来持续改善。

首先，在风险评估和资产管理阶段，企业应该做好资产的识别，即全面、准确地了解企业资产及风险，这是一项系统性的工程，必须依赖多部门的协同共同完成。因此，在公司内这需要获得高层的许可，以便开展信息安全组织支撑体系建设的工作。需要注意的是，在不同阶段资产具有的价值和风险可能有所不同，故判断和分类尤为重要。同时，在资产确认后还需要对资产进行分级分类，并归纳找出资产之间的关系，这一步需要做好，否则后续一切体系建设都无从谈起。

其次，在企业有了资产清单后，就可以开始后续的安全策略和体系设计的工作。在这部分工作中，部门人员的角色与权限、数据的分类分级规划、安全政策的设计是核心。这里的安全政策是指针对不同身份的访问权限设计、不同重要性的数据管理方式，以及事件管理、业务连续性管理和合规性管理等。

再次，在差距分析阶段，企业需要根据标准中的 14 个控制项、35 个控制目标和 114 个控制点对比自身的安全措施和状态，通过风险评估对可能的威胁、影响进行识别和分析，找到企业的风险点，消除潜在隐患。同时，企业也需要发现弱点，除了系统、应用等技术上的弱点，还包括业务流程、管理机制上的管理类问题。另外，在人力资源安全、物理和环境安全、通信安全、资产管理、访问控制、信息系统运维等不同层面上要进行弱点分析和排障，对已有的安全措施进行有效验证。在风险判定阶段，准确量化风险等级除了要考虑风险的程度、影响和可能性，还要结合企业的安全策略、风险偏好、资源投入等条件信息进行综合考虑。

最后，在响应管理和处置阶段，企业除了要考虑消除风险，还要考虑转移和规避风险，以更经济的手段进行整改。由于信息不断存在新的威胁，因此并没有完美的信息安全管理体系，而如何利用有限的资源针对性地设计安全体系是每个企业的安全管理人员面临的最大挑战。在实施 ISO 27001 标准时，一定要结合场景，从实际出发，真正发挥安全管理体系的最大价值，切忌刻板对应。

2.7.5 云服务商如何合规

不同的云服务商基本都在实施自己设计的安全模型,虽然它们完全可以依赖自己的内部策略和组织去应对威胁,但还是应该根据 ISO 27001 的标准调整自己的策略和流程。在具体实践中,建议企业采用基于风险的方法进行控制,通过识别信息安全风险并选择适当的控制措施来应对,同时需要关注以下几个方面。

1)数据的保护与隐私:企业需要具备通过安全策略来管理用户角色、职责、流程,以及个人可识别敏感数据和系统访问的能力。

2)服务的可用性和连续性:提供云服务的可用性、备份和灾备恢复的策略,以确保服务始终可以被访问。

3)合规性:有相关的管理流程来确保持续监控对标准的遵从性,以消除违规风险。

4)持续安全监控:确保云资源配置的安全性和一致性,并可以告警违规漏洞。

5)身份管理和访问控制:系统访问控制仅放行授权用户、角色和应用程序,资源应该受到约束,始终禁止未经授权的访问。

6)数据完整性:云服务具备适当的安全性,即保护措施可以保证信息的保密性、完整性和可用性,包括但不限于网络、加密和备份等。

2.7.6 ISO 27000 的安全隐私保护

随着隐私保护成为安全保护的必然要求,云平台除了要满足 ISO 27001 信息保护的要求,还要满足 ISO 27017/27018 的要求。ISO 27017 提供了云环境下的安全保护指南,而 ISO 27018 是一个保护云中个人数据安全的标准,主要价值在于能帮助云平台建立自己的云上规范,保证云中的个人隐私数据等不被泄露和非法利用,从而让客户更放心地在云上开展商业活动。

虽然云服务优势诸多,但企业对云服务的安全性仍有顾虑。与 ISO 27001 配合使用的 ISO 27017 阐明了云服务商和云客户在安全保障中的角色和所应承担的责任,弥补了 ISO 27002 中缺少云环境安全保障的措施。通过 ISO 27017 的认证可以有效地保护数据,降低数据泄露的风险,以及违反法律法规带来的风险和产生的负面影响,增加了客户对企业的信任。在进行 ISO 27017 认证之前,企业必须先经过基本的 ISO 27001 认证。

ISO 27018 也建立了对个人信息数据的目标和准则,作为根据公共云计算环境 ISO 29100 中的隐私原则实施保护个人身份信息的措施。值得注意的是,ISO 27018 也是基于 ISO 27002 形成的准则,作为云环境中对个人信息保护的法规要求,因此当任何云服务商在云中处理客户的个人信息时,都应该遵从 ISO 27018 的准则,这样其无论是作为数据控制者还是作为数据处理者都可以提供给客户信任感。

如果云平台通过了 ISO 27017 和 ISO 27018 的认证标准，则表示向公众证明它们拥有一套专门处理云上安全和隐私保护问题的完整的云平台管理制度，这也是云平台对云安全和隐私内容的重要承诺。

随着 ISO 27001 的普及，它已经不再是企业差异化的竞争优势，而越来越成为一个赢得客户信任的最低要求。在对待 ISO 27000 时，企业要根据自己的实际情况来定制规范的安全管理系统，根据自己的服务模式、风险偏好、资源投入、适用范围等来判断如何进行体系认证。企业需要确定适合的方法并实施风险评估，选择安全控制并确保这些控制足以满足组织的安全需求，这也要求企业必须具备一定的风险管理与安全的专业知识，因为 ISO 27001 仅仅提供了执行操作的框架，而没有提供一个合规清单。

客户也需要准确地了解服务商通过了哪些认证及认证使用的范围，避免因为市场宣传而造成误读。企业不应该把通过认证作为一种营销手段，而客户也不应该完全依赖经过认证的企业解决所有的安全问题。

企业只有充分了解信息的价值并加以保护，才能有效地实施信息安全，这需要管理层的长期承诺，以及组织各个层面持续地实施有效的安全教育。

2.8 SOC

2.8.1 什么是 SOC

SOC（Service Organization Control），即服务性组织控制体系标准框架，是美国注册会计师协会（American Institute of Certified Public Accountants，AICPA）在 2011 年制定的服务性组织控制框架合规性标准，有 SOC 1、SOC 2 和 SOC 3 三种认证类型。SOC 1 报告主要是通过对财务方面的审计来评估服务性机构内部控制的有效性，验证组织向客户提供高质量、安全的服务承诺的能力。而 SOC 2 报告和 SOC 3 报告则侧重于系统处理客户数据的完整性问题，并基于"信任服务标准"来评估数据的保密性、可用性、完整性，以及隐私的相关控制和预定义的标准化基准。需要注意的是，SOC 2 会详述服务商具体的控制措施和它们如何被审计师测试，这个报告仅被服务对象了解，而不对公众公开。SOC 3 是可公开的材料，提供了审计师对服务商在安全性、隐私性方面提供的服务保障承诺的意见。

由于云服务商会使用这种标准来验证技术控制和流程，因此其适用于将技术数据存储在云中的基于技术的服务组织。这就意味着它几乎适用于每一个 SaaS 公司，以及使用云存储客户信息的任何公司或组织。SOC 2 是注重技术的公司必须满足的、最常见的合规性要求之一。

作为一个严格的审计标准，SOC 已被许多企业和机构认可。由于 SOC 2 会对云场景下的内控、安全性和保密性进行详细的测试和技术审查，另外要求企业遵循全面的信息安全策略和程序的标准要求，因此我们会在这一节重点讨论。表 2-8-1 列出了 SOC 1、SOC 2 和 SOC 3 的区别。

表 2-8-1

报告	内容	使用者
SOC 1	财务报告的内控部分	审计师、内控部门
SOC 2	安全性和隐私性的控制	监管机构、客户等
SOC 3	安全性和隐私性的控制	公众

2.8.2　SOC 2 的重要意义

SOC 2 并不是一个强制性的要求，但作为云服务商，通过 SOC 2 认证会带来以下好处。

1）更好地保护数据隐私：随着各国和各行业对数据保护重视程度的提高，保护客户数据免遭窃取和泄露已经成为客户的第一优先级事项，而企业合规可以让客户更放心地在云上处理信息和数据。

2）更好地遵从隐私保护等法律合规：由于 SOC 2 标准要求企业的框架需要遵从其他标准，如 ISO 27001、HIPPS 等，因此获得 SOC 2 认证可以加快组织整体性的合规工作。

3）更强的风控能力：SOC 2 报告提供有关组织全面的安全风险状态、供应商管理、内控治理及监管监督的信息，这对于企业的隐私数据保护和风控具有非常大的参考价值。

4）更低的成本投入：相比由安全事件导致的成本损失，提前进行一定的合规审计投入是非常有必要的。通过主动构建企业内部的安全措施，可以帮助企业减少由安全问题产生的损失，而且这种可能性非常高。

5）竞争优势和市场宣传：无论是海外的企业还是中国的企业，往往都会把拥有 SOC 2 和 SOC 3 报告作为差异化的优势进行宣传，通过在隐私方面的合规性来展示自己提供更安全合规的云基础设施的能力。

2.8.3　SOC 2 的核心内容

AICPA 将 SOC 2 作为替代注册会计师执行的第 70 号审计标准声明（SAS 70），旨在报告各种内部功能控件的有效性。客户在获得 SOC 报告后，可以全面地了解第三方审计的情况，这可以帮助云客户了解自己选购的云服务产品在数据安全性上的保障能力，可以帮助客户进行内控管理，否则客户就需要通过雇佣第三方对云服务商进行单独的审计。SOC 2 报告旨在满足拥有大量用户的云服务商的合规需求,这些云上用户需要有关服务组织控制的详细信息和保证。另外,SOC 2报告对组织监督、供应商管理计划、公司治理、风险管理流程、监管合规性监督等都至关重要。

这里总结了几点来帮助大家更好地了解SOC 2认证:

1)SOC 2可以给将数据的收集、处理、传输、存储、运营等外包给第三方的机构提供关于内部治理和评估的机制。与SOC 1不同,它的重点是与安全性相关的内容,而不是与客户财务报告相关的控制。需要注意的是,虽然SOC 2在形式上与SOC 1非常类似,但两者的目的却截然不同,不能相互替代,服务商完全可以对服务同时进行SOC 1和SOC 2的审计。

2)SOC 2报告允许云服务商以与SOC 1报告非常类似的格式向现有和潜在的客户分享有关其服务设计适当性和操作有效性的信息。

3)SOC 2审查报告提供全面的安全性要求:如在安全性方面,要求系统提供免受未经授权的物理和逻辑访问的措施;在完整性上,要求数据处理过程是准确、及时、经过授权的,并且要求系统可按承诺或约定的方式进行操作和使用,以保证可用性;在隐私保护方面,要求企业按照公认会计准则GAAP的要求,对个人隐私数据进行收集、使用、保留、披露和销毁的合规处理。

4)虽然审计师在审计时会考虑五个可信服务准则(安全、可用性、完整性、保密性和隐私),但在应用SOC 2进行审计时,并不是所有的准则维度都需要被考虑,而是取决于提供云服务的类型和客户的要求。

5)SOC 2包括Ⅰ类(type1)和Ⅱ类(type2)两种审核报告类型。在格式上它们都包含审计师的意见、管理层的主张及服务的控制措施,但Ⅰ类审核意见是基于一个时间点来评价服务商是否客观描述了系统和控制措施已经经过适当设计并符合标准。而Ⅱ类审核虽然也是针对安全性控制措施来审核的,但审计师需要对控制措施进行测试和评估,并在指定的审核期内(通常为6到12个月)对控制操作的有效性提出意见,因此后者是被普遍采用的一种。

6)SOC 2中并没有明确规定必须执行哪些控制措施才能满足选定原则的标准。例如,标准3.4指出:"存在防止未经授权访问系统资源的程序",该标准提供了一些说明性控制措施,包括使用虚拟专用网、防火墙、入侵检测系统等,但这些都不是强制性的,服务组织完全可以自主决定控制措施,只要这些控制措施符合选定的可信服务原则即可。

7)SOC 2的审核范围可以根据所提供的服务进行调整,以适应与其他标准审核的兼容性,服务商可以要求审计师在SOC 2报告里说明此报告还符合哪些其他标准和规范等。

8)SOC 2不是以证书的形式颁发给服务商,但认证后的服务商可以在报告日期后的12个月内,在其宣传材料和网站上显示AICPA的服务组织徽标。与SOC 3不同的是,使用SOC 2徽标不收费,但是徽标的使用取决于是否符合AICPA规定的条款和准则。

SOC 2 的 II 类作为企业最常选择的报告类型，有许多特点。在服务主张部分，审计师针对服务商是否遵从可信服务原则进行了系统的、客观的描述，独立服务审核报告总结了安全控制措施在对应可信服务准则时的有效性情况。另外，报告还系统地概述了服务目的、服务商地理位置和行业等背景信息。在基础架构部分，报告提供了组织使用的流程、策略、应用、数据的详细说明，有关第三方服务提供商已完成或当前正在进行的 SOC 审核的信息，云中使用的网络硬件、备份配置、数据库类型等技术信息。在控制环境部分，报告包括风险评估过程、通信系统、监控等信息。

需要指出的是，如果 SOC 2 审核没有通过，而当审计师的意见与服务商的主张相符或有少量意见时，后者将会收到无须修改的审核意见，实际上这表明该企业是可以信任的。但若企业存在重大例外，如未能提供足够的控制证据，则审计师可能会给出不利意见。

简而言之，云服务商应努力实现 SOC 2 的合规性，因为它不仅可以提高客户的信任度、提升企业的声誉，更重要的是，还可以增强数据保护能力并提高服务商的安全意识。

2.8.4　SOC 2 对云服务商的要求

在与客户的服务协议方面，云服务商对客户承诺的有关服务的安全性、可用性、保密性等内容，需要在与客户的服务水平协议（Service Level Agreement，SLA）或其他协议中体现。而这些承诺应该包括服务系统基本设计、内生的安全性及保密性原则等，其中保密性原则应该以限制未经授权的内外部人员对数据访问为基础，保护服务边界内数据的安全性和可用性。

在信息安全策略方面，云服务商需要清楚地阐明系统和数据是如何被保护的，包括云中的各类服务是如何被设计和开发的，系统是如何运行，内部业务系统和网络是如何被管理的，以及如何招聘和培训员工等事项。除此以外，云服务商还需要提供标准化操作流程，包括所有人工参与和自动化的标准化操作流程。

在人员组织方面，SOC 2 建议由上至下，有最高管理层牵头提高企业对安全性的重视并植入公司文化。在组织层面建立以规划、执行和控制商业运营为主的基础框架。在清晰定义角色和职责后，组织需要确保有足够的人员配备、安全性、运营效率和权责分离。当员工入职时，需要遵循标准化的入职流程，使新员工熟悉企业的各类要求、流程、系统、安全措施、政策和程序，并要为员工提供商业行为与道德守则等材料，要求进行安全与意识培训，以提高员工对信息安全的意识和责任，同时配合合规审核，为员工理解并遵循既定政策提供监督。

在数据处理方面，平台需要支撑客户对自己的数据的控制权和所有权，其中客户负责开发、操作、维护和使用其数据，服务商确保客户无法访问未经授权的物理主机、实例等。当存储设备达到使用寿命时，为了防止将客户数据暴露给未经授权的第三方，也需要依据所在垂直行业的各类规范销毁"退役"的数据和硬件。

在服务可用性方面，服务商需要有预定义的流程来维护其服务的可用性，主要包括及时发现和响应环境中的重大安全事件，并快速恢复。这个流程需要考虑业务的连续性、灾难恢复及主动性风险控制策略等，云服务商可以通过设计物理分隔的可用区、持续的扩容规划等方式来实现。应急计划和事件响应手册需要根据过往的经验不断更新，以应对新的问题。服务商还需要持续监控服务的使用情况，以保护服务的持续可用。

在保密性方面，服务商需要通过使用各类控制措施，使合法客户能够访问和管理其服务的资源和数据、制定数据存储位置，以及对数据进行删除等操作，以全面管理对资源的访问，同时需要定期对第三方合作方的服务进行审查，保证不会出现供应链的安全风险。

2.9　中国云计算服务安全标准

2.9.1　标准的背景

在 2015 年颁布的《中华人民共和国国家安全法》中，明确规定了国家安全审查制度，在支撑这项制度的技术标准中，全国信息安全标准化技术委员会在 2015 年批准的《信息安全技术　云计算服务安全能力要求》（GB/T 31168-2014）（以下简称为《能力要求》）与《信息安全技术　云计算服务安全指南》（GB/T 31167-2014）（以下简称为《安全指南》）是两个基础性标准。《安全指南》主要提供政府如何安全使用云服务的安全管理要求，这里不做重点介绍。下面主要对《能力要求》进行介绍，因为此标准主要介绍云服务商在提供服务时应具备的基础安全能力，虽然此标准主要适用于政府部门，但对企业在选择云服务商时有较强的指导意义。

为了保持与国际主流标准和指南的衔接性，此标准不仅参考了美国国家标准与技术研究院联邦信息系统的安全和隐私控制（NIST SP 800-53）V4.0 和 FedRAMP（Federal Risk and Authorization Management Program，联邦风险和授权管理计划）的云安全要求，也参考了 ISO/IEC 27017 中有关云服务信息安全控制的相关内容以及云安全联盟的云安全控制矩阵和云安全指南等文件。此标准以促进技术进步为基础，兼顾我国当时云计算产业发展的实际，不仅对云安全功能提供要求，还涉及如何正确、有效地实现安全功能，这对在国内提供云服务的服务商的能力提出了更高的要求。同时，为了避免强制性要求不利于被参考的情况出现，也给予云服务商自定义安全能力和数值的选择，这使得此标准更具灵活性和适应性。

2.9.2　标准的概述

《能力要求》中充分考虑了在不同云服务模式下，云服务商与客户因对云资源的控制范围不同而导致责任边界不同的问题，也考虑了云服务商在提供资源服务时所依赖的第三方组织的安全责任情况，对不同模式下的云服务商提出了安全能力的具体要求。

《能力要求》中的安全要求措施分为通用安全措施和专用安全措施两类，其中通用安全措施适用于云计算平台上的每一个系统，而专用安全措施仅仅针对特定的应用和服务。需要注意的是，针对一部分属于通用安全要求而另一部分属于专用安全要求的安全措施，被称为混合安全措施。如果云服务商希望为用户提供服务，则应该保证其所有的应用和服务均需要满足标准中的安全要求。在表现形式上，此标准将安全能力要求分为"一般要求"和"增强要求"。增强要求是对一般要求的补充，客户需要按照敏感程度和业务重要程度来对上云的业务和信息进行分析，选择具备相应安全能力水平的云服务商。前面已经提到，标准提供给云服务商在提供服务时自主定义"赋值"和"选择"的可能，解决了同等安全能力水平的云服务商在实现安全要求时存在方式差异的问题。云服务商可以通过删减、补充或替代的方式来对安全要求进行调整。下一节会对安全要求进行介绍。

2.9.3 标准对云服务商的能力要求

本标准对云服务商提出了基本安全能力要求，反映了云服务商在保障云计算环境中客户信息和业务的安全时应具备的基本能力。这些安全要求分为10类，每一类安全要求包括若干项具体要求。

1）系统开发与供应链安全：云服务商应在开发云计算平台时对其提供充分保护，对信息系统、组件和服务的开发商提出相应要求，为云计算平台配置足够的资源，并充分考虑安全需求。云服务商应确保其下级供应商采取了必要的安全措施。云服务商还应为客户提供有关安全措施的文档和信息，配合客户完成对信息系统和业务的管理。

2）系统与通信保护：云服务商应在云计算平台的外部边界和内部关键边界上监视、控制和保护网络通信，并采用结构化设计、软件开发技术和软件工程方法有效保护云计算平台的安全性。

3）访问控制：云服务商应严格保护云计算平台的客户数据，在允许人员、进程、设备访问云计算平台之前，应对其进行身份标识及鉴别，并限制其可执行的操作和使用的功能。

4）配置管理：云服务商应对云计算平台进行配置管理，在系统生命周期内建立和维护云计算平台（包括硬件、软件、文档等）的基线配置和详细清单，并设置和实现云计算平台中各类产品的安全配置参数。

5）维护：云服务商应维护好云计算平台设施和软件系统，并对维护所使用的工具、技术、机制以及维护人员进行有效的控制，且做好相关记录。

6）应急响应与灾备：云服务商应为云计算平台制定应急响应计划，并定期演练，确保在紧急情况下重要信息资源的可用性。云服务商应建立事件处理计划，包括对事件的预防、检测、分析和控制及系统恢复等，对事件进行跟踪、记录并向相关人员报告。云服务商应具备容灾恢复能力，建立必要的备份与恢复设施和机制，确保客户业务可持续。

7）审计：云服务商应根据安全需求和客户要求，制定可审计事件清单，明确审计记录内容，实施审计并妥善保存审计记录，对审计记录进行定期分析和审查，还应防范对审计记录的非授权访问、修改和删除行为。

8）风险评估与持续监控：云服务商应定期或在威胁环境发生变化时，对云计算平台进行风险评估，确保云计算平台的安全风险处于可接受水平。云服务商应制定监控目标清单，对目标进行持续安全监控，并在发生异常和非授权情况时发出警报。

9）安全组织与人员：云服务商应确保能够接触客户信息或业务的各类人员（包括供应商人员）上岗时具备履行其安全责任的素质和能力，还应在授予相关人员访问权限之前对其进行审查并定期复查，在人员调动或离职时履行安全程序，对于违反安全规定的人员进行处罚。

10）物理与环境保护：云服务商应确保机房位于中国境内，机房选址、设计、供电、消防、温湿度控制等符合相关标准的要求。云服务商应对机房进行监控，严格限制各类人员与运行中的云计算平台设备进行物理接触，确需接触的，需通过云服务商的明确授权。

2.9.4 标准的意义

《能力要求》不仅是我国首个云计算安全国家标准，也是我国推出国家安全审查制度的重要技术支撑基础。此标准不仅包括对云服务商的要求，还包括对其供应商、开发厂商的要求。全面的安全能力要求，充分反映了云服务的可信性、可控性和透明性；在内容上充分考虑了云计算安全的共性和特性，有很强的指导意义。

2.10 FedRAMP

2.10.1 FedRAMP

FedRAMP 于 2011 年推出，是美国联邦政府的一项计划，旨在为联邦政府采用和使用云服务提供一种经济高效并基于风险的标准和方法论。

在 FedRAMP 之前，云计算服务供应商必须满足美国各个联邦机构的不同安全要求，中间会产生大量的重复性工作，而 FedRAMP 提供了一种标准方法来对云计算服务和产品进行安全性评估、授权以及持续监控，通过提供通用的安全框架，降低了联邦机构安全评估上需要做的重复性工作。此计划推出后,想要向美国联邦政府提供云服务的服务商都必须提供 FedRAMP 证明。

2.10.2　FedRAMP 的基本要求与类型

美国政府从 2010 年开始,通过"云优先"战略(现为"云敏捷")来推动联邦机构上云。根据此战略要求,所有联邦机构均需要使用 FedRAMP 计划来对所要采用的云服务进行安全性评估、授权和持续监控。对于云服务商而言,FedRAMP 计划管理办公室规定了以下 FedRAMP 合规性要求:

1)必须获得美国联邦机构授予的机构操作授权(ATO)或联合授权委员会(JAB)授予的临时操作授权(P-ATO)。

2)必须符合美国国家标准与技术研究院(National Institute of Standards and Technology,NIST)800-53 中规定的 FedRAMP 安全控制要求,并按照联邦信息和信息系统安全分类标准(FIPS-199)进行信息分类。

3)必须使用 FedRAMP 模板,包括制定 FedRAMP 系统安全计划等。

4)必须通过授权的第三方评估机构(3PAO)的评估,并取得安全评估报告(SAR)。

5)必须根据 FedRAMP 要求创建安全评估包。

6)制定行动计划和里程碑(POA&M)并实施持续监控,如月度漏洞扫描。

7)将完成的安全评估发布到 FedRAMP 安全存储库中等。

FedRAMP 有两种类型的授权,即联合授权委员会的临时操作授权和机构操作授权。联合授权委员会由来自国防部、国土安全部和总务管理局的首席信息官组成,云服务商若想获得联合授权委员会的临时授权,需要通过 FedRAMP 认可的第三方评估机构的评估和 FedRAMP 计划管理办公室的审查。云服务商要想获得 FedRAMP 机构的操作授权,需要通过客户机构的首席安全官或者指定的授权官员的审核。需要特别注意的是,这两类授权都特别关注云服务商是否具有适当的安全措施以保护敏感数据。

2.10.3　FedRAMP 的评估与授权机制

FedRAMP 的安全评估框架 SAF(Security Accessment Framework)使用 NIST SP 800-37 风险管理控制框架作为基础来进行评估,同时,FedRAMP SAF 也符合联邦信息安全管理法案的要求,并为不同的影响级别定义了控件组。FedRAMP 具有与 NIST 对联邦机构相同的要求,但增加了控制实施摘要的要求。这些要求有助于明确联邦机构和云服务商各自的安全职责。

FedRAMP 简化了 NIST SP 800-37 中的六个步骤,并将其划分为文档记录、评估、授权和监控四个部分。在文档记录阶段，企业需要对信息系统分类、选择安全控制措施，以及在系统中实施和记录安全控制与实施安全计划。在评估阶段，云服务商需要独立的评估师来测试信息系统，以证明控制措施有效且已被实施并可验证。在授权阶段，让授权机构根据完整的文件包和测试阶段确定的风险做出是否授权的决定。在监控阶段，云服务商必须实施持续监控功能以确保云服务保持可接受的风险态势,此过程需要确定信息系统中依然有效的部分和随着时间的推移在系统及其环境中发生的计划外更改。

2.10.4　FedRAMP 的意义与价值

总体来说，FedRAMP 提供了一种标准化的方法，使得美国联邦机构可以根据一个通用的基准来进行云服务的安全性审查，云计算服务产品得以通过获得一次授权来重复被多个机构使用，这为云服务商和联邦机构节省了大量的资金、时间和精力。从一定程度上来讲，FedRAMP 加速了美国政府对云服务的采用。虽然 FedRAMP 的合规过程很严格，但是云服务商一旦获得了 FedRAMP 机构的 ATO 或联合授权委员的 P-ATO，就有很大的机会将其提供的云服务扩展到其他的联邦政府中。

FedRAMP 提高了云服务商使用 NIST 和 FISMA 定义的标准来进行安全性设计的信心，增强了美国政府与云提供商之间的透明度，并通过可重复利用的评估授权，提高了联邦政府的云服务的采用率，提升了不同机构之间评估云服务标准的一致性。

第 3 章　云安全治理模型

安全治理是指通过定义策略和安全控制措施来管理风险，确保所有团队中策略的一致性，将组织业务的风险控制在可以接受的范围。本文中，我们将以 AWS 的服务为例，讨论如何在组织和技术上进行操作，以构建有效的云安全治理模型。

3.1　如何选择云安全治理模型

3.1.1　云安全治理在数字化转型中的作用

对于很多行业的云用户来说，安全是上云的关键点，也是上云的决策点；从云服务商的视角来看，安全其实是上云前、上云中、上云后三个阶段工作的重中之重。如果在上云初期不考虑云安全治理设计，后期就会与传统数据中心安全建设的情况类似，即安全工作、安全保护和安全合规的滞后及安全投入的成倍增加，导致安全工作难见成效、投入比例失衡，无法体现安全工作的投入产出。可以说，上云的安全设计需要自上而下进行治理和规划，只有这样才能充分发挥云安全的优势和效果，才能有效地评估安全风险管控成本并增加安全工作的投入产出。

在 AWS 上，安全是软件质量的一部分。我们已经将安全需求集成到软件开发生命周期的各个环节中，并明确要求要及时、有效地解决安全问题，宁愿推迟产品上线、发布，也要修补和整改安全问题。而且我们已经研发了多个在软件开发过程中使用的安全集成服务，它们在帮助我们提升安全要求的同时，也简化了安全实现，提高了安全工作的效率。这也是从 SDLC 模型到 DevSecOps 模型的一次转型升级。

在 AWS 上，安全是全员职责的一部分。我们已经将安全要求融入每个员工的日常工作和流程中，通过各种主题的安全培训和各种形式的安全提醒，对安全要求和职责进行自动化监控和告警，持续强化并提高全员的安全意识和安全责任。

在 AWS 上，安全也是每个服务的一部分。我们已经将安全功能很好地融入很多非安全产品的功能列表中，并为不同用户提供多种安全功能实现的选择。用户可以依据保护对象的安全等级选择集成好的托管服务，也可以选择自定义的安全功能服务，还可以选择第三方的安全产品和服务。

在 AWS 上，安全是用户使用云服务资源的重要保障服务之一，也是云服务商赖以生存的基础和根本。在云上，我们始终遵循最高标准的安全建设和合规建设，同时也为符合当地监管和主管部门的法律法规的要求进行持续性建设，从而为用户提供多种安全保障实践、认证参考和继承。这也是 AWS 的安全能力和责任共担模型体现的代表性标记之一，也是我们获得客户信任，持续为客户提供安全合规的产品和服务的代表性标记之一。

3.1.2 云安全治理模型的适用性说明

在国际上，许多国家或地区已将 NIST CSF 用于商业和公共部门。意大利是采用 NIST CSF 最早的国家之一，并针对五个职能制定了国家网络安全策略。2018 年 6 月，英国调整了最低网络安全标准。此外，以色列和日本将 NIST CSF 翻译成本国语言，而以色列则通过对 NIST CSF 的改编创建了一种网络防御方法。乌拉圭也对 CSF 和 ISO 标准进行了映像，以便加强与国际安全体系框架的联系。瑞士、苏格兰和爱尔兰也是使用 NIST CSF 改善其公共和商业部门组织网络安全性的国家。

在我们构建适合自己的云安全治理模型之前，需要坚定的一个原则是做正确的事情，即补齐云安全木桶的短板。在构建云安全治理模型之后，我们需要长期坚持的一个原则是正确做事情，即提升云安全木桶的高度。在这个过程中，云服务商扮演着木桶黏合剂、提供快速集成和融合安全功能的角色。

当用户首次迁移到云时，决策层考虑的是要基于一个或多个与其行业相关的监管框架设计云安全治理模型，而大部分的客户也要使用与其行业相关的标准框架来构建决策过程。目前，公开可参考的安全治理模型包括 NIST CSF、支付卡行业数据安全标准（Payment Card Industry Data Security Standard，PCI DSS）、ISO/IEC 27001:2013 等。

AWS 一直按照最高标准来要求其服务、产品和人员，重要的是建立了一种云安全治理模型。该模型能使组织中的每位成员始终如一地做出良好的安全决策，并为客户的安全团队提供实现此目标的能力。

3.1.3 云安全治理模型的三种不同场景

1. 评估云安全现状

利用 CSF 模型对整个组织中企业的网络安全状态和成熟度（当前云安全现状）进行评估，

确定组织所需的云安全状态（云安全建设目标），并计划和确定实现目标建设所需的云资源和工作的优先级。

2. 评估云产品和服务

针对当前和方案中的云产品和服务进行评估，实现与 CSF 类别和子类别一致的安全目标，以及识别能力之间的差距和减小效率重叠或重复能力的机会。

3. 为云安全组织提供重组安全团队、流程和培训的参考

以 AWS 的认证体系和竞训平台为例，AWS 的培训与认证能帮助企业了解不同知识储备的员工可以通过哪些课程、认证和训练平台来培养和提升云计算及云安全的技能。

3.1.4 云安全责任共担模型

与传统数据中心和 IDC 托管机房的安全责任共担模型类似。在云上，云服务商和云用户也具有统一的安全责任共担模型框架。其可以减轻云用户的运营负担，因为云服务商负责运行、管理和控制从主机操作系统和虚拟层到服务运营所在设施的物理安全组件。客户负责管理其操作系统（包括更新和安全补丁）、其他相关应用程序软件，以及云服务商提供的安全组防火墙的配置策略模板。客户应该选择适合自己的服务，因为他们的责任取决于所使用的服务种类和范围，即服务与其 IT 环境的集成及适用的法律法规。责任共担还为云用户提供部署所需要的灵活性和控制力。以 AWS 的安全责任共担模型为例，这种责任区分通常涉及云"本身"的安全和云"内部"的安全。

1. AWS 的安全职责

AWS 负责保护 AWS Cloud 中提供的所有服务的全局基础架构，这是 AWS 的第一要务。该基础架构包括运行 AWS 服务的硬件、软件、网络和设施。尽管你不能访问我们的数据中心或到办公室看到此保护，但是我们提供了第三方审计报告，这些报告已经验证了我们对各种计算机安全标准和法规的遵守。

除了保护全局基础架构，AWS 还负责其产品的安全配置，这些产品被视为托管服务。这种类型的服务包括 Amazon DynamoDB、Amazon RDS、Amazon Redshift、Amazon EMR、Amazon WorkSpaces 等。这些服务提供了基于云资源的可伸缩性和灵活性，并具有被管理的额外好处。对于这些服务，AWS 可以处理访客操作系统（OS）、数据库修补、防火墙配置，以及灾难恢复之类的基本安全任务。总体而言，安全性配置工作由服务执行。

2. 客户的安全职责

借助 AWS 云，客户可以在数分钟而不是数周的时间内配置虚拟服务器、存储、数据库和桌面，还可以使用基于云的分析和工作流工具来按需处理数据，然后将其存储在自己的数据中心或云中。客户使用的 AWS 服务必须确定客户执行了多少配置工作，这是安全职责的一部分。属于基础架构即服务（IaaS）的易于理解的 AWS 产品（如 Amazon EC2、Amazon VPC 和 Amazon S3）完全在客户的控制之下，并且要求客户执行所有必要的安全配置和管理任务。与所有服务一样，客户应该保护自己的 AWS 账户凭证，并使用 IAM（Identity and Access Management）设置单个用户账户，以便每个用户都有自己的凭证，并且还可以实现职责分离。AWS 建议对每个账户使用多因素进行身份验证，要求使用 SSL/TLS 与客户的 AWS 资源进行通信，还建议使用 AWS CloudTrail 设置 API 或用户活动日志记录。

3.1.5 云平台责任共担模型分类

为了了解 AWS 服务的安全性和共同责任，我们将其分为三个类别：基础设施服务、容器服务和抽象服务。每个类别都有一个安全性所有权模型，具体如下。

1）基础设施服务：包括计算服务，如 Amazon EC2，以及相关的服务，如 Amazon Elastic Block Store（Amazon EBS）、Auto Scaling 和 Amazon Virtual Private Cloud（Amazon VPC）。借助这些服务，用户可以使用与本地解决方案相似且与之基本兼容的技术来构建云基础架构，还可以控制操作系统，并配置和操作可提供对虚拟化堆栈用户层访问权限的任何身份管理系统。

2）容器服务：其通常在单独的 Amazon EC2 或其他基础架构实例上运行，但有时用户不管理操作系统或平台层。AWS 为这些"容器"提供托管服务。用户负责设置和管理网络控制（如防火墙规则），并负责独立于 IAM 管理平台级别的身份和访问管理。容器服务包括 Amazon Relational Database Services（Amazon RDS）、Amazon Elastic Map Reduce（Amazon EMR）和 AWS Elastic Beanstalk。

3）抽象服务：包括高级存储、数据库和消息传递服务，如 Amazon Simple Storage Service（Amazon S3）、Amazon Glacier、Amazon DynamoDB、Amazon Simple Queuing Service（Amazon SQS）和 Amazon Simple Email Service（Amazon SES）。这些服务对平台或管理层进行了抽象，用户可以在该平台或管理层上构建和运行云应用程序，还可以使用 AWS API 访问这些抽象服务的端点，然后 AWS 会管理它们所驻留的基础服务组件或操作系统。用户共享底层基础架构，而抽象服务则提供了一个多租户平台，该平台以安全的方式隔离用户的数据并提供与 IAM 的强大集成。

1. IaaS 安全责任共担模型

Amazon EC2，Amazon EBS 和 Amazon VPC 等基础架构服务在 AWS 全局基础架构之上运行。它们在可用性和耐用性目标方面各不相同，但始终都在发布的特定区域内运行。用户可以通过在多个可用区域中使用弹性组件来构建满足可用性目标的系统，这些系统可以满足超过 AWS 单个服务的可用性目标的要求。图 3-1-1 描绘了 IaaS 安全责任共担模型的构建块。

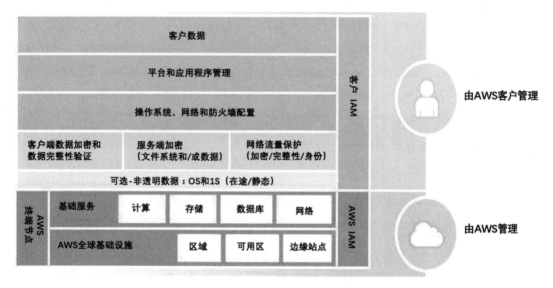

图 3-1-1

就像在自己的数据中心一样，用户可以在 AWS 全球基础架构上构建并在 AWS 云中安装和配置操作系统和平台，然后在平台上安装应用程序，最终用户的数据将驻留在自己的应用程序中，并被用户管理。除非有更严格的业务或合规性要求，否则用户无须在 AWS 全球基础架构提供的保护之外引入其他保护层。

对于某些合规性要求，用户可能需要在 AWS 服务与应用程序和数据所在的操作系统和平台之间附加一层保护。用户可以施加其他控制措施，如保护静态数据和保护传输中的数据，或者在 AWS 和平台的服务之间引入不透明层。不透明层可以包括数据加密、数据完整性认证、软件、数据签名、安全时间戳等。

AWS 提供了可用于保护静态数据和传输数据的技术，或者可以引入自己的数据保护工具，再或者可以利用 AWS 合作伙伴的产品。

用户可以管理对 AWS 服务进行身份验证资源的访问方式，但是如果想要访问 EC2 上的操作系统，则需要一组不同的凭证。在 IaaS 安全责任共担模型中，用户拥有操作系统证书，但是 AWS 可引导用户对操作系统进行初始访问。

当从标准 AMI 启动新的 Amazon EC2 实例时,用户可以使用安全的远程系统访问协议(如安全外壳(SSH)或 Windows 远程桌面协议(RDP))和该实例。但是用户必须在操作系统级别成功进行身份验证后,才能根据需要访问和配置 Amazon EC2 实例,然后设置所需的操作系统身份验证机制,包括 X.509 证书身份验证、Microsoft Active Directory 和本地操作系统账户。

为了启用对 EC2 实例的身份验证,AWS 提供了非对称密钥对,被称为 Amazon EC2 密钥对,它们是行业标准的 RSA 密钥对。每个用户可以有多个 Amazon EC2 密钥对,并且可以使用不同的密钥对启动新实例。Amazon EC2 密钥对与之前讨论的 AWS 账户或 IAM 用户凭证无关,凭证控制对其他 AWS 服务的访问,而 EC2 密钥对仅控制对特定实例的访问。

用户在安全且受信任的环境中,可以选择使用 OpenSSL 等行业标准工具生成自己的 Amazon EC2 密钥对,并且可以仅将密钥对的公共密钥导入 AWS,同时要安全地存储私钥。如果用户采用这种方式,笔者建议使用高质量的随机数生成器。

用户可以选择由 AWS 生成 Amazon EC2 密钥对。在这种情况下,首次创建实例时会同时向用户显示 RSA 密钥对的私钥和公钥。由于 AWS 不存储私钥,因此用户必须下载并安全地存储 Amazon EC2 密钥对的私钥,如果丢失则必须重新生成一个密钥对。

对于使用 cloud-init 服务的 Amazon EC2 Linux 实例,当从标准 AWS AMI 启动新实例时,Amazon EC2 密钥对所对应的公钥将被附加到初始操作系统用户的 ~/.ssh /authorized_keys 文件中。然后,通过将客户端配置为使用正确的 Amazon EC2 实例用户名作为其身份(如 ec2-user),并提供用于用户身份验证的私钥文件,该用户可以使用 SSH 客户端连接到 Amazon EC2 Linux 实例。

对于使用 ec2 config 服务的 Amazon EC2 Windows 实例,当从标准 AWS AMI 启动新实例时,ec2config 服务会为该实例设置一个新的随机管理员密码,并使用相应的 Amazon EC2 密钥对的公钥对其进行加密。用户可以通过 AWS 管理控制台或命令行工具提供相应的 Amazon EC2 私钥来解密,从而获得 Windows 的实例密码。该密码和 Amazon EC2 实例的默认管理账户可用于对 Windows 实例进行身份验证。

AWS 提供了一组灵活、实用的工具来管理 Amazon EC2 密钥,并为新启动的 Amazon EC2 实例提供行业标准的身份验证。如果用户有更高的安全性要求,则可以实施替代身份验证机制,包括 LDAP 和 Active Directory 身份验证,并禁用 Amazon EC2 密钥对身份验证。

2. PaaS 安全责任共担模型

AWS 责任共担模型也适用于容器服务,如 Amazon RDS 和 Amazon EMR。对于这些服务,

AWS 管理基础架构、基础服务、操作系统和应用程序平台。例如，Amazon RDS for Oracle 是一项托管数据库服务，其中 AWS 负责管理容器的所有层，包括 Oracle 数据库平台。对于 Amazon RDS 等服务，AWS 平台提供数据备份和恢复工具，但用户有责任根据业务的连续性和灾难恢复（BC/DR）策略配置和使用工具。对于 AWS Container 服务，用户应对数据和访问容器服务的防火墙规则负责。例如，Amazon RDS 提供 RDS 安全组，而 Amazon EMR 允许用户通过 Amazon EC2 实例的 Amazon EC2 安全组管理防火墙规则。图 3-1-2 描述了容器服务的责任共担模型。

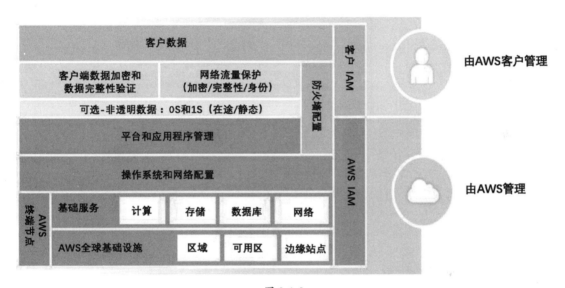

图 3-1-2

3. SaaS 安全责任共担模型

对于诸如 Amazon S3 和 Amazon DynamoDB 的抽象服务，AWS 运行基础架构层、操作系统和平台，用户可以通过访问端点来存储和检索数据。另外，Amazon S3 和 Amazon DynamoDB 与 IAM 紧密集成，其中用户负责管理数据（包括对资产进行分类），并负责使用 IAM 在平台级别对单个资源应用 ACL 类型的权限，或者在 IAM 用户或组级别应用基于用户身份或用户责任的权限。对于某些服务（如 Amazon S3），用户还可以对负载使用平台提供的静态数据加密，或者对负载使用平台提供的 HTTPS 封装，以保护往返于服务的数据。图 3-1-3 所示为 AWS 抽象服务的责任共担模型。

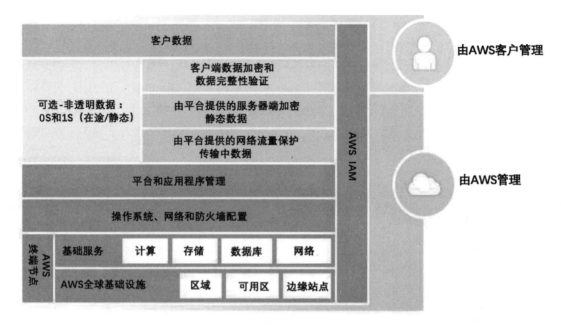

图 3-1-3

4. 共享控制模型

共享控制模型适用于基础设施层和客户层，但却是位于完全独立的上下文或环境中的控制体系。在共享控制体系中，AWS 会提出基础设施方面的要求，而客户必须在使用 AWS 服务时提供自己的控制体系实施。示例如下：

补丁管理：AWS 负责修补和修复基础设施内的缺陷，而客户负责修补其用户的操作系统和应用程序。

配置管理：AWS 负责维护基础设施和设备的配置，而客户负责配置其用户的操作系统、数据库和应用程序。

认知和培训：AWS 负责培训 AWS 员工，而客户必须负责培训自己的员工。

特定于客户的控制体系：完全由客户负责（基于其部署在 AWS 服务中的应用程序）的控制体系，包括客户在特定安全环境中需要路由的数据或对数据进行分区的服务和通信保护或分区安全性。

5. 基于 NIST CSF 的安全责任共担模型

NIST 从身份、保护、检测、响应、恢复等五个方面构建了安全能力框架，图 3-1-4 所示是 NIST CSF 的网络空间安全框架。它的核心部件就是身份（Identify）、保护（Protect）、检测（Detect）、响应（Respond）、恢复（Recover）。除此之外，其还详细列出了二级子目录的管控目标。基于 NIST CSF 的安全责任共担模型解决的具体问题：云上有哪些用户关联的资产需要保护？云上有哪些安全保护措施？云上有哪些安全事件检测服务？云上有哪些安全应急响应服务？云上有哪些安全恢复服务？NIST CSF 框架已被绝大多数重点行业或者关键技术设施参考和使用。

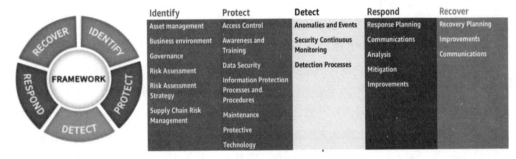

图 3-1-4

3.2 如何构建云安全治理模型

3.2.1 云安全治理模型设计的七个原则

注重数据保护的云安全治理模型，应具备以下七个设计原则：

1）实施精细的身份基础：实施最小权限原则，并在每次与 AWS 资源交互时通过适当的授权实施职责分离。集中身份管理旨在消除对长期静态凭证的依赖。

2）启用自动化合规的可追踪性：实时监视、警报和审核操作及对环境的更改。将日志和度量标准的收集与系统集成在一起，以进行自动调查并采取措施。

3）所有层级应用的安全性：采用具有多种安全控制措施的纵深防御方法，这适用于所有层，如网络边缘、VPC、负载平衡，以及每个实例、计算服务、操作系统、应用程序和代码。

4）自动化安全最佳实践：基于软件的自动化安全机制可提供快速、经济、高效的安全扩展能力。创建安全的体系结构，包括在版本控制的模板中，以代码的形式实现控件的定义和管理。

5）保护传输中和静态的数据：在适当的情况下，将数据分成敏感度不同的级别并使用诸如加密、令牌化和访问控制等机制。

6）让人们远离数据原则：即使用机制和工具来减少或消除对数据的直接访问或手动处理的需求，这样在处理敏感数据时可以减少误操作、修改及人为错误的风险。

7）自动化安全事件响应：准备一个具有事件管理和调查的政策和流程，让其与你的组织要求对齐。运行事件响应模拟并使用自动化工具来提高检测、调查和恢复的速度。

3.2.2　基于隐私的云安全治理模型

将 AWS CAF 与 NIST 隐私框架（NIST Privacy Framework）结合使用，会帮助你的组织就如何在迁移期间管理云中的数据做出更好的隐私意识决策。这两个框架都鼓励你评估当前状态，确定目标状态，然后在开始或完成云迁移时进行更改，以支持你的隐私风险管理程序。

当组织迁移到云上时，虽然有机会提高安全性标准，但你还需要考虑如何更好地保护云中的隐私。根据组织的云成熟度，云的采用可能需要整个组织的根本变化。AWS CAF 可帮助你为组织创建可行的企业范围的云迁移计划。同样，NIST 隐私框架也是一种自愿性和可自定义的工具，其在组织内部通过将隐私风险与其他风险建立等效性，鼓励跨组织协作来管理隐私风险。因此，与 AWS CAF 结合使用的 NIST 隐私框架将会使你更轻松地将隐私实践转移到云中。

第 4 章 云安全规划设计

本章介绍云安全在需求、规划、建设和实施路径方面的设计。不同规模、不同行业的企业对云安全的起点要求是不一样的,为了更好地帮助用户选择适合自己的安全建设目标和路径,我们基于 SbD(Security by Design)方法并结合用户的实际情况和发展方式,梳理出云安全建设的参考路径,从而为用户提供可参考的、持续的云安全规划和建设路径。

4.1 云安全规划方法

SbD 是一种跨行业、标准的大规模云安全和云合规规划设计方法。当为所有的安全性阶段设计安全性和合规性的功能时,客户可以使用 SbD 在 AWS 客户环境中设计任何内容,如权限、日志记录、信任关系、加密执行、要求经批准的计算机映像等。SbD 使客户能够自动执行 AWS 账户的前端结构,将安全性和合规性可靠地编码至 AWS 账户,让不合规的 IT 控制成为过去。

客户可以通过创建一种安全且可重复的云基础架构来实现安全性,并可以捕获、保护和控制特定的基础架构控制元素。这些元素可以为 IT 元素部署符合安全性的流程,如预定义和约束 AWS IAM、AWS KMS 和 AWS CloudTrail 的设计。

SbD 遵循与质量设计(QbD)相同的一般概念。质量就是设计,是质量专家约瑟夫·M.朱兰(Joseph M. Juran)首先提出来的,为质量和创新而设计是"朱兰三部曲"的三个通用流程之一,其中"朱兰三部曲"描述了实现新产品、服务和流程突破所需的条件。制造公司采用 QbD 方法的总体转变是确保将质量内置于制造过程中,而不再将后期生产质量检查作为控制质量的主要方式。

与 QbD 概念一样,在云中设计安全性可以通过系统设计规划、实施和维护云中的安全服务和业务。这是一种可靠的方法,其可以确保将云安全技术和服务部署到整个生命周期中,实现实时、可扩展和可靠的云安全性和合规性。如果只依靠审核功能来解决当前有关安全性的问题是不可靠或不可扩展的。

4.1.1　SbD 的设计方法

AWS 的 SbD 是一种云安全保障体系设计方法。它可以帮助用户规划、设计和实现 AWS 账户设计的规范化、安全控制的自动化，以及审计简化的目标和路径。通过在 AWS CloudFormation 中使用 SbD 模板，云中的安全性和合规性将会更高效、更简化、更自动，而且更适合不同规模的云用户。

针对在 AWS 中运行的客户的基础设施、操作系统、服务和应用程序，SbD 概述了控制责任、安全基准的自动化、安全配置和客户对控制的审计。此设计具有标准化、自动化、规范化且可重复的特点，可根据常见的使用案例、安全标准和审计要求跨行业和工作负载进行部署。

4.1.2　SbD 的目标

通过 SbD 可以帮助用户实现以下目标：
- 创建强制性功能，使具有不可修改功能的用户无法对其进行覆盖。
- 建立可靠的控制操作。
- 启用持续的实时审核。
- 监管策略技术脚本的编写。

结果是用户获得一个具有安全、保证、管理和合规性功能的自动化环境。现在，用户可以实施策略、标准和规章中的内容，还可以创建强制性的安全和合规性规则，而这些规则可以帮助用户创建一个适用于 AWS 环境的、可靠的功能性管理模式。

4.1.3　SbD 的过程

第 1 阶段：了解你在云中的安全性与合规性的要求。

首先执行安全控制的合理化工作。你可以创建一个安全控制实施矩阵（CIM），该矩阵将会识别现有的 AWS 认证和报告中的内在性，并确定共享的、客户架构优化的控制，无论安全要求如何，都应该在任何 AWS 环境中实施它。结果阶段将提供特定的客户地图（如 AWS Control Framework），它将为客户提供安全配方，以在整个 AWS 服务中大规模构建安全性和合规性。

安全控制实施矩阵致力于将功能和资源映像到特定的安全控制要求中。安全、合规和审核人员都可以将这些文档作为参考，以便更高效地对 AWS 中的系统进行认证。图 4-1-1 是 NIST SP 800-53 版本 4 控制安全控制矩阵，该矩阵概述了控件实施参考架构和证据示例，它们满足了 AWS 客户环境的安全控制"风险缓解"要求。

Control ID	Subpart ID	Control Requirements	Implementation Guidance	Implementation Status	Defined in Stacks	Resources defined with Stack
AC-2		Account Management-Control: The organization:	Set AWS Identify and Access Management(IAM) to support common infrastructure personnel functions -Establishes IAM conditions for group and role membership	Partially	Yes	AWS::IAM::Role AWS::IAM::Group AWS::IAM::User, AWS::IAM::Policy
AC-2	a	a. idnetifies and selects the following types of information system accounts to support organizational missions/business fuctions:[Assignment:organizaiton-defined information system account types];	Established baseline AWS CloudTrail service enablement for data collection related to account usage, events and actions performed by personnel within the customer environment.		Yes	AWS::IAM::Role AWS::IAM::Group AWS::IAM::InstanceProfile
AC-2	b	c. Establishes conditions for group and role membership;			Yes	AWS::IAM::ManagedPolicy
AC-2	c	g. Mnitors the use of, information system accounts.			Yes	AWS:CloudTrail:Trail

图 4-1-1

已具备安全服务（固有）：客户可以根据其行业及与 AWS 相关的认证、证明和报告（如 PCI, MLPS, ISO 等），从 AWS 中引用和继承安全控制元素。安全控制元素的继承根据 AWS 提供的证书和报告不同而有所不同。

跨服务安全性（共享）：跨服务安全控制是指 AWS 和客户在主机操作系统及用户操作系统中实施的安全控制。这些控制包括安全技术、安全操作和安全管理（如 IAM、安全组、配置管理等）方面的措施，在某些情况下也可以部分继承（如容错）。例如，AWS 在多个地理区域及每个区域内的多个可用区中构建其数据中心，从而提供最大的系统故障恢复能力。客户可通过跨单独的可用区进行架构设计来利用此功能，以满足自己的容错要求。

服务特定的安全性（客户）：客户的云安全控制措施可能基于他们在 AWS 中部署的系统和服务，而这些安全控制措施也可以利用多个跨服务控件、安全组和定义的配置管理过程。

优化的 IAM、网络和操作系统控制：这些控制措施是组织根据领先的安全实践、行业要求和安全标准部署的安全控制实现或安全增强功能，它们通常跨多个标准和服务，并且可以通过 AWS CloudFormation 模板和服务目录将其编写为已定义"安全环境"的一部分。

第 2 阶段：建立"安全环境"。

这可以使你将我们提供的各种安全和审计服务及功能联系在一起，并为安全、合规、审计人员提供一种简单的方法，即基于整个 AWS 客户环境中的"最低特权"为安全性和合规性配置环境。这有助于以某种方式调整服务，以便使你的环境在一个时间点或某个时间段内是安全且可审核的实时版本。

访问控制：创建组和角色（如开发人员、测试人员或管理员），并为他们提供自己的唯一凭证，以便通过使用组和角色来访问 AWS 云资源。

网络区域划分：在云中设置子网以分隔环境（应保持彼此隔离）。例如，要想将开发环境与生产环境分开，则配置网络 ACL，以控制流量在它们之间的路由。客户还可以设置单独的管理环境，以便通过使用堡垒主机限制对生产资源的直接访问来确保安全的完整性。

资源约束与监控：建立和使用与 Amazon EC2 实例相关的强化访客操作系统和服务，以及最新的安全补丁；执行数据备份并安装防病毒和入侵检测工具。部署监视、日志记录和通知警报。

数据加密：当数据或对象存储在云中时对其进行加密，方法是上传之前在云端或客户端自动加密。

第 3 阶段：加强模板使用。

在创建"安全环境"后，你需要在 AWS 中强制使用它，可以通过执行服务目录来执行此操作。在实施服务目录后，有权访问该账户的每个人都必须使用你创建的 CloudFormation 模板创建其环境。当每次有人使用该环境时，所有这些"安全环境"标准规则和约束都将被应用。这就有效地实施了对其他客户的账户进行安全配置，并为你做好审计准备。

阶段 4：执行验证活动。

此阶段的目标是确保 AWS 客户可以支持基于公共的、公认的审计标准的独立审计。审核标准提供了对审核质量的度量，以及当在审核 AWS 客户环境中构建系统时要实现的目标。

AWS 提供了工具来检测是否存在不合规的实际情况。AWS Config 为你提供了架构的当前时间点设置，另外你还可以利用 AWS Config Rules（该服务可以使你将安全环境用作权威标准）对整个环境中的控件执行全面检查。你将能够检测到谁未加密、谁正在打开 Internet 端口，以及谁在生产 VPC 之外拥有数据库，另外还可以检查 AWS 环境中 AWS 资源的任何可测量特征。

如果你正在使用的 AWS 账户并未建立和实施安全环境，那么进行全面审核的能力就特别有价值。这样，无论你如何创建账户，都可以检查整个账户，并根据你的安全环境标准对其进行审核。借助于 AWS Config Rules，你还可以持续对账户进行监视，并且控制台会随时显示哪些 IT 资源符合标准。此外，你还可以知道用户是否合规，即使在很短的时间内，这就使得时间点和时间段审核极为有效。由于审计过程在各个行业中不同，因此 AWS 客户应根据其行业领域查看所提供的审计指南，如有可能，尽量请具有"云意识"的审计组织参与，并了解 AWS 提供的独特审计自动化功能。

此外，AWS 通过安全的读取访问权限，以及独特的 API 脚本提供了多种审计证据收集功能，其中脚本可实现审计自动化的证据收集。这就为审核员提供了执行 100%审核测试的能力（相对于采用抽样方法进行的测试）。

4.2 云资产的定义和分类

4.2.1 云中资产的定义与分类

在基于 ISO 27000 安全管理体系设计 ISMS 之前,用户需要确定保护的所有信息资产,然后设计一种在技术和财务上可行的云安全解决方案来保护它们。由于很难用财务术语量化每项资产,因此你可能会发现使用定性指标(如可忽略/低/中/高/非常高)是最好的选择。

云资产的分类:基本要素,如业务信息、流程和活动;支持基本要素的组件,如硬件、软件、人员、站点和合作伙伴组织。

详细资产样本见表 4-2-1。

表 4-2-1

资产名称	资产所有者	资产类别	依赖关系	成本
面向客户的网站应用程序	电子商务团队	主要	EC2、Elastic Load Balancing、RDS、开发	部署、替换维护、成本或损失后果
客户信用卡数据	E-C 电子商务团队	主要	PCI 卡持有人环境、加密、AWS PCI 服务	
人员数据	COO	主要	Amazon RDS、加密提供者、开发和运营 IT、第三方	
数据存档	COO	主要	S3、Glacier、开发和运营 IT	
HR 管理系统	人力资源	主要	EC2、S3、RDS、开发和运营 IT、第三方	
AWS Direct Connect 基础设施	CIO	网络	网络运营、电信提供商、AWS Direct Connect	
商业智能基础设施	BI 团队	主要	EMR、Redshift、Dynamo DB、S3、开发和运营	
商业智能服务	COO	主要	BI 基础设施、BI 分析团队	
LDAP 目录	IT 安全团队	安全性	EC2、IAM、自定义软件、开发和运营	
Windows AMI	服务器团队	软件	EC2、补丁管理软件、开发和运营	
客户凭证	合规性团队	安全性	日常更新:存档基础设施	

4.2.2 云中数据的定义与分类

数据分类是规划云安全治理模型的核心,也是上云安全风险管理的基础。它涉及识别组织拥有或运营的信息系统中正在处理和存储的数据类型,还涉及确定数据的敏感性,以及数据面临的损害、丢失或误用可能产生的影响。为了确保有效的风险管理，组织应从数据的上下文开始倒推工作，并创建一种分类方案来对数据进行分类，该方案应考虑给定用例是否对组织的运营产生重大影响。例如，如果是机密的，则需要完整性和可用性。

1. 数据分类

数据分类已经使用了数十年，以帮助组织做出决定，并以适当的保护级别保护敏感或关键数据。数据无论是在内部系统中进行处理或存储还是在云中进行，数据分类都是根据组织的风险来确定数据的机密性、完整性和可用性的适当控制级别起点的。例如，与一般的"公开"数据相比，被视为"机密"的数据应得到更高的安全标准。而数据分类可以使组织根据敏感性和业务影响来评估数据，以帮助组织评估与不同类型数据相关的风险。

NIST 推荐企业使用数据分类，以便可以根据信息的相对风险和重要性对信息进行有效的管理和保护，并建议采取平等对待所有数据的做法。每个数据分类的级别都应该与建议的安全控制基准集关联，以提供与指定保护级别相对应的漏洞、威胁和风险的保护。

需要注意的是，数据过度分类产生的风险。有时组织会以相同的敏感度级别对大量不同的数据集进行广泛的分类，这可能会进一步影响业务运营的昂贵控制措施而出现不必要的支出。这种方法还可以使组织将注意力转移到不太重要的数据集上，并通过过度分类产生不必要的合规性要求，限制了数据的业务使用。

2. 数据分类方法

在建立数据分类策略时，下面的步骤不仅在开发阶段会对你有所帮助，而且在重新评估数据集是否具有相应保护措施的适当层时也可以被用作度量。

以下是数据分类的方法，以及基于客户在制定数据分类时可以考虑的国际公认指导原则。具体如下：

1）建立数据目录。首先对组织中存在的各种数据类型、如何使用，以及是否由遵从性法规或政策来管理进行盘点，然后将数据类型分组为组织采用的数据分类级别之一。

2）评估业务关键功能并进行影响评估：确定数据集安全级别的一个重要方面是了解数据对业务的重要性。在评估业务关键功能之后，客户可以对每种数据类型进行影响评估。

3）标签信息。进行质量保证评估，以确保资产和数据集在各自的分类桶中得到适当的标签。此外，由于隐私或其他合规性问题，可能有必要为数据的子类型创建辅助标签，以区分层中的特定数据集。Amazon SageMaker 和 AWS Glue 等服务可以提供洞察力和支持数据标记活动。

4）资产处理。当为数据集分配一个分类层时，会根据适合该级别的处理准则来处理数据，其中包括特定的安全控制措施。这些处理程序应当正规化，但也可以随着技术的变化而调整。

5）持续监视。要继续监视系统和数据的安全性、使用情况和访问模式，这可以通过自动（首选）或手动过程来完成，以识别外部威胁，维护正常的系统操作、安装更新并跟踪对环境的更改。

3. 现有数据分类模型

（1）国内三级数据分类模型

《个人金融信息（数据）保护试行办法》（初稿）对个人金融信息进行了分类分级，根据信息遭到未经授权的查看或未经授权的变更后所产生的影响和危害，可以将个人金融信息按敏感程度从高到低分为 C3，C2，C1 三个类别，具体信息见图 4-2。

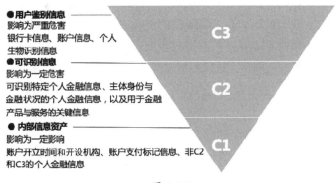

图 4-2-1

在对云中数据分类的过程中，需要重点关注组合类高敏感信息分级变化的要求：两种或两种以上的低敏感程度的类别信息经过组合、关联和分析后，可能会产生高敏感程度的信息；同一信息在不同的服务场景中可能处于不同的类别中，应依据服务场景及该信息在其中的作用对信息的类别进行识别，并实施针对性的保护措施。

（2）国外五级数据分类模型

国外已经建立了对公共部门数据的分类方案，一般政府都采用三级分类方案，而大多数公共部门则使用较低的两级分类方案。

此数据分类方案具有简短的属性列表和相关度量或标准，这可以帮助组织确定适当的分类级别。比如，华盛顿特区于 2017 年实施了一项新的数据政策，该政策的重点是提高透明度，同时仍保护敏感数据。为此华盛顿特区实施了五层模型，具体如下：

级别 0：公开数据。公开的政府网站和数据集上的数据随时可供公众使用。

级别 1：公共数据，未主动发布的数据，即不受公开披露保护的数据或不受任何法律、法规或合同约束的数据。在公共 Internet 上发布这些数据可能会危害信息中人物的安全或隐私。

级别 2：供区政府使用的数据。高度不敏感的数据，可以在政府内部分发而不受法律、法规或合同的限制，其主要是政府日常业务的运营数据。

级别 3：机密数据。数据受法律、法规或合同的保护，或者高度敏感，或者受法律、法规或合同的限制，不得向其他公共机构披露。这包括与隐私相关的数据，如个人身份信息（PII）、受保护的健康信息（PHI）、支付卡行业数据安全标准（PCI DSS）、联邦税收信息（FTI）等。

级别 4：受限机密。未经授权披露此类数据可能会给信息中所识别的人员造成重大损失或伤害，甚至死亡，或以其他方式严重损害该机构履行其法定职能的能力。

（3）国外三级数据分类模型

美国政府对国家安全信息使用三级分类方案，如第 135261 号行政命令所述，该方案着重处理指令，如果该指令被披露，则会对国家安全产生潜在影响（即机密性）。

机密信息：可以合理地预期，在未经授权的情况下披露会对国家安全造成损害的信息。

机密：可以合理地预期，未经授权的披露会严重损害国家安全的信息。

最高机密：可以合理地预期，在未经授权的情况下进行披露会严重损害国家安全的信息。

在这些分级中，还可以应用辅助标签，它们可以提供原始信息并修改处理指令。

4. 数据分类中的注意事项

无论是初创还是确定的云计算旅程，建立数据分类规则都是至关重要的，其与通过审查现有的安全做法并根据更新的威胁建立更好的策略类似。下面介绍数据分类的注意事项，为客户重新访问现有数据分类策略提供参考。

1）数据分散在各处：现代技术的广泛使用及企业各个部门对信息的依赖，意味着大量数据需要在许多系统、设备和最终用户之间进行存储、处理和传输。对于负责管理和保护大量数据的企业而言，可能会面临重大挑战。

2）组织内和组织间的依存关系：对数据需求的不断增加，会在同一部门或具有类似任务需求（如医院和医疗保健网络）的组织内，以及组织之间形成协作和共享信息。

3）最终用户知识：依赖最终用户对数据进行标识和分类的模型（如用于机器学习过程的模型）容易出错，并且常常不完整。另外，最终用户可能缺乏对数据进行有效分类和管理的技能或风险意识。

4）数据分类器和标签：通常缺乏对分类器的通用定义和理解，缺乏跨行业的标准或标签的持久性。

5）上下文：上下文很重要。信息的实际敏感性和重要性在很大程度上取决于其他因素，如信息的使用方式和与人的关系，而不是信息的本质。当组织开发和实施数据分类时，它们是需要被考虑的因素。

4.2.3 AWS 三层数据分类法

在大多数情况下，AWS 建议从三层数据分类法开始，表 4-2-2 所示为三个层次及每个层次的命名约定，该方法足以满足公共和商业客户的需求。对于具有更复杂的数据环境或各种数据类型的组织，辅助标签将会很有帮助，而不会增加层的复杂性。我们建议使用对组织有意义的最少数量的层。

表 4-2-2

Data Classification	System Security Categorization	Cloud Deployment Model Options
Unclassified	Low to High	Accredited Public Cloud
Official	Moderate to High	Accredited Public Cloud
Secret and Above	Moderate to High	Accredited Private/Hybrid/Community Cloud/Public Cloud

我们需要根据组织和风险管理的需求制定自己的分类方案，寻求摆脱繁重分层计划的方法，而使用更少的易于管理和分类的分层计划，如三层模型。

4.3 云安全建设路径

不同行业的企业上云的安全要求不同，不同规模的企业上云的路径也不同，但是在上云的过程中，它们都会聚焦云安全和云合规的问题，也都经历过安全滞后带来的重复成本的增加和风险，也都感受过安全建设路径的曲折和艰辛，以及面临价值无法体现等问题。

在上云过程中，所有公司都会将安全作为最高优先级的工作。有的公司会将云安全作为上云的焦点，如基于线下发展主营业务的公司，在上云时会提出个别层面的安全需求。有的公司会将云安全作为上云的重点，如向互联网转移主营业务的公司，在上云时会提出多个层面的安全需求。有的公司会将云安全作为上云的亮点，如完全基于互联网发展主营业务的公司，在上云时会提出全面的安全需求。

与传统数据中心的安全建设相比，云平台已经将安全技术和功能集成并融合在不同的技术层面和产品服务中，而且已经突破了很多传统安全产品和服务无法解决的难题。例如，不同品牌安全产品的日志标准不统一，不同安全产品的功能集成困难耗时，安全产品功能无法有机融合到非安全产品中，以及安全功能自动化和智能程度不高等问题。

为了在上云的不同阶段能更顺利地进行，企业选择适合自身业务发展需求的云安全建设路径是非常有必要的。为了更好地理解企业的不同发展阶段，我们选择了基于互联网业务模式的用户访问量这个指标来说明,并举例说明不同发展阶段的安全建设路径和可参考的安全建设架构。

一般的初创公司都会经历起步、升级、发展、合并、成熟等不同的发展阶段,而在不同的发展阶段,公司在IT资源上的投入与企业业务的发展业绩是互相影响的。我们可以将0到千万用户的业务增长分为5个等级:0~1万用户访问量;1万~10万用户访问量;10万~50万用户访问量;50万~100万用户访问量;100万以上用户访问量。根据不同等级,通过AWS的设计建议,客户可以轻松地实现高性能、高可用、安全与合规的基础架构。

4.3.1 起步阶段的云安全建设路径

1. 起步阶段的安全现状及重视安全的意义

大多数互联网初创公司为了节省资源一般只搭建一个网站,租用托管的一两台服务器,有的甚至将数据库和应用安装在一台主机上,即只要能接入互联网就可以开展业务。它们在安全方面的投入几乎为零,几乎不会在这个阶段考虑安全设计。因此,在传统数据中心和IDC资源自建与租用模式下,最初的安全投入缺乏足够的推动力。

创业初期就需要重视安全的意义:一是安全工作需要得到自上而下的重视和推动才可以弥补木桶中最短的一板;二是对于初创公司,全员参与安全工作、构建安全发展文化是最好的开始,也是节约安全成本的新起点;三是初创公司未来的快速和持续稳定发展都离不开安全与合规保障,因为在互联网时代,它们会直接影响公司的信誉和品牌价值。

2. 起步阶段的云安全建设需求

在全球化数据隐私保护的大环境下,公司更需要提前考虑基础云平台安全、应用安全、开发安全、数据安全和业务安全等不同层面的安全需求。这就要求企业需要将安全作为应用软件质量的一个重要指标,需要将合规嵌入到发展过程中,需要将隐私保护渗透到底层数据结构的逻辑中。因此,初创公司,特别是基于互联网的创业公司,需要抓住云安全建设的新起点,制定安全策略,为后面业务的快速、长期发展奠定安全与合规基础。

在大多数互联网初创公司的起步阶段,由于缺乏人员和费用,在选择云服务公司方面,它们可以利用云资源的优势提前规划启用基本的、必要的安全功能配置,而且在云上可以先选择免费的安全服务功能。虽然初期缺乏资源且费用非常有限,但是公司也需要初步了解安全体系框架,并选择适合自身发展的安全框架模型。例如,选择将GDPR数据隐私保护作为上云安全体系框架的基础,选择将CAF作为上云分层安全体系框架建设的基础,或者选择CSF的网络安全框架。

在管理层，建议明确三个安全策略：

1）明确安全是否是未来业务发展的基础安全功能指标。

2）明确安全是否是软件质量的一部分。

3）明确数据安全等级。

在技术层，可以参考传统的物理、网络、主机、应用和数据的分层模式设计安全需求，在云上我们更建议聚焦在职责范围设计安全需求。因此，在上云初期基于 CAF 优先选择免费的云安全服务和安全功能的需求如下。

1）账号及权限安全：设置三权账号，选择密码轮换策略，启用特权账号免费的 MFA（Multi-Factor Authentication，多因素身份验证）。

2）系统基础安全防护：设置两个 SA 安全组并配置最小的 ACL 访问控制策略。

3）数据安全保护：设置最需要保护的数据等级，启用服务端 AWS 托管加密功能。

4）检测与控制安全：参考 CIS 的 level1 安全基线进行人工配置和人工检测。

5）安全事件响应：选择开发生命周期中的一个环节进行安全响应。

本阶段建议客户考虑的安全需求，如表 4-3-1 中的 NIST CSF 架构所示。

表 4-3-1

NIST CSF 框架		安全产品	
		安全需求类别	是否启用
积极主动（Proactive）	识别（Identify）	配置管理	不启用
		系统管理	不启用
		漏洞评估	启用
		安全意识培训	启用
	保护（Protect）	访问管理	启用
		数据屏蔽	启用
		DDoS 防御	启用
		终端防御	不启用
		防火墙	启用
		操作技术培训	不启用
被动反应（Reactive）	检测（Detect）	入侵检测系统	不启用
		网络监控	不启用
		SIEM	不启用
	响应（Respond）	事件响应服务	不启用
		问题单系统	不启用
	恢复（Recover）	系统和终端备份	不启用

3. 起步阶段的云安全建设参考框架

在起步阶段，我们建议在 AWS 上选择集中部署模式，设置单可用区域、单 VPC、双 SG 安全组和互联网出口 IGW，将 EC2 服务器部署到一个或两个子网区域，其中 SG 等同于传统数据中心的防火墙，而且是 AWS 免费的功能。

本阶段的安全建设策略是分层构建，主要聚焦在网络层和主机层，图 4-3-1 是起步阶段的网络架构图。

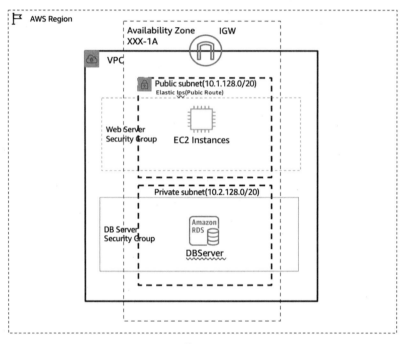

图 4-3-1

4.3.2 升级阶段的云安全建设路径

1. 升级阶段的安全现状

随着网站的访问人数越来越多，公司会发现系统的压力越来越大，响应速度也越来越慢，而且比较明显的是数据库和应用互相影响，于是就进入了安全升级阶段，即基于对业务发展速度的估算，开始增加基础资源投入。

在这个阶段，从性能的角度，公司需要将 Web 应用和数据库进行分离部署，变成两台主机、两个子网区域。另外，为了保障用户体验和保证客户访问性能，可以考虑负载均衡 ELB 服务，还可以考虑采用缓存机制来减小数据库连接资源的竞争和对数据库读取的压力，同时可能会选择将静态页面与动态页面分开部署。这样在程序上不做修改，就能很好地减小 Web 的压力。

从安全的角度，由于安全事件无法检测，因此发生安全事件就会影响应用的正常运行。如果存在比较严重的访问控制漏洞和 Web 漏洞，则会导致严重的安全事故，甚至出现数据泄露和数据库恶意删除等。

从合规的角度，由于数据隐私保护的全球化和行业安全监管要求越来越严，因此如果不及时识别合规需求并制订安全与合规补救计划，则会限制业务下一个阶段的快速发展。

2. 升级阶段的云安全建设需求

在这个阶段，一般公司会开始考虑增加云安全人员和安全费用的预算。在基于 AWS CAF 安全防护框架选择免费的云安全服务的同时，我们建议公司将 CSF 聚焦在 1 至 2 个安全能力上进行深入建设，如选择"Identity"和"Protect"。由于在云上不用担心传统数据的物理安全和网络边界的防护安全，因此公司可以根据 AWS 的责任共担模型，优先选择与用户体验和业务相关的安全需求进行规划建设。同时，还要考虑到公司现有人力资源不足的问题，尽可能选择容易启用、无须太多维护的安全服务和功能，而且最好选择自动化的安全功能和策略模板。

在管理层，建议明确五个安全策略：

1）细化未来业务发展的基础安全功能指标。

2）细化软件质量中的安全管理策略。

3）细化数据安全等级。

4）设置专职安全角色。

5）设计安全责任共担模型。

在技术层，需要开始聚焦更多云安全服务和安全功能，需求如下：

1）账号及权限安全：设置最小授权策略，设置密码策略自动化监控，扩展免费的 MFA 使用范围。

2）系统基础安全防护：设置两个以上 VPC 和三个以上 SA 安全组，启用 VPC 日志并设置关联日志监控指标，配置分层的访问控制策略。

3）数据安全保护：细化保护数据等级，扩大数据加密的服务范围。

4）检测与控制安全：可以考虑配备安全 CIS 基线扫描工具。

5）安全事件响应：选择一种安全事件进行威胁建模或启用集成多个威胁模型的服务。

本阶段建议客户考虑的安全需求，如表 4-3-2 所示。

表 4-3-2

NIST CSF 框架		安全产品	
		安全需求类别	是否启用
积极主动（Proactive）	识别（Identify）	配置管理	启用
		系统管理	启用
		漏洞评估	启用
		安全意识培训	启用
	保护（Protect）	访问管理	启用
		数据屏蔽	启用
		DDoS 防御	启用
		终端防御	不启用
		防火墙	启用
		操作技术培训	启用
被动反应（Reactive）	检测（Detect）	入侵检测系统	不启用
		网络监控	不启用
		SIEM	不启用
	响应（Respond）	事件响应服务	启用
		问题单系统	不启用
	恢复（Recover）	系统和终端备份	不启用

3. 升级阶段的云安全建设参考框架

在升级阶段，由于业务系统刚刚部署，用户的业务访问量还很少，人员和费用投入非常有限，因此我们建议在 AWS 上选择集中部署模式，设置单可用区域、单 VPC、双 SG 安全组和互联网出口 IGW，其中将 EC2 服务器部署到一个或两个子网区域。

本阶段的安全规划和安全建设偏向于主动策略，因为业务发展不够稳定。云安全规划需要聚焦在数据层、应用层、主机层和网络层。图 4-3-2 为升级阶段的网络架构图，但是这个小型的架构存在一些问题，如当访问量突然增加时，主机可能无法支持业务访问量，而且没有业务转移和数据冗余机制。

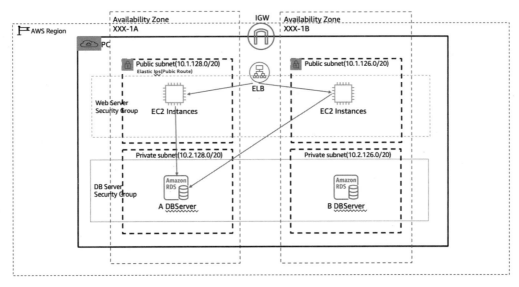

图 4-3-2

4.3.3 发展阶段的云安全建设路径

1. 发展阶段的安全现状

这个阶段，很多初创公司的业务已初具规模，有了一定的用户量，成本投入开始有了收益。以 Web 应用为例，正在迫切地考虑升级互联网 Web 应用基础架构。基于对业务发展速度的估算，其开始增加对基础资源的投入。在大多数情况下，它们开始考虑高可用性，主机从 1 台扩展到多台，为了保障用户体验和保证客户访问性能，开始考虑将 Web 与数据库分开部署。

在网站吸引了部分用户之后，逐渐会发现系统的压力越来越大，响应速度越来越慢，而这个时候比较明显的是数据库和应用互相影响，于是进入了第一步升级演变阶段：将应用和数据库从物理上分离，变成两台主机，这时技术上没有新的要求，但你会发现确实产生了效果，系统又恢复到以前的响应速度，并且支撑住了更高的流量，而且数据库和应用不会互相影响。

2. 发展阶段的云安全建设需求

这个阶段，大多数初创公司已经进入稳定的发展期，开始关注安全和合规要求对业务发展的短期和长期的影响，开始深入全面地规划和设计安全功能和合规的策略和目标。本阶段，公司加强了对业务保障的安全驱动，基于之前两个阶段的安全策略和安全措施的实际情况，本阶段的安全规划和安全建设路径会更容易明确和细化。当然，公司也可以寻求专业的安全咨询方，让它们提供基于行业和当地安全法律法规的差距评估服务。

在管理层，建议明确三个安全策略：

1）基于 CSF 安全框架，细化未来业务发展对应的安全功能指标。

2）细化软件开发和运维阶段的安全管理策略。

3）将数据安全和隐私保护细化为三个等级。

4）设置安全管理部门。

5）基于 CSF 安全框架，细化安全责任共担模型。

在技术层，扩展更多的云安全服务和安全功能，需求如下：

1）账号及权限安全：设置多账号最小授权策略、权限边界策略、密码策略自动化监控、账号密钥自动化监控，以及 MFA 使用账号和数据保护范围。

2）系统基础安全防护：设置独立的 VPC 安全区、两个以上 VPC 和三个以上 SA 安全组，启用所有 VPC 日志，并在 CloudWatch 中设置关联日志监控指标，规划和启用安全日志集中管理平台。

3）数据安全保护：细化保护数据等级并建立数据生命周期中的安全措施列表，规划建设端到端的数据加密功能。

4）检测与控制安全：启用 Inspector 的安全服务，可以考虑配备安全 CIS 基线扫描工具。

5）安全事件响应：启用 config 或者 Security Hub 构建半自动化安全事件响应。

本阶段建议客户考虑的安全需求，如表 4-3-3 所示。

表 4-3-3

NIST CSF 框架		安全产品	
		安全需求类别	是否启用
积极主动（Proactive）	识别（Identify）	配置管理	启用
		系统管理	启用
		漏洞评估	启用
		安全意识培训	启用
	保护（Protect）	访问管理	启用
		数据屏蔽	启用
		DDoS 防御	启用
		终端防御	启用
		防火墙	启用
		操作技术培训	启用

续表

NIST CSF 框架		安全产品	
		安全需求类别	是否启用
被动反应 (Reactive)	检测 (Detect)	入侵检测系统	不启用
		网络监控	启用
		SIEM	不启用
	响应 (Respond)	事件响应服务	启用
		问题单系统	启用
	恢复 (Recover)	系统和终端备份	启用

3. 发展阶段的云安全建设参考框架

在发展阶段，安全组织架构和人员投入已经基本到位，安全规划投入开始增加。为了确保业务能够更稳定、更安全地发展，公司需要在高可用设计的基础上，全面提升安全架构。例如，设置独立安全可用区域，设计多个 VPC 和多个 SG 安全组，启用安全自动化评估、自动化日志收集和自动化监控响应工具和服务。根据业务的发展规模，设计多账户部署结构，使整个安全架构覆盖到 CSF 的五个能力。

本阶段的安全规划和安全建设策略是平台化策略。云安全规划需要聚焦在数据层、应用层、主机层和网络层，图 4-3-3 所示为发展阶段的网络架构图。

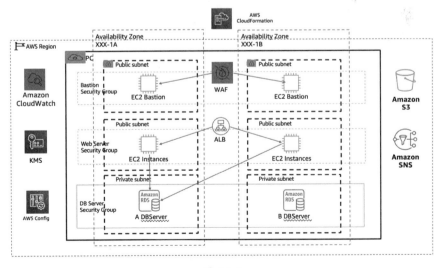

图 4-3-3

4.3.4 整合阶段的云安全建设路径

1. 整合阶段的安全现状

这个阶段,公司的业务重心可能会出现变化和调整,核心业务和非核心业务会出现合并和重组。如何确保公司的整体业务顺利完成合并,实现业务的连续性和平稳过渡;如何做好安全保障工作,这是很多公司的 CIO 和 CTO 最需要关注的。

2. 整合阶段的云安全建设需求

在本阶段,初创公司开始考虑安全功能与合规能力的全面提升,以便为业务的合并和整合提供支撑和安全合规保障。

在治理层,建议规划与业务发展战略匹配的安全合规建设策略。

在管理层,建议明确三个安全策略:

1)基于 CSF 安全框架,分层建设安全能力指标。
2)细化软件开发和运维阶段的安全管理策略。
3)将数据安全和隐私保护细化为三个等级。
4)设置安全管理部门。
5)基于 CSF 安全框架细化安全责任共担模型。

在技术层,扩展更多云安全服务和安全功能,需求如下:

1)账号及权限安全:设置多账号最小授权策略、权限边界策略、密码策略自动化监控、账号密钥自动化监控,以及 MFA 使用账号和数据保护范围。

2)系统基础安全防护:设置独立的 VPC 安全区、两个以上 VPC 和三个以上 SA 安全组,启用所有 VPC 日志,并在 CloudWatch 中设置关联日志监控指标,规划和启用安全日志集中管理平台。

3)数据安全保护:细化保护数据等级并建立数据生命周期中的安全措施列表,规划建设端到端的数据加密功能。

4)检测与控制安全:启用 Inspector 的安全服务,可以考虑配备安全 CIS 基线扫描工具。

5）安全事件响应：启用 config 或者 Security Hub 构建半自动化安全事件响应。

本阶段建议客户考虑的安全需求，如表 4-3-4 所示。

表 4-3-4

NIST CSF 框架		安全产品	
		安全需求类别	是否启用
积极主动（Proactive）	识别（Identify）	配置管理	启用
		系统管理	启用
		漏洞评估	启用
		安全意识培训	启用
	保护（Protect）	访问管理	启用
		数据屏蔽	启用
		DDoS 防御	启用
		终端防御	启用
		防火墙	启用
		操作技术培训	启用
被动反应（Reactive）	检测（Detect）	入侵检测系统	启用
		网络监控	启用
		SIEM	启用
	响应（Respond）	事件响应服务	启用
		问题单系统	启用
	恢复（Recover）	系统和终端备份	启用

3. 整合阶段的云安全建设参考框架

本阶段的安全建设策略是自动化策略，主要聚焦在综合保护能力上，图 4-3-4 为整合阶段的网络架构图。

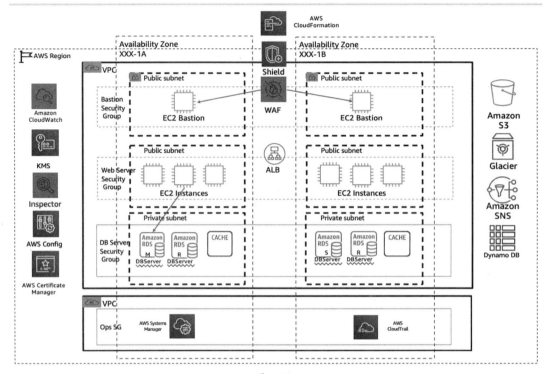

图 4-3-4

4.3.5 成熟阶段的云安全建设路径

1. 成熟阶段的安全现状

在这个阶段，公司已经过了业务快速发展期，目标是寻求稳健、可持续的发展。客户的整体系统架构趋于成熟，经过前面几个阶段的安全建设，其安全防护能力得到了有效提升，基本上可以确保业务不会受到大的突发性网络攻击的威胁。

2. 成熟阶段的云安全建设需求

本阶段，公司开始考虑量化安全能力建设，在安全方面的投入更具前瞻性和融合的能力。在治理层和管理层，请参考整合阶段的建议。

在技术层，扩展更多的云安全服务和安全功能，需求如下：

1）大数据分析：部署数据湖和用户行为分析平台，进行 7×24 小时不间断的大数据分析，并结合自身业务特点，训练智能机器人，利用机器学习和人工模型自动发现可能造成不利影响的行为并进行捕捉和响应。

2）渗透性测试：定期组织内部和外部人员进行安全攻防演练，不断发现系统的安全漏洞并及时进行修复。

3）安全事件响应：持续优化应急响应流程，一旦有安全事件发生，确保整个系统能够做到预防、发现、检测、响应和修复，确保核心业务在任何情况下都不受影响。

本阶段建议客户考虑的安全需求，如表 4-3-5 所示。

表 4-3-5

NIST CSF 框架		安全产品	
		客户需求类别	是否启用
积极主动（Proactive）	识别（Identify）	配置管理	启用
		系统管理	启用
		漏洞评估	启用
		安全意识培训	启用
	保护（Protect）	访问管理	启用
		数据屏蔽	启用
		DDoS 防御	启用
		终端防御	启用
		防火墙	启用
		操作技术培训	启用
被动反应（Reactive）	检测（Detect）	入侵检测系统	启用
		网络监控	启用
		SIEM	启用
	响应（Respond）	事件响应服务	启用
		问题单系统	启用
	恢复（Recover）	系统和终端备份	启用

3. 成熟阶段的云安全建设参考框架

本阶段的安全建设策略是量化整合策略，主要聚焦在综合防御能力建设上。图 4-3-5 所示为成熟阶段的网络架构图。

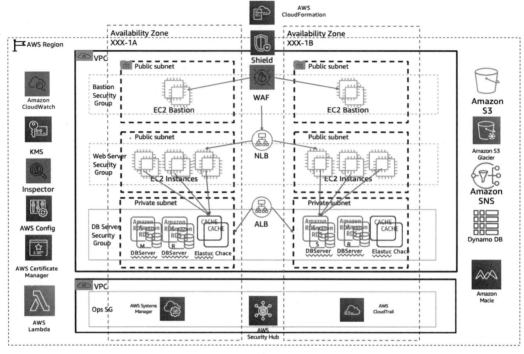

图 4-3-5

第 5 章 NIST CSF 云安全建设实践

本章将云计算安全建设实践对应到 NIST CSF 框架中,以 AWS 云计算安全服务为例,介绍云计算安全建设实践中的安全识别能力、安全保护能力、安全检测能力、安全响应能力、安全恢复能力。

NIST CSF 框架中对应的客户需求,如表 5-0-1 所示。

表 5-0-1

NIST CSF 框架		主要产品类别	
		客户应有需求	客户高级需求
积极主动(Proactive)	识别(Identify)	配置管理	应用程序安全测试
		系统管理	可选
		漏洞评估	渗透性测试
		安全意识培训	可选
	保护(Protect)	访问管理	加密
		数据屏蔽	入侵防御系统
		DDoS 防御	安全的镜像或容器
		终端防御	强大的认证
		防火墙	防火墙策略管理
		操作技术培训	可选

续表

NIST CSF 框架		主要产品类别	
		客户应有需求	客户高级需求
被动反应（Reactive）	检测（Detect）	入侵检测系统	数据分析
		网络监控	数据泄露防御
		SIEM	可选
	响应（Respond）	事件响应服务	终端检测和响应
		问题单系统	法政分析
	恢复（Recover）	系统和终端备份	高可用和镜像服务

5.1 云安全识别能力建设

NIST CSF 框架中识别能力对应的 AWS 安全服务与措施，如表 5-1-1 所示。

表 5-1-1

CSF 类别	构建能力	序号	对应 AWS 服务	核心作用
识别能力	识别云端资产，管理账户的账号、认证和授权策略	1	AWS Identity & Access Management（IAM）	安全地管理对服务和资源的访问
		2	IAM access analyzer	分析整个 AWS 环境中的公共账户和跨账户的访问功能
		3	AWS Organizations	集中控制与管理 AWS 的多账户服务
		4	AWS Directory Service	托管的 Microsoft Active Directory 通用用户管理服务
		5	AWS Single Sign-On	云 SSO 服务
		6	Amazon Cognito	应用程序身份管理
		7	AWS Control Tower	自动设置基准环境或登录区
		8	AWS Resource Access Manager	用于分享 AWS 资源的简单而安全的服务
		9	AWS Trusted Advisor	优化性能和安全性服务

5.1.1 云安全识别能力概述

云安全识别能力包含六个子项：资产管理、业务环境、治理、风险评估、风险管理策略和供应链风险管理。

资产管理（ID.AM）：根据组织对业务目标和组织风险战略的相对重要性，对让组织实现业务目标的数据、人员、设备、系统和设施进行识别和管理。

业务环境（ID.BE）：了解组织的使命、目标、利益相关者和活动并确定优先级。

治理（ID.GV）：了解用于管理和监视组织的法规、法律、风险、环境和运营要求的政策和流程，并为网络安全风险管理提供信息支撑。

风险评估（ID.RA）：了解组织运营（包括任务、职能、形象或声誉）、组织资产和个人面临的网络安全风险。

风险管理策略（ID.RM）：确定组织的优先级、约束、风险容忍度和假设，并用于支持运营风险决策。

供应链风险管理（ID.SC）：建立组织的优先级、约束、风险容忍度和假设，并用于支持与管理和供应链风险相关的风险决策。但前提是，该组织已经建立并实施了识别、评估和管理供应链风险的流程。

使用云计算服务的客户，其识别能力需要考虑几个方面：确定云上的虚拟资产和软件资产，以建立资产管理计划。识别组织制定的网络安全政策，以定义治理计划，以及识别与本组织网络安全能力相关的法律法规要求。识别云端资产的脆弱点和对内部和外部组织资源的威胁，以及作为组织风险评估基础的风险应对活动。确定组织的风险管理策略，包括建立风险容忍度。

5.1.2 云安全识别能力构成

1. 身份识别与访问控制

主流的云厂商通常都会使用身份识别与 IAM 来控制用户和云资源的权限和访问，其中 IAM 控制对哪些用户进行身份验证（登录）和授权（具有权限）以访问资源，这样当用户访问云上资源时，就无须在应用程序上使用密码或凭证，避免了权限泄露的风险。IAM 策略是一组权限策略，可以被附加到用户或云资源上，以授权他们访问的资源范围及对资源执行的操作。IAM 一般包含用户、用户组、角色、策略及第三方身份提供商对象等，其中用户或用户组是与云服务进行交互的单个用户或群体实体；角色可以理解为具有某些权限的身份，但它并不应该具备长期凭证，而是在与对象目标（用户、应用、服务等）进行关联时，用户会被授予临时的特定权限，这在跨账户访问资源时非常有用；策略就是可以授权的权限，而第三方身份提供商对象就是联合用户的提供方，如基于 LDAP 协议进行认证和授权的企业传统目录。

认证和授权是 IAM 需要具备的最基本的访问控制过程。在认证过程中，IAM 通过用户名、密码或凭证对主体进行身份验证。IAM 也需要支持 MFA 的方式，来对根用户（超级管理员）等特殊权限账号进行认证。在授权过程中，IAM 应该支持基于角色的访问控制（Role-Based Access Control，RBAC）和基于属性的访问控制（Attribute-Based Access Control，ABAC），以便进行细粒度的权限控制。在多账户、多用户的大型企业中，由于逐个控制每个访问对象的权限非常不方便，因此为了方便管理，IAM 还应该能够限制单账户中的用户或角色的最大权限范围，并且可以在多账户的企业中，帮助其设定某个账户或账户组的最大权限使用范围，同时能够提供基于会话的临时权限，以及提供支持第三方身份提供商对象联合身份的验证。

2. 访问控制分析器

云上的访问权限管理也并非万无一失，在复杂架构场景下，企业在设置身份与访问管理中很容易缺失某些关键细节，而在授予特权操作过程中的一个微小失误往往就会导致严重的安全问题，因此使用访问控制分析器来监控资源策略和管理访问的过程很有必要。

访问控制分析器的主要作用是分析外部用户从外部账户访问组织或账户内资源的风险，这些外部用户可以是某个账户、某个账户中的用户（包括第三方联合身份用户）、角色或者某个服务等实体。通过识别账户中与外部实体共享的资源，访问控制分析器可以发现和分析可能产生安全隐患的策略风险，如角色、存储桶或密钥的过度授权等。访问控制分析器一般需要先定义信任区域，而对于所有来自非信任区域的访问，则要收集和展示访问资源的详细信息，以供安全管理员了解和发现风险并可以立即对有风险的策略进行处置。这就意味着你可以以整体和安全的方式控制访问权限，而不必单独查看每个资源的策略，节省了分析资源策略和跨账户判断公众可访问性的时间，并且实现了自动化的持续监控，这对于访问控制来说，是非常重要的补充功能之一。

3. 多账户管理服务

访问与控制管理服务对单个用户或小规模的企业非常有效，但在拥有多个分支机构或部门的大型企业中，使用同一个账户会增加非常多的安全风险，并且策略管理也会异常复杂。因此，企业往往会使用多账户来隔离不同的工作职能，为组织的每个"部门"建立一个账户，并仅允许某些特定用户访问需要构建特定于该账户本身的服务。这样一来，每个账户都可以在较大的组织内提供针对其功能的特定服务，而且方便成本管理和资源分组。

企业通过多账户管理服务，可以提供组织在安全性、合规性上的能力，其中服务控制策略是必不可少的组成部分。企业通过利用服务控制策略，可以根据组织层面的管理要求来设置对特定账户或一组账户的限制条件，禁止某些特定的访问行为，并且可以确保这些策略具有比其他控制和授权策略更高的优先级。

云平台若能够提供多账户管理服务来从组织层面划分权限，则可以简化多个账户创建层次结构的工作，这就解决了大规模多账户环境下的管理复杂度和统一的服务限制控制策略问题，保证了企业整体管理和安全管理策略的一致性。

4. 目录服务

由于在大型企业中往往都已经存在本地活动目录，因此云中的身份与本地目录的"对话"或将本地目录移到云中就显得十分重要。对于云服务商来说，需要将本地的 AD 与云中的服务结合，这样管理员就可以方便地使用原有的活动目录来管理用户，以及对信息和资源进行访问。这里应该包含多种灵活的访问方式，当企业云中的应用程序需要支持 Active Directory 或 LDAP 时，能提供云中托管的活动目录管理服务，它能够支持将 Active Directory 的各种应用程序移到云中。除了应该确保所有兼容性的应用都可以与托管 AD 中的凭证一起使用，目录服务还应该支持联合身份的场景。若仅需要允许本地用户使用其 Active Directory 凭证登录到云中的应用程序和服务，目录服务也需要支持将引用连接到本地 AD 使用的简单方法，以确保托管联合身份架构的成本和复杂性。

5. SSO

SSO 就是保证一个账户在多个系统上实现单一用户登录的功能。随着服务在云环境下被划分得越来越细，SSO 就越来越成为云服务商必不可少的功能。通过 SSO，云用户可以一键登录和访问组织中所有授权的账户和应用中的资源，云服务商可以集中管理所有账户和云应用的访问。SSO 还可以帮助企业管理常用的第三方软件，即 SaaS 应用程序，以及自定义应用程序（支持安全断言标记语言（SAML）2.0）的访问和权限。

6. 第三方移动端的接入和认证

随着移动应用的普及，云平台应该能够为 Web 和移动应用程序提供身份验证、授权和用户管理的服务，即用户可以通过第三方应用的身份来登录并访问云上的资源。这里的两个主要组件是用户池和身份池。用户池为应用程序提供注册和登录选项的用户目录，身份池是授予用户访问云上服务权限的组件，通过这两个组件的配合可以完成用户通过应用服务商已有的身份对云资源访问的工作，方便移动端的访问和管理。

7. 自动化可信评估

云服务商一般都会根据自己长期的安全运营经验，总结出各种最佳实践，而通过自动化的可信评估服务，用户可以快速得到基于最佳实践的评估和指导，从而减少安全风险、提高容错能力、监控服务资源用量和改善服务性能。

这类服务往往不会事无巨细地进行基于最佳实践的全面的差距分析，但企业应该确保服务会对涉及安全性的关键策略进行监控和检查，如存储桶的策略、安全组的过度授权和不受限制访问状态、根账户是否使用多因子认证、是否存在访问日志记录、访问密钥是否暴露、数据库实例是否多区域部署等。

8. 自动化合规监控

在管理和评估资源变动方面，企业需要一个自动化的配置合规监控工具来提升治理、审计和通知跟踪的能力。云上的配置合规监控服务可以为企业提供云中资源及其当前配置的详细清单，同时还可以持续监控任何记录的更改。

通过这个服务，企业首先可以预构建模板、自定义配置规则，之后便可以自动化评估这些配置和更改不符合企业预定义的配置。比如，当发现一种或多种资源的配置、检索一个或多个资源的历史配置、生成当前配置的快照、按需进行资源配置、监控任何操作（创建、修改或删除）资源并通知管理员，以及展示资源之间的关系等不合规时，能自动进行修复。

在企业中，内部审核监控各类配置的合规性是一个详细而复杂的过程，而此时如果企业能提供所有操作的清晰的历史记录是非常重要的，这有利于审计人员快速进行组织评估。在拥有配置合规监控服务后，企业只需要创建和实施符合合规性要求的计划，之后便可以对复杂云环境中配置的安全性和合规性进行自动化监控，一旦出现不当改变就会第一时间发出告警，无论是通过自动修复还是通知安全管理人员进行处置，这都会极大地提升云中的安全性。

5.1.3 云安全识别能力建设实践

云端安全的起始点是识别云端资产和识别安全风险。与云上安全相关的资产主要是指云端的虚拟资源，包括虚拟机、存储、数据库、在 PaaS 上部署的各类云基础设施的配置、应用工作负载和数据等。同时，与企业安全相关的资产包括人员组织架构、运维管理政策、流程和工具等。

1. 识别云端资产

以 AWS 云为例，表 5-1-2 列举了客户在 AWS 上常常用到的资产。

表 5-1-2

分类	云端资产实体	AWS 云端实现
基础架构类	计算	EC2、Lambda 函数、Elastic Beanstalk、ECR、ECS、EKS、自建 Kubernetes 容器、制作的虚拟机和容器的镜像、标签 tag 等
	存储	EBS、S3 Glacier、EFS、FSx、Storage Gateway
	网络	VPC、VPN、CloudFront、Direct Connect、API Gateway、负载均衡器、Route53、IP 地址资源
	数据库	托管的关系数据库 RDS（MySQL、SQL Server、Oracle、Postgrad SQL）、Aurora、key-Value 数据库 DynamoDB、DocumentDB、内存数据库 ElastiCache、图数据库 Nepture、数据仓库 RedShift、在 EC2 虚拟机上自建的各种数据库
	操作系统	各类版本的 Linux，各种不同版本的 Windows 等
应用系统类	OA 系统	自建或第三方
	门户网站	自建或第三方
	身份管理系统	IAM 或第三方
	SAP 系统	自建或第三方
	辅助业务系统	自建或第三方
	核心业务系统	自建或第三方

云上的标签，是一个非常重要的功能。其可以为各类资源附加标签，也可以为云的运维管理提供强大的能力，而标签本身也是企业需要管理的资产。云租户的资产还包括保存在上述基础架构类资产和应用系统类资产中的数据。

基于以上分类，云客户识别自己的资产一般有如下几种途径：

第一种是通过云平台提供的界面，以 AWS 为例，客户通过 console 管理控制台，可以看到自己在各个不同类型服务中的资产清单、健康状况及服务限制情况。图 5-1-1 是 AWS EC2 服务的管理控制仪表盘。

在这个仪表盘中，我们可以看到当前账户在虚拟机相关资源中的资产清单，包括虚拟机的数量、类型和存储卷，虚拟机所使用的弹性 IP、快照数量，EC2 虚拟机所使用的安全组等信息。

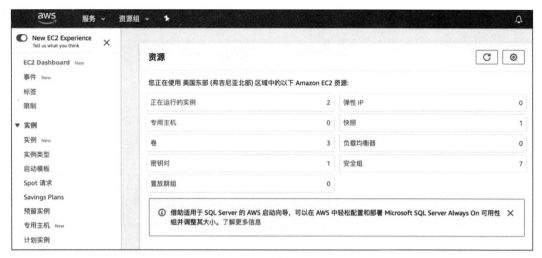

图 5-1-1

同样，我们可以在管理控制台上看到云端网络组件的资产情况，如图 5-1-2 所示。

图 5-1-2

从 VPC 控制面板上可以看到，当前账户使用的虚拟私有网络 VPC 的数量，以及相关重要组件，如子网、路由表、互联网网关、访问控制列表、NAT、终端节点等资产的信息。

同时，在控制面板中，我们可以看到账户下 AWS Config 服务的所有资源清单，如图 5-1-3 所示。

图 5-1-3

第二种是通过代码的方式实现，如通过云平台服务的 API 开发的管理工具，成熟的云平台都提供丰富的 API，开发者可以通过 API 实现资源的创建、更改、删除、查询等操作，其能实现的操作和管理控制台的基本相同，有时甚至会更全面，如批量处理能力。通过此类途径实现资产识别的一个典型代表是云管理平台（Cloud Management Platform，CMP）。目前，市场上有多种此类工具，它们按照统一的形式搜集各类资源信息并展示在一个界面中，以方便客户看到全部资产，但是看到的每类资产的信息比较少，一般只显示部分基本信息。

以 AWS 为例，AWS 的 EC2 服务提供了 25 类 148 个 API，其中包括启动虚拟机 EC2 实例、创建镜像、为 EC2 实例和镜像打标签、各种查询等功能。

第三种是命令行，也就是从命令行使用 AWS CLI 工具直接执行相关操作。这个方法和 API 类似，为日常的云端运维和开发提供了非常强大的功能。这里不再详细说明。

2. 识别并监控资产脆弱点

在云上，客户需要知道自己的资产是否存在安全脆弱点，因为只有了解了自己的脆弱点才能做好防护，而云服务商提供如下方法帮助客户去识别并持续监控。

当初次接触云时，很多客户对安全问题并不是很重视，这就会由于没有正确合理地使用云服务，而导致出现安全问题，如被人扫描、利用软件漏洞入侵等。针对这种情况，云服务商应该提供云端安全最佳实践的指导，告诉客户可能存在的安全风险并指导他们完成安全架构部署和安全运维。以 AWS 为例，AWS 提供了安全最佳实践的一系列白皮书，总结了全球客户多年使用 AWS 的经验和教训，对客户容易碰到的安全问题给出了详细的建议。同时，AWS 还提供 Trust Advisor 和 Well Architect 等服务，其中优良的 Well Architect 框架可以帮助客户在上云前和上云初期，就能从架构、运维规划上关注安全问题并投入资源；在上云后，Trust Advisor 服务可以帮助客户持续检查安全相关的风险。由于云端的服务比较多，很多服务也比较复杂，因此客户就需要 AWS 提供 AWS Config 服务。该服务列举了客户账户下所有的云端资产，并对其进行统一的管理，建立基线并持续监控基线的变化。该服务内置了大量已经配置好的规则，这可以帮助客户管控资源的状态，如是否加密传输、是否执行健康检查等。该服务的控制面板，如图 5-1-4 所示。

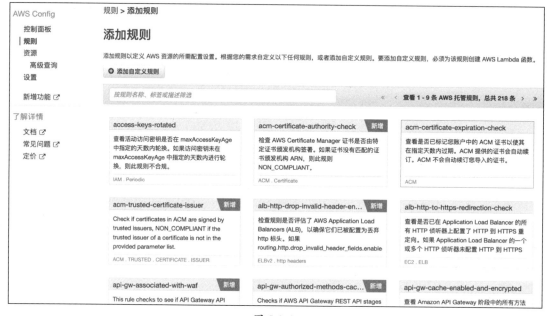

图 5-1-4

随着数据安全越来越受到重视，识别数据安全的脆弱点也变得尤其重要，因此云服务商和客户都需要为此投入大量资源。在云平台上，一个很重要的问题是识别重要数据和敏感数据，而 AWS 提供的 Macie 服务可以解决这一问题，即通过机器学习的方法对保存在 Amazon S3 上的数据进行分类和监控，防止敏感数据的泄露和滥用。另外，很多其他安全公司也提供数据分类分级的解决方案。

3. 识别安全威胁

识别云端风险的脆弱点,就需要关注来自外部的安全威胁。外部攻击或入侵的主要突破口是客户对云平台的不合理或者不正确的使用。除此之外,还有一些软件资产自带的脆弱点。为了减少此类问题的发生,客户还要关注操作系统、中间件和应用软件的安全。

根据云端安全责任共担模型,云端的虚拟机操作系统也是客户需要维护的范围,包括操作系统本身的安全漏洞、镜像的安全性和操作系统的访问控制,如安全组、访问控制列表、安全补丁等。一般云平台都会提供各类系统软件的漏洞信息,这些信息大多都来自权威的第三方威胁情报库,或者云服务商自己的安全风险情报库。

针对中间件和应用软件的风险处理,在安全管理上除了要不断关注威胁情报中的相关漏洞信息和各种新出现的攻击手段,还要在云平台上通过日常运维的工作,如打补丁、监控等方式减少风险。

5.2 云安全保护能力建设

NIST CSF 框架中保护能力对应的安全服务与措施,如表 5-2-1 所示。

表 5-2-1

CSF 类别	构建能力	序号	对应 AWS 服务	核心作用
保护能力	对云基础设施和客户信息进行保护	1	AWS Shield	DDoS 防护服务,用于防御各类 DDoS 攻击
		2	AWS WAF	Web 应用防火墙,用于防御各类 Web 攻击
		3	AWS Firewall Manager	统一防火墙策略管理系统,实现 WAF 和安全组的统一策略控制
		4	AWS Secrets Manager	轮换、管理和检索密文
		5	AWS Certificate Manager	证书管理器
		6	AWS Key Management Service (KMS)	密钥管理系统,实现 CMK 的生命周期管理
		7	AWS CloudHSM	硬件加密机

5.2.1 云安全保护能力概述

云安全保护能力是云服务商提供的基本安全保护的能力,以确保客户的应用程序能够安全地在云上运行。其主要体现在几个方面:通过严格的身份管理策略和最小授权原则,确保正确的人在正确的时间访问正确的资源；能够抵御常见的针对应用程序的网络攻击，如 DDoS 攻击、Web 攻击等；客户存储在云上的数据是经过可靠算法进行加密的，以确保客户数据不丢失；如果客户的应用程序通过容器封装，则云服务商应提供容器安全防护。

云保护能力包含六个子项：访问控制、意识和培训、数据安全、信息保护过程和程序、维护，以及保护技术。

访问控制（PR.AC）：对物理和逻辑资产及相关设施的访问仅限于授权用户，并对未授权的访问活动和交易的风险进行管理。

意识和培训（PR.AT）：向组织人员和合作伙伴提供网络安全意识教育并接受培训，以便按照相关政策、程序和协议履行与网络安全有关的职责。

数据安全（PR.DS）：根据组织的风险策略对信息和记录（数据）进行管理，以保护信息的机密性、完整性和可用性。

信息保护过程和程序（PR.IP）：维护安全策略（解决目的、范围、角色、职责、管理承诺及组织实体之间的协调）、过程和程序，并将其用于信息系统的管理和资产的保护。

维护（PR.MA）：按照政策和程序进行工业控制系统和信息系统组件的维护和修理。

保护技术（PR.PT）：管理安全解决方案以确保系统和资产的安全性和弹性，并与相关的政策、程序和协议保持一致。

5.2.2 云安全保护能力构成

1. VPC

通常，云服务商都会从技术、法规、安全和经济的角度在各个国家和地区建设一个或多个数据中心。除了要保证数据中心在性能和延迟的最佳表现，他们往往会从数据安全性、各国隐私要求和物理位置安全性的角度来考虑云基础设施的最佳位置。一般一个区域会包含多个互相独立、物理隔离的可用区。在一个区域内，会存在一个与传统数据中心的网络架构极其相似的虚拟网络，这个网络一般可以跨多个可用区，被称为 VPC（Virtual Private Cloud）。VPC 的逻辑概念如图 5-2-1 所示。

在 VPC 中，企业可以通过虚拟化的方式来启动和管理所需的 IT，从而实现传统环境中网络的逻辑隔离和安全局划分，同时也可以获得云中弹性伸缩和灵活部署的体验。虽然不同的云服务商的 VPC 定义有所区别，但一般包含 VPC 虚拟网络、子网、路由表、网关（互联网网关、虚拟网关等）、VPC 终端节点、安全组、网络访问控制列表（NACL）、网络地址转换（NAT）、弹性 IP 等。VPC 可以被看作一个独立虚拟网络，它可以包含多个子网，每个子网在逻辑上可被看作一段 IP 地址，子网通过路由表的规则来决定云中流量的流向。若 VPC 需要与互联网或其他 VPC 进行通信，则网关可以起到桥梁的作用。需要注意的是，对于不同账户中 VPC 的互联，需要云服务商可以提供对等连接来实现高效的通信。VPC 终端节点可以实现 VPC 在云中直接与其他云服务连接，而无须通过互联网或建立 VPN 来实现，以确保通信在内部云服务商的网络内完成，安全组和网络访问控制列表分别对实例和子网进行访问控制，保证网络层的安全性，限制风险暴露面。需要注意的是，从网络的方便性和可实施性的角度考虑，建议 VPC 不要跨区域分布，子网最好限制在一个可用区内。VPC 终端节点不要支持跨区域的 VPC 与资源的连通，以免造成安全风险，安全组规则与实例都应该属于同一个区域，而一个网络地址转换组件也应该只对同一个可用区实例流量生效。

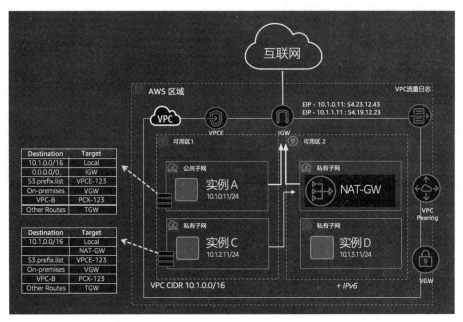

图 5-2-1

2. DDoS 与 WAF 防护

在云环境下，针对实例、负载均衡器、域名解析等对象，资源的可用性和安全性都至关重要。无论是针对海量 DDoS 分布式拒绝服务攻击还是针对基于 OWASP 十大威胁的各类应用层威胁，云厂商都应该提供基础性的防护能力。

针对网络和传输层的 DDoS 防御，可以很好地结合原生的 CDN（内容分发网络）来增加缓解大流量攻击的容量，同时还可以实现更接近源服务器的过滤和基于地理位置的清洗，更加灵活地利用全球的资源来帮助企业降低海量攻击的影响。针对应用层的请求，企业需要应用防火墙 WAF 来有条件地对 Web 攻击提供保护，比如针对 SQL 注入、恶意脚本、来自特定

IP 或地区或请求中包含某类字符串等。需要注意的是，为了降低误操作的影响，WAF 规则除了允许和组织，还应该包含计数规则。另外，云服务商强大的生态伙伴往往可以提供托管的规则来帮助企业实现不同场景下的定制需求。

在管理控制方面，云服务商应该提供针对 DDoS 防御和 WAF 规则的统一管理能力。一方面，企业可以设置一次性的规则和策略，并将策略应用到不断被添加的新的被保护资源上，而无须重复设置，这样可以降低人为误操作的风险，确保管理的一致性。另一方面，云服务商也应该支持某个特定类型或特定标签的所有资源，这对于大型企业灵活地保护不断变化的组织对象非常有帮助。另外，统一的管理能力也方便企业进行集中监控和管控，同时也能提升安全防御能力和管理能力。

3. 密文管理服务

密文管理服务是指用于管理数字身份验证凭证的工具，包括用于应用程序、服务、特权账户等敏感资源的密码、密钥、API 凭证、令牌、SSH 密钥、SSL 私钥和密码等。由于许多应用程序需要凭证才能连接到数据库、需要 API 密钥才能调用服务或需要证书才能进行身份验证，因此机密信息数量和种类的激增，使得安全存储、传输和审核机密信息变得越来越困难，故凭证和密码的安全传送和管理变成了一项十分复杂的工作。云服务商应该提供凭证和机密信息的管理工具来帮助企业在其整个生命周期中存储、检索和管理机密信息。该工具需要可以存储、检索、轮换、加密和监视机密信息的使用情况。

4. 证书管理服务

随着企业的互联设备、员工数量和使用应用的不断增加，确保只有授权用户才能请求证书、随时保持每个证书的续订等工作将变得非常复杂。证书管理服务是一项托管的证书管理服务，可以方便企业调配、管理和部署与云上服务一起使用的公共和私有 SSL/TLS 证书，而无须再像耗时的传统证书管理方式一样，手动购买、上传和续订 SSL/TLS 证书。证书管理服务能够帮助企业建立自己的 CA，以便可以发行和管理数字证书，这些证书可以大大降低企业以前为内部服务和设备购买公有证书或自建私有 CA 基础设施付出的成本，同时因为设置方便，也简化了证书的申请流程，缩短了部署时间。

5. 密钥管理服务

云上的数据保护与传统环境中的一样，都非常重要。若你在应用程序的配置中，将密码或 API 密钥之类的机密信息存储为明文，这将会带来极大的风险。由于绝大多数站点和应用都可能被托管在云上的共享环境中，因此只要打开应用程序的配置文件，任何有权访问的用户都可以获得密码或 API 密钥。因此，企业需要云上的密钥管理服务来创建和控制用于加密数据的密钥。将密钥存放在安全的保管库中，通过访问权限对其进行管理，并随时取出对有需要的对象进行加解密是一种非常安全的做法。密钥管理服务的主要资源是客户主密钥，通常主密钥可以加密或解密 4096 字节的数据，但其对于云中包含很多海量数据的数据库、存储等服务来讲是远远不够的。因此，我们会通过密钥管理服务来生成、加密和解密数据密钥，再用这些数据密钥来加密海量数据，而数据密钥又会通过主密钥进行加密保护或解密使用，这就是被称为"信封加密"技术的原理。

在一些特殊情况下，如合规要求、多云或混合 IT 环境，敏感级较高的应用程序和工作负载可能会被要求用基于云的硬件模块进行密钥管理。

相比托管的密钥管理服务，将密钥存放在硬件管理平台中最大的好处是除了合规，主密钥还可以被导入或导出，同时又省去了硬件预置、软件修补、高可用性和备份的烦琐工作。另外，云服务商仅仅负责监控其运行状态和可用性，而没有权限参与到存储密钥材料的创建和管理工作中，确保了安全性。

企业一般会采用客户端加密或服务端加密两种方式对文件进行加密处理。客户端加密库旨在使用户在数据发送之前可以在本地浏览器等客户端使用行业标准和最佳实践轻松加密和解密数据，以便使用户专注于应用程序的核心功能，而不是如何更好地加密和解密数据。无论是客户端的加密还是服务端的，都可以通过请求密钥管理服务来获得数据密钥或利用应用程序或服务资源中存储的主密钥来加密数据。

6. VPC 传输网关

云服务商需要提供 Transit Gateway 来集中建立 VPC 之间的连接。一方面，这样数据在区域间传递时可以自动加密，并且不会在公共互联网上进行传播。另一方面，这个服务也可以简化跨区域及云与本地之间的访问带来的网络复杂性，并能将所有内容合并到一个集中管理的网关中，而且没有单点故障或避免出现带宽瓶颈，防止边缘网络攻击带来的威胁。对于大型企业，VPC 可能位于不同的区域中，如果要实现混合网络架构就需要复杂的网络路由，Transit Gateway 可以帮助企业集中管理所有 VPC 和边缘的连接，快速识别问题并对网络上的故障和事件做出反应。Transit Gateway 需要能够提供网络联通性的各类统计信息和日志，包括带宽使用情况、数据包流计数和数据包丢弃计数等。

7. 云直连

云直连可以使企业通过专用连接而不是通过公共 Internet 来访问公共云服务。与通过在互联网中建立隧道不同，云服务商会提供与传统网络部署中类似的专线服务，这个服务最大的特点就是允许不使用互联网来建立本地与云的连接，一般使用行业标准的 IEEE 802.1Q 来建立直接连接，这些专用连接可以划分为多个虚拟接口，以便用于连接访问公共资源或私有资源，同时保持公共和私有环境之间的网络隔离。这个服务还可以帮助企业降低网络成本、提高带宽流量，是一种比基于互联网连接更为一致的网络体验的连接方式。

5.2.3 云安全保护能力建设实践

1. VPC 安全建设实践

随着越来越多的企业选择云计算服务，云计算环境也变得越来越复杂，这就需要企业必须从开始就制定全面、主动的安全策略，并要随着基础架构的扩展而发展，以保持系统和数据的安全。

在云厂商提供的各类基础设施中，VPC 承担了非常重要的角色。在网络安全方面，VPC 提供了安全组和网络访问控制列表等高级安全功能，以及在实例和子网级别启用入站和出站的筛选功能。了解针对 VPC 的最佳实践，无论是对于正在维护现有 VPC 网络的企业，还是对于计划迁移到云环境的企业，都是有益的。AWS 推荐的 VPC 安全架构，如图 5-2-2 所示。

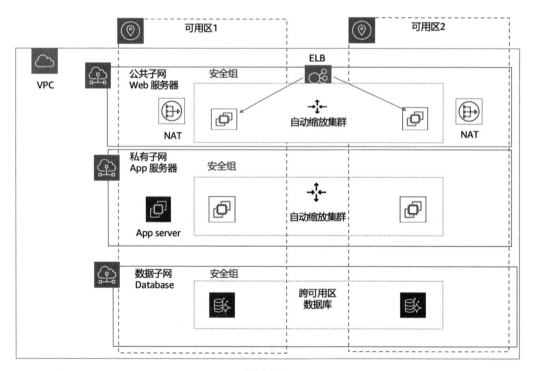

图 5-2-2

下面我们详细介绍企业设计 VPC 架构时需要遵守的安全原则：

（1）选择满足需求的 VPC 配置

VPC 是网络架构的基础。设计一个良好的 VPC 网络架构需要考虑子网、互联网网关、NAT 网关、虚拟私有网关、对等连接、VPC 终端节点等的合理配置与安全管理，并要满足具体业务的需求。考虑到 VPC 的复杂性及其对于系统的重要程度，强烈建议在规划 VPC 时，企业要根据至少两年后的扩展需求来设计 VPC 的具体实施。

下面以 AWS 云服务平台为例，当在 AWS 管理控制台的"Amazon VPC"页面选择"启动 VPC 向导"时，客户会看到用于网络架构的四个基本选项：

- 仅带有一个公有子网的 VPC。
- 带有公有和私有子网的 VPC。
- 带有公有和私有子网以及提供 AWS 站点到站点 VPN 访问的 VPC。
- 仅带有一个私有子网以及提供 AWS 站点到站点 VPN 访问的 VPC。

客户要仔细考虑之后再去选择最适合当前和将来需求的配置。下面是一个简单的 VPC 部署，如图 5-2-3 所示。

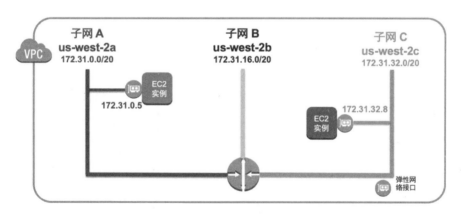

图 5-2-3

（2）为 VPC 选择恰当的 CIDR 块

在设计 VPC 实例时，客户必须考虑所需的 IP 地址数量以及与数据中心的连接类型，然后再选择 CIDR 块，其中包括 RFC1918 私有 IP 地址或公有路由 IP 的范围。此外，在设计混合架构实现 VPC 与本地数据中心通信时，要确保 VPC 中使用的 CIDR 范围不重叠或不会与本地数据中心的 CIDR 块发生冲突。

（3）隔离 VPC 环境

本地环境中存在的物理隔离也应该是云环境实践的一个重要原则。许多最佳实践表明，最好要为开发、生产和预发布创建独立的 VPC。有许多人习惯在一个 VPC 中管理它们，但其难度是可想而知的。

（4）增强对 VPC 的保护

运行具有关键任务工作负载的系统需要多个层次的安全性，而企业通过遵循以下方法可以有效地保护 VPC。

- WAF 是一种 Web 应用程序防火墙，可以保护部署在 VPC 上的 Web 应用程序或使 API 免遭常见 Web 漏洞的攻击，这些漏洞可能会影响可用性、损害安全性或消耗过多的资源。
- 为了防止未经授权使用或入侵网络，可以配置入侵检测系统（IDS）和入侵防御系统（IPS）。
- 启动身份认证和访问管理，记录操作日志，审核和监视管理员对 VPC 的访问。
- 为了在不同区域或同一区域的 VPC 之间安全地将信息传输到本地数据中心，可以配置点对点 VPN。

（5）在 VPC 上配置网络防火墙

VPC 上面的防火墙提供了一种虚拟防火墙的功能，可在实例级别控制入站和出站的数据流。但是管理 VPC 网络安全的方式与传统网络防火墙的使用方式有所不同。防火墙的中心组件是安全组，就是其他防火墙供应商称为策略（或者规则的集合）的组。但是，安全组和传统防火墙策略之间存在关键区别：

首先，安全组的规则中没有特定的"操作"来声明流量是被允许的还是被丢弃的。这是因为与传统的防火墙规则不同，AWS 安全组中的规则默认都是允许的。

其次，安全组规则可以指定流量来源或流量目的地，但不能在同一规则上同时指定两者。对于入站规则，我们可以指定流量的来源，但不能指定目的地。对于出站规则，我们可以设定目的地，但不能指定来源。这样做的原因是，安全组始终将未指定的一方（来源或目的地）设置为使用该安全组的 EC2 实例。

（6）如不需要请勿打开 0.0.0.0/0（::/0）

通过在安全组中开放 0.0.0.0/0（IPv6 下为::/0）的端口来允许 VPC 中的实例与外界通信是很多专业人员在配置安全组时最常出现的错误，这样用户就会将其云资源和数据暴露于外部威胁中。因此，当制定安全组的策略时需要遵循"最小权限原则"，仅开放所需的端口，而不是为了简化管理让网络暴露在威胁之下。同样，我们还要关闭不必要的系统端口。

（7）启用和配置 VPC 流日志

为 VPC 或子网或网络接口（ENI）级别启用 VPC 流日志，可以捕获传入和传出 VPC 网络接口的 IP 流量的信息。VPC 流日志在控制界面中呈现为流经 EC2、ELB 和其他服务的弹性网卡或云中安全组的日志条目。通过检索这些 VPC 流日志的条目，可以检测攻击模式，以对 VPC 的内部异常行为和流量进行告警。

我们不必担心 VPC 流日志对生产环境网络的影响，因为流日志数据的收集是在 VPC 网络流量路径之外，故不会影响网络吞吐量或产生延迟。

（8）用好 VPC 对等连接

VPC 对等连接是两个 VPC 之间的网络连接，通过此连接，客户可以使用私有的 IPv4 地址或 IPv6 地址在两个 VPC 之间路由流量。这两个 VPC 中的实例可以彼此通信，就像它们在同一个网络中一样。VPC 对等连接如图 5-2-4 所示。

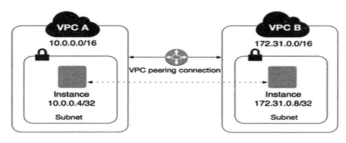

图 5-2-4

云厂商可以使用 VPC 现有的基础设施来创建 VPC 对等连接，该连接既不是网关也不是 VPN 连接，并且不依赖某一单独的物理硬件，没有单点通信故障也没有带宽瓶颈。

从安全性上来说，VPC 对等连接的网络流量都保留在私有 IP 空间中，而所有区域间的流量都经过加密，没有单点故障或带宽瓶颈。另外，流量一直处于全球 AWS 骨干网中，不会经过公共 Internet，这样可以减少面临的威胁，如常见漏洞和 DDoS 攻击。通常，VPC 对等连接可满足许多需求，例如：

- 互连的应用程序需要在云内部进行私有和安全访问，通常这可能发生在单个区域中运行多个 VPC 的大型企业中。
- 系统已由某些业务部门部署在不同的账户中，并且需要共享或私有使用。
- 更好的系统集成访问，如客户可以将其 VPC 与核心供应商的 VPC 对等。

2. DDoS 防御建设实践

云服务商应该提供针对 DDoS 的防御措施，即 DDoS 防御弹性架构。以 AWS 为例，AWS 服务自动包含某些形式的 DDoS 缓解措施。客户可以通过结合使用具有特定服务的 AWS 架构和实施其他最佳实践来进一步提高 DDoS 弹性。AWS Shield Standard 可以防御针对客户网站或应用程序的频繁发生的网络和传输层 DDoS 攻击，在所有 AWS 服务和每个 AWS 区域中均提供此功能。在 AWS 区域中，AWS Shield 会检测到 DDoS 攻击，并自动为流量设置基准，识别异常并根据需要创建缓解措施。此安全服务提供了许多针对常见基础结构层攻击的保护。客户可以将 AWS Shield 用作 DDoS 弹性架构的一部分，以保护 Web 和非 Web 应用程序。

此外，客户可以利用在边缘位置运行的 AWS 服务（例如 Amazon CloudFront 和 Amazon Route53）来构建针对所有已知基础架构层攻击的全面的可用性保护。当客户从分布在世界各地的边缘位置服务 Web 应用程序流量时，使用这些服务可以提高应用程序的 DDoS 弹性。

图 5-2-5 展示了弹性的 DDoS 防御参考架构，其中包括 AWS 全球边缘节点服务。

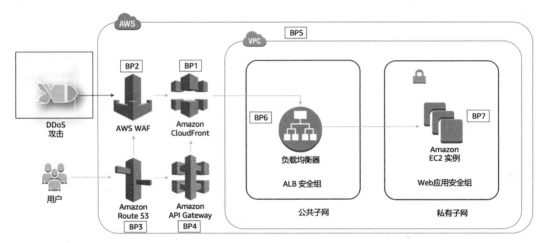

图 5-2-5

此参考结构包括一些 AWS 服务，其可以帮助客户提高 Web 应用程序抵抗 DDoS 攻击的弹性。下面详细介绍一下该参考架构。

（1）基础设施层防御

在传统的数据中心环境中，客户可以使用超额配置容量部署 DDoS 缓解系统或借助 DDoS 缓解服务清理流量等技术来缓解基础设施层 DDoS 攻击。AWS 会自动提供 DDoS 缓解功能，并允许客户扩展以应对过多的流量，但是客户可以通过选择最能利用这些功能的架构来优化应用程序的 DDoS 弹性。缓解大规模 DDoS 攻击需要考虑的主要因素包括确保有足够的传输能力和多样性，并保护客户的资源（如 Amazon EC2 实例）免受攻击流量的影响。

实例大小（BP7）：

由于 Amazon EC2 提供了可调整大小的计算能力，因此客户可以根据需求快速扩大或缩小规模。客户可以通过向应用程序中添加实例来实现水平缩放，还可以通过使用更大的实例来实现垂直缩放。某些 Amazon EC2 实例类型支持更轻松地处理大量流量的功能，如增强型网络。通过 25 个千兆位网络接口,每个实例可以支持更大的流量。这有助于防止已到达 Amazon EC2 实例的流量发生接口堵塞。与传统实现相比,支持增强网络的实例可提供更高的 I/O 性能和更低的 CPU 利用率。这提高了实例处理具有更大数据包流量的能力。

选择地区(BP7):

AWS 服务可在全球多个位置使用。这些在地理位置上相互独立的服务可用区被称为区域(AWS Region)。在设计应用程序时,客户可以根据需要选择一个或多个区域。常见的考虑因素包括性能、成本和数据主权。在每个区域中,AWS 都提供一组独特的 Internet 连接和对等关系的访问权限,以便为区域的用户提供最佳的延迟和吞吐量。

当为应用程序选择区域时,客户也需要重点考虑 DDoS 弹性。许多区域都靠近 Internet 服务商,因此它们与主要网络的连接性更高,与国际运营商和大型活跃的服务商保持着密切联系,这也可以帮助客户减小潜在的攻击。

负载均衡(BP6):

由于大型 DDoS 攻击可能会淹没单个 Amazon EC2 实例的容量,因此添加负载均衡器可以帮助客户提高 DDoS 弹性。客户可以从几个选项中进行选择,以便通过平衡多余的流量来缓解攻击。借助弹性负载均衡器(ELB),客户可以通过在许多后端实例之间分配流量来降低应用程序过载的风险。对于在 Amazon VPC 中构建的应用程序,根据客户的应用程序类型,可以考虑两种类型的 ELB:ALB(应用程序负载均衡器)或 NLB(网络负载均衡器)。

对于 Web 应用程序,可以使用 ALB 根据其内容路由流量,并且仅接受格式正确的 Web 请求。这意味着 ALB 将阻止许多常见的 DDoS 攻击,如 SYN 泛洪或 UDP 反射攻击,从而保护客户的应用程序免受攻击。当 ALB 检测到这些类型的攻击时,它会自动扩展以吸收更多流量。

对于基于 TCP 的应用程序,客户可以使用 NLB 以超低延迟将流量路由到 Amazon EC2 实例。在创建 NLB 时,可以为客户启用的每个可用区(AZ)创建一个网络接口。客户可以选择为负载均衡器启用的每个子网分配一个弹性 IP(EIP)地址。NLB 的一个关键考虑因素是,任何到达有效侦听器上的负载均衡器的流量都将被路由到客户的 Amazon EC2 实例,而不是被吸收。

AWS Edge(BP1,BP3):

边缘节点提供的大规模、多样化的 Internet 连接可以优化延迟和提供用户吞吐量,并具有吸收 DDoS 攻击和隔离故障的能力,可最大限度地降低对应用程序可用性的影响。AWS 边缘位置提供了一层额外的网络基础架构,可为使用 Amazon CloudFront 和 Amazon Route53 的任何 Web 应用程序提供这些功能。

边缘的 Web 应用程序交付（BP1）：

Amazon CloudFront 是一项服务，可用于交付整个网站，包括静态、动态、流式传输和交互式内容。持久的 TCP 连接和可变的生存时间（TTL）设置可用于卸载来自源服务器的流量，即使客户不提供可缓存的内容也是如此。这些功能意味着使用 Amazon CloudFront 可以减少返回源服务器的请求和 TCP 连接的数量，这有助于保护客户的 Web 应用程序免受 HTTP 的攻击。Amazon CloudFront 仅接受格式正确的连接，这有助于防止许多常见的 DDoS 攻击（如 SYN 泛洪和 UDP 反射攻击）到达客户的源服务器。

如果客户使用 Amazon S3 在 Internet 上提供静态内容，则应该使用 Amazon CloudFront 保护客户的存储桶。客户可以使用 Origin Access Identify（OAI）来确保用户仅使用 CloudFront URL 访问客户的对象。

边缘的域名解析（BP3）：

Amazon Route53 是一种高度可用且可扩展的 DNS（域名系统）服务，可用于将流量定向到客户的 Web 应用程序。它包括流量、基于延迟的路由、地理 DNS 及运行状况检查和监视等高级功能，其可让客户控制服务如何响应 DNS 请求、改善 Web 应用程序的性能并避免站点中断。

Amazon Route53 使用了随机分片和 Anycast 条带化等技术，即使 DNS 服务受到 DDoS 的攻击，它也可以帮助用户访问客户的应用程序。Anycast 条带化允许每个 DNS 请求由最佳位置服务，从而分散了网络负载并减少了 DNS 延迟。反过来，这也为用户提供了更快的响应。此外，Amazon Route53 还可以检测 DNS 查询的来源和数量中的异常情况，并对来自可靠用户的请求进行优先级排序。

（2）应用层防御

本书中讨论的许多技术都可以有效降低基础设施层 DDoS 攻击对应用程序可用性的影响。为了同时防御应用层攻击，客户需要实现一种体系结构，该体系结构允许客户专门检测和扩展以吸收和阻止恶意请求。这是一个重要的考虑因素，因为基于网络的 DDoS 缓解系统在缓解复杂的应用程序层攻击方面通常无效。

检测和过滤恶意 Web 请求（BP1，BP2）：

当客户的应用程序在 AWS 上运行时，客户可以同时利用 Amazon CloudFront 和 AWS WAF 来防御应用程序层 DDoS 攻击。

Amazon CloudFront 允许客户缓存静态内容并从 AWS 边缘位置提供静态内容，这可以帮助客户减轻源服务器负载。它还可以防止非 Web 流量到达客户的源服务器，从而减小服务器负载。通过使用 AWS WAF，客户可以在 CloudFront 分配或应用程序负载均衡器上配置 Web 访问控制列表（Web ACL），以根据请求签名过滤和阻止请求。每个 Web ACL 都包含一些规则，客户可以将这些规则配置为与一个或多个请求属性进行字符串匹配或正则表达式匹配。此外，当与规则匹配的请求超出客户定义的阈值时，通过使用 AWS WAF 基于速率的规则，客户可以自动阻止不良行为者的 IP 地址。来自有问题的客户端 IP 地址的请求将收到 403 禁止的错误响应，并保持阻塞状态，直到请求速率降至阈值以下。这对于缓解伪装成常规 Web 流量的 HTTP Flood 攻击非常有用。

要阻止来自已知不良 IP 地址的攻击，客户可以使用 IP 匹配条件创建规则，也可以使用 AWS Marketplace 提供的 AWS WAF 托管规则来阻止 IP 信誉列表中包含的特定恶意 IP 地址。AWS WAF 和 Amazon CloudFront 都允许客户设置地理限制以阻止或将来自选定国家/地区的请求列入黑名单。这可以帮助客户阻止不希望为用户提供服务的地理位置的攻击。

通过客户的 Web 服务器日志或使用 AWS WAF 的日志记录和采样请求功能，可以识别恶意请求。通过 AWS WAF 日志记录，可获取有关 Web ACL 分析流量的详细信息。日志中的信息包括 AWS WAF 从客户的 AWS 资源接收请求的时间、有关请求的详细信息以及每个请求匹配的规则操作。客户可以使用此信息来识别潜在的恶意流量签名，并创建新规则以拒绝这些请求。

如果客户订阅了 AWS Shield Advanced，则可以与 AWS DDoS 响应团队（DRT）联系，以帮助客户创建规则来缓解攻击，这些攻击会损害应用程序的可用性。DRT 仅在获得客户的明确授权后才能获得对客户账户的有限访问权限。

吸收规模（BP6）：

减小应用程序层攻击的另一种方法是大规模运行。如果客户具有 Web 应用程序，则可以使用负载均衡器将流量分配到许多 Amazon EC2 实例中，并将这些实例过度配置或配置为自动扩展。这些实例可以处理由于各种原因而发生的突发流量激增的情况。客户可以将 Amazon CloudWatch 警报设置为启动 Auto Scaling，以响应客户定义的事件并自动扩展 Amazon EC2 集群的规模。当请求数量意外增加时，这种方法可以保护应用程序的可用性。

(3) 减小攻击面

当构建 AWS 解决方案时，另一个重要的考虑因素是限制攻击者对客户应用程序访问的机会。例如，如果客户不希望用户直接与某些资源进行交互，则其可以确保用户无法从 Internet 访问这些资源。同样，如果客户不希望用户或外部应用程序通过某些端口或协议与客户的应用程序通信，则其可以确保客户不接受该流量。这个概念也被称为减小攻击面。在本节中，我们提供最佳实践，以帮助客户减小攻击面并限制应用程序的 Internet 暴露。

混淆 AWS 资源（BP1，BP4，BP5）：

通常，用户可以快速轻松地使用应用程序，而无须将 AWS 资源完全暴露给互联网。例如，当 ELB 后面有 Amazon EC2 实例时，这些实例本身可能不需要公开访问。相反，客户可以为用户提供对某些 TCP 端口的 ELB 的访问权限，并仅允许 ELB 与实例进行通信。客户可以通过在 Amazon VPC 中配置安全组和网络访问控制列表（NACL）来进行设置。

安全组和网络访问控制列表相似，因为它们都能使客户对 VPC 内 AWS 资源的访问进行控制。但是，安全组允许客户在实例级别控制入站和出站的流量，而网络访问控制列表在 VPC 子网级别提供类似的功能。

安全组和网络访问控制列表（BP5）：

客户可以在启动实例时指定安全组，也可以在以后将实例与安全组关联。除非客户创建允许规则以允许流量通过，否则将隐式拒绝所有流向安全组的 Internet 流量。例如，如果客户有一个使用 ELB 和多个 Amazon EC2 实例的 Web 应用程序，则可能决定分别为 ELB 创建一个安全组（ELB 安全组），为实例创建一个安全组（Web 应用程序服务器安全组）。然后，客户可以创建一个允许规则，以允许 Internet 流量到 ELB 安全组，以及另一个规则，以允许从 ELB 安全组到 Web 应用程序服务器安全组的流量。这样可确保互联网流量无法直接与客户的 Amazon EC2 实例进行通信，从而使攻击者更难了解和影响客户的应用程序。

当创建网络访问控制列表时，可以同时指定允许和拒绝规则。如果客户要明确拒绝某些类型的应用程序流量，这将会很有用。例如，客户可以定义拒绝访问整个子网的 IP 地址（作为 CIDR 范围）、协议和目标端口。如果客户的应用程序仅用于 TCP 通信，则可以创建一个规则以拒绝所有 UDP 通信，反之亦然。在响应 DDoS 攻击时，此选项很有用，因为它可以使客户在知道源 IP 或其他签名时通过创建自己的规则来减小攻击。

如果客户订阅了 AWS Shield Advanced，则可以将弹性 IP（EIP）注册为受保护资源。这可以更快地检测到针对已注册为"受保护资源"的 EIP 的 DDoS 攻击，缩短缓解时间。当检测到攻击时，DDoS 缓解系统会读取与目标 EIP 相对应的网络访问控制列表，并在 AWS 网络边界处实施它。这大大降低了客户受多种基础设施层 DDoS 攻击的风险。

保护客户的源服务器（BP1，BP5）：

如果客户使用的 Amazon CloudFront 的源服务器位于 VPC 内，则应使用 AWS Lambda 函数自动更新安全组规则，以仅允许 Amazon CloudFront 流量。这可以确保恶意用户在访问 Web 应用程序时不会绕过 Amazon CloudFront 和 AWS WAF，从而提高了源服务器的安全性。

保护 API 端点（BP4）：

通常，当客户必须向公众公开 API 时，DDoS 攻击可能会将 API 前端作为目标。为了降低风险，客户可以将 Amazon API Gateway 作用在 Amazon EC2，AWS Lambda 或其他地方运行的应用程序的入口。通过使用 Amazon API Gateway，客户自己的服务器不需要使用 API 前端，并且可以混淆应用程序的其他组件。通过增加检测应用程序组件的难度，可以防止 DDoS 攻击将这些 AWS 资源作为攻击目标。

3. Web 攻击防御建设实践

随着 HTTP 协议的不断发展，绝大多数企业对外提供服务的窗口都是通过 Web 来实现的，因此大多数的网络攻击都针对 Web 服务器。为了保障企业 Web 业务的稳定和持续提供服务，就需要部署专业的 Web 防火墙，以抵御各类针对 Web 的攻击。

Web 防火墙可使你的 Web 应用程序或 API 免遭常见 Web 漏洞的攻击，而这些漏洞可能会影响可用性、损害安全性或消耗过多的资源。Web 防火墙允许客户创建防范常见攻击模式（例如 SQL 注入或跨站点脚本）的安全规则，以及滤除客户定义的特定流量模式的规则，从而让客户可以控制流量到达应用程序的方式。客户可以通过适用于 WAF 的托管规则快速入门，其可以解决 OWASP 十大安全风险等问题，且会随新问题的出现定期更新。Web 防火墙应该包含功能全面的 API，借此客户可以让安全规则的创建、部署和维护实现自动化。

4. 数据加密最佳实践

云上存储主要包含三种类型：依附于弹性计算实例的块存储 EBS、对象存储和共享文件存储。确保存储在云上的数据的安全是云安全的重要环节。下面我们详细介绍针对每个存储类型的加密机制。

（1）弹性块存储加密

弹性计算实例应该符合责任共担模型，该模型包含适用于数据保护的法规和准则。云服务商负责保护运行所有服务的全球基础设施，保持对该基础设施上托管数据的控制，包括用于处理客户内容和个人数据的安全配置控制。作为数据控制者或数据处理者，客户和合作伙伴对他们放在云中的任何个人数据承担责任。

出于对数据保护的目的，我们建议客户要保护账户凭证并使用认证和接入管理服务设置单个用户账户，以便仅向每个用户提供履行其工作职责所需的权限。我们还建议客户通过以下方式保护自己的数据：

- 对每个账户使用 MFA。
- 使用 TLS 与云资源进行通信。
- 使用日志审计设置 API 和用户活动日志记录。
- 使用加密解决方案确保数据安全。

我们强烈建议客户切勿将敏感的可识别信息（如客户的账号）放入自由格式字段或元数据（如函数名称和标签）中。当客户向外部服务器提供 URL 时，请勿在 URL 中包含凭证信息来验证客户对该服务器的请求。

下面介绍一下 EBS 加密的工作原理：

客户可以加密弹性计算实例的引导卷和数据卷。在创建加密的 EBS 卷并将其附加到支持的实例类型后,可以对以下类型的数据进行加密。

- EBS 卷中的静态数据。
- 在 EBS 卷中和实例之间移动的所有数据。
- 从 EBS 卷中创建的所有快照。
- 从这些快照中创建的 EBS 卷。

EBS 应该通过行业标准的 AES-256 算法,利用数据密钥加密客户的卷。客户的数据密钥与客户的加密数据一起被存储在磁盘上,但并非是在 EBS 利用客户主密钥 CMK 对数据密钥进行加密之前,且数据密钥绝不能以纯文本的形式出现在磁盘上。同一个数据密钥将会被从这些快照创建的卷和后续卷的快照共享。

(2) 对象存储加密

对于对象存储的加密方式,一般需要提供两种选项,即服务器端加密 SSE 和客户端加密。通常云服务商可以为客户提供四种数据加密模式:SSE-S3,SSE-C,SSE-KMS 和客户端库(如 Amazon S3 加密客户端),它们都可以将敏感数据以静态的方式存储在 S3 中。

1) SSE-S3 提供了一种集成式解决方案。通过它,云服务商可以使用多个安全层处理密钥管理和解决密钥保护问题。如果客户希望云服务商管理自己的密钥,则应该选择 SSE-S3。

2) SSE-C 能让客户利用 S3 对对象执行加密和解密操作,同时保持对加密对象所用密钥的控制权。借助 SSE-C,客户无须实施或使用客户端库对 S3 中储存的对象执行加密和解密,但是需要对其发送到 S3 中执行对象加密和解密操作的密钥进行管理。如果客户希望保留自己的加密密钥而不想实施或使用客户端加密库,则可以使用 SSE-C。

3) SSE-KMS 可以让客户使用密钥管理服务(如 AWS KMS)来管理自己的加密密钥。使用 AWS KMS 管理密钥有几项额外的好处:AWS KMS 会设置几个单独的主密钥使用权限,从而提供额外的控制层并防止 S3 中存储的对象遭到未授权访问。另外,由于 KMS 提供审计跟踪,因此客户能看到谁使用了自己的密钥在何时访问了哪些对象,还能查看用户在没有解密数据的权限下尝试访问数据失败的次数。

4) 使用 Amazon S3 加密客户端的加密客户端库,客户可以保持对密钥的控制并可以使用客户选择的加密库完成对象客户端侧的加密和解密。一些客户倾向于拥有对加密和解密对象端到端的控制权,这样一来,只有经过加密的对象才会被通过互联网传输到 S3。

(3) 共享存储 EFS 的加密

与未加密的文件系统一样,客户应该可以通过管理控制台、CLI 或以编程的方式通过开发工具包创建加密的文件系统。客户可能会要求加密符合特定分类条件的所有数据,或者加密与特定应用程序、工作负载或环境关联的所有数据。

客户应该选择在创建文件系统时为其启用静态加密。在加密的文件系统中,当数据和元数据被写入文件系统时，自动对其进行加密。同样，当读取数据和元数据时，在将其提供给应用程序之前，将自动对其进行解密。这些过程是云服务商透明处理的，因此，客户不必修改应用程序。

EFS 应使用行业标准 AES-256 加密算法对 EFS 数据和元数据加密，且与密钥管理系统（如 AWS KMS）集成以管理密钥。EFS 使用客户主密钥（CMK）通过以下方式加密客户的文件系统。以 AWS 为例：

静态加密元数据：

Amazon EFS 使用适用于 Amazon EFS 的 AWS 托管 CMK，来加密和解密文件系统的元数据（即文件名、目录名称和目录内容）。

静态加密文件数据：

客户可以选择用于加密和解密文件数据（即文件内容）的 CMK，并可以启用、禁用或撤销对该 CMK 的授权。如果将客户托管 CMK 作为主密钥以加密和解密文件数据，则客户可以启用密钥轮换。当启用密钥轮换时，AWS KMS 自动每年轮换一次客户的密钥。

5. 容器安全建设实践

随着越来越多的客户选择利用容器快速部署和移植应用程序，容器安全已成为客户在部署和使用过程中首先需要考虑的方面。云服务商和客户将共同负责容器的安全建设。

当设计任何系统时，你都需要考虑其安全隐患以及可能影响安全状况的实践。例如，你需要控制谁可以对一组资源执行操作；你还需要具有快速识别安全事件、保护系统和服务免受未经授权的访问，以及通过数据保护维护数据的机密性和完整性的能力。拥有一套定义明确并经过预演的流程来应对安全事件，也将会改善你的安全状况。这些工具和技术都很重要，因为它们支持诸如防止财务损失或遵守监管义务之类的目标。当使用托管的 Kubernetes 服务（如 EKS）时，有几个与安全相关的建设实践可供客户参考。

- 身份和认证管理。
- Pod 安全。
- 运行时安全。
- 网络安全。
- 多租户安全。
- 检测控制。
- 基础设施安全。
- 数据加密和秘密管理。
- 事件响应。

（1）身份和认证管理

控制对 EKS 集群的访问。Kubernetes 项目支持用多种不同的策略来验证对 kube-apiserver 服务的请求，如承载令牌、X.509 证书、OIDC 等。当前，EKS 具有对 Webhook 令牌的身份验证和对服务账户令牌的本地支持。

Webhook 身份验证策略通过调用一个 Webhook 来验证承载令牌。在 EKS 上，当你运行 kubectl 命令时，这些承载令牌由 AWS CLI 或 aws-iam-authenticator 客户端生成。当执行命令时，承载令牌将被传递到 kube-apiserver，该服务器将其转发到身份验证 Webhook。如果请求的格式正确，则 Webhook 会调用嵌入在令牌主体中的预签名 URL。该 URL 验证请求的签名并返回有关用户的信息。

不要使用服务账户令牌进行身份验证。服务账户令牌是长期存在的静态证书，如果它被泄密、丢失或被盗，攻击者可能会执行与该令牌关联的所有操作，直到删除该服务账户为止。有时，你可能需要为必须从集群外部使用 Kubernetes API 的应用程序授予例外，如 CI/CD 管道应用程序。如果此类应用程序在 AWS 基础设施（如 EC2 实例）上运行，则可以考虑使用实例配置文件并将其映像到 aws-auth ConfigMap 的 Kubernetes RBAC 角色中。

使用对 AWS 资源的最小特权访问。无须为 IAM 用户分配 AWS 资源的特权即可访问 Kubernetes API。如果需要授予 IAM 用户访问 EKS 集群的权限，则可以在 aws-authConfigMap 中为该用户创建一个条目，该条目会被映射到特定的 Kubernetes RBAC 组。当多个用户都需要集群的相同访问权限时，与其让 aws-authConfigMap 中的每个 IAM 用户创建一个条目，不如让这些用户承担 IAM 角色并将该角色映射到 Kubernetes RBAC 组。这将更易于维护，尤其是随着访问用户数量的增多，其优势更明显。

当创建 Role Bindings 和 Cluster Role Bindings 时，使用最小特权访问。就像授予对 AWS 资源的访问权限的观点一样，Role Bindings 和 Cluster Role Bindings 应该仅包括执行特定功能所需的一组权限。除非绝对必要，否则应避免在 Roles 和 Cluster Roles 中使用["*"]。如果不确定要分配什么权限，则可以考虑使用诸如 audit2rbac 的工具，根据在 Kubernetes 审核日志中观察到的 API 调用自动生成角色和绑定。

将 EKS 集群端点设为私有。在默认情况下，当配置 EKS 集群时，将 API 集群终结点设置为 public，即可以通过 Internet 访问它。尽管可以通过 Internet 进行访问，但该端点仍被认为是安全的，因为它要求所有 API 请求均由 IAM 进行身份验证，然后由 Kubernetes RBAC 授权。也就是说，如果公司安全策略要求你限制通过 Internet 访问 API 或阻止你将流量路由到集群 VPC 之外，则可以将 EKS 集群端点配置为私有。

定期审核对集群的访问。由于访问权限可能会随时间变化，因此你需要定期审核 aws-authConfigMap，以查看授予了谁访问权限及他们的权限。你还可以使用诸如 kubectlwho-can 或 rbac-lookup 的开源工具来检查绑定到特定服务账户、用户或组的角色。

（2）Pod 安全

Pod 具有各种不同的设置，以增强或削弱你的整体安全状况。作为 Kubernetes 的从业者，你的主要担心应该是防止容器中运行的进程逃避 Docker 的隔离边界并获得对基础主机的访问权。在默认情况下，容器中运行的进程在 Linux 根用户的上下文中运行。尽管容器中根用户的操作部分受到 Docker 分配给容器的 Linux 功能集的限制，但这些默认的特权可以使攻击者提升其特权和/或访问绑定到主机的敏感信息，包括 Secrets 和 ConfigMaps。

EKS 使用节点限制准入控制器，该控制器仅允许节点修改绑定到该节点的节点属性和 pod 对象的有限集合。尽管如此，设法访问主机的攻击者仍能够从 Kubernetes API 中收集有关环境的敏感信息，从而在集群内横向移动。

限制可以特权运行的容器。如前所述，以特权身份运行的容器会继承分配给主机根用户的所有 Linux 功能，而容器的正常运行很少需要这些类型的特权，故你可以通过创建容器安全策略来拒绝配置以特权方式运行的容器。你可以将 Pod 安全策略视为在创建 Pod 之前必须满足的一组要求。如果你选择使用 Pod 安全策略，则需要创建一个角色绑定，以使服务账户可以读取 Pod 安全策略。

不要以根用户身份在容器中运行进程。在默认情况下，所有容器都以根用户身份运行。这时如果攻击者能够利用应用程序中的漏洞并使用外壳程序访问运行中的容器，则可能会出现问题。

切勿在 Docker 中运行 Docker 或将套接字安装在容器中。尽管这可以使你方便地在 Docker 容器中构建或运行映像，但是其基本上是将节点的控制权完全交给了容器中运行的进程。如果你需要在 Kubernetes 上构建容器映像，则可以使用 Kaniko、buildah、img、CodeBuild 等构建服务。

限制使用 hostPath，或者如果必要则限制可以使用的前缀并将卷配置为只读。hostPath 是将目录从主机直接装载到容器的卷，一般很少需要这种类型的访问权限，但如果确实需要，则需要意识到其风险。在默认情况下，以根用户身份运行的 Pod 将具有对 hostPath 公开的文件系统的写入和访问权。这可能会允许攻击者修改 kubelet 设置，创建指向目录或文件的符号链接，而这些目录或文件未直接由 hostPath 公开。为了减小 hostPath 带来的风险，你可以将 spec.containers.volumeMounts 配置为只读。

为每个容器设置请求和限制，以避免资源争用和 DDoS 攻击。理论上，没有请求或限制的 Pod 可以消耗主机上所有可用的资源。当将其他 Pod 调度到某个节点上时，该节点可能会经历 CPU 或内存的压力，这可能会导致 Kubelet 终止或从该节点上逐出 Pod。虽然你无法阻止这一切同时发生，但设置请求和限制将有助于最大限度地减少资源争用，并减小编写不良的应用程序占用大量资源的风险。

不允许特权升级。特权升级允许进程更改其运行所在的安全上下文。Sudo 和带有 SUID 或 SGID 位的二进制文件就是一个很好的例子。特权升级是用户在另一个用户或组的许可下执行文件的方式。你可以通过实施将 allowPriviledgedEscalation 设置为 false 的 Pod 安全策略，还可以通过在 podSpec 中设置 securityContext.allowPrivilegedEscalation，来防止容器使用特权升级。

（3）运行时安全

运行时安全为容器的运行提供了积极的保护，其主要是检测和防止在容器内部发生恶意活动。使用安全计算（seccomp），可以防止容器化的应用程序对基础主机操作系统内核进行某些系统调用。虽然 Linux 操作系统有数百个系统调用，但它们大部分并不是运行容器所必需的。通过限制容器进行的系统调用，可以有效地减小应用程序的攻击面。如果你要使用安全计算，则要分析堆栈跟踪的结果以查看你的应用程序正在执行哪些调用，或使用 syscall2seccomp 之类的工具。

与 SELinux 不同，安全计算并非是将容器彼此隔离，而是保护主机内核免遭未经授权的系统调用。它通过拦截系统调用并仅允许已列入白名单的系统调用来工作。Docker 有一个默认的安全计算配置文件，适用于大多数通用工作负载。你还可以为需要其他特权的内容创建自己的配置文件。

使用第三方解决方案进行运行时防御。如果你不熟悉 Linux 安全性，则很难创建和管理安全计算和 Apparmor 配置文件。如果你没有时间去精通它们，则可以考虑使用商业解决方案，其很多已经超越了 Apparmor 和安全计算的静态配置文件，并开始使用机器学习来阻止或警告可疑活动。

在编写安全计算策略之前要考虑添加或删除 Linux 功能。该功能涉及对系统调用可访问的内核功能的各种检查。如果检查失败，则系统调用通常会返回错误。你可以在特定系统调用开始时进行检查，也可以在内核中更深的区域进行检查，这些区域可以通过多个不同的系统调用来访问（如写入特定的特权文件）。另外，由于安全计算是一个系统调用筛选器，因此该筛选器将在所有系统调用运行之前应用。进程可以设置一个筛选器，以撤销运行某些系统调用或某些系统调用特定参数的权利。

（4）网络安全

Pod 安全策略提供了许多不同的方法来改善你的安全状况，而又不会引起不必要的复杂性。在尝试构建安全计算和 Apparmor 配置文件之前，你可以探索 PSP 中可用的选项。

网络安全包括多个方面，首先其涉及规则的应用，这些规则限制了服务之间的网络流量。

其次是在传输过程中对流量进行加密。在 EKS 上实施这些安全措施的机制多种多样，但通常包括以下几项：

- 流量控制。
- 网络政策。
- 安全组。
- 传输中的加密。
- 服务网格。
- 容器网络接口（CNI）。
- Nitro 实例。
- 网络策略。

在 Kubernetes 集群中，默认允许所有 Pod 到 Pod 的通信。尽管这种灵活性可以帮助促进实验，但是它并不安全。而 Kubernetes 网络策略提供了一种机制来限制 Pod 之间（通常被称为东西方流量）以及 Pod 与外部服务之间的网络流量。Kubernetes 网络策略在 OSI 模型的第 3 层和第 4 层中运行，其使用容器选择器和标签来标识源容器和目标容器，但也可以包括 IP 地址、端口号、协议号或它们的组合。

创建默认的拒绝策略。与 RBAC 策略一样，Kubernetes 网络策略也应遵循最小特权访问策略。首先创建一个拒绝所有用户访问策略以限制来自命名空间所有的入站和出站流量，或者使用 Calico 创建全局策略，配置示例如图 5-2-5 所示。

```
apiVersion: networking.k8s.io/v1
kind: NetworkPolicy
metadata:
  name: default-deny
  namespace: default
spec:
  podSelector: {}
  policyTypes:
   - Ingress
   - Egress
```

#	Policy name	Target		Source			Ports	
		Namespace	Pods	Namespace	Pods	Subnet		
1	default-deny	default	Any	Any	Any	Any	Any	

图 5-2-6

创建规则以允许 DNS 查询。一旦有了默认的"全部拒绝"规则,就可以开始在其他规则上分层,如允许 Pod 查询 CoreDNS 进行名称解析的全局规则。

记录网络流量元数据。AWS VPC Flow Logs 捕获流经 VPC 的流量的元数据,如源目标 IP 地址和端口及接受或丢弃的数据包。你可以对这些信息进行分析,以查找 VPC 内部资源(包括 Pod)之间的可疑活动或异常活动,但是由于 Pod 的 IP 地址在更换时经常更改,因此流日志本身可能不足。Calico Enterprise 通过 Pod 标签和其他元数据扩展了 Flow Logs,从而使解密 Pod 之间的流量变得更加容易。

通过 AWS 负载均衡器加密。AWS ALB 和 AWS NLB 都支持传输加密(SSL 和 TLS),其中 ALB 的 alb.ingress.kubernetes.io/certificate-arn 注释可让你指定添加到 ALB 的证书。如果你省略注释,则控制器将会通过 host 字段匹配可用的 AWS Certificate Manager(ACM)证书,来尝试将证书添加到需要它的侦听器中。

设置安全组。EKS 使用 AWS VPC 安全组(SG)来控制 Kubernetes 控制平面和集群的工作程序节点之间的流量。安全组还用于控制工作节点,以及其他 VPC 资源和外部 IP 地址之间的流量。当配置 EKS 集群(使用 Kubernetes 版本 1.14-eks.3 或更高版本)时,将会自动为你创建一个集群安全组。安全组允许 EKS 控制平面与受托管节点组中的节点之间进行通信。为简单起见,建议你将集群安全组添加到所有节点组,包括非托管节点组。

传输中的加密。符合 PCI、HIPAA 或其他法规的应用程序在传输数据时需要进行加密。如今,TLS 已成为加密网络流量的优先选择。TLS 就像它的前身 SSL 一样,使用密码协议在网络上提供安全的通信。TLS 使用对称加密,其中基于会话开始时协商的共享机密生成用于加密数据的密钥。

(5)多租户安全

当我们想到多租户时,通常希望将一个用户或应用程序与在共享基础结构上运行的其他用户或应用程序隔离。

Kubernetes 是单个租户编排器,即集群中所有租户共享控制平面的单个实例。但是,也可以使用各种 Kubernetes 对象来创建多租户。例如,可以实现命名空间和基于角色的访问控制(RBAC),以在逻辑上将租户彼此隔离。同样,配额和限制范围可用于控制每个租户可以消耗的集群资源量。但是集群是唯一提供强大安全边界的构造,这是因为获得对集群中主机访问权限的攻击者可以检索安装在该主机上的所有 Secrets、Config Map 和 Volumes。他们还可以模拟 Kubelet,这将使他们能够操纵节点的属性或在集群内横向移动。下面说明如何实现租户隔离,如何降低使用单个租户编排器的风险。

软多租户(Soft multi-tenancy)。通过软多租户,你可以使用本地 Kubernetes 构造,如名称空间、角色和角色绑定及网络策略，在租户之间创建逻辑隔离。例如，RBAC 可以阻止租户访问或操纵彼此的资源。配额和限制范围控制着每个租户可以消耗的集群资源的数量，而网络策略可以防止部署到不同名称空间的应用程序彼此通信。

硬多租户（Hard multi-tenancy）。硬多租户可以通过为每个租户提供单独的集群来实现。尽管这在租户之间提供了非常强的隔离性，但它有如下缺点。

首先，当你有很多租户时，这种方法很快就会变得昂贵。你不仅要支付每个集群的控制平面成本，而且还将无法在集群之间共享计算资源。这最终会导致碎片化，即集群的子集未得到充分利用，而其他集群则被过度利用。

其次，你可能需要购买或构建专用工具来管理所有集群。随着时间的流逝，管理成百上千个集群会变得非常复杂。

最后，相对于创建名称空间，为每个租户创建集群很消耗时间。但是，在要求严格隔离的高度管制的行业或 SaaS 环境中，可能会需要这种方法。

（6）检测控制

出于各种不同的原因，收集和分析审核日志变得很有用。日志可以帮助你进行根本原因分析和归因，即将更改归因于特定用户。在收集到足够的日志后，它们也可以用于检测异常行为。在 EKS 上，审核日志将被发送到 Amazon CloudWatch。

启用审核日志。Kubernetes 审核日志包含两个注释，用于指示请求是否已被授权和决定授权的原因，你可以使用这些属性来确定为什么允许特定的 API 调用。

为可疑事件创建警报。创建警报以自动警告你 "403 禁止" 响应和 "401 未经授权" 响应增加的位置，然后使用主机、源 IP 和 K8s_user.username 的属性来查找这些请求的来源。

使用 Log Insights 分析日志。使用 CloudWatch Log Insights 监视对 RBAC 对象的更改，如角色、RoleBindings、ClusterRoles 和 ClusterRoleBindings。

审核你的 CloudTrail 日志。使用服务账户 IAM 角色的 Pod 调用的 AWS API 会与服务账户的名称一起自动登录到 CloudTrail。如果未明确授权调用 API 的服务账户名称出现在日志中，则可能表明 IAM 角色的信任策略配置错误。一般来说，CloudTrail 是将 AWS API 调用归于特定 IAM 主体的好方法。

（7）基础设施安全

保护容器映像非常重要，而保护运行它们的基础结构也同样重要。下面探讨减小直接针对主机发起攻击的风险的不同准则，它们应与运行时安全部分中概述的准则结合使用。

使用针对运行容器而优化的操作系统。考虑使用 Flatcar Linux、Project Atomic、RancherOS 等，其中 RancherOS 是 AWS 的专用 OS，旨在运行 Linux 容器。它包括减小攻击面、在启动时经过验证的磁盘映像，以及使用 SELinux 的强制权限边界。

借助 EKS Fargate，AWS 会自动更新基础架构。通常，这可以无缝完成，但是有时更新会导致你的任务重新安排。因此，当你将应用程序作为 Fargate Pod 运行时，建议使用多个副本创建部署。

最小化对工作节点的访问。当你需要远程访问主机时，最好使用 SSM 会话管理器而不是启用 SSH 访问。与 SSH 密钥不同，会话管理器允许你使用 IAM 控制对 EC2 实例访问。此外，它还提供了审计跟踪和在实例上运行命令的日志。

将 worker 部署到专用子网。通过将 worker 部署到专用子网，可以最大限度地减少对经常发动攻击的 Internet 的暴露。从 2020 年 4 月 22 日开始，对受托管节点组中节点的公共 IP 地址的分配由其部署到的子网控制。在此之前，都是自动为受托管节点组中的节点分配一个公共 IP。如果选择将工作程序节点部署到公共子网，则你可以实施限制性 AWS 安全组规则以限制其公开范围。

通过运行 Amazon Inspector 来评估主机的暴露程度、漏洞及与最佳实践的偏离。Inspector 要求部署代理，该代理在使用一组规则评估主机与最佳实践的一致性的同时，还能持续监视实例上的活动。

（8）数据加密和秘密管理

静态数据加密。你可以在 Kubernetes 中使用三种不同的 AWS 本地存储选项：EBS、EFS 和 FSx for Lustre，它们均使用服务器管理密钥或客户主密钥（CMK）提供静态加密。EBS 可以使用树内存储驱动程序或 EBSCSI 驱动程序，两者都包含用于加密卷和提供 CMK 的参数。EFS 可以使用 EFSCSI 驱动程序，但是与 EBS 不同，EFSCSI 驱动程序不支持动态配置。如果要将 EFS 与 EKS 一起使用，则需要在创建 PV 之前为文件系统配置静态加密。除了提供静态加密，用于 Luster 的 EFS 和 FSx 还包括用于加密传输中数据的选项，FSx for Luster 在默认情况下会执行此操作。对于 EFS，你可以通过将 tls 参数添加到 PV 的 mountOptions 中来进行传输加密。

FSxCSI 驱动程序支持动态配置 Lustre 文件系统。在默认情况下，它会使用服务管理的密钥对数据进行加密。

密码管理。Kubernetes 机密用于存储敏感信息，如用户证书、密码或 API 密钥，它们作为 base64 编码的字符串被保存在 etcd 中。在 EKS 上，etcd 节点的 EBS 卷带有 EBS 加密。Pod 可以通过在 podSpec 中引用密钥来检索 Kubernetes 密钥对象。这些秘密可以映射到环境变量或作为卷安装。

使用 AWS KMS 对 Kubernetes 机密进行信封加密。这可以让你使用唯一的数据加密密钥（DEK）来加密你的机密，然后使用来自 AWS KMS 的密钥加密密钥（KEK）并插入 DEK，该密钥按定期计划可以自动旋转。使用 Kubernetes 的 KMS 插件，可以使所有 Kubernetes 秘密以密文而不是以纯文本的形式存储在 etcd 中，并且只能由 Kubernetes API 服务器解密。

审核机密的使用。在 EKS 上打开审核日志记录并创建 CloudWatch 指标过滤器和警报，以在使用密码时向你发出警报（可选）。以下是 Kubernetes 审核日志 { ($.verb= "get") && ($.objectRef.resource= "secret") } 指标过滤器的示例。

```
fields@timestamp,@message
|sort@timestampdesc
|limit100
|statscount (*) byobjectRef.nameassecret
|filterverb="get"andobjectRef.resource="secrets"
```

你还可以对 CloudWatchLogInsights 使用以下查询，该查询将显示在特定的时间范围内访问秘密的次数。

```
fields@timestamp,@message
|sort@timestampdesc
|limit100
|filterverb="get"andobjectRef.resource="secrets"
|displayobjectRef.namespace,objectRef.name,user.username,responseStatus.code
```

该查询会显示秘密及尝试访问该秘密的用户的名称空间、用户名和响应代码。

定期轮换你的密码。Kubernetes 不会自动轮换密码。如果你必须轮换密码，则可以考虑使用外部机密存储区，如 AWS Secrets Manager。

（9）事件响应

你对事件做出快速反应的能力可以最大限度地减小违规事件所造成的损失，而拥有一个可以告警可疑行为的可靠警报系统，是好的事件响应计划的第一步。当确实发生事故时，你必须快速决定是销毁和更换容器，还是隔离并检查容器。如果选择隔离容器以进行调查和根本原因分析，则需要进行以下活动。

确定有问题的 Pod 和辅助节点。你的第一个操作步骤应该是隔离损坏，即确定发生漏洞的位置，并将该 Pod 及其节点与其他基础架构隔离。

通过创建拒绝到 Pod 的所有入站和出站流量的网络策略来隔离 Pod。拒绝所有流量规则可以通过切断与 Pod 的所有连接来阻止已经在进行的攻击。以下网络策略可应用于标签为 app=web 的 Pod。

```
apiVersion:networking.k8s.io/v1
kind:NetworkPolicy
metadata:
name:default-deny
spec:
podSelector:
matchLabels:
app:web
policyTypes:
-Ingress
-Egress
```

如有必要,则撤销分配给 Pod 或 worker 节点的临时安全凭证。如果为工作节点分配了 IAM 角色,且该角色允许 Pod 获得对其他 AWS 资源的访问权限,则从实例中删除这些角色,以防止它们受到攻击的进一步损害。同样,如果为 Pod 分配了 IAM 角色,则评估是否可以安全地从角色中删除 IAM 策略而不影响其他工作负载。

封锁 worker 节点。通过封锁受影响的工作程序节点可以通知调度程序,以避免将 Pod 调度到受影响的节点上。这可以让你删除要进行研究的节点,而不会破坏其他工作负载。

在受影响的工作节点上启用终止保护。攻击者可能会试图通过终止受影响的节点来消除其不良行为,而启用终止保护可以防止这种情况的发生。实例扩展保护将保护节点免受扩展事件的影响。

捕获操作系统内存。MargaritaShotgun 是一种远程内存获取工具,可以帮助你实现这一目标。对正在运行的进程和打开的端口执行 netstat 树转储,会捕获每个容器的 Docker 守护进程及其子进程。

暂停容器以进行取证,快照实例的 EBS 卷。

针对你的集群运行渗透测试,定期攻击自己的集群可以帮助你发现漏洞和配置错误。在开始之前,先按照渗透测试指南进行操作,然后再对集群进行测试。

5.3 云安全检测能力建设

NIST CSF 框架中检测能力对应的安全服务与措施,如表 5-3-1 所示。

表 5-3-1

CSF 类别	构建能力	序号	对应 AWS 服务	核心作用
安全检测能力	自动检测云安全事件	1	Amazon GuardDuty	基于日志分析的入侵检测服务
		2	Amazon Macie	自动发现、分类和保护客户的敏感数据
		3	AWS Systems Manager	让客户能够查看和控制云上的基础设施。Systems Manager 可以提供一个统一的用户界面，供客户查看多种服务的运行数据，并在云资源上自动执行操作任务
		4	Amazon Inspector	Amazon Inspector 是一项自动安全评估服务，有助于提高 AWS 上部署的应用程序的安全性与合规性
		5	AWS IoT Device Defender	AWS IoT Device Defender 是一项完全托管服务，可保护 IoT 设备队列的安全。它会不断审核你的 IoT 配置，以确保配置始终遵循安全最佳实践
		6	AWS Security Hub	集中查看和管理安全警报及自动执行合规性检查
		7	Amazon Detective	Amazon Detective 可以使客户轻松分析、调查和快速确定潜在安全问题或可疑活动的根本原因

5.3.1 云安全检测能力概述

云安全检测主要是指识别网络安全事件发生的适当活动，及时发现网络安全事件。在此功能范围内的结果包括检测到异常和事件并了解它们的潜在影响，实施安全持续监控能力，监控网络安全事件、验证网络活动等保护措施的有效性，维护检测过程，提供对异常事件的定义和处理建议。

云安全检测能力包含三个子项：异常和事件、安全连续监视和检测过程。下面总结了可用于与该功能保持一致的关键 AWS 解决方案。

- 异常和事件（DE.AE）：及时发现异常活动及事件的潜在影响并理解。
- 安全连续监视（DE.CM）：离散时间对信息系统和资产进行监视，以识别网络安全事件并验证保护措施的有效性。
- 检测过程（DE.DP）：维护和测试检测过程和程序，以确保及时、充分地意识到异常事件。

检测可以使你识别到潜在的安全错误配置、威胁或意外行为。它是安全生命周期的重要部分，可用于支持质量过程、法律或遵从性义务，以及用于威胁识别和响应的工作中。你应该定期检查与工作负载相关的检测机制，以确保能够满足内部和外部的策略和需求。你应该设置基于可定义条件的自动警报和通知,以方便随后进行的调查工作。这些机制是重要的反应因素,可以帮助你的组织识别和理解异常活动的范围。

5.3.2 云安全检测能力构成

1. 威胁监测服务

除了识别与保护,任何企业都需要持续监测账户和工作负载的异常或恶意行为,比如可疑的 API 调用、未授权的部署、特权升级、与可疑的 IP 和 URL 的通信等。部署基于云上威胁的检测服务,可以帮助企业在不增加任何复杂性的情况下进行持续监控。

不同于传统的威胁监测,云中的威胁监测一般主要针对虚拟网络的流日志、访问日志和 DNS 日志进行综合分析,并借助机器学习和威胁情报进行自动化的关联分析。由于威胁监测服务可以分析、预测和阻止大量恶意网络活动,因此企业可以对自己拥有的云中服务、资产等工作负载有更强的可见性,可以根据发现威胁的严重性级别实现有效的优先级排序以启动警报,以便进行下一步的处置措施。由于威胁监测的最终目的是保证企业云环境的正常运行,因此不会对其运营造成干扰,还会帮助确保组织遵守安全标准。

2. 敏感数据监测与保护服务

随着组织管理的信息量不断增加,企业需要识别和定位云中保存的敏感数据,如个人身份数据、金融数据、健康数据等,以确保根据各种法规和合规性要求对其进行适当的保护和维护。敏感数据监测与保护服务可以自动检测和以预定义的规则(包括 PII、GDPR 隐私法规、HIPAA 定义的类别法)对存储在云中的数据进行分类,并发现敏感数据。当潜在的数据泄露和未授权的访问出现时,会立即向必要的参与者提供警报,以确定该操作是意外还是恶意。

一旦企业的数据被进行了分类,敏感数据监测与保护服务便会为每个数据项分配一个业务价值,然后连续监视该数据,以便根据访问模式来检测任何的可疑活动。任何进入企业云中存储的新数据都会被分析和创建一个基准,然后其持续地被监视是否存在可疑行为。在云环境下,大规模地保护此数据是一个昂贵且费时的过程,而且很容易出错,而通过部署可扩展且具有成本效益的服务可以减轻这种负担,以帮助企业方便地进行敏感数据识别。

针对敏感数据,还需要对未加密、可公开访问或与客户组织外部账户共享的任何存储内容进行自动并持续地评估,从而使企业能够快速解决已确定包含潜在敏感数据的存储桶上的意外设置。需要注意的是,虽然企业部署敏感数据监测与保护服务可以更清晰地了解敏感数据是如何被使用的,但是它不能替代基于角色的访问控制进行的更严格的安全措施。

3. 系统管理服务

企业需要系统管理服务来监控和汇总来自不同区域的云服务运营数据，并自动执行任务以保证资源持续的可靠性和可用性。系统管理服务可以帮助企业查看资源组的 API 活动、资源配置更改、软件清单和补丁的遵从性状态，从而根据操作需求对每个资源组采取措施。对于管理数十个甚至数百个大型系统的企业来说，系统管理服务会自动收集云中所有实例和承载的软件信息，以及持续地监控系统配置和已安装的应用程序的运行状态、网络配置、注册表、服务器角色、软件更新、文件完整性和任何有关系统的信息，这种集中式的系统管理服务对配置的合规性监控有很大的帮助。

系统管理服务可以通过自动扫描托管实例来查看补丁合规性和配置不一致的情况，并可以简化重复性 IT 操作和管理任务，还可以通过补丁程序基准自动批准要安装补丁程序的选择类别，以确保软件是最新的并且符合合规性政策。

4. 实例安全评估服务

虽然保证实例上应用程序的配置正确和补丁更新可以提升安全性，但攻击者还是会利用应用程序漏洞来实施黑客活动。而实例安全评估服务可以通过在生产中，或在开发中，或当部署应用程序时对其进行检查来提高应用程序的整体安全性，还可以通过实例设置中的可访问性等来评估安全暴露面的状况。

实例安全评估服务通常会在实例上安装和运行软件代理，负责监视网络流量、文件系统、流程活动等，并收集所需数据来进行安全评估。一般企业可以自定义评估规则来配置评估模板，评估会根据评估模板来监视和执行与网络流量、文件系统、进程等有关的数据，在发现安全问题后会按照严重性进行排序，并提供说明和解决这些问题的建议。

企业通过安全评估服务，可以在应用程序开发之前和应用程序在生产环境中运行时自动识别安全漏洞，以及检测应用程序与最佳安全实践的偏差，这个服务会简化在云环境中建立和执行最佳实践的过程，从而使组织在快速发展中保持安全。

5. 安全管理中心

虽然企业可以使用各种各样的工具有针对性地保护其环境，但由于这些安全监控和保护措施往往都会有自己的控制台和仪表盘，因此安全管理员就需要登录不同的管理界面来进行安全管理，这种手动拼凑各种安全调查结果的方法非常耗时、耗力，还可能不够全面。因此，企业需要集中式的安全管理中心来汇总和收集所有服务产生的安全发现，并确定重要事件的优先级，从而确保账户和工作负载以合规的方式运行。

安全管理中心一般会汇集云原生的安全服务，如威胁检测的发现、漏洞扫描的结果、敏感数据的标识，以及第三方各类安全工具的发现，然后将这些发现和分析结果进行关联和排序，以突出趋势并确定可能需要注意的资源。安全管理中心还应该根据业界公认的最佳安全基准，如 SOC，ISO，PCI-DSS，HIPAA 等进行合规性检查，如果发现任何偏离最佳实践的账户或资源，则会标记该问题并建议采取补救措施。

企业将与安全相关的所有重要信息都集中在一个易于管理的位置，这可以为安全团队提供他们所需的可见性，以使其能够优先进行工作并改善企业安全性和合规性的状态。

6. 安全事件调查服务

虽然云服务商能够提供各类工具和安全管理中心来识别安全问题并在出现问题时通知用户，但对于重要的安全事件，企业往往需要深入研究并找出根本原因和解决方案，这时就要用到安全事件调查服务。安全事件调查服务需要企业调查服务并收集大量的日志数据，包括虚拟专用云的流日志、API 调用日志、威胁检测的发现等异常行为指标，并将其与 AI、统计分析和图论相结合，以帮助安全分析人员调查可疑活动的根本原因和识别潜在的安全问题。

在传统操作上，由于收集有效的安全调查所需的信息是一项繁重的工作，因此没有较大规模安全团队的企业在以前无法进行大量的数据收集和深入的分析工作，而安全事件调查服务可以帮助企业有效地聚合数据及上下文，还可以简化调查安全检测的结果和缩短确定根本原因的过程。

7. 物联网防护服务

对于以指数增加的物联网设备来说，安全漏洞是一个重大隐患。大多数公司在拓展业务时由于不能始终如一地考虑物联网设备的安全威胁，因而导致很多基于物联网设备的安全事件的发生。

作为与云紧密互联的边缘智能终端，物联网设备容易出现安全漏洞和违规行为，另外低计算能力加上有限的内存和远程部署也使它们更容易受到攻击，如黑客通过连接的设备发动分布式拒绝服务进行攻击。

物联网防护服务可以通过审核和监测来降低此类事件产生的影响。审核服务通过审核与设备相关的资源（如 X.509 证书、物联网策略和客户端 ID）来确保设备机队的安全状况是可信赖的；通过连续审核互连设备的配置，并根据预先定义的安全最佳实践来检查物联网设备的配置，以确保它们符合要求。监测服务可以通过设备上的代理收集设备的异常行为，当检测到异常行为时，就会向客户发送警报。

由于互联的物联网设备使用不同的无线通信协议,不断地与彼此或云端进行通信,而物联网安全漏洞会为恶意行为者或意外数据泄露打开渠道,因此,为了保护用户和企业云上的资产,企业必须要重视对物联网设备的保护。

5.3.3 云安全检测能力建设实践

云安全检测能力的建设需要从三个维度出发,即异常行为的探测与处理、网络安全事件的探测与处理和探测处理流程建设。

1. 异常行为的探测与处理

根据日常的行为模式定义正常行为的基线,并监控和理解攻击行为与目标,即监控日志聚合、分析和事件发现,并分析异常事件的影响和建议异常事件告警的阈值。以 AWS 为例,我们建议你先搜集云端资源日志、账户行为日志和应用日志,并通过机器学习的方式定义行为基线,如 EC2 中 CPU 占用率和时间的关系基线、账户登录时间和地点的基线、业务应用基于时间和地理位置等诸多因素的基线,然后总结出需要监控的云端正常行为的监控阈值,从而配置监控系统。

在搜集和分析历史数据方面,云平台应该提供对应的服务。通过 CloudWatch Logs,你可以在一个高度可扩展的服务中集中管理所使用的所有系统、应用程序和 AWS 服务的日志。然后,轻松地查看和搜索这些日志以查找特定的错误代码或模式,或者根据特定字段筛选这些日志,或者安全地存档这些日志以供将来分析。通过 CloudWatch Logs,你可以将所有日志作为按时间排序的单个一致的事件流进行查看而无论其来源如何,还可以查询这些日志并根据其他维度对其进行排序、按特定字段对其进行分组、使用强大的查询语言创建自定义计算,以及在控制面板中显示日志数据。

Amazon CloudWatch 异常检测可以应用机器学习算法连续分析系统和应用程序的时间序列来确定正常基线并发现异常,需要的用户干预极少。它可以让你创建基于自然指标模式(如一天中的时间、周期性的星期几或变化的趋势)自动调整阈值的警报。你还可以使用控制面板上的异常检测将指标可视化,监视和隔离指标中的意外变化并进行故障排除。

当为指标启用异常检测时,CloudWatch 会应用统计算法和机器学习算法生成异常检测模型,该模型会生成表示正常指标行为预期值范围的模型。用户可以通过两种方式使用预期值模型:

第一种方式是根据指标的预期值创建异常检测警报。这种类型的警报没有利用确定警报状态的静态阈值,相反,它们根据异常检测模型将指标值与预期值进行比较。你可以选择当指标值高于预期值范围或低于预期值范围时，触发警报。

当查看指标数据的图表时，你可以将预期值叠加到图表上作为范围，这样可以清晰、直观地看出图中的哪些值不在正常范围内。你可以使用 AWS 管理控制台、AWS CLI、AWS CloudFormation 或 AWS 开发工具包启用异常检测。

第二种方式是通过将 GetMetricData API 请求与 ANOMALY_DETECTION_BAND 指标数学函数结合，来检索模型范围的上限值和下限值。在具有异常检测的图表中，预期值范围显示为灰色。如果指标的实际值超出此范围，则在此期间显示为红色。异常检测算法已经将指标的周期性变化和趋势变化考虑在内。

同时，你也可以把 CloudWatch 监控到的日志保存到 S3 存储桶中，之后就可以通过 Amazon Machine Learning 服务或者 Amazon SageMaker 服务进行统计学或者机器学习算法的分析。在建立模型之后，可以使用模型来判断日志中隐藏的异常行为。

2. 网络安全事件的探测与处理

我们需要探测云上网络及边界中的安全事件，其方法主要是针对网络流量进行分析与处理。探测的基本实践是在账户级别建立一组检测机制，旨在记录和检测对账户中所有资源的广泛操作，它们允许你构建全面的探测功能。

Amazon VPC 提供服务级日志记录功能。VPC 流日志使你能够捕获关于进出网络接口的 IP 流量的信息，这些信息可以对历史记录提供有价值的见解，并基于异常行为触发自动操作。对于不是源自 AWS 服务的 EC2 实例和基于应用程序的日志，可以使用 Amazon CloudWatch 日志存储和分析日志，客户端代理从操作系统和正在运行的应用程序中收集日志并自动存储它们。一旦 CloudWatch 日志中提供了日志，你就可以实时处理它们，或者使用 CloudWatch 日志 Insights 深入分析。

安全操作团队依赖日志集合和搜索工具来发现潜在的感兴趣的事件，这些事件可能指示未经授权的活动或无意的更改。然而，简单地分析收集到的数据和手工处理信息已经不足以跟上复杂体系结构中大量的信息流，单靠分析和报告并不能分配正确的资源来及时处理一个事件。

构建成熟的安全操作团队的最佳实践是，将安全事件和发现流程深入集成到通知和工作流系统中，如票务系统、缺陷跟踪系统、工单系统，以及其他安全信息和事件管理系统。这会使工作流脱离电子邮件和静态报告，并允许你路由、升级和管理事件与发现。许多组织还将安全警报集成到聊天、协作和开发人员生产力的平台中。对于开始自动化的组织来说，当计划"首先自动化什么"时，一个 API 驱动的、低延迟的票务系统提供了相当大的灵活性。

这种实践不仅适用于从描述用户活动和网络事件的日志消息中生成的安全事件，也适用于从基础设施本身检测到的更改中生成的安全事件。探测变化的能力，确定一个改变是合适的并将其路由到正确的补救工作流程是必不可少的。

GuardDuty 和 Security Hub 为日志记录提供了聚合、将重复数据删除和分析机制，这些日志记录也可以被其他的 AWS 服务使用。具体来说，GuardDuty 摄取、聚集和分析来自 VPC 和 DNS 服务的信息，以及通过 CloudTrail 和 VPC 流日志可以看到的信息。Security Hub 可以吸收、聚合和分析来自 GuardDuty，AWS Config，Amazon Inspector，Amazon Macie，AWS 和 AWS 大量可用的第三方安全产品的输出，如果构建相应的产品，你还可以使用自己的代码。

3. 探测处理流程建设

其主要包括定义探测及处理流程的角色和责任矩阵，测试探测流程及涵盖范围，建立探测信息发布与沟通机制，保持探测流程的持续改进。

对于你拥有的每个检测机制，还应该有一个 runbook 的流程进行调查。例如，当你启用 Amazon GuardDuty 时，它会产生不同的发现。另外，你应该为每种查找类型设置一个 runbook 条目，如如果发现了一个木马，则你的 runbook 会有简单的指示，并指示某人调查和补救。在 AWS 中，你可以使用 Amazon Event Bridge 来调查感兴趣的事件和自动化工作流中可能发生意外变化的信息。该服务提供了一个可伸缩的规则引擎，用于代理本地 AWS 事件格式（比如 CloudTrail 事件），以及从应用程序中生成的定制事件。Amazon GuardDuty 还允许将事件路由到那些构建事件响应系统的工作流系统，或路由到中央安全账户，或路由到存储桶以进行进一步分析。检测更改并将此信息路由到正确的工作流也可以使用 AWS 配置规则来完成。AWS Config 可以检测范围内服务的更改（尽管延迟比 Amazon Event Bridge 要高）并生成事件，这些事件可以使用 AWS 配置规则进行解析，以用于回滚、执行遵从性策略，以及将信息转发到系统（如变更管理平台和操作票务系统）。除了编写自己的 Lambda 函数来响应 AWS 配置事件，你还可以利用 AWS 配置规则开发工具包和一个开放源码 AWS 配置规则库。

5.4 云安全响应能力建设

NIST CSF 框架中响应能力对应的 AWS 安全服务与措施，如表 5-4-1 所示。

表 5-4-1

CSF 类别	构建能力	序号	对应 AWS 服务	核心作用
安全响应能力	安全事件发生后的响应	1	AWS Config	AWS Config 服务可用来评估、审计和评价客户的云资源配置
		2	Amazon CloudWatch	CloudWatch 以日志、指标和事件的形式收集监控和运营数据，让你能够统一查看在 AWS 和本地服务器上运行的资源、应用程序和服务
		3	AWS CloudTrail	CloudTrail 提供 AWS 账户活动的事件历史记录，这些活动包括通过 AWS 管理控制台、AWS 开发工具包、命令行工具和其他 AWS 服务执行的操作
		4	AWS Lambda	AWS Lambda 是一种 Serverless 服务，无须预置或管理服务器即可运行代码
		5	AWS Step Functions	AWS Step Functions 是一个无服务器函数编排工具，可轻松将 AWS Lambda 函数和多个 AWS 服务按顺序安排到业务的关键型应用程序中

5.4.1 云安全响应能力概述

云安全响应能力主要包含五个子项：响应计划、事件沟通、事件分析、事件缓解和总结提高。

客户应该具有根据其事件响应策略实施安全事件的处理能力，包括准备、检测和分析、遏制、根除和恢复。此外，客户还负责将事件处理活动与应急计划活动进行协调，并将从正在进行的事件处理活动中学到的经验教训纳入事件响应程序中。

1. 响应计划

响应计划，即执行和维护响应流程和程序，以确保对检测到的网络安全事件做出及时响应，以及信息系统在中断、破坏或失败后能恢复和重建到已知状态。

客户负责为其系统制订响应计划，该计划需要包括：
1）确定基本任务和业务功能及相关的应急要求。
2）提供恢复目标，恢复优先级和指标。
3）解决应急角色、职责和分配的个人并包含联系信息。
4）解决当出现信息系统中断、受损或故障时维持基本任务和业务功能的问题。
5）解决最终使完整信息系统恢复，同时又不会破坏原计划和实施的安全保障措施的问题。

6）由组织定义的人员或角色要根据响应计划政策进行审核和批准。

客户应将响应计划的副本分发给组织定义的关键应急人员（通过名称和/或角色标识）和组织元素。响应计划必须与事件处理相协调，必须按照计划政策中定义的频率进行审核和更新，以解决组织、系统或运行环境的变化，以及在实施、执行和测试过程中遇到的问题。客户应该负责将响应计划的变更传达给组织定义的人员，并保护计划免受未经授权的披露和修改。

2. 事件沟通

事件沟通包括对活动与内外部利益相关者进行的适当协调，也包括执法机构的外部支持。当需要响应时，相关人员要知道他们的角色和操作顺序。

客户负责根据分配的角色和职责向系统用户提供应急培训，即必须根据系统变更的要求，在担任角色的组织定义的时间段内提供培训，此后以组织定义的频率进行培训。

报告的事件符合既定标准。

客户负责按组织定义的频率查看和分析审核记录，以指示组织定义的不适当或异常活动，并根据其审核和问责政策将这些发现报告给组织定义的人员或角色。

客户负责要求其人员在组织定义的时间段内向组织事件响应功能报告中可疑的安全事件，并向组织定义的权威人员报告事件信息。

客户负责报告客户存储、虚拟机和应用程序的事件并且向云厂商提供联系人和升级计划，以促进持续的事件通信。

客户应与云厂商合作，开发商定报告流程和方法，以接收可能涉及违反客户数据安全事件的通知。

在整个事件响应过程中，随着调查的进行，云厂商要使客户的高级管理层和其他必要方随时了解响应活动。在某些情况下，执法机构可能会参与其中，执法部门提出的所有信息请求将由云厂商法律顾问处理。云厂商安全团队应尽其所能，遵守法律顾问批准的所有信息要求。云厂商服务应对交付的材料进行审核，以确保它们完全符合要求。

信息共享与响应计划一致。

与利益相关者的协调要与响应计划一致。

要与外部利益相关者进行自愿信息共享，以实现更广泛的网络安全态势感知。

3. 事件分析

事件分析环节非常重要，可以确保进行适当的响应并且对后续的恢复过程提供支持。其通常包含以下五个方面：

- 检查系统发出的通知,通常是告警。
- 了解事件的影响。
- 进行取证。
- 根据响应计划对事件进行分类。
- 建立流程以接收、分析和响应从内部(如内部测试、安全公告或安全研究人员)和外部向组织披露的漏洞。

4. 事件缓解

事件缓解,即采取措施避免事件的影响进一步扩大,削弱事件带来的负面影响进而消除影响。事件缓解策略要包含如下两个环节:

- 事件可控并且被缓解。
- 新发现的漏洞已得到缓解或记录为可接受的风险。

5. 总结提高

利用从当前和以前的检测与响应活动中学到的经验教训改进组织的响应活动,并确保已将应对策略进行了更新。

5.4.2 云安全响应能力构成

1. 配置检测服务

配置检测服务可以供客户评估、审计和评价云资源的配置,可以持续监控和记录客户的云资源配置,并支持客户自动依据配置需求评估记录的配置。借助于该服务,客户可以查看配置并更改资源之间的关系、深入探究详细的资源配置历史记录并判断客户的配置在整体上是否符合内部指南中所指定的配置要求,还可以简化合规性审计、安全性分析、变更管理和操作故障排除的流程。

2. 日志检测分析服务

日志检测分析服务是一种面向开发运营工程师、开发人员、站点可靠性工程师和 IT 经理的监控和可观测性服务。该服务为客户提供相关数据和切实见解,以监控应用程序、响应系统范围的性能变化、优化资源的利用率,并能在统一视图中查看运营状况。该服务以日志、指标和事件的形式收集监控和运营数据,让客户能够统一查看云端和本地服务器上运行的资源、应用程序和服务。客户使用该服务还可以检测环境中的异常行为、设置警报、并排显示日志和指标、执行自动化操作、排查问题,以及发现可确保应用程序正常运行的见解。

3. 操作审计服务

操作审计服务是一项支持对客户的账户进行监管、合规性检查、操作审核和风险审核的服务。借助于该服务，客户可以记录日志、持续监控并保留整个云基础设施中与操作相关的账户活动。操作审计服务提供账户活动的事件历史记录，这些活动包括通过管理控制台、开发工具包、命令行工具和其他服务执行的操作。这些事件历史记录可以简化安全性分析、资源更改跟踪和问题排查的工作。此外，客户还可以使用该服务来检测账户中的异常活动。

4. 云函数服务

通过云函数服务，客户无须预置或管理服务器即可运行代码，且只需按使用的计算时间付费。借助于云函数服务，客户几乎可以为任何类型的应用程序或后端服务运行代码，而且完全无须管理。客户只需上传代码，云函数就会处理运行和扩展高可用代码所需的一切工作。客户还可以将代码设置为自动从其他服务触发，或者直接从任何 Web 或移动应用程序调用。

5. 编排服务

编排服务是一个无服务器函数编排工具，客户使用它可以轻松地将云函数和多个云服务按顺序安排到业务关键型应用程序中。通过其可视界面，客户可以创建并运行一系列检查点和事件驱动的工作流，以维护应用程序的状态，其中每一步的输出都将作为下一步的输入，应用程序中的各个步骤会根据客户定义的业务逻辑按既定顺序执行。

随着分布式应用程序变得越来越复杂，管理它们的难度也随之增加，而编排服务可以自动管理错误处理、重试逻辑和状态，凭借内置的操作控制功能可以管理执行任务的顺序，从而显著减轻团队的运营负担。

5.4.3 云安全响应能力建设实践

安全响应能力自动化的本质就是通过一系列计划和设计来确保企业自动化保护数据、应用与服务的手段和方法，从而帮助企业创建可重复、可预测的流程，以响应威胁并控制网络安全事件的影响。在响应计划阶段，安全响应团队必须有权访问所有可能涉及的环境和资源。为此，响应团队成员需要根据公司安全风险治理策略中规定的工作职责提前设置不同级别的访问权限。作为企业的安全管理团队，应与外部云架构师、合作伙伴紧密合作，充分了解包括身份授权、联合身份认证、跨账户访问等在内的身份策略。在事件响应阶段，云中构建响应能力的核心优势来源于通过自动化的手段帮助企业快速检测和应对安全事件，因为自动化安全运营不仅可以提高对事件的响应速度，而且还可以根据工作负载的变化弹性伸缩安全的能力。

以 AWS 为例，通过配置检测服务 Config 和操作审计服务 CloudTrail，可以自动监测账户中的资源和配置更改等详细信息。企业通过掌握这些信息，可以建立针对偏离正常状态的自动响应流程，如图 5-4-1 所示。

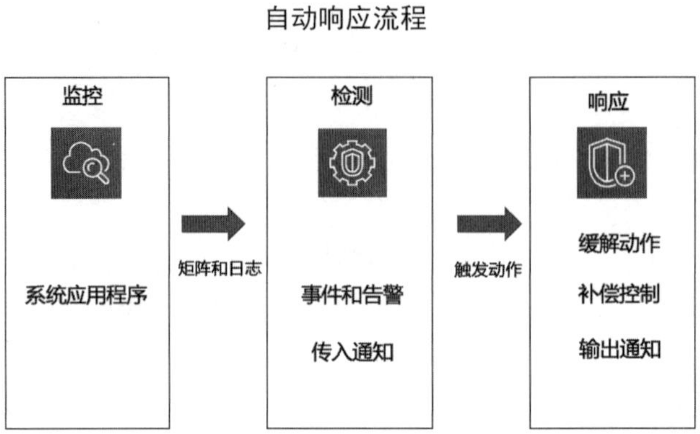

自动响应流程

```
┌─────────────┐      ┌─────────────┐      ┌─────────────┐
│    监控     │      │    检测     │      │    响应     │
│             │      │             │      │             │
│  系统应用程序 │ 矩阵和日志→ │ 事件和告警   │ 触发动作→ │ 缓解动作     │
│             │      │ 传入通知    │      │ 补偿控制    │
│             │      │             │      │ 输出通知    │
└─────────────┘      └─────────────┘      └─────────────┘
```

图 5-4-1

在监控环节中，企业可以通过自动监控工具收集云环境中运行的资源和应用程序的信息，包括操作审计服务 CloudTrail 收集的操作日志、EC2 实例的使用指标、VPC 的流量日志信息等。在检测环节中，当指标超出预定义的阈值或者存在可疑活动及配置偏差时，将会在系统内引发一个标志。这些触发条件在检测能力建设中已有说明，如 VPC 安全组或 WAF 访问控制列表出现较高的请求拦截数量、威胁检测服务 GuardDuty 检测到异常活动或资源的配置与合规服务 Config 定义的规则不符等。在响应环节中，可以针对检测环节的异常通知触发自动响应，包括修改 VPC 安全组、给实例打补丁、轮换密钥凭证等。无论是利用简单的云函数 Lambda，还是通过工作流编排服务 Step Function 来设计一系列复杂逻辑的任务，企业都可以利用这个通用的事件驱动响应流程，并根据自己的资源和风险控制策略设定复杂程度不同的自动响应计划或安全自动化运营措施，图 5-4-2 所示为一个典型的响应场景示例。

自动化事件响应可以帮助企业迅速减小受侵害资源的范围，减轻安全团队的重复工作量。由于安全事件响应属于组织风险与合规治理的一部分，因此当涉及具体场景时其可能千差万别。下面提供一个可供参考的实例，架构如图 5-4-3 所示。需要注意的是，当引入自动化响应时，建议事先在非生产环境中仔细测试每个自动响应的设置，切忌对业务关键型应用使用未经测试的自动事件响应流程。

第 5 章　NIST CSF 云安全建设实践　153

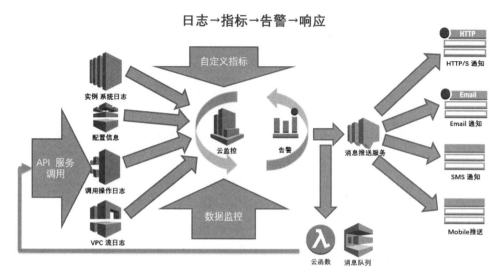

图 5-4-2

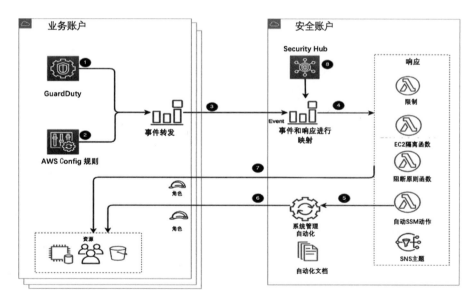

图 5-4-3

在该事件响应流程的架构中，首先，GuardDuty 威胁检测服务将发现的结果发送到云监控中，同时，Config 配置检测服务也将偏离合规性状态中的配置变更信息推送至云监控中，并将形成的实时事件流通过云监控事件总线转移到中央安全账户中。

在主安全账户中，使用 CloudWatch Events 规则将服务账户中的每个事件都映射到一个或多个响应操作中。其中每个规则都会触发事件响应的动作，并对事件中定义的一个或多个安全的发现结果执行对应的响应动作。这里举例一些可能出现的响应处置动作：
- 触发由安全账户中的 Lambda 函数 StratSsmAutomation 调用的 Systems Manager 自动化文档。
- 通过将一个空的安全组附加到 EC2 实例并删除由 Lambda 函数 IsolateEc2 调用的任何先前的安全组来隔离 EC2 实例。
- 通过附加由 Lambda 函数 BlockPrincipal 调用的拒绝策略来阻止 IAM 主体访问。
- 将安全组限制在由 Lambda 函数 ConfineSecurityGroup 调用的安全 CIDR 范围内。
- 将发现结果通过 SNS 消息推送服务发送至外部进行处理，如人工评估等。

然后，通过调用主安全账户中的 Systems Manager，来指定服务账户和相同的 AWS 区域。针对服务账户中的资源，在主安全账户中执行 Systems Manager 自动化文档。通过承担 IAM 角色，事件响应的动作由安全账户触发并直接作用到服务账户的资源上，如通过隔离可能受损的 EC2 实例来完成此操作。另外，对于复杂的发现，可能需要人工预先进行判断后再进行响应，而 Security Hub 自定义手动触发操作在此场景下可以处理需要手动参与的过程。

任何一个企业或组织都希望能获得清晰的信息安全策略决策，并据此创建相应的自动化安全响应优先级。为此，企业或组织需要综合考虑被保护资源的重要性、所需自动化技术的复杂程度等因素。在实践中，建议企业从简单的自动化流程起步，随着经验的积累再建设较为复杂的自动化流程。除了需要获得高层的支持，企业的所有利益相关方，如商业部门、IT 运营部门、信息安全部门及风险与合规部门等，都应该参与到应该自动执行哪些事件响应操作的决策环节中。

在某些特殊的情况下，采取自动响应还是存在风险的。例如，针对核心生产数据库服务器的事件响应处置，可能需要在自动化回应之前先使用人工判断；对于某些告警，企业可能默认其安全，如对提供公共服务的 Web 服务器设置公共访问的安全组等。为了解决这些例外问题，AWS 为资源设置了 Security Exception 标签，这样就不会为具有此标签的资源执行响应操作了。

5.5 云安全恢复能力建设

NIST CSF 框架中恢复能力对应的安全服务与措施，如表 5-5-1 所示。

表 5-5-1

CSF 类别	构建能力	序号	对应 AWS 服务	核心作用
安全恢复能力	按照响应计划执行恢复操作	1	AWS CloudFormation	AWS CloudFormation 可以使客户跨所有区域和账户，使用编程语言或简单的文本文件以自动化的安全方式，为自己的应用程序所需要的所有资源建模并进行预置
		2	AWS OpsWorks	借助于 OpsWorks，客户可以使用 Chef 和 Puppet 自动完成所有 Amazon EC2 实例或本地计算环境中的服务器配置、部署和管理
		3	Amazon S3 Glacier	Amazon S3 Glacier 是安全、持久且成本极低的 Amazon S3 云存储类，适用于数据存档和长期备份
		4	AWS Config	AWS Config 服务可用来评估、审计和评价客户的云资源配置

5.5.1 云安全恢复能力概述

恢复能力是指执行并保持恢复的能力，以确保及时恢复受网络安全事件影响的系统或资产。云安全恢复能力包含三个子项：恢复计划、改进和沟通。客户负责在中断、破坏或失败后将信息系统恢复和重建到已知状态。

- 恢复计划（RC.RP）：执行并维护恢复过程和程序，以确保及时恢复受网络安全事件影响的系统或资产。
- 改进（RC.IM）：通过将汲取的教训纳入未来的活动中，可以改进恢复计划和流程。
- 沟通（RC.CO）：还原活动与内外部各方进行协调，如协调中心、Internet 服务提供商、攻击系统的所有者和受害者及其他 CSIRT 和供应商。

5.5.2 云安全恢复能力构成

1. 集成资源部署

集成资源部署服务为客户提供了一种通用语言，用于对云环境中的自有资源和第三方应用程序资源进行建模和预配置。该服务可以使客户跨所有的区域和账户，使用编程语言或简单的文本文件以自动化的安全方式为应用程序需要的所有资源建模并进行预配置。这样就可以为客户提供云厂商和第三方资源的单一数据源。该服务以安全、可重复的方式预配置客户的应用程序资源，使客户可以构建和重新构建基础设施和应用程序，而不必执行手动操作或编写自定义脚本，还能确定管理堆栈时要执行的适当操作，并以最高效的方式编排它们，且能在检测到错误时自动回滚更改。

2. 配置管理服务

该服务提供 Chef 和 Puppet 的托管实例。Chef 和 Puppet 是自动化平台,允许客户使用代码自动配置服务器。借助于该服务,客户可以使用 Chef 和 Puppet 自动完成所有的云计算实例或本地计算环境中的服务器配置、部署和管理。

3. 低成本存档服务

低成本存档服务是安全、持久且成本极低的云存储类服务,适用于数据存档和长期备份。它们能提供 99.999999999%的持久性,以及全面的安全与合规功能,并能帮助客户满足最严格的监管要求。与本地解决方案相比,此服务能让客户以非常低的价格存储数据,显著降低了成本。为了保持低廉成本,同时满足各种检索需求,该服务通常提供三种访问存档的选项,检索时间也从数分钟到数小时不等。

4. 配置检测服务

云资源配置检测服务可供客户评估、审计和评价云资源配置。该服务可持续监控和记录客户的云资源配置,并支持客户自动依据配置需求评估记录的配置。借助于该服务,客户可以查看配置并更改资源之间的关系、深入探究详细的资源配置历史记录并判断客户的配置在整体上是否符合内部指南中指定的配置要求。通过该服务,客户能够简化合规性审计、安全性分析、变更管理和操作故障的排除等操作。

5.5.3 云计算恢复能力建设实践

恢复能力往往和数据备份能力结合紧密,云上的备份能力和恢复能力同样继承了云的敏捷性,故使用很多云原生的服务就可以实现备份和恢复。

云端的数据存储包括对象存储(S3)、块存储(EBS)、文件存储(EFS)和混合存储(Storage Gateway),同时云端还提供远程的备份服务(AWS Backup)。

AWS Backup 是一项完全托管的备份服务,可在云中及本地集中管理和自动执行跨 AWS 服务的数据备份。使用 AWS Backup,你可以在一个位置配置备份策略并监控 AWS 资源的备份活动。AWS Backup 可以自动执行并整合以前逐个服务执行的备份任务,消除创建自定义脚本和手动过程的需求。只需在 AWS Backup 控制台中单击几下,你就可以创建各种备份策略,从而自动执行备份计划和保留管理工作。AWS Backup 提供了完全托管的备份服务和基于策略的备份解决方案,简化了备份管理工作,并能使你满足业务和法规备份的合规性要求。

AWS Backup 服务同时也提供恢复功能。

在某个资源至少备份一次之后，即将其视为受保护的并且可以使用 AWS Backup 进行还原的资源。使用 AWS Backup 控制台，可以按照以下步骤还原资源。

- 打开中国区域的 AWS Backup 控制台。
- 在导航窗格中，选择"Protected resources（受保护的资源）"和需要还原的资源 ID。
- 恢复点的列表（包括资源类型）是按照资源 ID 显示的，选择资源可以打开资源详细信息页。
- 如果要还原资源，则在备份窗格中选择资源恢复点 ID 旁边的单选按钮，并在窗格的右上角选择"还原"。
- 指定还原参数，其中显示的还原参数特定于所选的资源类型。

同时，众多第三方备份还原工具都可以在云端使用，这些工具具备了企业级的备份和还原的能力。

第6章 云安全动手实验——基础篇

本章是云上最基础的安全实验,适合云安全初学者,主要目的是帮助初学者动手操作、快速学习云上基本的安全策略、安全功能和安全服务,并自动部署云安全实验场景和最佳实践。其包括 10 个基础实验:手工创建第一个根用户账户;手工配置第一个 IAM 用户和角色;手工创建第一个安全数据仓库账户;手工配置第一个安全静态网站;手工创建第一个安全运维堡垒机;手工配置第一个安全开发环境;自动部署 IAM 组、策略和角色;自动部署 VPC 安全网络架构;自动部署 Web 安全防护架构;自动部署云 WAF 防御架构。

下面所有实验环境都是基于 AWS 平台构建的,如果你已经熟悉 AWS,则可以灵活地选择实验进行测试和演练。

如果你已有 AWS 独立账号,则可以通过本书中的实验步骤直接进行实践,但是有些实验还是需要预先搭建好实验环境才能进行。

如果你使用自己的账号登录实验,则在实验完成后,要及时删除实验环境的相关资源,以减少不必要的成本支出。

在动手实验之前,你需要设置实验环境。其操作步骤如下:

步骤 1:从本章每个实验环境搭建提供的 Github Link 中下载部署文件。

1)进入 GitHub 页面,单击下载,如将 aws-lab-2020-010XX- deploy.zip 文件下载到本地计算机并解压,这会将文件解压到名为 deploy 的目录中。

2)或者通过命令 Clone 将实验文件克隆到本地,然后进行实验环境的搭建,其中有的实验环境需要通过手动登陆创建,有的需要通过 CloudFormation 的自动化部署模板进行创建。

步骤 2:用你的 AWS 账号登陆,并创建 S3 存储桶来存储实验部署文件,并拷贝部署文件 S3 的 URL 资源路径。操作步骤如下:

1)导航到 S3 控制台,然后单击"Create bucket",并提供自己的存储桶名称,不要调整默认设置以防阻止公共访问,如图 6-0-1。

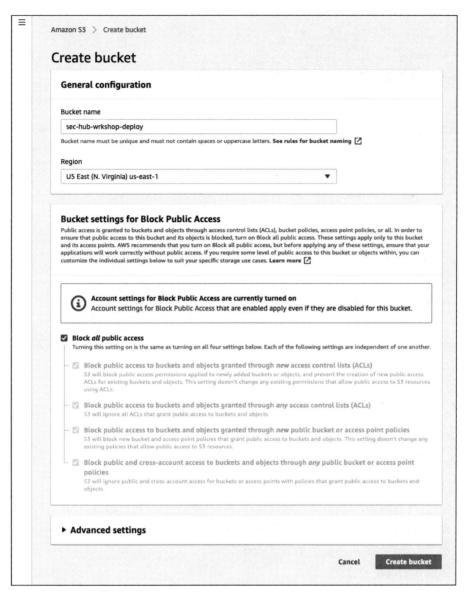

图 6-0-1

2）记录存储桶名称以备后用。

3）单击"Create bucket"。

4）单击你的存储桶名称，以导航到存储桶。

5）在本地计算机上，将解压到 deploy 目录下的内容上传到创建的存储桶根目录中，如图 6-0-2 所示。

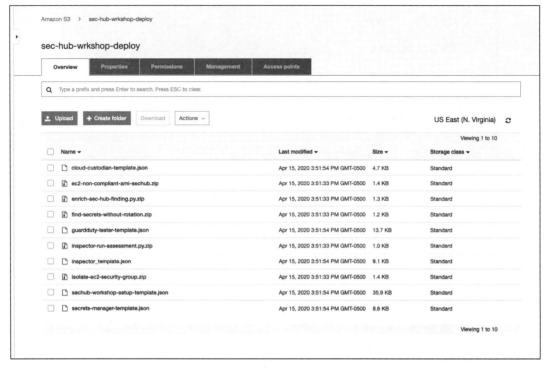

图 6-0-2

步骤 3：导航到 CloudFormation 控制台，将路径添加到你的设置模板中，开始创建实验环境部署堆栈。

详细操作步骤：

1）导航到 CloudFormation 控制台。

2）单击 "Create stack"。

3）在 Amazon S3 URL 中，将路径添加到你的设置模板中。

4）在 "Create stack" 页面上单击 "Next"。

5）提供你的堆栈名称。

6）在参数中，为 GuardDuty，SecurityHub 和 Config 三个服务选择 "Yes"（启用）或 "No"（不启用）。

7）输入你创建的并在其中存储 Workshop 工件的 S3 部署存储桶的名称，保留其余参数的默认值，如图 6-0-3。

8）在 "Specify stack details" 页面上，单击 "Next"。

第 6 章 云安全动手实验——基础篇 161

图 6-0-3

9）在"Configure stack options"页面上，单击"Next"。

10）然后检查两个确认，如图 6-0-4 所示。

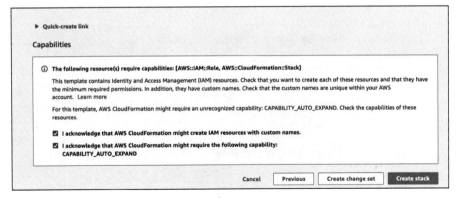

图 6-0-4

11）单击"Create stack"，完成实验环境创建。

6.1 Lab1：手工创建第一个根用户账户

6.1.1 实验概述

当你首次使用 AWS 云服务资源时，需要申请创建 AWS 根用户（ROOT 用户）账户，这样你会从一个登录身份开始，该身份具有对账户中所有 AWS 服务和资源完全访问的权限。由于你可以使用创建账户的电子邮件地址和密码访问根用户账户，因此本实验主要是用于当创建根用户时，指导如何设置多因素认证和配置最小的根用户权限，并定期轮换根用户密码和审计根用户账户。

6.1.2 实验步骤

步骤 1：为用户配置强密码策略。

你可以在 AWS 账户上设置密码策略，以指定 IAM 用户密码的复杂性要求和强制轮换期限，但是 IAM 密码策略不适用于 AWS 根账户密码，使用时需要创建或更改密码策略。

1）登录 AWS 管理控制面板并打开 IAM 控制面板。

2）在导航窗格中，单击"账户设置"。

3）然后在"密码策略"中，选择要应用于密码策略的选项，并单击"应用密码策略"，结果如图 6-1-1 所示。

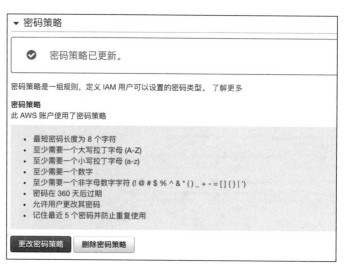

图 6-1-1

步骤2：配置账户安全挑战问题。

账户安全挑战问题可以用于验证你是否拥有 AWS 账户。

1）使用你的 AWS 账户电子邮件地址和密码，以 AWS 账户根用户的身份登录并打开 AWS 账户设置页面。

2）导航到"配置安全问题"部分，如图 6-1-2 所示。

图 6-1-2

3）选择三个挑战性的问题，然后为每个问题输入答案。

4）与密码或其他凭证一样，你需要安全地存储问题和答案。

5）单击"更新"。

步骤3：定期更改 AWS 账户根用户密码。

说明：必须以 AWS 账户根用户身份登录才能更改密码。

1）利用 AWS 账户电子邮件地址和密码，以根用户身份登录 AWS 管理控制台。

注意：如果你使用 IAM 用户凭证登录过控制台，则浏览器可能会记住此选项，并打开特定于账户的登录页面。因为 IAM 用户登录页面无法使用 AWS 账户根用户凭证登录，所以如果你看到的是 IAM 用户登录页面，则单击页面底部的使用根账户凭证登录即可返回登录主页面。

2）在控制台右上角单击账户名或号码，然后单击"我的账户"。

3）在页面右侧的"账户设置"部分，单击"编辑"。

4）在"密码"行，选择"单击此处更改密码"。

步骤4：删除 AWS 账户根用户访问密钥。

你可以使用访问密钥（访问密钥 ID 和秘密访问密钥）向 AWS 发出编程请求，但是，请勿使用你的 AWS 账户根用户访问密钥,因为其可以让你完全访问所有 AWS 服务的所有资源,包括账单信息。你不能限制与你的 AWS 账户访问密钥关联的权限。

1)如果你还没有 AWS 账户的访问密钥,除非绝对需要,否则不要创建。你可以使用账户电子邮件地址和密码登录 AWS 管理控制台,并创建一个具有管理特权的 IAM 用户,如图 6-1-3 所示。

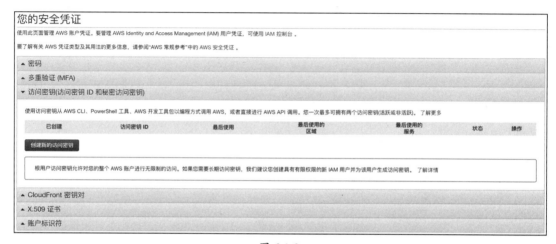

图 6-1-3

2)如果你有 AWS 账户的访问密钥,则删除该账户,除非有特殊要求。如果想删除或轮换 AWS 账户访问密钥,则要先访问 AWS 管理控制台的安全凭证页面,再使用电子邮件地址和密码登录。你可以在"访问密钥"中管理访问密钥。

3)不要与任何人共享 AWS 账户密码或访问密钥。

步骤 5:为 AWS 根用户启用虚拟 MFA 设备。

在 AWS 管理控制台中,你可以使用 IAM 为根用户配置和启用虚拟 MFA 设备,这时必须使用根用户凭证登录 AWS,不能使用其他凭证,然后执行下面的任一操作。

选项 1:单击"仪表板",然后在"安全状态"下展开根用户上的"激活 MFA"。

选项 2:在导航栏的右侧单击账户名,然后单击"您的安全凭证"。如有必要,再单击"继续使用安全凭证",然后在页面上展开"多重验证(MFA)",如图 6-1-4 所示。

1)单击"管理"或"激活",具体取决于你在上一步中的选项。

2)在窗口中,单击"虚拟 MFA 设备",然后单击"下一步"。

3)确认设备上已安装虚拟 MFA 应用程序,然后单击"下一步"。这时,IAM 生成并显示虚拟 MFA 设备的配置信息,包括 QR 码图形。该图形表示秘密配置密钥,可用于在不支持 QR 码的设备上手动输入。

第 6 章　云安全动手实验——基础篇　165

图 6-1-4

4）在"管理 MFA 设备"窗口仍然打开的情况下，打开设备上的虚拟 MFA 应用程序。

5）如果虚拟 MFA 应用程序支持多个账户（多个虚拟 MFA 设备），则单击该选项以创建一个新账户（一个新的虚拟设备）。

6）配置应用程序最简单的方法是使用应用程序扫描 QR 码。如果你无法扫描 QR 码，则可以手动输入配置信息。

例如，如果你需要单击相机图标或扫描账户条形码的命令，则可以使用设备的相机扫描 QR 码。如果无法扫描，则可以通过在应用程序中输入 Secret Configuration Key 值来手动配置信息。例如，如果要在 AWS Virtual MFA 应用程序中执行此操作，则单击"手动添加账户"，然后输入密钥，最后单击"创建"即可。

提示：你需要对 QR 码或配置的密钥进行安全备份，或确保账户启用了多个虚拟 MFA 设备。因为当你丢失了托管虚拟 MFA 设备的智能手机时，虚拟 MFA 设备会变得不可用，这时你将无法登录账户，并且必须与客服联系删除该账户的 MFA 保护。

7）单击"下一步"，再单击"完成"。

6.1.3　实验总结

本实验是使用云服务的第一步，也是你在云上安全配置的新起点，即通过云服务的安全策略、安全功能和安全工具实现最小授权。我们建议，当你使用具有根用户权限的用户执行任务并访问 AWS 资源时，要限制根用户的使用权限和场景。必须由根用户权限执行的任务如下：

1）更改你的账户设置，包括账户名称、根用户密码和电子邮件地址，而其他账户设置（如联系人信息、付款货币偏好和区域）不需要根用户凭证。

2）关闭 AWS 账户。

3）还原 IAM 用户权限。如果唯一的 IAM 管理员意外地撤销了自己的权限，则你可以使用根用户身份登录来编辑策略并还原这些权限。

4）更改或取消 AWS 支持计划。

5）创建 CloudFront 密钥对。

6）配置 Amazon S3 存储桶，以启用 MFA（多重验证）删除。

7）编辑或删除一个包含无效 VPCID 或 VPC 终端节点 ID 的 Amazon S3 存储桶策略。

6.1.4 策略示例

推荐 IAM 基于身份策略的典型示例。

1）允许基于日期和时间的用户访问策略，代码如下。

```
{
    "Version": "2012-10-17",
    "Statement": [
        {
            "Effect": "Allow",
            "Action": "service-prefix:action-name",
            "Resource": "*",
            "Condition": {
                "DateGreaterThan": {"aws:CurrentTime": "2020-04-01T00:00:00Z"},
                "DateLessThan": {"aws:CurrentTime": "2020-06-30T23:59:59Z"}
            }
        }
    ]
}
```

说明：此示例显示，如何创建策略和允许访问基于日期和时间的操作。此策略限制访问从 2020 年 4 月 1 日到 2020 年 6 月 30 日（含这两个日期）发生的操作，授予的权限仅适用于通过 AWSAPI 或 AWSCLI 完成此操作。如果你要使用此策略，则将示例策略中的斜体占位符文本替换为自己的信息。

2）AWS：允许在特定日期内使用 MFA 进行特定访问，代码如下。

```
{
    "Version": "2012-10-17",
    "Statement": {
```

```
    "Effect": "Allow",
    "Action": [
        "service-prefix-1:*",
        "service-prefix-2:action-name-a",
        "service-prefix-2:action-name-b"
    ],
    "Resource": "*",
    "Condition": {
        "Bool": {"aws:MultiFactorAuthPresent": true},
        "DateGreaterThan": {"aws:CurrentTime": "2020-07-01T00:00:00Z"},
        "DateLessThan": {"aws:CurrentTime": "2020-12-31T23:59:59Z"}
    }
  }
}
```

说明：此示例显示，如何使用多个条件创建策略，系统如何使用逻辑 AND 对它们进行评估。它允许对 SERVICE-NAME-1 服务进行完全访问，并且允许对 SERVICE-NAME-2 服务中的 *action-name-a* 和 *action-name-b* 操作进行访问。但是只有当用户使用 MFA 时，才允许执行这些操作，并且只能对从 2020 年 7 月 1 日至 2020 年 12 月 31 日（UTC 时间，包含这两个日期）发生的操作进行访问。此策略授予的权限仅适用于通过 AWSAPI 或 AWSCLI 完成此操作。如果你要使用此策略，则将示例策略中的斜体占位符文本替换为自己的信息。

3）AWS：基于源 IP 拒绝对 AWS 的访问，代码如下。

```
{
    "Version": "2012-10-17",
    "Statement": {
        "Effect": "Deny",
        "Action": "*",
        "Resource": "*",
        "Condition": {
            "NotIpAddress": {
                "aws:SourceIp": [
                    "192.0.2.0/24",
                    "203.0.113.0/24"
```

```
            ]
        },
        "Bool": {"aws:ViaAWSService": "false"}
    }
}
```

说明：如果请求是来自指定 IP 范围以外的委托人，此示例显示如何创建策略可拒绝对该账户中所有 AWS 操作的访问。当你公司的 IP 地址位于指定范围内时，该策略很有用。该策略不拒绝 AWS 服务使用委托人的凭证发出的请求，还授予在控制台上完成此操作所需的必要权限。如果你要使用此策略，则将示例策略中的斜体占位符文本替换为自己的信息。

当其他策略允许这种操作时，委托人可以从 IP 地址范围内发出请求。AWS 服务还可以使用委托人的凭证发出请求，而当委托人从 IP 范围之外发出请求时，请求将被拒绝。如果服务使用服务角色或服务相关角色代表委托人进行调用，则请求也会被拒绝。

6.1.5　最佳实践

我们推荐的 IAM 中安全最佳实践的任务如下：

1）隐藏 AWS 账户根用户访问密钥。
2）创建单独的 IAM 用户。
3）使用组向 IAM 用户分配权限。
4）授予最低权限。
5）通过 AWS 托管策略开始使用权限。
6）使用客户托管策略而不是内联策略。
7）使用访问权限级别查看 IAM 权限。
8）为你的用户配置强密码策略。
9）启用 MFA。
10）针对在 Amazon EC2 实例上运行的应用程序使用角色。
11）使用角色委托权限。
12）不共享访问密钥。
13）定期轮换凭证。
14）删除不需要的证书。

15）使用策略条件增强安全性。

16）监控 AWS 账户中的活动。

6.2 Lab2：手工配置第一个 IAM 用户和角色

6.2.1 实验概述

在 AWS 上，本实验是用户最小授权的最佳做法：不是将 AWS 账户根用户用于不需要的任何任务，而是为每个需要管理员访问权限的人创建一个新的 IAM 用户。然后，通过将用户置于附加了 AdministratorAccess 托管策略的"管理员"组中，使这些用户成为管理员。该动手实验将指导你使用 AWS 管理控制面板配置第一个 IAM 用户、组和角色，以进行访问管理。

6.2.2 实验架构

三步配置第一个 IAM 用户、组和角色：

1）创建管理员 IAM 用户和组。

2）创建管理员 IAM 角色。

3）承担 IAM 用户的管理员角色。

创建管理员 IAM 用户和组的操作流程，如图 6-2-1 所示：

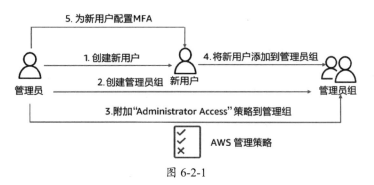

图 6-2-1

6.2.3 实验步骤

步骤 1：创建管理员 IAM 用户和组。

1）使用 AWS 账户电子邮件地址和密码，以 AWS 账户根用户身份登录 IAM 控制台。

2）在导航窗格中，单击"用户"中的"添加用户"，如图 6-2-2 所示。

图 6-2-2

3）输入用户名，名称可以由字母、数字和字符组成，不区分大小写，最大长度为 64 个字符。

4）选中"AWS 管理控制台访问"旁边的复选框，然后选择"自定义密码"，并在文本框中输入新密码，如图 6-2-3 所示。通过不为该用户提供编程访问权限（访问和密钥），此用户将几乎可以执行你账户中的所有操作，从而降低了风险，稍后再配置特权较低的用户和角色。如果要为自己以外的其他用户创建用户，则可以选择"要求重设密码"，以强制用户在首次登录时创建新密码。

图 6-2-3

5）单击"下一步：权限"。

6）在"设置权限"页面上，单击"将用户添加到组"。

7）然后单击"创建组"，如图 6-2-4 所示。

图 6-2-4

8）在"创建组"对话框中，输入新组的名称，如 Administrators。名称可以由字母、数字和字符组成，不区分大小写，最大长度为 128 个字符。

9）在策略列表中，选中"AdministratorAccess"旁边的复选框。然后单击"创建策略"，如图 6-2-5 所示。

图 6-2-5

10）返回组列表，确认复选框在新组旁边。如有必要，则单击刷新以查看列表中的组，如图 6-2-6 所示。

11）单击"下一步：标签"。在本实验中，我们不会向用户添加标签。

12）单击"下一步：查看"，以查看要添加到新用户的组成员身份列表，然后单击"创建用户"，如图 6-2-7 所示，成功添加用户如图 6-2-8 所示。

图 6-2-6

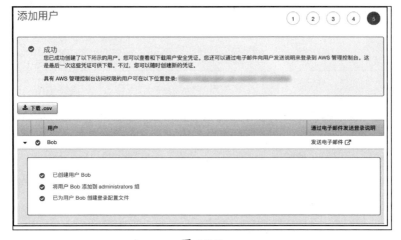

图 6-2-7

图 6-2-8

你可以使用相同的过程创建更多的组和用户，并为你的用户提供针对 AWS 账户资源的访问权限。

13）通过从导航窗格中选择"用户"，在新的管理员用户上配置 MFA。

14）在"用户名"列表中，单击目标 MFA 用户的名称。

然后单击"安全证书"。在指定的 MFA 设备旁边单击"编辑"图标，如图 6-2-9 所示，并选择"虚拟 MFA 设备"，如图 6-2-10 所示。

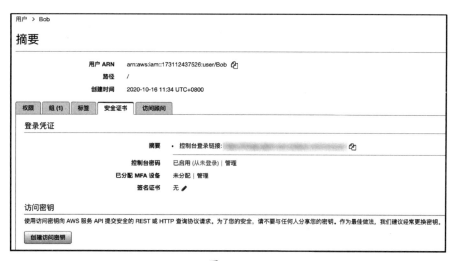

图 6-2-9

图 6-2-10

15)现在,你可以以此管理员用户的身份来使用该 AWS 账户。最佳实践是使用最小特权访问方法来授予权限,其实并非每个人都需要完全的管理员访问权限。

步骤 2:创建管理员 IAM 角色。

你需要为自己(和其他管理员)创建一个管理员角色,以便与之前创建的管理员用户和组一起使用。

1)登录 AWS 管理控制台并打开 IAM 控制台。

2)在导航窗格中,单击"角色"中的"创建角色"。

3)单击另一个 AWS 账户,然后输入账户 ID 并勾选"需要 MFA",如图 6-2-11 所示,然后单击"下一步:权限"。

图 6-2-11

4)从列表中选择"AdministratorAccess",然后单击"下一步:标签",如图 6-2-12 所示。

图 6-2-12

5）单击"下一步：查看"。

6）输入角色名称，如"Administrators"，然后单击"创建角色"，如图 6-2-13 所示。

图 6-2-13

7）你可以通过单击刚刚创建的角色来检查已配置的角色，记录角色 ARN 和它们与控制台的链接。你还可以选择更改会话持续时间，如图 6-2-14 所示。

图 6-2-14

8）现在，你已创建角色，并具有完全的管理访问权限和 MFA。

步骤 3：承担 IAM 用户的管理员角色。

我们将使用之前在 AWS 控制台中创建的 IAM 用户承担角色。由于 IAM 用户具有完全访问权限，因此最佳做法是不让访问密钥在 CLI 上扮演角色，而使用受限的 IAM 用户，以便我们可以强制执行 MFA 的要求，流程如图 6-2-15 所示。

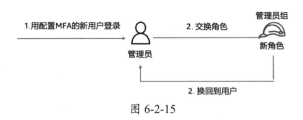

图 6-2-15

一个角色指定一组权限，你可以使用角色访问 AWS 资源，它类似于 AWS Identity 和 IAM 中的用户。角色的好处是它们可以使你强制使用 MFA 令牌来保护你的凭证。当你以用户身份登录时，将会获得一组特定的权限。但是，你无须登录到角色，而是（以用户身份）登录后即可切换到角色。这会暂时保留你原始用户的权限，而只是为你分配角色的权限。该角色可以在你自己的账户中，也可以在任何其他 AWS 账户中。在默认情况下，AWS 管理控制台最大会话持续时间为 1 小时。

1）以 IAM 用户身份登录 AWS 管理控制台。

2）在控制台中，单击右上角导航栏上的用户名，通常类似于 username@account_ID_number_or_alias，或者你也可以将链接粘贴到之前记录的浏览器中。

3）单击"切换角色"，如图 6-2-16。如果这是你第一次选择此选项，则会显示一个页面，其中包含更多信息。阅读后，单击"切换角色"。如果你清除了浏览器 cookie，则该页面会再次出现。

图 6-2-16

4）在"切换角色"页面上，在"账户"字段中输入账户 ID 或账户别名，并在"角色"字段中输入为管理员创建的角色名称。

5）（可选）在此角色处于活动状态时，输入要在导航栏上代替用户名显示的文本。根据账户和角色信息，建议使用名称，但是你可以将其更改为对你有意义的名称。你还可以选择一种颜色来突出显示名称，名称和颜色可以提醒你该角色何时处于活动状态，从而更改你的权限。例如，对于一个允许访问测试环境的角色，你可以指定"测试的显示名称"并选择绿色；对于一个可以访问生产的角色，你可以指定生产的显示名称，然后选择红色。

6）单击"切换角色"，这时显示的名称和颜色会替换导航栏上的用户名，然后你就可以使用角色授予权限了。

7）你现在正在使用具有授予权限的角色。

8）在 IAM 控制台中停止使用角色。单击导航栏右侧角色的"显示名称"，返回用户名，这时角色及其权限被停用，并且与 IAM 用户和组关联的权限将自动恢复。

6.2.4 实验总结

在云上，账号安全是安全的根本，也是后期安全综合能力建设的基础。本实验的主要作用是帮助用户初步了解 AWS 上账号权限的基本要素和基本配置技能。

在 AWS 中，你可以通过创建策略并将其附加到 IAM 身份（用户、用户组或角色）或 AWS 资源上管理访问权限。策略是 AWS 中的对象，当其与身份或资源关联时，可以定义它们的权限。当某个 IAM 委托人（用户或角色）发出请求时，AWS 将评估这些策略，由策略中的权限来确定是允许请求还是拒绝。大多数策略作为 JSON 文档被存储在 AWS 中。

6.2.5 策略逻辑

目前，AWS 支持六种类型的策略：基于身份的策略、基于资源的策略、权限边界、组织 SCP、ACL 和会话策略。按使用频率如下：

1）基于身份的策略：将托管策略和内联策略附加到 IAM 身份，并向身份授予权限。

2）基于资源的策略：将内联策略附加到资源，其最常见的示例是 Amazon S3 存储桶策略和 IAM 角色信任策略。基于资源的策略向在策略中指定的委托人授予权限，其中委托人可以与资源位于同一个账户中，也可以位于不同账户中。

3）权限边界：将托管策略作为 IAM 实体的权限边界。该策略定义基于身份的策略可以授予实体的最大权限，但不授予权限，不定义基于资源的策略可以授予实体的最大权限。

4）组织 SCP（服务控制策略）：使用 AWS Organizations SCP 为组织或组织单元（OU）的账户成员定义最大权限。SCP 限制基于身份的策略或基于资源的策略授予账户中实体的权限，但不授予权限。

5）ACL（访问控制列表）：使用 ACL 来控制其他账户中的委托人是否可以访问 ACL 附加到的资源。ACL 类似于基于资源的策略，但它们是唯一不使用 JSON 策略文档结构的策略类型。ACL 是跨账户的权限策略，向指定的委托人授予权限，而不能向同一账户内的实体授予权限。

6）会话策略：当你使用 AWS CLI 或 AWS API 担任某个角色或联合身份用户时，就需要传递高级会话策略。会话策略限制角色或用户的基于身份的策略授予会话的权限，限制所创建会话的权限，但不授予权限。

在账户中，基于身份和资源的策略，以及权限边界、组织 SCP 和会话策略都可以影响实体的权限。IAM 实体（用户或角色）的权限边界可以设置实体具有的最大权限，这可以更改该用户或角色的有效权限，而实体的有效权限影响用户或角色的所有策略授予的权限。

（1）如何评估单个账户中策略配置的效果

AWS 如何评估策略取决于适用于请求上下文的策略类型。在单个 AWS 账户中，可以使用以下策略类型（按使用频率列出）。

1）评估基于身份和资源的策略。

基于身份和资源的策略可以向策略附加到的身份和资源授予权限。当 IAM 实体请求访问同一个账户中的资源时，AWS 会评估基于身份和资源的策略授予的所有权限，生成的权限是两种类型权限的总和。如果基于身份的策略和/或基于资源的策略允许此操作，则 AWS 允许执行该操作。其中任一项策略中的显式拒绝将覆盖允许，如图 6-2-17 所示。

2）评估具有权限边界的基于身份的策略。

当 AWS 评估用户基于身份的策略和权限边界时，生成的权限是两种类别的交集。这意味着，当你通过现有基于身份的策略向用户添加权限边界时，可能会减少用户可以执行的操作。或者，当你从用户中删除权限边界时，可能会增加用户可以执行的操作。其中任一项策略中的显式拒绝将覆盖允许，如图 6-2-18 所示。

3）评估具有组织 SCP 的基于身份的策略。

当用户属于组织成员的账户时，生成的权限是用户的策略与 SCP 的交集。这意味着，操作必须由基于身份的策略和 SCP 同时允许。其中任一项策略中的显式拒绝将覆盖允许，如图 6-2-19 所示。

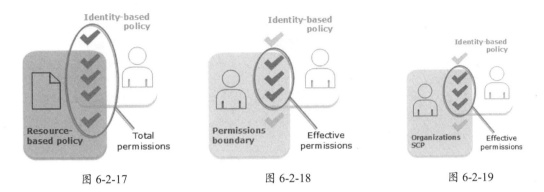

图 6-2-17　　　　　　　图 6-2-18　　　　　　　图 6-2-19

（2）如何评估具有边界的有效权限配置的效果

在账户中，基于身份的策略、基于资源的策略、权限边界、组织 SCP 和会话策略都可以影响实体的权限。

如果以下任一个策略类型显式拒绝操作的访问权限，则请求会被拒绝。

1）评估基于身份的策略及边界策略。

基于身份的策略是附加到用户、用户组和角色的内联或托管策略，向实体授予权限，而权限边界限制这些权限。有效的权限是两种策略类型的交集，其中任一项策略中的显式拒绝将覆盖允许，如图 6-2-20 所示。

2）评估基于资源的策略。

基于资源的策略可以控制指定的委托人访问策略附加到的资源。在账户中，权限边界中的隐式拒绝不会限制由基于资源的策略所授予的权限。权限边界减少了基于身份的策略为实体授予的权限，而基于资源的策略为实体提供额外的权限。在这种情况下，有效的权限是基于资源的策略，以及权限边界和基于身份的策略的交集允许的所有操作。任一项策略中的显式拒绝将覆盖允许，如图 6-2-21 所示。

3）评估 SCP。

AWS Organizations SCP 应用于整个 AWS 账户，它们限制账户中委托人所提出的每个请求的权限。IAM 实体可能会发出受 SCP、权限边界和基于身份的策略影响的请求，在这种情况下，只有当三种策略类型都允许时，才允许发出该请求。有效的权限是三种策略类型的交集，任一项策略中的显式拒绝将覆盖允许，如图 6-2-22 所示。

4）评估会话策略。

会话策略是当你以编程的方式为角色或联合身份用户创建临时会话时，作为参数传递的高级策略。会话的权限来自用于创建会话的 IAM 实体和会话策略。该实体的基于身份的策略权限受会话策略和权限边界的限制，这组策略类型的有效的权限是三种策略类型的交集，任一项策略中的显式拒绝将覆盖允许，如图 6-2-23 所示。

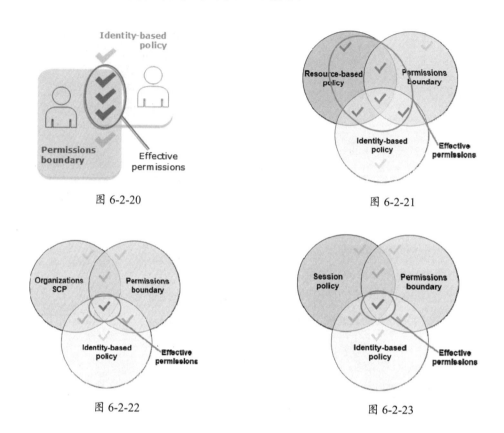

图 6-2-20

图 6-2-21

图 6-2-22

图 6-2-23

6.2.6 策略示例

示例：存储桶拥有者向其用户授予存储桶权限。

AWS 账户拥有一个存储桶和一个 IAM 用户，在默认情况下，该用户没有权限。如果让该用户执行任务，则父账户必须向该用户授予权限。因为存储桶拥有者和用户所属的父账户相同，所以 AWS 账户可以使用存储桶策略或用户策略向用户授予权限。在此示例中，你可以同时使用这两种方法。如果对象也由同一个账户拥有，则存储桶拥有者也可以在存储桶策略（或 IAM 策略）中授予对象权限。

在 Amazon S3 控制台中，将以下存储桶策略附加到 *awsexamplebucket1 中*，该策略包含两个语句。

```
{
    "Version": "2012-10-17",
    "Statement": [
      {
        "Sid": "statement1",
        "Effect": "Allow",
        "Principal": {
           "AWS": "arn:aws:iam::AccountA-ID:user/Bob"
        },
        "Action": [
           "s3:GetBucketLocation",
           "s3:ListBucket"
        ],
        "Resource": [
           "arn:aws:s3:::awsexamplebucket1"
        ]
      },
      {
        "Sid": "statement2",
        "Effect": "Allow",
        "Principal": {
           "AWS": "arn:aws:iam::AccountA-ID:user/Bob "
        },
        "Action": [
            "s3:GetObject"
        ],
        "Resource": [
           "arn:aws:s3:::awsexamplebucket1/*"
        ]
      }
    ]
}
```

1）第一个语句向用户 Bob 授予存储桶操作权限 s3:GetBucketLocation 和 s3:ListBucket。
2）第二个语句授予 s3:GetObject 权限。因为账户 A 还拥有对象，所以账户管理员能够授予 s3:GetObject 权限。在 Principal 语句中，Bob 通过其用户 arn 进行标识。

使用以下策略为用户 Bob 创建一个内联策略，该策略向 Bob 授予 s3:PutObject 权限。你需要通过提供存储桶名称来更新策略，语句如下：

```
{
  "Version": "2012-10-17",
  "Statement": [
    {
      "Sid": "PermissionForObjectOperations",
      "Effect": "Allow",
      "Action": [
        "s3:PutObject"
      ],
      "Resource": [
        "arn:aws:s3:::awsexamplebucket1/*"
      ]
    }
  ]
}
```

6.3 Lab3：手工创建第一个安全数据仓库账户

6.3.1 实验概述

在本实验中，我们将创建一个安全数据仓库账户，它能将重要的安全数据保存在安全的位置，并确保只有你的安全团队成员才能访问。在本实验中，我们将创建一个新的安全账户，并在该账户中创建一个安全的 S3 存储桶，然后启用 CloudTrail，以便将这些日志发送到安全数据账户的存储桶中。

6.3.2 实验架构

安全数据仓库账户的实验架构，如图 6-3-1 所示。

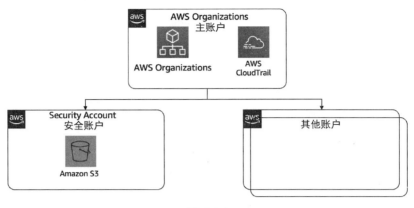

图 6-3-1

6.3.3 实验步骤

步骤1：在控制台中创建数据仓库账户。

最佳做法是为你的数据仓库设置一个单独的日志账户，该账户只能由安全组中具有只读角色的人员访问。具体做法如下：

1）登录 AWS 组织的管理账户。

2）如果你在组织内没有存储安全日志的账户，则导航到 AWS Organizations 并选择"Create Account"，其中包括一个交叉账户访问角色并记下其名称（默认名称为 OrganizationAccount AccessRole）。

3）（可选）如果你的角色无权承担任何角色，则必须添加 IAM 策略。在默认情况下，AWS 管理员策略具有此功能，否则要按照 AWS Organizations 文档授予访问角色的权限。

4）考虑将最佳做法作为基准，如锁定你的 AWS 账户根用户访问密钥和使用多因素身份验证。

5）导航到"设置"并记下你的组织 ID。

步骤2：创建 CloudTrail 日志的存储桶。

1）将角色切换到组织的日志记录账户并导航到 S3，单击"创建存储桶"。

2）为存储桶输入名称和唯一的 DNS 兼容名称。命名准则如下：

- 在 Amazon S3 所有现有存储桶的名称中必须是唯一的。
- 不得包含大写字符。
- 必须以小写字母或数字开头。
- 必须在 3 到 63 个字符之间。

3）选择你要存储分区的 AWS 区域。建议选择一个靠近你的区域，以最大限度地减少延迟和成本，或满足法规要求。在本示例中，将接受默认设置，已启用默认安全配置。为了更安全，你也可以考虑启用其他安全选项（如日志记录和加密）。

4）接受"阻止所有公共访问权限"的默认值。

5）启用"存储桶版本控制"来保留对象的多个版本，以便当误操作对象时可以恢复，然后单击"创建存储桶"，如图 6-3-2 所示。

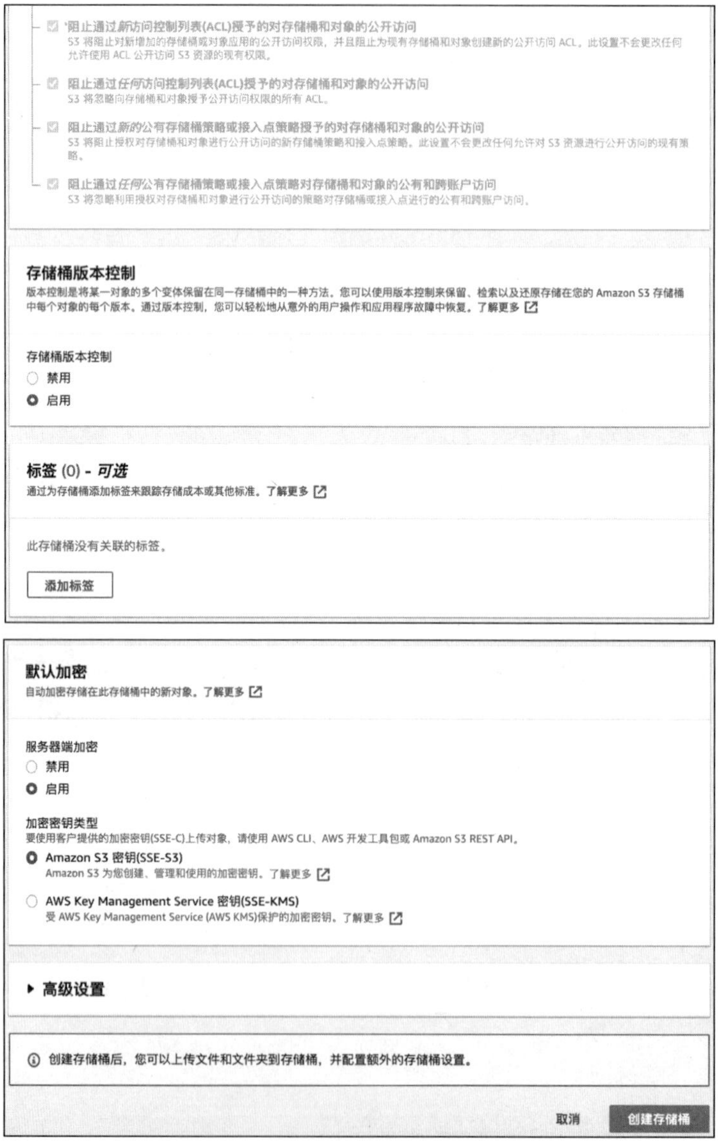

图 6-3-2

6) 单击新建的存储桶,然后导航到"属性"标签。

7) 在"对象锁定"下,启用合规性模式并设置保留期限,其长短取决于你的组织要求。如果仅出于基准安全性启用此功能,则从 31 天开始,以保留一个月的日志。

注意:如果该窗口或存储桶中仍然存在对象,则将无法删除文件。

8) 在"权限"选项卡下,用以下内容替换"存储桶策略"模板中的[bucket]和[organization id]参数,然后单击"保存"。

```
{
    "Version": "2012-10-17",
    "Statement": [
        {
            "Sid": "AWSCloudTrailAclCheck20150319",
            "Effect": "Allow",
            "Principal": {
                "Service": "cloudtrail.amazonaws.com"
            },
            "Action": "s3:GetBucketAcl",
            "Resource": "arn:aws:s3:::[bucket]"
        },
        {
            "Sid": "AWSCloudTrailWrite20150319",
            "Effect": "Allow",
            "Principal": {
                "Service": "cloudtrail.amazonaws.com"
            },
            "Action": "s3:PutObject",
            "Resource": "arn:aws:s3:::[bucket]/AWSLogs/*",
            "Condition": {
                "StringEquals": {
                    "s3:x-amz-acl": "bucket-owner-full-control"
                }
            }
        },
        {
            "Sid": "AWSCloudTrailWrite20150319",
```

```
            "Effect": "Allow",
            "Principal": {
                "Service": "cloudtrail.amazonaws.com"
            },
            "Action": "s3:PutObject",
            "Resource": "arn:aws:s3:::[bucket]/AWSLogs/[organization id]/*",
            "Condition": {
                "StringEquals": {
                    "s3:x-amz-acl": "bucket-owner-full-control"
                }
            }
        }
    ]
}
```

9)（可选）接下来，我们将添加生命周期策略来清理旧日志。首先导航到管理界面。

10)（可选）添加名为删除旧日志的生命周期规则，然后单击"下一步"。

11)（可选）为当前和以前的版本添加过渡规则，在 32 天后移至 Glacier，并单击"下一步"。

12)（可选）选择当前和以前的版本，并将其设置为在 365 天后删除。

步骤 3：确保跨账户访问权限为只读。

此步骤，即如何将在步骤 1 中创建的交叉账户访问权限修改为只读。与步骤 1 一样，这将取决于组织的策略。

注意：执行以下步骤将阻止 Organization Account Access Role 对此账户进行进一步的更改。在继续之前，请确保已配置其他服务，如 Amazon Guard Duty 和 AWS Security Hub。如果需要进一步更改，则必须重置安全账户的根凭证。

1）导航到 IAM，然后选择组织账户访问角色。注意：默认值为 Organization Account Access Role。

2）单击"Attach Policy"并附加 AWS 托管的 Read Only Access 策略。

3）回到 Organization Account AccessRole 并按 X 键删除 Administrator Access 策略。

步骤 4：打开 CloudTrail 审计日志。

1）切换回管理账户。

2）导航到 CloudTrail。

3）从左侧菜单中选择"Trail"。

4）单击"创建 Trail"。

5）输入路径的名称，如 OrganizationTrail。

6）在"将追踪应用到我的组织"选项中选择"是"。

7）在"存储位置"中，为"创建新的 S3 存储桶"选择"否"，然后输入在步骤 2 中创建的存储桶名称。

6.3.4 实验总结

通过本实验，你可以了解如何在控制台中创建数据仓库账户，或类似的日志管理账户，通过创建 CloudTrail 日志的 S3 存储桶，并将其跨账户访问权限设置为只读，确保从管理账户中打开安全的 CloudTrail，严格管控审计日志的管理权限并降低日志合规风险。

6.4　Lab4：手工配置第一个安全静态网站

6.4.1　实验概述

该实验的主要目的是让你了解如何将静态 Web 内容托管在 AWS S3 存储桶中，并受 AWS CloudFront 的保护和加速。如果该账户仅用于个人测试或培训，并且不进行拆卸，则每月的费用通常不到 1 美元（取决于请求的数量）。

6.4.2　实验架构

本实验需要设置一个 AWS 账户，并拥有对 Amazon S3 和 Amazon CloudFront 的使用权限。其基本架构，如图 6-4-1 所示。

图 6-4-1

6.4.3　实验步骤

步骤 1：创建静态网站存储空间。

1）创建一个 Amazon S3 存储桶，以便使用 Amazon S3 控制台托管静态内容。

2）打开 Amazon S3 控制面板，在控制台仪表板上，单击"创建存储桶"。

3）输入存储桶名称（myfirst-website-example）和唯一的 DNS 兼容名称。

4）选择你要存储分区的 AWS 区域。选择一个靠近你的区域，以最大限度地减少延迟和成本，或满足法规要求。如图 6-4-2 所示。

图 6-4-2

5）接受"阻止所有公共访问权限"的默认值，因为 CloudFront 将从 S3 中为你提供内容。

6）启用"存储桶版本控制"，以保留对象的多个版本，以便当无意修改或删除对象时可以恢复。

7）单击"创建存储区"。

步骤 2：创建一个静态网站页面。

1）一个简单的 index.html 文件可以通过将以下文本复制到文本编辑器中来创建。

```
<!DOCTYPE html>
<html>
```

```html
<head>
<title>Example</title>
</head>
<body>

<h1>Example Heading</h1>
<p>Example paragraph.</p>

</body>
</html>
```

2）在 Amazon S3 控制台中，单击新建的存储桶名称，如图 6-4-3 所示，然后单击"上传"按钮。

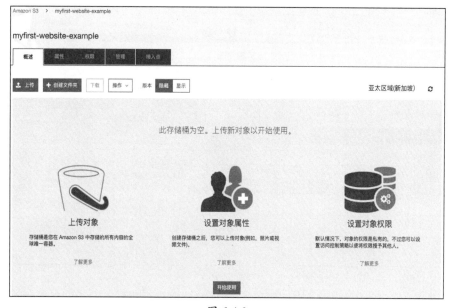

图 6-4-3

3）单击"添加文件"，选择你的 index.html 文件，然后单击"上传"，如图 6-4-4 所示。这时 index.html 文件应该出现在列表中 ，如图 6-4-5 所示。

4）单击存储桶中 myfirst-website-example 的目录，选择"静态网站托管"标签中的"使用此存储桶托管网站"，并在索引文档中输入"index.html"，然后单击"保存"，如图 6-4-6 所示。

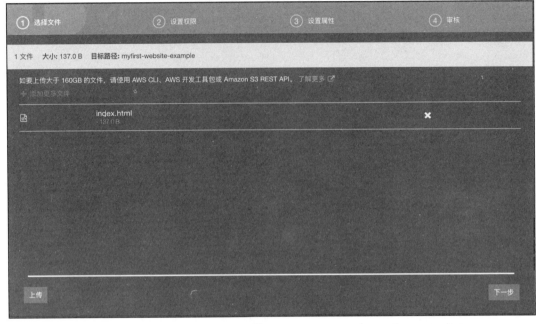

图 6-4-4

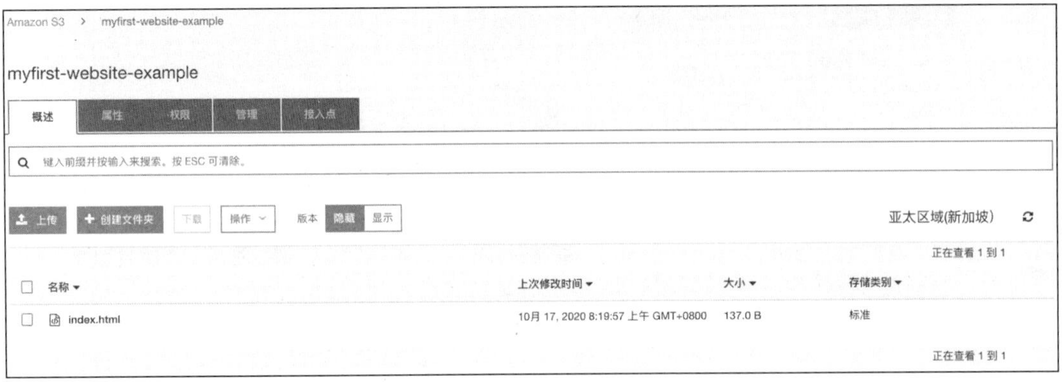

图 6-4-5

步骤 3：配置网站发行版本。

下面我们使用 AWS 管理控制台创建一个 CloudFront 发行版，并将其配置为服务于之前创建的 S3 存储桶。

1）打开 Amazon CloudFront 控制面板。

2）在控制台仪表板上，单击"创建分配"，如图 6-4-7 所示。

第 6 章　云安全动手实验——基础篇　191

图 6-4-6

图 6-4-7

3）然后单击"Web"中的"入门"，如图 6-4-8 所示。

图 6-4-8

4）为分配指定以下设置，如图 6-4-9 所示：

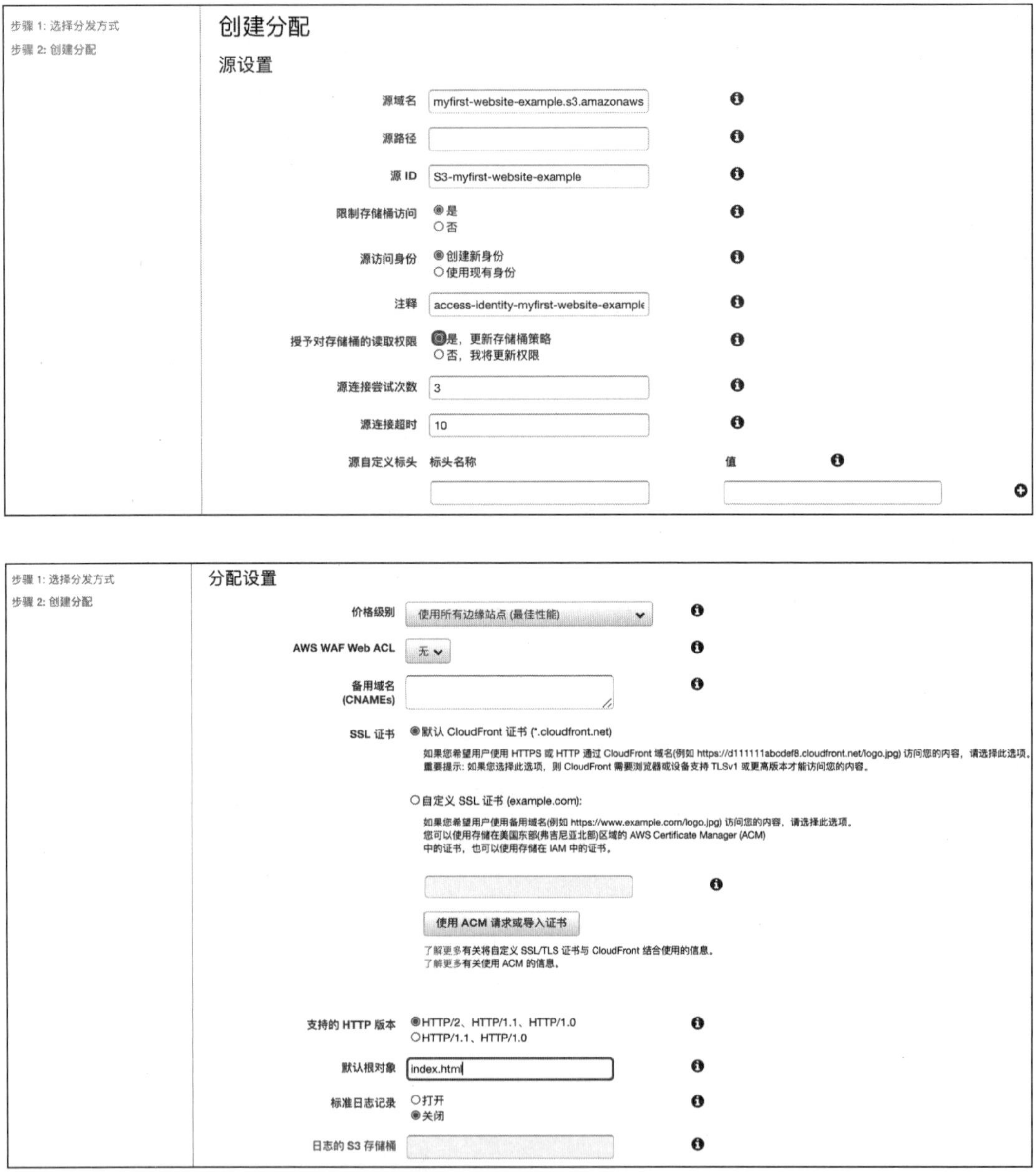

图 6-4-9

- 在"源域名"字段中，选择之前创建的 S3 存储桶。
- 在"限制存储桶访问"中选择"是"；在"源访问身份"中选择"创建新身份"。

- 在"授予对存储桶的读取权限"中选择"是,更新存储桶策略"。
- 在"分配设置"中的"默认根对象"字段中输入"index.html"。
- 单击"创建分发"。如果要返回 CloudFront 主页,则从左侧导航菜单中单击"分布"。

5)在 CloudFront 创建分发大约 10 分钟之后,分发状态列的值将从进行中变为已部署,如图 6-4-10 所示。

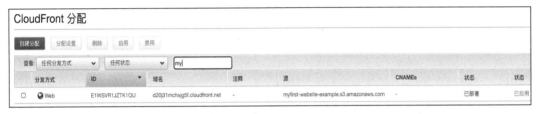

图 6-4-10

6)这时,你就可以使用在控制台中看到的新 CloudFront 域名访问内容了。将域名复制到 Web 浏览器中进行测试,如图 6-4-11 所示

图 6-4-11

7)现在,你可以在私有 S3 存储桶中拥有仅 CloudFront 可以安全访问的内容。然后,CloudFront 为请求提供服务,有效地提供了安全、可靠的静态托管服务,并具有其他可用功能,如定制证书和交替域名。

步骤 4:清除实验环境。

删除 CloudFront 分配:

1)打开 Amazon CloudFront 控制台。

2)在控制台仪表板上,选择之前创建的分配,然后单击"禁用"。要确认,请单击"是,禁用"。

3)大约 15 分钟后(状态为"禁用"),选择分配并单击"删除",然后单击"是,删除"进行确认。

删除 S3 存储桶:

1)打开 Amazon S3 控制台。

2）选中之前创建的存储桶旁边的框，然后从菜单中单击"清空"。
3）确认要清空的存储桶。
4）在存储桶清空后，选中存储桶旁边的框，然后从菜单中单击"删除"。
5）确认要删除的存储桶。

6.4.4 实验总结

通过本实验，你可以了解如何在控制台中创建静态网站，并设置网站访问权限，以及如何发布。大多数用户在后期都会针对 S3 文件目录中复杂的访问控制策略进行设计和配置，为了便于深入地了解云上访问控制策略的设计和配置，动手练习每个实验是非常有必要的。

6.5 Lab5：手工创建第一个安全运维堡垒机

6.5.1 实验概述

在本实验中，堡垒主机对私有子网和公有子网中 Linux 实例提供安全访问权限。而实践架构将 Linux 堡垒主机实例部署到每个公有子网中，以便为环境提供随时可用的管理访问权限。在实验中，为了保证堡垒主机的高可用性，设置了包含两个可用区的多可用区环境，你可以根据自身的实际情况决定是否需要高可用性配置。

堡垒主机是一个具有特殊用途的 EC2 服务器实例，托管最少数量的管理应用程序。在你的 VPC 环境中添加堡垒主机后，就可以安全地连接到 Linux 实例，而不必让环境暴露于 Internet 中。在设置堡垒主机后，你可以在 Linux 上通过安全外壳（SSH）连接访问 VPC 中的其他实例。堡垒主机还配有安全组，其可提供严格访问控制策略。

6.5.2 实验场景

AWS 高可用性和安全性最佳实践：

- 将 Linux 防御主机部署在两个可用区中，以支持跨 VPC 的即时访问。
- 当你将新实例添加到需要防御主机的管理访问权限的 VPC 中时，要确保安全组传入规则（将防御安全组引用为源）与每个实例关联。此外，务必将该访问限制到管理所需的端口。
- 在部署期间，你需要将所选 Amazon EC2 密钥对应的公有密钥与 Linux 实例中的用户 ec2-user 关联。对于其他用户，应创建具有所需权限的用户，并将它们与各自的 SSH

连接授权公有密钥关联。
- 对于防御主机实例，你应该根据用户的数量和需要执行的操作选择实例的数量和类型。在默认情况下，将创建一个防御主机实例并使用 t2.micro 实例类型，不过你可以在部署过程中更改这些设置。

6.5.3 实验架构

本架构包含以下组件的网络环境，如图 6-5-1 所示：

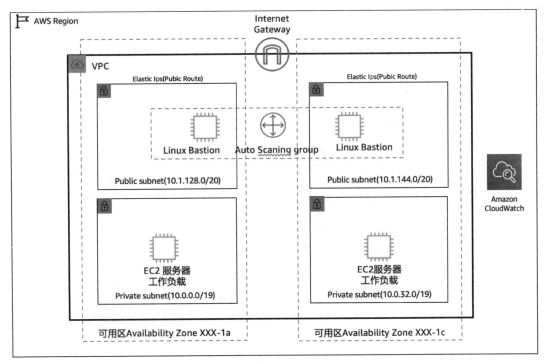

图 6-5-1

- 跨越两个可用区的具有高可用性的架构。
- 根据 AWS 最佳实践配置公有子网和私有子网的 VPC 虚拟网络。
- 一个允许访问 Internet 的网关，其可供堡垒主机来发送和接收流量。
- 托管 NAT 网关，用于允许针对私有子网中资源的出站 Internet 访问。
- 公有子网中的堡垒主机具有弹性 IP 地址，以允许通过 SSH 访问公有子网和私有子网中的 EC2 实例。
- 入站访问控制的安全组。

- 具有可配置数量实例的 Amazon EC2 Auto Scaling 组。
- 与堡垒主机实例数量相匹配的一组弹性 IP 地址。如果 Auto Scaling 组重新启动任何实例，则需将这些地址与新实例重新关联。
- 用于存放 Linux 堡垒主机历史记录日志的 Amazon CloudWatch Logs 日志组。

6.5.4 实验步骤

步骤 1：登录 AWS 实验账户。

1）登录 AWS 管理控制台。

2）在右上角选择要部署的 AWS Region 区域，本模板支持在 us-west-2 区域上部署。

3）在首选区域中创建一个密钥对。首先打开 Amazon EC2 控制台的导航窗口，依次选择"密钥对"和"创建密钥对"，输入的名称为"mylab-Key-pair"，然后单击"创建密钥对"，如图 6-5-2 所示。

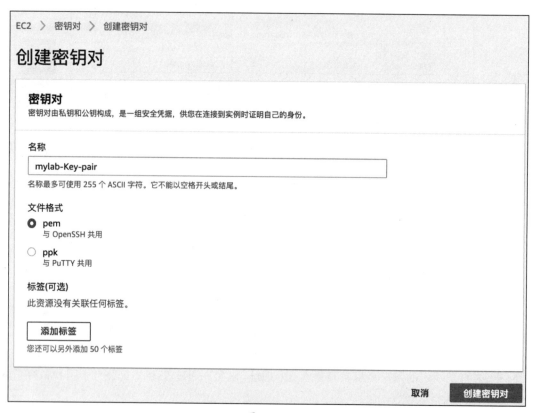

图 6-5-2

由于 Amazon EC2 使用公有密钥加密和解密登录信息，因此要想登录 EC2 实例必须创建密钥对。在 Linux 上，密钥对还可以用来对 SSH 登录进行身份验证。

步骤 2：创建自动部署堆栈。

1）在你的 AWS 账户中启动 AWS CloudFormation 模板，模板被配置在"美国西部（俄勒冈）"区域中启动。

注意：有两种部署模板，分别支持部署到新 VPC 上和现有 VPC 上。现有 VPC 模板会在现有 VPC 环境中，提示你输入 VPC 和公有子网与私有子网的 ID。你也可以下载模板并对其进行编辑，以创建自己的部署模板。

在"指定模板"页面上，保留 Amazon S3 模板 URL 的默认设置，然后单击"下一步"，如图 6-5-3 所示。

图 6-5-3

2）在"指定堆栈详细信息"页面上，可以查看模板参数、提供需要输入的参数值并根据需要自定义默认设置。例如，你可以更改堡垒主机实例的类型或 IP 地址，还可以选择连接到防御主机时显示的横幅，如图 6-5-4 所示。

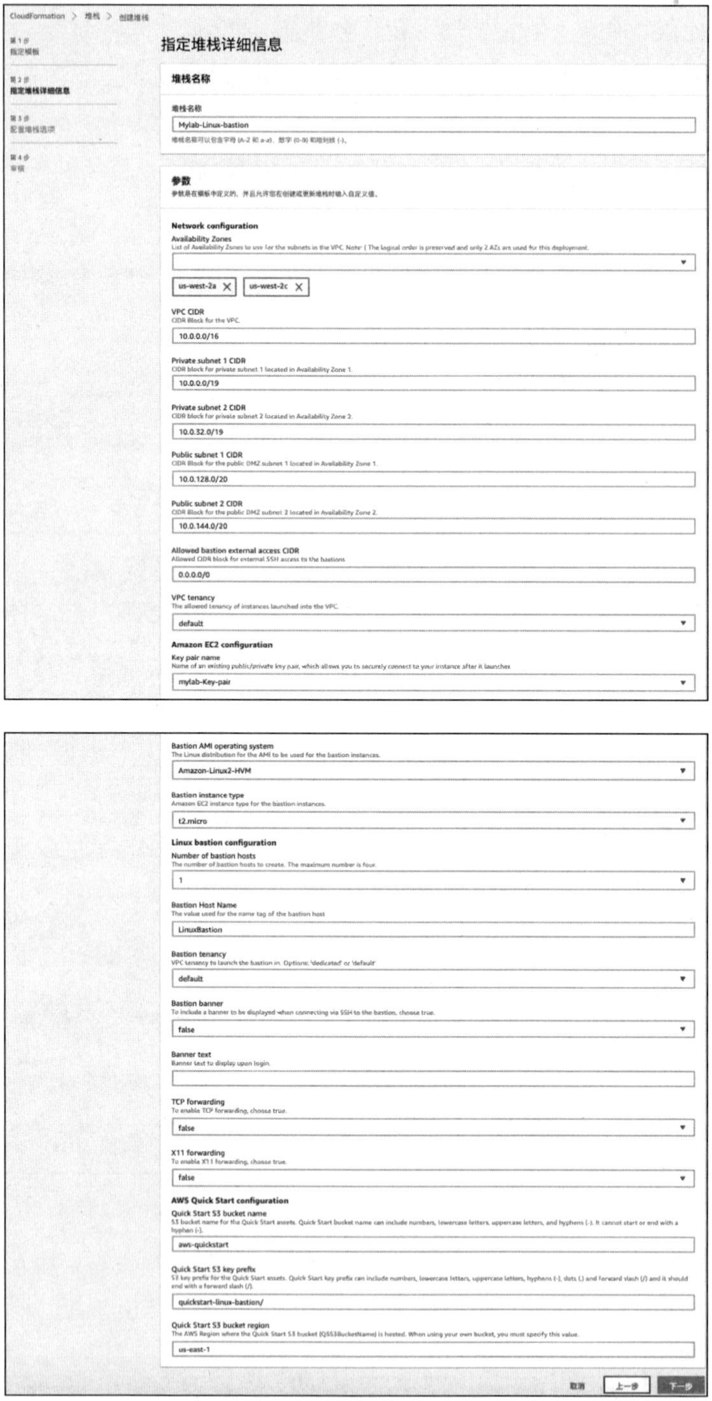

CloudFormation > 堆栈 > 创建堆栈
指定堆栈详细信息
堆栈名称
Mylab-Linux-bastion
参数
Network configuration
Availability Zones
us-west-2a
us-west-2c
VPC CIDR
10.0.0.0/16
Private subnet 1 CIDR
10.0.0.0/19
Private subnet 2 CIDR
10.0.32.0/19
Public subnet 1 CIDR
10.0.128.0/20
Public subnet 2 CIDR
10.0.144.0/20
Allowed bastion external access CIDR
0.0.0.0/0
VPC tenancy
default
Amazon EC2 configuration
Key pair name
mylab-Key-pair
Bastion AMI operating system
Amazon-Linux2-HVM
Bastion instance type
t2.micro
Linux bastion configuration
Number of bastion hosts
1
Bastion Host Name
LinuxBastion
Bastion tenancy
default
Bastion banner
false
Banner text
TCP forwarding
false
X11 forwarding
false
AWS Quick Start configuration
Quick Start S3 bucket name
aws-quickstart
Quick Start S3 key prefix
quickstart-linux-bastion/
Quick Start S3 bucket region
us-east-1
取消
上一步
下一步

图 6-5-4

3）详细部署参数说明。

网络配置，如表 6-5-1 所示。

表 6-5-1

参数标签	参数名称	默认值	说明
可用区	AvailabilityZones	需要输入	用于 VPC 中子网可用区的列表。快速入门需要选择列表中的两个可用区，并保留指定的逻辑顺序
VPC CIDR	VPCCIDR	10.0.0.0/16	VPC 的 CIDR 块
私有子网 1 CIDR	PrivateSubnet1CIDR	10.0.0.0/19	可用区 1 中的私有子网的 CIDR 块
私有子网 2 CIDR	PrivateSubnet2CIDR	10.0.32.0/19	可用区 2 中的私有子网的 CIDR 块
公有子网 1 CIDR	PublicSubnet1CIDR	10.0.128.0/20	可用区 1 中的公有子网的 CIDR 块
公有子网 2 CIDR	PublicSubnet2CIDR	10.0.144.0/20	可用区 2 中的公有子网的 CIDR 块
允许远程登录堡垒 CIDR	RemoteAccessCIDR	需要输入	允许 SSH 从外部访问防御主机的 CIDR 块，建议你将此值设置为受信任的 CIDR 块，如通过浏览器输入 ifconfig.io 可以获得你的公网地址或者设置公司的网络地址

Amazon EC2 配置，如表 6-5-2 所示。

表 6-5-2

参数标签	参数名称	默认值	说明
密钥对名称	KeyPairName	需要输入	公有/私有密钥对使你能够在实例启动后安全地与它连接。当创建 AWS 账户时，它是你在首选区域中创建的密钥对
堡垒 AMI 操作系统	BastionAMIOS	Amazon-Linux-HVM	本堡垒主机实例使用 AMI 的 Linux 发行版
防御实例类型	BastionInstanceType	t2.micro	堡垒主机实例的 EC2 实例类型

Linux 防御主机配置，如表 6-5-3 所示。

表 6-5-3

参数标签	参数名称	默认值	说明
防御主机数	NumBastionHosts	1	要运行的 Linux 堡垒主机的数量，Auto Scaling 将确保你始终具有该数量的堡垒主机处于运行中，其中最多可以有 4 台防御主机
启用横幅	EnableBanner	false	显示或隐藏通过 SSH 连接到防御主机时显示的横幅。如果要显示横幅，则将此参数设置为 true

续表

参数标签	参数名称	默认值	说明
防御主机横幅	BastionBanner	默认 URL	包含登录时显示的横幅文本的 ASCII 文本文件的 URL
启用 TCP 转发	EnableTCPForwarding	false	将此值设置为 true 会启用 TCP 转发（SSH 隧道），此设置虽然非常有用但也存在安全风险，因此我们建议，如非必要，就保留默认设置（禁用）
启用 X11 转发	EnableX11Forwarding	false	将此值设置为 true 会启用 X11（通过 SSH），此设置虽然非常有用但也存在安全风险，因此我们建议，如非必要，请保留默认设置（禁用）

S3 快速入门配置，如表 6-5-4 所示。

表 6-5-4

参数标签	参数名称	默认值	说明
快速入门 S3 存储桶名称	QSS3BucketName	aws-quickstart	为快速入门资产副本创建的 S3 存储桶
快速入门 S3 键前缀	QSS3KeyPrefix	quickstart-linux-bastion/	S3 键名称前缀，用于模拟快速入门资产副本的文件夹

4）在 Options（选项）页面上，你可以为堆栈中的资源指定标签（键值对）并设置高级选项。完成此操作后，单击"Next"。

5）在 Review 页面上，查看并确认模板设置。选择 Capabilities 下的复选框，以确认模板来创建 IAM 资源。

6）选择 Create 以部署堆栈。

7）监控堆栈的状态。如果状态为 CREATE_COMPLETE，则表示部署完成，如图 6-5-5、图 6-5-6 和图 6-5-7 所示。

图 6-5-5

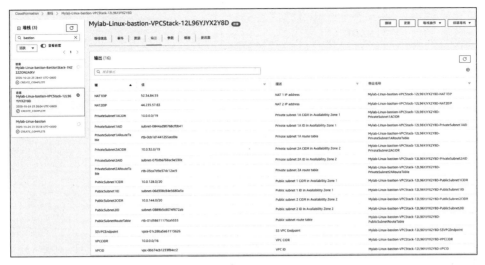

图 6-5-6

图 6-5-7

8）登录堡垒主机，其支持两种方式登录：一种是 SSH 客户端登录，另一种是通过 System Manager 会话管理器登录。其中 SSH 客户端登录，如图 6-5-8～图 6-5-10 所示。

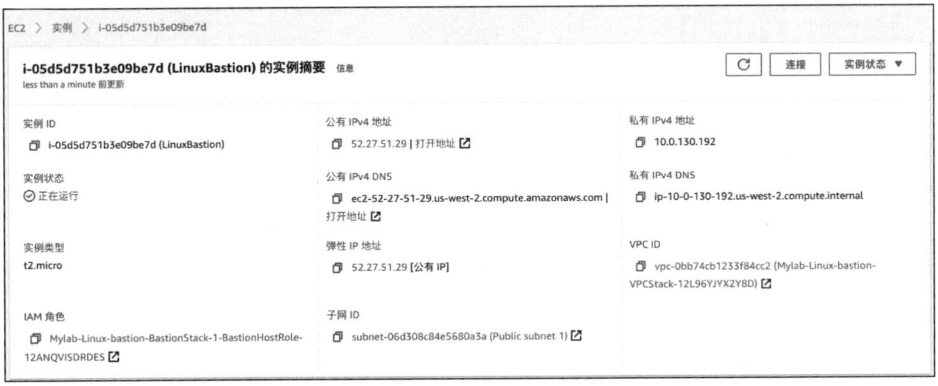

图 6-5-8

图 6-5-9

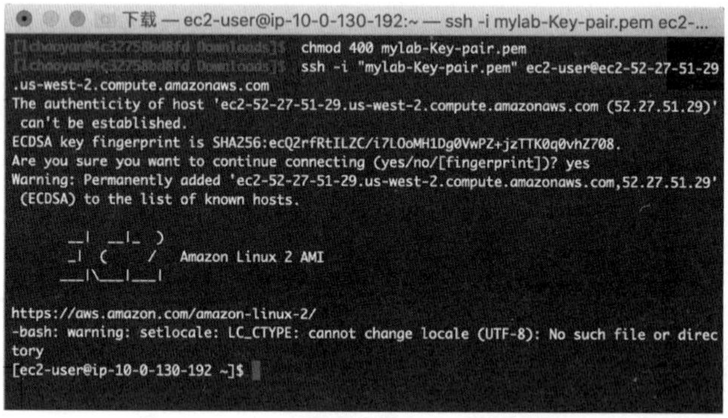

图 6-5-10

通过 System Manager 会话管理器登录，如图 6-5-11 所示。

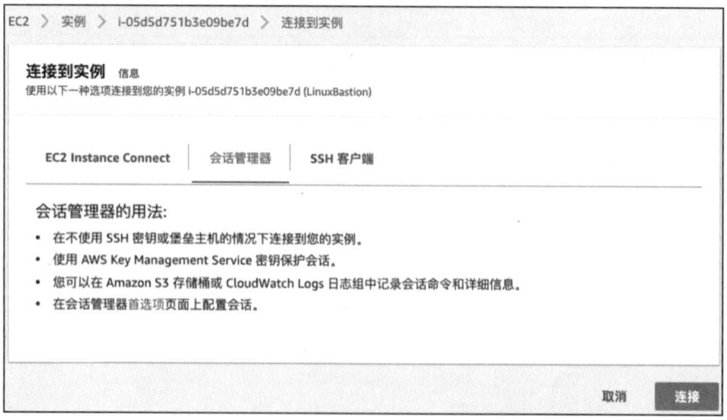

图 6-5-11

单击“连接”即可直接登录到堡垒主机，如图 6-5-12 所示。

```
sh-4.2$
sh-4.2$ curl http://169.254.169.254/latest/meta-data/instance-type
t2.microsh-4.2$ curl http://169.254.169.254/latest/meta-data/public-keys
0=mylab-Key-pairsh-4.2$ curl http://169.254.169.254/latest/meta-data/instance-id
i-05d5d751b3e09be7dsh-4.2$ curl http://169.254.169.254/latest/meta-data/instance-id
i-05d5d751b3e09be7dsh-4.2$ curl http://169.254.169.254/latest/meta-data/instance-type
t2.microsh-4.2$ curl http://169.254.169.254/latest/meta-data/security-groups
Mylab-Linux-bastion-BastionStack-1NZ2ZZON2AIXV-BastionSecurityGroup-P455CLDQFUWDsh-4.2$
t2.microsh-4.2$
sh-4.2$
```

图 6-5-12

在完成 Linux 堡垒主机构建 VPC 环境后，你可以在此 AWS 基础设施上部署自己的应用程序，或者扩展 AWS 环境以用于试用或生产。

6.5.5　实验总结

本实验介绍了 AWS 云基础设施 Linux 堡垒主机的快速入门部署，包括部署 VPC、设置私有子网和公有子网，并在该 VPC 中部署 Linux 堡垒主机实例。另外，还介绍了在现有 AWS 基础设施中部署 Linux 堡垒主机。由于堡垒主机托管最少数量的管理应用程序，如适用于 Windows 的远程桌面协议（RDP）或适用于基于 Linux 发行版的 PuTTY，因此你可以删除所有其他不必要的服务。堡垒主机通常放置在隔离网络中，受多重身份验证保护，并使用审计工具进行监控。

本实验将 Linux 堡垒主机实例部署到每个公有子网中，以便为环境提供随时可用的管理访问权限；设置了包含两个可用区的多可用区环境，如果不需要高可用的防御主机访问权限，则可以在第二个可用区域中停止实例，并在需要时启动该实例；介绍了使用 AWS Systems Manager 会话管理器快速登录到堡垒主机并提供对实例的交互式安全访问。

6.6　Lab6：手工配置第一个安全开发环境

6.6.1　实验概述

本实验的主要目的是帮助你熟悉 AWS Security 的基本安全服务，进一步积累使用基本安全服务安全地管理云环境中的系统和资源的经验。例如，AWS Systems Manager 会话管理器、Amazon EC2 Instance Connect 实例连接、AWS Identity and Access Management 等服务。另外，帮助你学习如何使用这些服务安全地远程维护和管理 Amazon EC2 实例及本地系统，并通过设置基于标签的访问权限和配置日志记录，对运维管理活动进行审核，从而改善云运维环境的安全状况。

6.6.2 实验场景

如果你所在的公司正准备向云上迁移，并且已经在 AWS 中部署了第一套开发和生产系统，那么还需要在本地数据中心管理云中的服务器和各种资源。作为系统管理员，其中的一项任务是为 AWS 和本地中的系统设置安全运维管理访问权限。作为该配置的一部分，你还需要负责审核运维管理活动，以便及时发现 SSH 密钥没有被保护和非授权访问的情况。为了节约成本，你可能希望获得更好的解决方案以实现系统的管理访问，并希望其具有完整的运维审核功能以进行集中管理。

6.6.3 实验架构

安全的开发环境架构图，如图 6-6-1 所示。

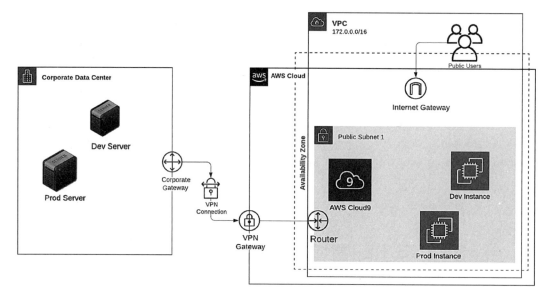

图 6-6-1

6.6.4 实验步骤

步骤 1：登录 AWS 实验账户。

要求登录的账户具有管理员权限，如 Administrator Access。如果想遵从最小权限设置，则建议你使用自己设置好的实验账号登录。其至少应该具有以下权限：

1）AmazonEC2FullAccess。

2）CloudWatchFullAccess。

3）AWSCloud9Administrator。

4）AWSCloudTrailReadOnlyAccess。

5）iam:*。

6）s3:*。

7）ssm:*。

8）cloudformation:*。

登录界面如图 6-6-2 所示。

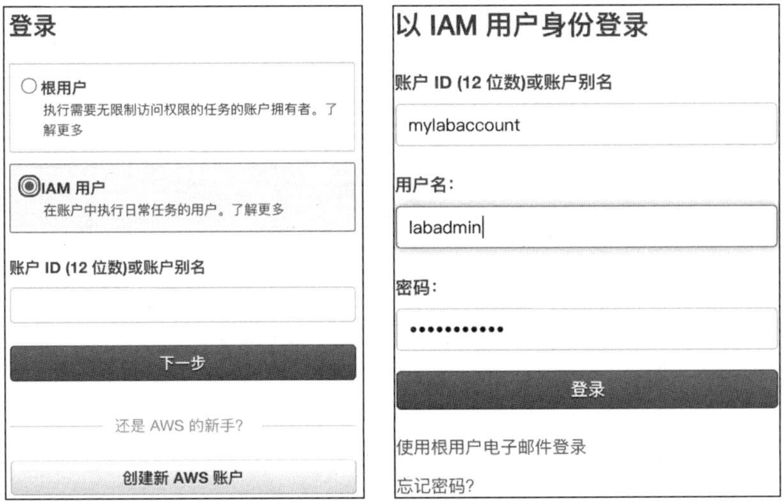

图 6-6-2

步骤 2：创建部署开发环境堆栈。

1）部署的实验环境架构图，如图 6-6-3 所示。

2）打开 AWS 控制台 CloudFormation 的自动部署界面，如图 6-6-4 所示。

3）在"创建堆栈"下，单击"下一步"。

4）单击"指定堆栈详细信息"下的"下一步"（堆栈名称已填写，其他选项保留为默认设置）。

5）单击"配置堆栈选项"下的"下一步"（其他保留为默认设置）。

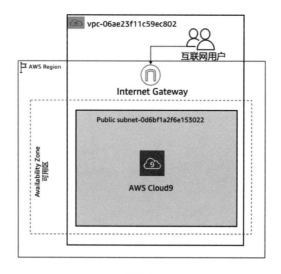

图 6-6-3

图 6-6-4

6)最后,单击"创建堆栈",如图 6-6-5 所示。

7)然后回到 CloudFormation 控制台,你可以刷新堆栈集以查看最新状态。在继续之前,请确保堆栈最终显示 CREATE_COMPLETE。在自动化部署环境创建完成后,单击"输出"标签,可以查看已经创建好的资源,如图 6-6-6 所示。

图 6-6-5

8）单击图 6-6-6 中输出菜单下的 Cloud9 IDE 后面的链接可以直接到 AWS Cloud9 控制台，如图 6-6-7 所示。

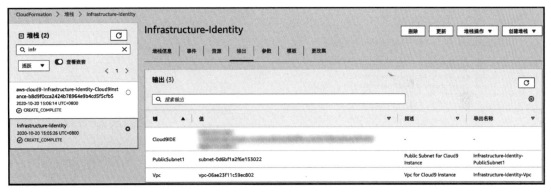

图 6-6-6

9）现在，你需要更新 Cloud9IDE 中的凭证，以匹配你在电脑上使用的凭证。输入"aws configure --profile default"，按 Enter 键回车，直到进入默认区域名称选项（Default region name）并输入"us-east-1"按 Enter 键回车，会进入 Default output format,再次按 Enter 键，退出此菜单，如图 6-6-8 所示。

10）现在，你可以在 Cloud9 IDE 中运行各种系统命令，也可以在 Cloud9 IDE 管理界面中打开新终端标签和编辑器进行配置和命令操作。

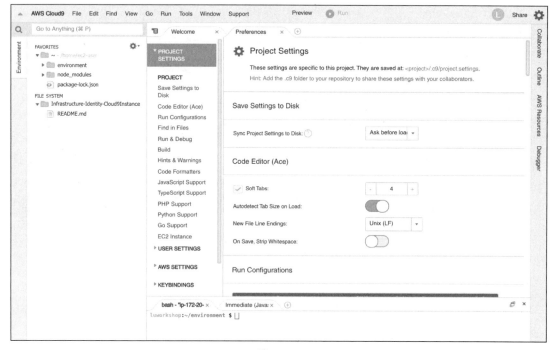

图 6-6-7

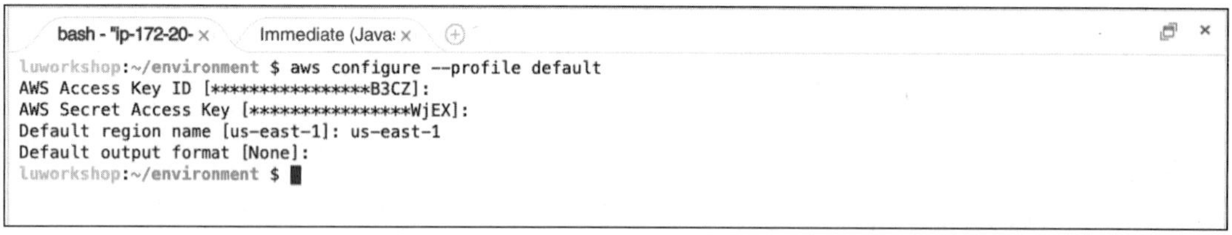

图 6-6-8

6.6.5　实验总结

本实验在 us-east-1 区域中启动 4 个 EC2 实例，其中两个实例是你在云上部署的 EC2 实例服务器，另外两个是模拟的本地数据中心服务器。同时，还部署了一个 Cloud9 IDE 开发环境，并将其用在实验的工作空间中。AWS Cloud9 是基于云的集成开发环境，包括代码编辑器、调试器和终端，其可让你仅使用浏览器即可编写、运行和调试应用程序的代码。由于 Cloud9 预先打包了用于流行编程语言的基本工具，并且预先安装了 AWS Command Line Interface（AWS CLI），因此你无须为本实验安装任何文件或配置你的电脑。

6.7 Lab7：自动部署 IAM 组、策略和角色

6.7.1 实验概述

本实验的主要目标是自动部署 AWS 上的 IAM 组、策略和角色，目的是让你了解如何使用 AWS CloudFormation 自动配置 IAM 组和角色以进行跨账户访问，如何使用 AWS Management Console 管理控制台和 CloudFormation 实现自动配置新的 AWS 账户。

AWS IAM 用户的权限切换到任何角色都不能累加，一次只能切换到一个角色，激活一组权限。当切换到角色时，你会暂时放弃原用户的权限，而只有分配给该角色的权限。当退出角色时，将自动恢复用户权限。

6.7.2 实验架构

本实验的角色架构因用户规模和组织架构的不同而不同。下面我们设计三类角色：

1）基准身份管理：BASELINE-IDENTITYADMIN，只能管理 IAM 的账号、角色和策略的修改、查询和创建，对于其他资源只有读的权限，其类似于审计员权限。

2）基准权限管理：BASELINE-PRIVILEGEDADMIN，只具有基准的管理资源的权限，类似于管理员权限。当然，你也可以直接修改管理员资源的范围，从而设置更精细的管理权限。

3）基准部署的管理员：BASELINE-RESTRICTEDADMIN，只能管理 CloudFormation 服务，用来快速部署和测试自动化部署模板，可以查看其他服务资源信息。

你可以结合自己的组织架构和人员角色划分，设计更为严格的角色和策略。

6.7.3 实验步骤

下面使用 AWS CloudFormation 部署一组账号、角色和托管策略，这有助于提高 AWS 账户的安全性"基准"。

步骤 1：创建 AWS CloudFormation 自动部署堆栈。

1）登录 AWS 管理控制台，选择首选区域，如图 6-7-1 和图 6-7-2 所示，然后通过搜索查找 CloudFormation 服务，或者直接打开 CloudFormation 管理界面。

2）单击"创建堆栈"，图 6-7-3 所示。

在 Amazon S3 URL 文本框中输入其地址，然后单击"下一步"，如图 6-7-4 所示。

图 6-7-1

图 6-7-2

图 6-7-3

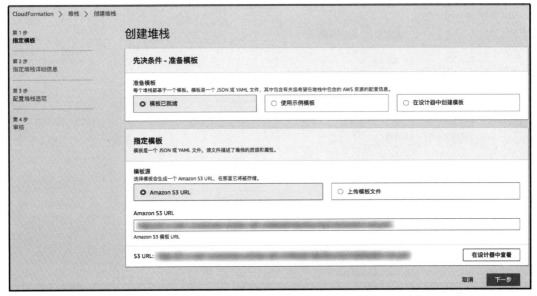

图 6-7-4

3）在"指定堆栈详细信息"页面中输入以下信息：
- 堆栈名称：baseline-iam。
- AllowRegion：限制访问的单个区域，输入你的首选区域。
- BaselineExportName：CloudFormation 导出名称前缀与创建资源的名称一起使用，如 Baseline-PrivilegedAdminRole。
- BaselineNamePrefix：此堆栈创建的角色、组和策略的前缀。
- IdentityManagementAccount（可选）：AccountId，它包含 IAM 集中用户并被信任承担所有角色，如果没有跨账户信任，则为空白。请注意，这里需要对可信账户进行适当的保护。
- OrganizationsRootAccount（可选）：可信任的 AccountId，以承担组织角色。如果没有跨账户信任，则为空白。请注意，这里需要对可信账户进行适当的保护。
- ToolingManagementAccount：受信任以承担 ReadOnly 和 StackSet 角色的 AccountId。如果没有跨账户信任，则为空白。请注意，这里需要对可信账户进行适当的保护。如图 6-7-5 所示，然后单击"下一步"。

4）在本实验中，不会添加任何标签或其他选项，直接单击"下一步"。

5）查看堆栈信息。选中"我确认，AWS CloudFormation 可能创建具有自定义名称的 IAM 资源。"，然后单击"创建堆栈"，如图 6-7-6 所示。

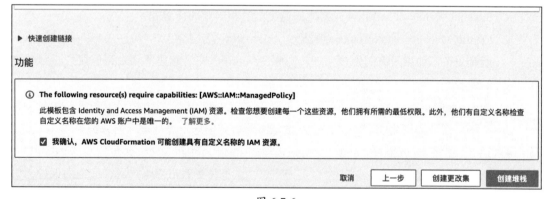

图 6-7-5

图 6-7-6

6)几分钟后,堆栈的状态从 CREATE_IN_PROGRESS 变为 CREATE_COMPLETE,如图 6-7-7 所示。

第 6 章　云安全动手实验——基础篇

图 6-7-7

8）通过单击"输出"标签，可以查看自动化部署的输出结果，如图 6-7-8 所示。

9）从图 6-7-8 中，可以看出创建了三个角色，如表 6-7-1 所示。

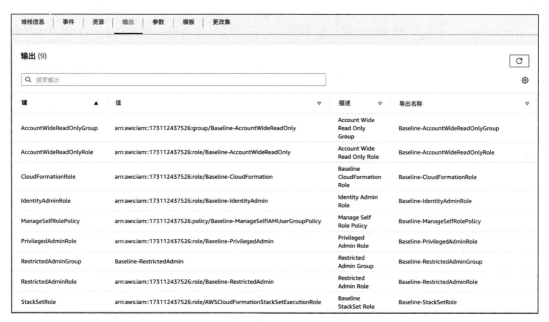

图 6-7-8

表 6-7-1

切换角色	角色权限策略
BASELINE-IDENTITYADMIN	ReadOnlyAccess Baseline IdentityAdminRolePolicy
BASELINE-PRIVILEGEDADMIN	AdministratorAccess
BASELINE-RESTRICTEDADMIN	ReadOnlyAccess Baseline CloudFormationAdminRolePolicy

在创建角色并向用户授予切换为该角色的权限后，你必须为用户提供以下信息：

- 角色的名称: optional_path/role_name。
- 包含角色账户的 ID 或别名: your_account_ID_or_alias。

步骤 2：授予 AWS 用户切换到角色的权限。

要想授予用户切换到角色的权限，受信任账户的管理员首先要为该用户创建一个新策略，或者编辑现有策略以添加所需元素，然后向用户发送链接，以使用户进入已填写所有详细信息的切换角色页面，或者为用户提供包含角色的账户 ID 或账户别名及角色名称。

1）授予管理员用户切换到角色的权限。下面显示的是策略允许用户仅在一个账户中担任角色。此外，该策略使用通配符（*）来指定。

```
{
 "Version": "2012-10-17",
 "Statement": {
   "Effect": "Allow",
   "Action": "sts:AssumeRole",
   "Resource": "arn:aws:iam::ACCOUNT-ID-WITHOUT-HYPHENS:role/baseline*"
 }
}
```

角色向用户授予的权限不会添加到用户已获得的权限中。当用户切换到某个角色时，会临时放弃其原始权限，以换取由该角色授予的权限。当用户退出该角色时，会自动恢复原始用户权限。例如，假如用户的权限允许使用 Amazon EC2 实例，而角色的权限策略未授予这些权限，在这种情况下，当使用角色时，用户无法在控制台中使用 Amazon EC2 实例。此外，通过 AssumeRole 获取的临时凭证无法以编程的方式使用 Amazon EC2 实例。

2）为实验管理员账号"Labadmin"授予用户切换到角色的权限。首先在管理员账号配置页面中，单击"添加内联策略"，如图 6-7-9 所示。

第 6 章　云安全动手实验——基础篇　　215

图 6-7-9

3）在"创建策略"页面中，选择"JSON"并将前面的策略代码粘贴到文本框中，并用用户账号 ID 替换掉"ACCOUNT-ID-WITHOUT-HYPHENS"，如图 6-7-10 所示，然后单击"查看策略"。

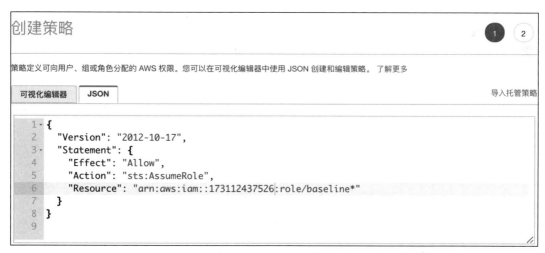

图 6-7-10

4）在"查看策略"页面中，填写名称为"AWS-Mylab-labadmin-AssumeRolePolicy"，也可以是其他名称，如图 6-7-11 所示。

图 6-7-11

单击"保存策略"后,如图 6-7-12 所示。

5)现在,你已经自动完成托管策略、组和角色的设置,可以对其进行测试了。

步骤 3:验证 AWS 控制台中受限管理员角色。

如果你以 AWS 账户根用户的身份登录,则无法切换角色。当以 IAM 用户身份登录时,切换角色的具体操作步骤如下。

1)以 IAM 用户身份登录 AWS 管理控制台。

2)在控制台中,单击右上角导航栏上的用户名,如图 6-7-13 所示。

图 6-7-12

图 6-7-13

3）也可以直接单击角色的链接进行切换，如图 6-7-14 所示。

图 6-7-14

4）然后单击"切换角色"，手动添加账户 ID 或账户别名及角色名称，如图 6-7-15 所示。

图 6-7-15

5）在"切换角色"页面上，输入账户 ID，如"123456789012"或账户别名，以及在上一步中为管理员创建的角色名称，如"Baseline-RestrictedAdmin"，然后单击"切换角色"，如图 6-3-16 所示。

6）在成功切换角色后，单击导航栏右上角的信息，如图 6-7-17 所示。

图 6-7-16

图 6-7-17

7）验证角色 Baseline-RestrictAdmin 的权限。由于这个角色类似于审计权限，只具有管理 CloudFormation 服务的权限（Baseline-CloudFormationAdminRolePolicy），而且只具有只读所有资源的权限（ReadOnlyAccess），而没有其他服务资源的创建和修改权限，因此，我们可以通过模拟创建一个 demo-user 账号来验证这个角色的权限，如图 6-3-18 所示。

通过 Key Management Service（KMS）服务创建客户管理的密钥并验证角色权限，如图 6-7-19 所示。

图 6-7-18

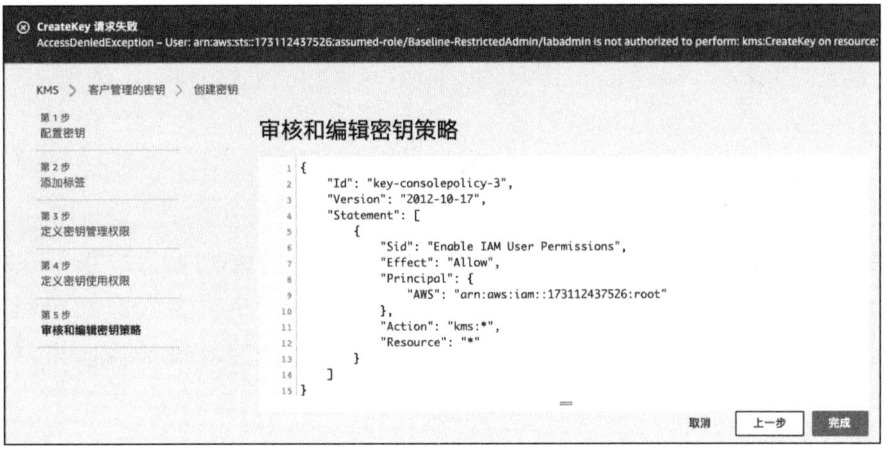

图 6-7-19

注意：自动化模板创建的其他两个角色分别是 Baseline-IdentityAdmin 和 Baseline-PrivilegedAdmin，你可以自行测试。

8）单击"切换角色"，这时名称和颜色就会替换导航栏上的用户名，你就可以使用该角色授予的权限了。

9）你使用的最后几个角色也会出现在菜单上，直接进行角色切换即可。如果角色未显示在"身份"菜单上，则需要手动输入账户和角色信息。

10）在 IAM 控制台导航栏的右侧选择角色的显示名称，然后选择返回用户名，即可停止使用角色，这时与 IAM 用户和组关联的权限将自动恢复。

6.7.4 实验总结

本实验能够帮助不同规模的用户，在上云前规划好管理账号、委派角色和特权分离等权限策略，这也是每个用户在云上长期使用的安全和合规的基础。通过本实验，你将获得创建 AWS 的基本权限和进行角色分离的能力，这可以为下一步进行精细化、最小授权和权限边界策略的设计和实验奠定基础，从而为云上资源提供全面的、安全合规的管理能力。

6.8 Lab8：自动部署 VPC 安全网络架构

6.8.1 实验概述

本实验的主要目标是通过 CloudFormation 配置可重复的方式来重复使用模板自动化部署

一个全新的 VPC 架构，其中包含多个 AWS 安全最佳实践。例如，配置安全组（Security Group）将网络流量限制为最小，配置 Internet 网关和 NAT 网关控制流量，使用具有不同路由表的子网来控制多层通信。

6.8.2　实验架构

本实验架构设置网络层的多个可用性区域，VPC 端点为与 AWS 服务的专用连接而创建。NAT 网关被创建为允许 VPC 中的不同子网连接到 Internet，网络 ACL 控制每个子网层的访问。而 VPC 流日志捕获有关 IP 流量的信息并将其存储在 Amazon CloudWatch Logs 中，如图 6-8-1 所示。

架构图具体包括：

1）应用程序负载平衡器——ALB1。

2）应用程序实例——App1。

3）共享服务——Shared1。

4）数据库——DB1。

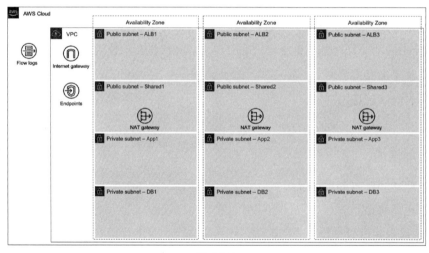

图 6-8-1

6.8.3　实验步骤

步骤 1：登录实验账户。

1）首先创建 Labadmin 账号，作为实验 AWS 账户。

2）实验 AWS 账户至少具有对 CloudFormation，EC2，VPC 和 IAM 的完全访问权限。

3）选择部署区域，本实验选择新加坡 ap-southeast-1。

4）用实验 Labadmin 账号登录。

步骤 2：创建并部署 VPC 堆栈。

1）登录后，使用示例 CloudFormation 的最新模板创建 VPC 和所有资源。

2）然后转到 AWS CloudFormation 控制台。

3）选择"创建堆栈"中的"使用新资源（标准）"，如图 6-8-2 所示。

图 6-8-2

保持"准备模板"的设置不变。

对于"模板源"，选择"上传模板文件"。

单击"选择文件"并选择本地存放的 CloudFormation 模板：vpc-alb-app-db.yaml，如图 6-8-3 所示，然后单击"下一步"。

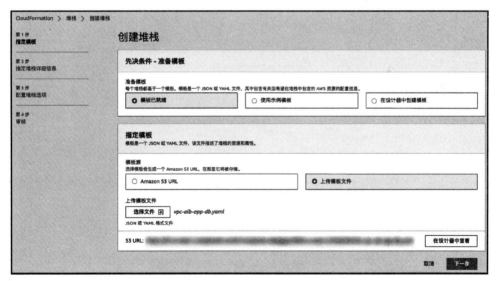

图 6-8-3

4）进入"指定堆栈详细信息"页面，其中堆栈名称使用"MyLab-WebApp1-VPC"，如图 6-8-4 所示。

图 6-8-4

不改变默认参数数值,配置其他部分如图 6-8-5 所示。

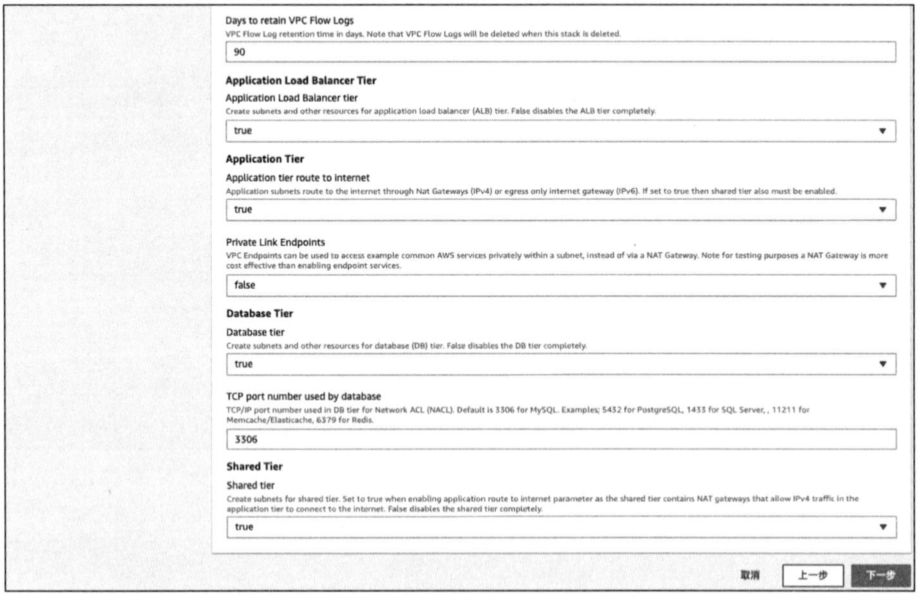

图 6-8-5

对于"配置堆栈"选项，建议配置标签（即键值对），以帮助你识别堆栈及其创建的资源。例如，在密钥的左列中输入所有者，在值的右列中输入你的电子邮件地址。这里不使用其他权限或高级选项，然后单击"下一步"。

5）检测配置。

在页面底部，选择"我确认，AWS CloudFormation 可能创建具有自定义名称的 IAM 资源。"然后单击"创建堆栈"，如图 6-8-6 所示。

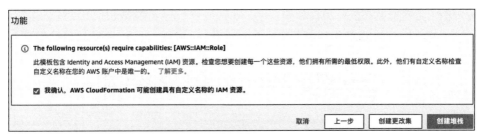

图 6-8-6

6）显示 CloudFormation 堆栈状态页面及正在进行的堆栈创建。

单击"事件"选项卡，并滚动浏览列表。它显示（以相反的顺序）由 CloudFormation 执行的活动，如开始创建资源，然后完成资源创建。

在创建堆栈期间遇到的任何错误将在此选项卡中列出。

7）当堆栈的显示状态为 CREATE_COMPLETE 时，就完成了此步骤，如图 6-8-7 所示。

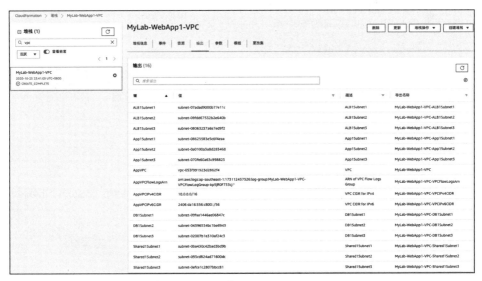

图 6-8-7

6.8.4 实验总结

本实验是下一个实验的基础，也是很多云用户上云部署应用的最佳安全实践架构。本实验的架构设计了四个子网区域和三个可用性区域，类似于传统数据中的同城三地高可用性部署架构，设计部署了公共负载均衡子网区域、公共 App 子网区域、私有共享服务子网区域、私有数据库子网区域。本实验还设计了 VPC EndPoint 终端节点（关于 VPC 终端节点访问控制策略，将在下一个实验里详细说明），以便在私有共享服务子网区域与 S3 存储桶进行安全数据的传输，具有非常高的可用性和安全性，非常适合于初步将 Web 应用系统迁移到云上的用户，以及具有一定 Web 业务规模、快速发展的用户。

6.9 Lab9：自动部署 Web 安全防护架构

6.9.1 实验概述

本实验将使用 CloudFormation 模板，在自动部署完整的 VPC 架构的基础上，结合许多 AWS 安全最佳实践的纵深防御方法，完成配置 Web 应用程序，部署一个基本的 WordPress 管理系统。CloudFormatio 模板主要是创建 VPC 架构内部的 Web 应用程序和相关的资源，主要包括：

1）自动缩放 Web EC2 实例组。
2）应用程序负载均衡器 ALB（Application Load Balancer）。
3）负载平衡器和 Web 实例的安全组（Security Group）。
4）Web 实例的自定义 CloudWatch 指标和日志。
5）Web 实例的 IAM 角色，向 Systems Manager 和 CloudWatch 授予权限。
6）用最新的 AWS Linux 2 Machine Image 映像配置实例，并在启动时自动配置服务。

6.9.2 实验架构

WordPress 堆栈体系结构概述：

本实验没有通过配置 SSH 密钥进行远程运维登录，而是通过 AWS System Manager 更安全和可扩展的方法来管理用于 EC2 实例的服务器。

1）通过使用附加到自动扩展 EEC2 实例的角色安全地获取临时安全凭证。
2）限制安全组允许的网络流量。
3）CloudFormation 自动执行配置管理。

4）实例使用 Systems Manager 代替 SSH 进行管理。

5）配置 AWS Key Management Service（AWS KMS）用于 Aurora 数据库的密钥管理。

在完成本实验后，Application Load Balancer 将侦听未加密的 HTTP（端口 80），因为最佳实践是对传输中的数据进行加密，所以可以配置 HTTPS listener 侦听器。本实验提供一个示例 amazon-cloudwatch-agent.json 文件，实例会自动将其下载以配置 CloudWatch 指标和日志，而且需要遵循 WebApp1 的示例前缀命名规则，如图 6-9-1 所示。

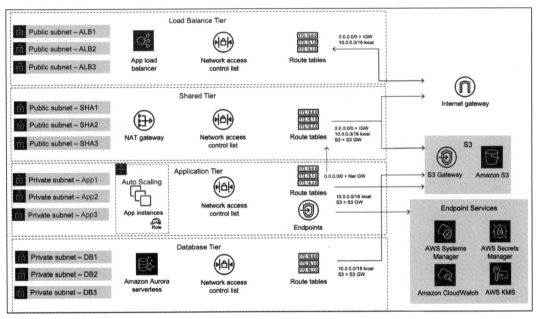

图 6-9-1

6.9.3 实验步骤

步骤 1：登录实验账户。

1）用 6.3.2 实验中的 AWS 账号 Labadmin 登录 AWS 管理控制台。

2）确保 AWS 账户至少具有对 CloudFormation，EC2，VPC，IAM 和 Elastic Load Balancing 的完全访问权限。

3）选择 AWS 区域 us-west-2。

4）通过 CloudFormation VPC 堆栈管理界面，部署本实验模板。

步骤 2：创建并部署动态 Web 堆栈。

本实验的前提条件是你已在实验 6.8 中部署了 VPC 安全与高可用性的架构。

1）下载两个部署模板或通过 Clone 命令克隆 GitHub 存储库中的部署文件。
- 下载 wordpress.yaml 部署模板，创建一个 RDS 数据库的 WordPress 网站。
- 下载 staticwebapp.yaml 部署模板，创建一个静态的 Web 应用程序，该应用程序仅显示其正在运行的实例 ID。

2）登录 AWS 管理控制台，选择实验 6.8 首选的区域，然后打开 CloudFormation 控制台。需要注意的是，如果你的 CloudFormation 控制台看起来与正常的不一样，则可以通过单击"CloudFormation"菜单中的"新建控制台"启用重新设计的控制台。

3）选择"创建堆栈"中的"使用新资源（标准）"。

4）在"模板源"选项中选择"上传模板文件"，然后单击"选择文件"并选择"wordpress.yaml"，再单击"下一步"，如图 6-9-2 所示。

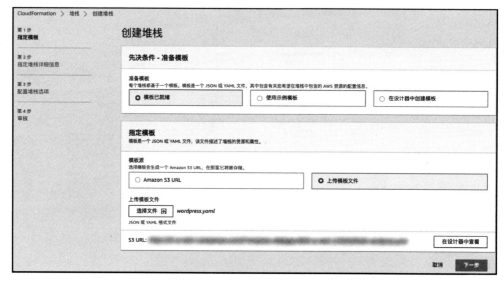

图 6-9-2

5）进入详细参数配置页面，如图 6-9-3 和图 6-9-4 所示。
- 对于 WordPress 堆栈，使用 MyLab-WebApp1-WordPress（本实验主要部署 WordPress）。
- 对于静态 Web 堆栈，使用 MyLab-WebApp1-Static 并匹配大小写（实验中没有部署）。
- 对于 ALBSGSource，当前使用 CIDR 表示的 IP 地址，该 IP 地址将被允许连接到应用程序负载平衡器上，从而可以在配置和测试时保护 Web 应用程序免受公众的攻击，这可以根据自身实际情况对访问 IP 进行设置。在本实验中，设置为"0.0.0.0/0"，表示允许所有 IP 地址远程连接。
- 其余参数可以保留为默认值。

CloudFormation > 堆栈 > 创建堆栈
第 1 步
指定模板
第 2 步
指定堆栈详细信息
第 3 步
配置堆栈选项
第 4 步
审核
指定堆栈详细信息
堆栈名称
堆栈名称
MyLab-WebApp1-WordPress
参数
General Configuration
NamingPrefix
The naming prefix for resources created by this template.
MyLab-WebApp1
Application Tier Configuration
InstanceType
WebServer EC2 instance type
t2.small
Web1AutoScaleDesired
The desired number of web instances in auto scaling group
1
ALBSGSource
0.0.0.0/0
Database Tier Configuration
DB1Name
The WordPress database name
wordpressdb
VPC Stack Imports
VPCImportName
The CloudFormation name of the VPC stack to import
MyLab-WebApp1-VPC

图 6-9-3

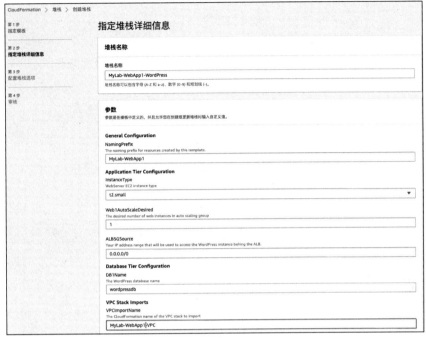

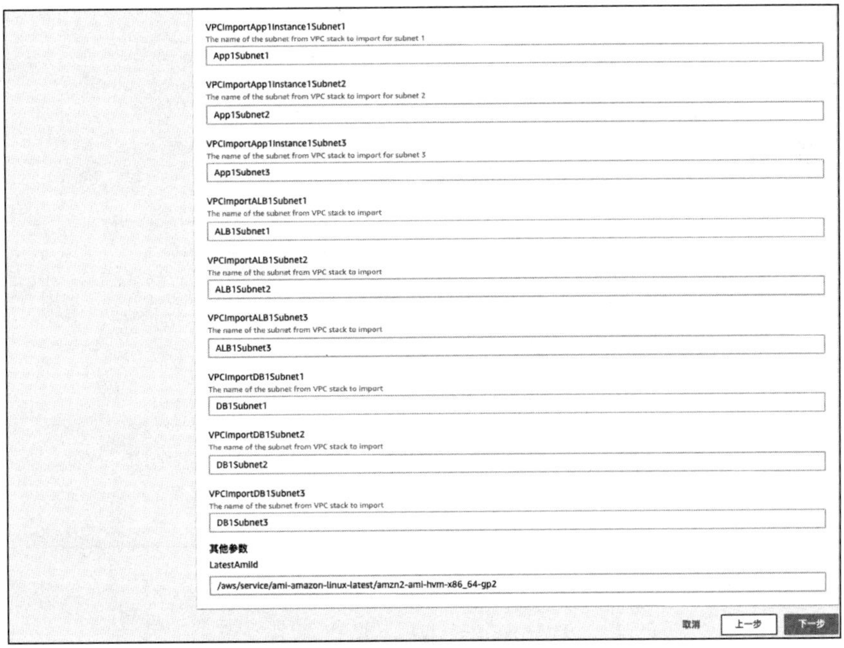
VPCImportApp1Instance1Subnet1
The name of the subnet from VPC stack to import for subnet 1
App1Subnet1
VPCImportApp1Instance1Subnet2
The name of the subnet from VPC stack to import for subnet 2
App1Subnet2
VPCImportApp1Instance1Subnet3
The name of the subnet from VPC stack to import for subnet 3
App1Subnet3
VPCImportALB1Subnet1
The name of the subnet from VPC stack to import
ALB1Subnet1
VPCImportALB1Subnet2
The name of the subnet from VPC stack to import
ALB1Subnet2
VPCImportALB1Subnet3
The name of the subnet from VPC stack to import
ALB1Subnet3
VPCImportDB1Subnet1
The name of the subnet from VPC stack to import
DB1Subnet1
VPCImportDB1Subnet2
The name of the subnet from VPC stack to import
DB1Subnet2
VPCImportDB1Subnet3
The name of the subnet from VPC stack to import
DB1Subnet3
其他参数
LatestAmiId
/aws/service/ami-amazon-linux-latest/amzn2-ami-hvm-x86_64-gp2
取消
上一步
下一步

图 6-9-4

6）单击"下一步"。

7）在本实验中，我们不会添加任何标签、权限或高级选项。

8）查看堆栈信息。选中"我确认，AWS CloudFormation 可能创建具有自定义名称的 IAM 资源。"，然后单击"创建堆栈"，如图 6-9-5 所示。

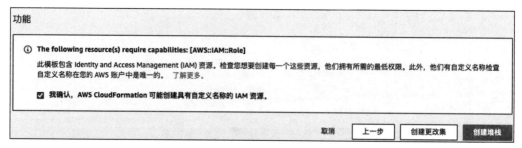

图 6-9-5

9）约 5 分钟后，最终堆栈状态从 CREATE_IN_PROGRESS 变为 CREATE_COMPLETE，如图 6-9-6 所示。

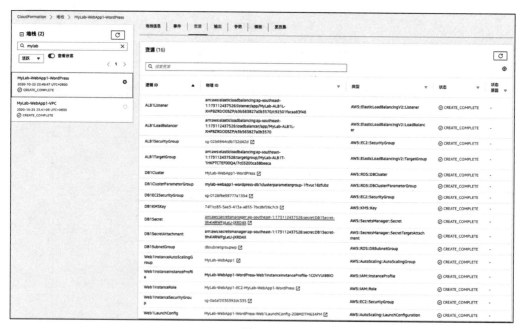

图 6-9-6

10）现在，已经成功创建了 WordPress 堆栈。在堆栈中，单击"输出"选项卡，然后在 Web 浏览器中打开 WebsiteURL 值，如图 6-9-7 所示。

图 6-9-7

步骤 3：删除堆栈。

删除 WordPress 或静态 Web 应用程序中的 CloudFormation 堆栈：

1）登录 AWS 管理控制台，选择你的首选区域，然后打开 CloudFormation 控制台。

2）单击 WebApp1-WordPress 或 WebApp1-Static 堆栈左侧的单选按钮。

3）单击"操作"按钮，然后单击"删除堆栈"。

4）确认堆栈，然后单击"删除"。

5）访问密钥管理服务（KMS）控制台，删除"KMSkey"。

6.9.4　实验总结

本实验是 AWS 在云上的最佳实践，其在部署架构中使用了 Amazon Certificate Manager 在应用程序负载平衡器上启用 TLS（SSL）进行加密通信。用 EBS 加密 Web 实例的 EBS 卷。实施 Web 应用程序防火墙（如 AWS WAF）和内容交付服务（例如 Amazon CloudFront）可以帮助保护应用程序。创建一个自动流程以修补 AMI，并在生产中更新之前扫描的漏洞。创建一个管道，可以在创建或更新堆栈之前验证 CloudFormation 模板的配置是否错误。

6.10　Lab10：自动部署云 WAF 防御架构

6.10.1　实验概述

本实验的主要目标是使用与 Amazon CloudFront 集成的 AWS WAF（AWS Web Application Firewall）保护工作负载免受基于网络的攻击。其主要是介绍如何使用 AWS 管理控制台和 AWS CloudFormation 部署具有 CloudFront 集成的 WAF，以用于深度防御。

6.10.2　实验目标

1）通过 WAF 保护网络和主机级别的边界。

2）加强系统安全配置和维护。

3）加强服务级别保护。

6.10.3 实验步骤

步骤 1：登录实验账户

1）用本实验 AWS 账号 Labadmin 登录 AWS 管理控制台。

2）确保 Labadmin 账号至少具有对 CloudFormation，EC2，VPC，IAM 和 Elastic Load Balancing 的完全访问权限。

3）实验模板支持 4 个 AWS 区域：us-east-1，us-east-2，us-west-1 和 us-west-2。

步骤 2：配置 WAF 应用防火墙。

下面使用 AWS CloudFormation 部署一个基本示例的 AWS WAF 配置，以便与 CloudFront 一起使用。

1）登录 AWS 管理控制台，选择你的首选区域，然后打开 CloudFormation 控制台。请注意，如果你的 CloudFormation 控制台看起来不一样，则可以通过单击"CloudFormation"菜单中的"新建控制台"启用重新设计的控制台。

2）单击"Create stack"，如图 6-10-1 所示。

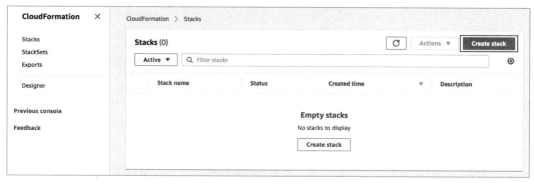

图 6-10-1

3）输入地址，然后单击"Next"，如图 6-10-2 所示。

4）输入以下详细信息，如图 6-10-3 所示。

- 堆栈名称：此堆栈的名称。本实验使用 CloudFront。
- WAFName：输入用于此堆栈的资源名称和导出名称的基本名称。在本实验中，你可以使用 Lab1。
- WAFCloudWatchPrefix：仅使用字母、数字、字符输入，要用于每个规则的 CloudWatch 前缀的名称。对于本实验，你可以使用 Lab1，其余参数可以保留为默认值。

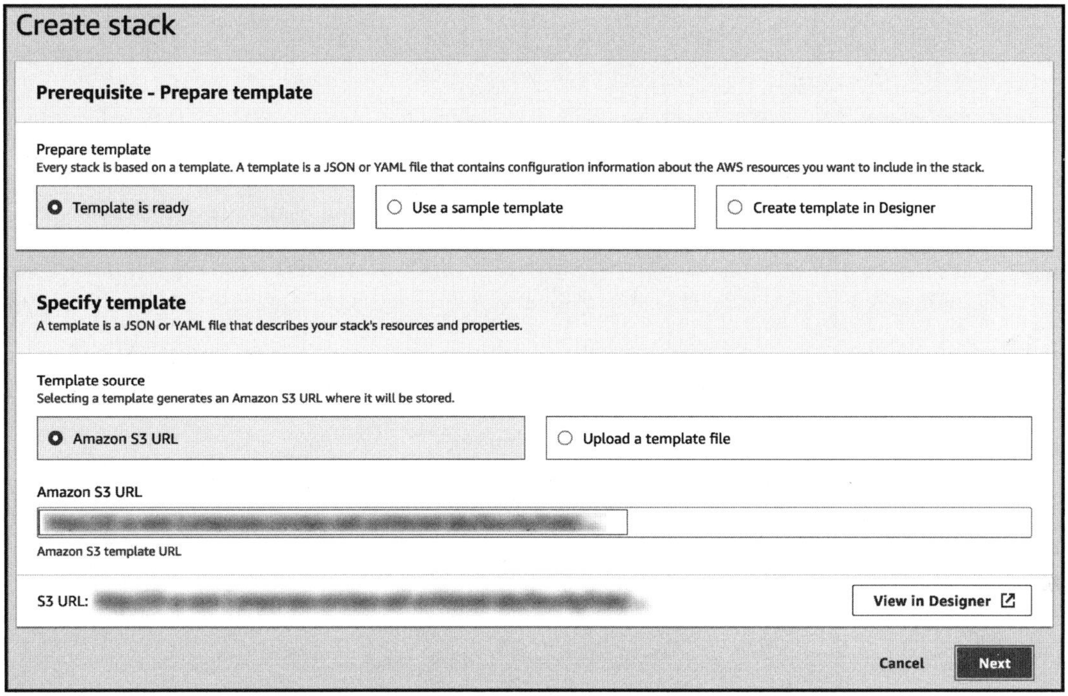
Create stack
Prerequisite - Prepare template
Prepare template
Every stack is based on a template. A template is a JSON or YAML file that contains configuration information about the AWS resources you want to include in the stack.
Template is ready
Use a sample template
Create template in Designer
Specify template
A template is a JSON or YAML file that describes your stack's resources and properties.
Template source
Selecting a template generates an Amazon S3 URL where it will be stored.
Amazon S3 URL
Upload a template file
Amazon S3 URL
Amazon S3 template URL
S3 URL:
View in Designer
Cancel
Next

图 6-10-2

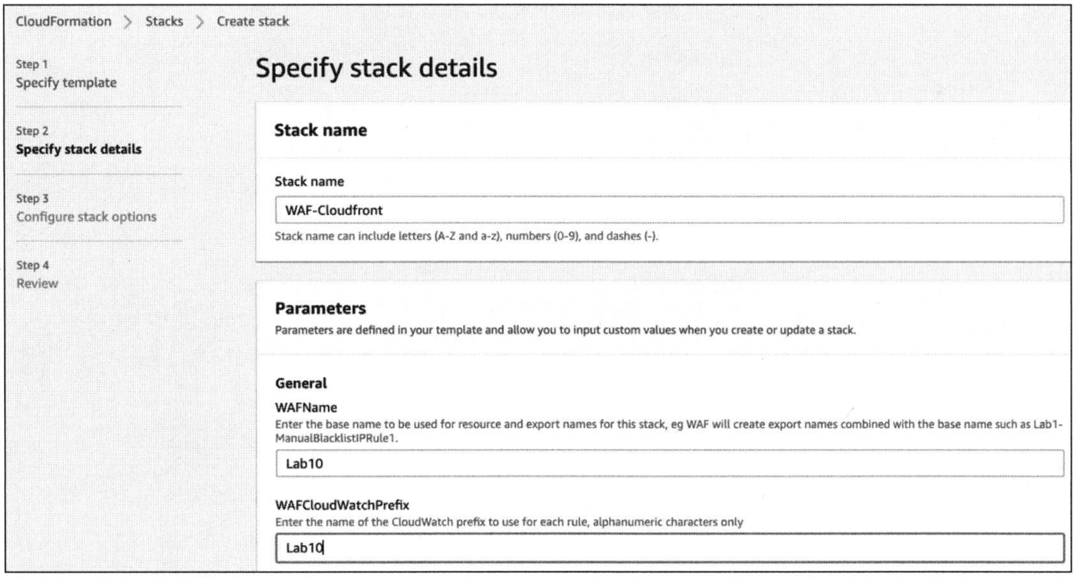
CloudFormation > Stacks > Create stack
Step 1
Specify template
Step 2
Specify stack details
Step 3
Configure stack options
Step 4
Review
Specify stack details
Stack name
Stack name
WAF-Cloudfront
Stack name can include letters (A-Z and a-z), numbers (0-9), and dashes (-).
Parameters
Parameters are defined in your template and allow you to input custom values when you create or update a stack.
General
WAFName
Enter the base name to be used for resource and export names for this stack, eg WAF will create export names combined with the base name such as Lab1-ManualBlacklistIPRule1.
Lab10
WAFCloudWatchPrefix
Enter the name of the CloudWatch prefix to use for each rule, alphanumeric characters only
Lab10

图 6-10-3

5)在页面底部,单击"Next"。

6)在本实验中,我们不会添加任何标签或其他选项。

7)查看堆栈信息。在配置满意后,单击"Create stack"。

8)几分钟后,堆栈状态从 CREATE_IN_PROGRESS 变为 CREATE_COMPLETE。

9)现在,你已经设置了基本的 AWS WAF 配置,可供 CloudFront 使用了。

步骤 3:配置 AMAZON CLOUDFRONT。

下面使用 AWS 管理控制台创建一个 CloudFront 发行版,并将其与之前创建的 AWS WAF ACL 连接。

1)打开 Amazon CloudFront 控制台。

2)在控制台仪表板上,选择"Create Distribution"。

3)单击"Web"部分中的"入门"。

4)为分发指定以下设置:

- 在原始域名中,输入你的弹性负载均衡器或 EC2 实例的 DNS 或域名,如图 6-10-4 所示。

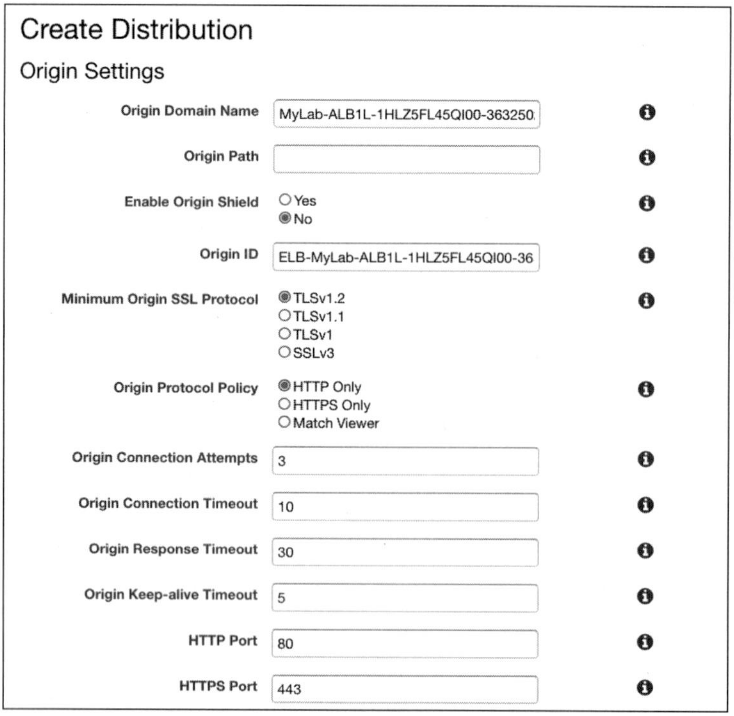

图 6-10-4

- 在分发设置部分中，单击"AWS WAF Web ACL"，然后选择之前创建的 ACL，如图 6-10-5 所示。
- 单击"创建分布"。
- 有关其他配置选项的更多信息，请参见 在创建或更新 Web 分发时指定的值，在 CloudFront 文档中。

5）在 CloudFront 中创建你的分发之后，分发"状态"列的值将从"进行中"变为"已部署"，如图 6-10-6 所示。

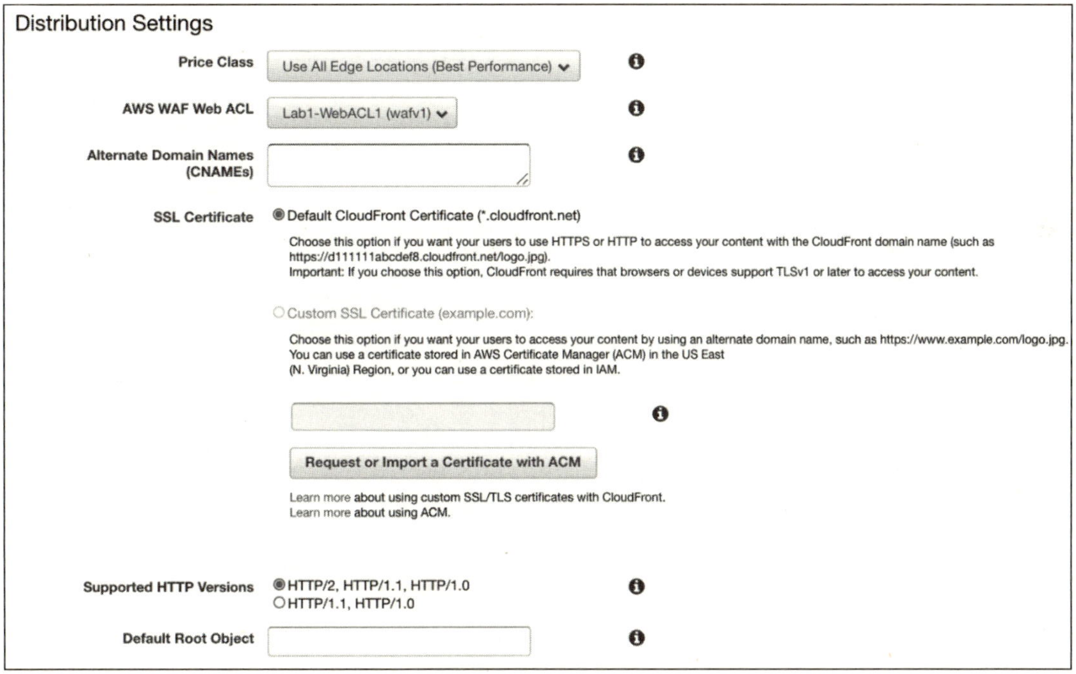

图 6-10-5

图 6-10-6

6）部署发行版后，需要确认你可以使用新的 CloudFront URL 或 CNAME 访问你的内容。将域名复制到 Web 浏览器中进行测试，如图 6-10-7 所示。

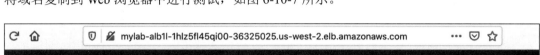

图 6-10-7

有关更多信息，请参见 CloudFront 文档中的测试 Web 分发。

7）现在，你已经使用基本设置和 AWS WAF 配置了 Amazon CloudFront。

有关配置 CloudFront 的更多信息，请参阅查看和更新 CloudFront 分布，在 CloudFront 文档中。

6.10.4 实验总结

本实验用与 Amazon CloudFront 集成的 AWS WAF 保护工作负载免受基于网络的攻击，使用 AWS 管理控制台和 AWS CloudFormation 部署具有 CloudFront 集成的 WAF，以实现深度防御。

第 7 章 云安全动手实验——提高篇

本章主要介绍云上安全进阶实验组,主要目的是帮助读者深入学习云上的安全服务和技术、深度体验云上安全能力的建设设计与实现。提高篇包括 LandingZone 的安全基线集成部署架构实践,防 DDOS 和 WAF 的集成部署架构实践,防止数据泄露的实践,密钥管理 KMS 与加密引擎 Encryption SDK 的集成部署架构实践,威胁情报收集与分析 GuardDuty 的综合部署架构实践等。提高篇包括 9 个提高实验:设计 IAM 高级权限和精细策略;集成 IAM 标签细粒度访问控制;设计 Web 应用的 Cognito 身份验证;设计 VPC EndPoint 安全访问策略;设计 WAF 高级 Web 防护策略;设计 SSM 和 Inspector 漏洞扫描与加固;自动部署云上威胁智能检测;自动部署 Config 监控并修复 S3 合规性;自动部署云上漏洞修复与合规管理。

7.1 Lab1:设计 IAM 高级权限和精细策略

7.1.1 实验概述

在本实验中,将创建一系列附加策略以便附加到不同角色上,这些角色由开发人员承担。开发人员可以使用此角色创建仅限于特定服务和区域的其他用户角色,这样你就可以委派访问权限来创建 IAM 角色和策略,而不会超出权限边界。本实验还将使用带有前缀的命名策略,以便使设置多项目开发人员的策略和角色变得更加容易。

AWS 支持 IAM 实体的权限边界,是 IAM 的一项高级策略功能,你可以使用托管策略设置基于身份的策略来授予 IAM 实体的最大权限。当你为实体设置权限边界时,该实体只能执行权限边界策略所允许的操作。

7.1.2 实验场景

对于正在云上开展多项目开发的公司,当开发人员角色使用其委派的权限创建自己的用户角色时,安全管理员会根据公司的安全管理要求,虚脱设置权限边界策略,限制访问权限范围,只允许 app 项目人员使用 us-east-1(北弗吉尼亚州)和 us-west-1(北加利福尼亚州)区域的资源,而且在这些 AWS 区域中只允许对 AWS EC2 和 AWS Lambda 服务进行操作。

7.1.3 实验步骤

用 Lambda 账号登录 AWS 管理控制台。

步骤 1:创建权限边界策略。

1)打开 IAM 控制台。

2)在导航窗格中,单击"策略"中的"创建策略",如图 7-1-1 所示。

图 7-1-1

3)在"创建策略"页面上,单击"JSON"选项卡。

4)将编辑器中已有策略的示例替换为以下策略。

```
{
    "Version": "2012-10-17",
    "Statement": [
        {
            "Sid": "EC2RestrictRegion",
            "Effect": "Allow",
            "Action": "ec2:*",
            "Resource": "*",
            "Condition": {
                "StringEquals": {
                    "aws:RequestedRegion": [
                        "us-east-1",
                        "us-west-1"
                    ]
                }
            }
        },
```

```
{
    "Sid": "LambdaRestrictRegion",
    "Effect": "Allow",
    "Action": "lambda:*",
    "Resource": "*",
    "Condition": {
        "StringEquals": {
            "aws:RequestedRegion": [
                "us-east-1",
                "us-west-1"
            ]
        }
    }
}
]
}
```

5）单击"审核政策"。

6）在"查看策略"页面的"名称"字段中输入"restrict-region-boundary"作为名称，以帮助你识别策略、验证摘要，然后单击"创建策略"，如图 7-1-2 所示。

图 7-1-2

步骤 2：创建开发人员受限策略。

为开发人员创建的策略如下，并且仅当附加了权限边界 limit-region-boundary 策略时，开发人员才能使用名称前缀 app 创建其他策略和角色。当你有不同的团队或在同一个 AWS 账户中开发或运维不同的应用程序项目时，以项目名称命名的策略和角色前缀方便管理。

```
{
    "Version": "2012-10-17",
    "Statement": [
        {
            "Sid": "CreatePolicy",
            "Effect": "Allow",
            "Action": [
                "iam:CreatePolicy",
                "iam:CreatePolicyVersion",
                "iam:DeletePolicyVersion"
            ],
            "Resource": "arn:aws:iam::123456789012:policy/app*"
        },
        {
            "Sid": "CreateRole",
            "Effect": "Allow",
            "Action": [
                "iam:CreateRole"
            ],
            "Resource": "arn:aws:iam::123456789012:role/app*",
            "Condition": {
                "StringEquals": {
                    "iam:PermissionsBoundary": "arn:aws:iam::123456789012:policy/restrict-region-boundary"
                }
            }
        },
        {
            "Sid": "AttachDetachRolePolicy",
            "Effect": "Allow",
```

```
            "Action": [
                "iam:DetachRolePolicy",
                "iam:AttachRolePolicy"
            ],
            "Resource": "arn:aws:iam::123456789012:role/app*",
            "Condition": {
                "ArnEquals": {
                    "iam:PolicyARN": [
                        "arn:aws:iam::123456789012:policy/*",
                        "arn:aws:iam::aws:policy/*"
                    ]
                }
            }
        }
    ]
}
```

在浏览器中，通过链接导航到账户设置页面，或者直接单击右上角的账号信息复制登录账号的 ID。然后打开 IAM 管理界面，在 IAM 策略页面中单击"创建策略"，将上面的策略粘贴到 JSON 页面，如图 7-1-3 所示，再用你登录 AWS 账户的 ID 替换掉策略中的 5 处 ID "123456789012"，单击"查看策略"。

图 7-1-3

在"查看策略"页面中将策略名称命名为 createrole-restrict-region-boundary，然后单击"创建策略"，如图 7-1-4 所示。

图 7-1-4

步骤 3：创建开发人员 IAM 控制台访问策略。

本策略只允许开发人员进行具有 IAM 服务的列表和读取类型的操作。

```
{
    "Version": "2012-10-17",
    "Statement": [
        {
            "Sid": "Get",
            "Effect": "Allow",
            "Action": [
                "iam:ListPolicies",
                "iam:GetRole",
                "iam:GetPolicyVersion",
                "iam:ListRoleTags",
                "iam:GetPolicy",
                "iam:ListPolicyVersions",
                "iam:ListAttachedRolePolicies",
                "iam:ListRoles",
                "iam:ListRolePolicies",
                "iam:GetRolePolicy"
            ],
            "Resource": "*"
```

```
        }
    ]
}
```

将上面的策略粘贴到 JSON 页面，如图 7-1-5 所示，并命名为 iam-restricted-list-read，如图 7-1-6 所示。

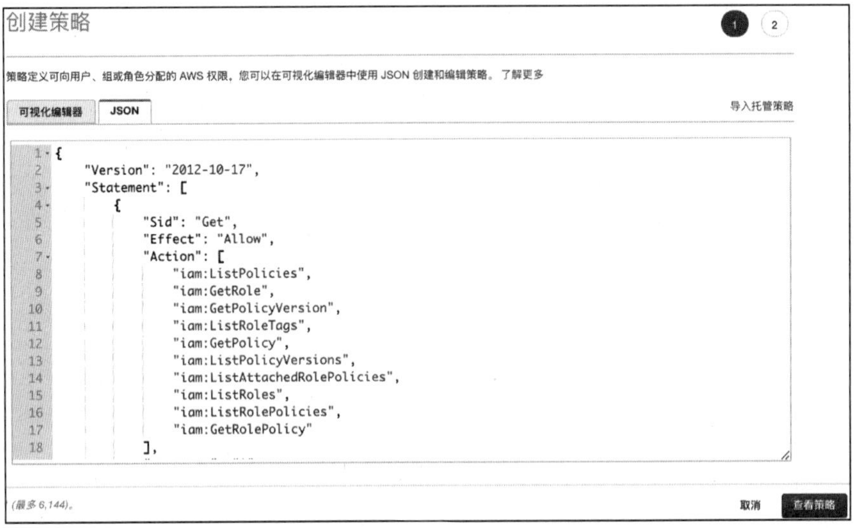

图 7-1-5

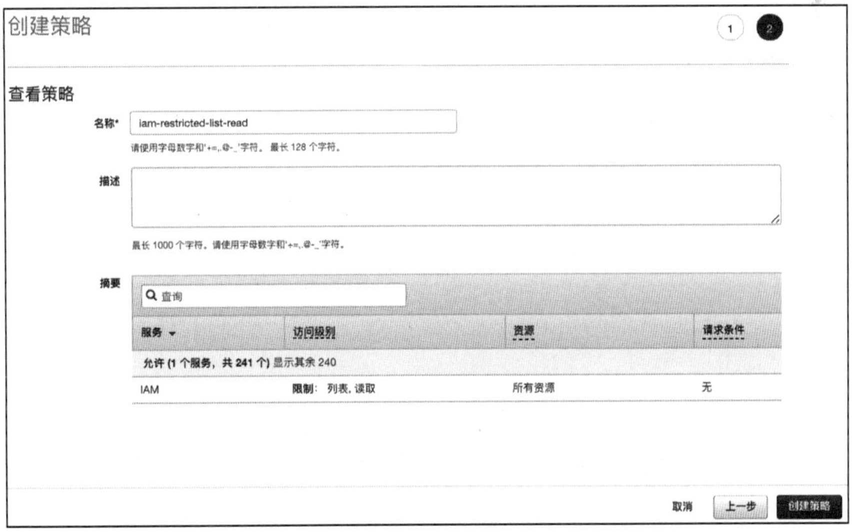

图 7-1-6

步骤 4：创建开发人员角色。

创建一个开发人员角色，使其具有给其他人创建角色和策略的权限，并强制执行权限边界和命名前缀的策略。

1）打开 IAM 控制台。

2）在导航窗格中，单击"角色"中的"创建角色"，如图 7-1-7 所示。

图 7-1-7

3）单击"其他 AWS 账户"，输入账户 ID 并勾选"需要 MFA"，如图 7-1-8 所示，然后单击"下一步：权限"。我们在此处执行 MFA，因为这是最佳做法。

图 7-1-8

4）在搜索字段中，输入"createrole"，然后选中"createrole-restrict-region-boundary"策略，如图 7-1-9 所示。

图 7-1-9

5）清除前面的搜索并输入"iam-res",然后选中"iam-restricted-list-read"策略,并单击"下一步:标签",如图 7-1-10 所示。

图 7-1-10

6）在本实验中,不使用 IAM 标签,故直接单击"下一步:查看"。

7）将输入开发人员限制的用户名作为角色名称,然后单击"创建角色",如图 7-1-11 所示。

图 7-1-11

8)我们可以通过单击列表中的"developer-restricted-iam"检查创建的角色,并记录角色 ARN 和给用户提供到控制台的链接。

9)现在已创建角色,如图 7-1-12 所示。

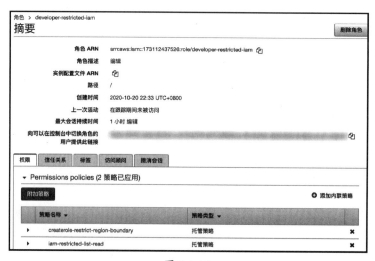

图 7-1-12

步骤 5:测试开发人员角色权限。

下面启用 MFA 的现有 IAM 用户来承担新的开发人员限制的角色。

1)用 IAM 用户身份登录 AWS 管理控制台。

2)在控制台中,单击右上角导航栏上的用户名,然后单击"切换角色"。

3)在"切换角色"页面上,输入上一步创建的账户 ID 或账户名及角色"developer-restricted-iam",然后单击"切换角色",如图 7-1-13 所示。

图 7-1-13

（可选）在此角色处于活动状态时，输入要在导航栏上代替用户名显示的文本。根据账户和角色的信息，建议你使用名称，但可以将其更改为对你有意义的名称，还可以选择一种颜色来突出显示名称。

4）如果是第一次选择此选项，则会显示一个页面，其中包含更多信息。阅读后，单击"切换角色"。如果清除浏览器 cookie，则此页面会再次出现。

5）显示替换后的名称和颜色，这时你可以使用角色授予的权限来替换你作为 IAM 用户拥有的权限了。

6）这时，使用的最后几个角色会出现在菜单上，当需要切换到其中一个时，只需单击所需的角色即可。如果角色未显示在"身份"菜单上，则需要手动输入账户和角色信息。

7）你现在正在使用具有授予权限的开发者角色，之后将使用该角色保持登录状态。

步骤 6：创建用户角色。

下面我们创建一个附加了边界策略的新用户角色，并使用前缀对其命名。这里对此用户角色使用 AWS 托管策略，但是 createrole-restrict-region-boundary 策略允许我们创建和附加自己的策略，前提是它们的前缀为 app1。

1）首先确认你正在使用先前创建的开发人员角色，然后在 developer-restricted-iam 位置打开 IAM 控制台。由于此开发人员角色受到限制，因此你会注意到许多拒绝权限的消息。这时，最小特权是最佳实践！

2）在导航窗格中，单击"role"中的"Create role"。

3）单击"Another AWS account"，然后输入你在此练习中一直使用的账户 ID 并勾选"Require MFA"，如图 7-1-14 所示，再单击"Next: permissions"。

图 7-1-14

4）在搜索字段中，输入"ec2"，然后选中"AmazonEC2FullAccess"策略，如图 7-1-15 所示。

图 7-1-15

5）清除之前的搜索并输入"lambda"，然后选中"AWSLambdaFullAccess"策略，如图 7-1-16 所示。

图 7-1-16

6）展开底部的"Set permissions boundary 设置权限边界"，然后单击"Permissions boundary"以控制最大角色权限。在搜索字段中输入"boundary"，单击"restrict-region-boundary"前面的按钮，如图 7-1-17 所示，然后单击"Next：Tags"。

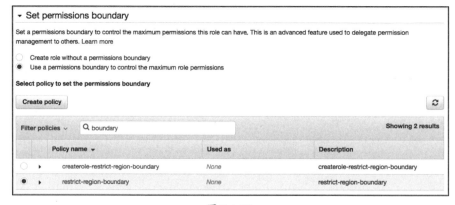

图 7-1-17

7）在本实验中，不使用 IAM 标签，直接单击"Next"。

8）输入的角色名称为"app1-user-region-restricted-services"，然后单击"Create role"，如图 7-1-18 所示。

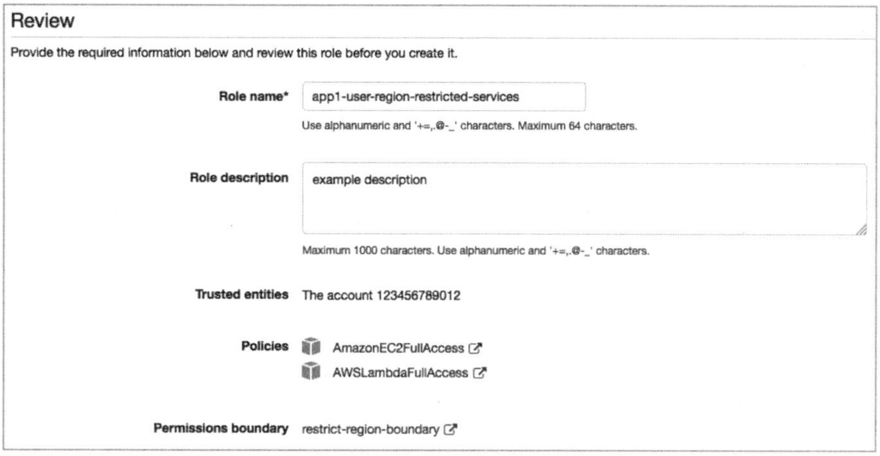

图 7-1-18

9）角色创建成功。记录角色 ARN 和其到控制台的链接。如果你收到了错误消息，则可能是在前面的步骤中未更改策略中的账号，如图 7-1-19 所示。

图 7-1-19

步骤 7：测试用户角色。

现在，你可以使用现有的 IAM 用户承担新的 app1-user-region-restricted-services 角色，就好像是在允许的区域中管理 EC2 和 Lambda 的用户一样。

1）在控制台中，单击导航栏右侧角色的显示名称返回以前的用户名。现在，你回到使用原始 IAM 用户的状态。

2）单击右上角导航栏上的用户名，或者你可以将链接粘贴到之前为 app1-user-region-restricted-services 角色记录的浏览器中。

3）在"Switch Role"页面上，输入创建的账户 ID 或账户名，以及角色名称"app1-user-region-restricted-services"。

4）选择与之前不同的颜色，否则它会在浏览器中覆盖该配置文件。

5）单击"Switch Role"，显示替换后的名称和颜色，这时你可以使用该角色授予的权限了。

6）现在，你可以在 us-east-1 和 us-west-1 地区将用户角色与 EC2 和 Lambda 一起使用。

7）导航到 us-east-1 区域中的 EC2 管理控制台。EC2 仪表板应显示资源的摘要列表，这时唯一的错误是 Elastic Load Balancing 检索资源计数错误，因为这需要其他权限，如图 6-4-1-23 所示。

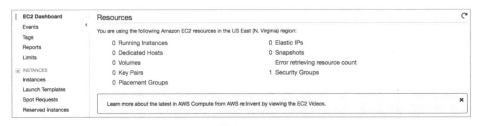

图 7-1-20

8）导航到不允许使用区域的 EC2 管理控制台。EC2 仪表板就会显示许多未授权的错误消息，如图 7-1-21 所示。

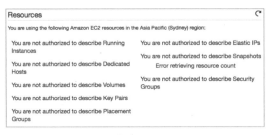

图 7-1-21

7.1.4 实验总结

本实验遵循的安全最佳实践是管理凭证和身份验证使用 MFA 进行访问，以提供其他访问控制，并通过角色授予最小访问权限。例如，通过权限边界设计关联策略的角色权限限制，通过角色委派设置角色所需的最小特权。本实验主要是帮助用户练习如何配置权限高级策略、如何进行交叉策略授权、如何配置最小授权。

7.2 Lab2：集成 IAM 标签细粒度访问控制

7.2.1 实验概述

在本实验中，你将创建一系列附加到角色的策略，角色可以由个人（如 EC2 管理员）承担。这可以使 EC2 管理员仅在满足要求创建资源时才创建标签，并可以控制标记哪些现有资源和值，同时还能使用 EC2 资源标签进行细粒度的访问控制，实现灵活的最小授权管理。

最小特权访问权限：通过允许在特定条件下访问特定 AWS 资源上的特定操作，仅授予身份所需的访问权限，并依靠组和身份属性动态地大规模设置权限，而不是为单个用户定义权限。例如，你可以允许一组开发人员访问权限以便仅管理其项目的资源。这样，当从组中删除该开发人员时，在该组用于访问控制的所有位置中，该开发人员的访问都将被撤销，而无须更改访问策略。

7.2.2 实验条件

一个 AWS 管理员账户，可以用于测试，而不可以用于生产或其他目的。启用了 MFA 的 IAM 用户可以在你的 AWS 账户中担任角色，并创建 5 个不同功能的策略，但仅允许在 us-east-1 和 us-west-1 区域进行资源管理，而且需要遵从标签管理授权规则。

7.2.3 实验步骤

步骤 1：创建名为 ec2-list-read 的策略。

策略定义：允许具有区域条件的只读权限，并设置唯一允许操作的服务 EC2。

1）使用启用 MFA 且可以在 AWS 账户中担任角色的 IAM 用户身份登录 AWS 管理控制台。

2）打开 IAM 控制台。

提示：如果你需要启用 MFA，则按照基础篇实验进行配置，另外你还需要注销并再次使用 MFA 重新登录，以便会话具有 MFA 活动状态。

3）在导航窗格中，单击"策略"中的"创建策略"。

4）在"创建策略"页面上，单击"JSON"选项卡，将编辑器中已有策略的示例替换为以下策略，然后单击"查看策略"，如图 7-2-1 所示。

```
{
    "Version": "2012-10-17",
```

```
"Statement": [
    {
        "Sid": "ec2listread",
        "Effect": "Allow",
        "Action": [
            "ec2:Describe*",
            "ec2:Get*"
        ],
        "Resource": "*",
        "Condition": {
            "StringEquals": {
                "aws:RequestedRegion": [
                    "us-east-1",
                    "us-west-1"
                ]
            }
        }
    }
]
}
```

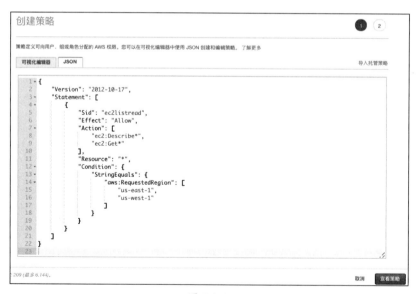

图 7-2-1

5）在名称字段中输入 ec2-list-read 和任何描述以帮助你识别策略，然后单击"创建策略"。

步骤2：创建名为 ec2-create-tags 的策略。

策略定义：允许创建 EC2 的标签，但条件是运行实例，这将启动一个实例。

使用下面的 JSON 策略和名称 ec2-create-tags 创建托管策略，如图 7-2-2 所示。

```
{
    "Version": "2012-10-17",
    "Statement": [
        {
            "Sid": "ec2createtags",
            "Effect": "Allow",
            "Action": "ec2:CreateTags",
            "Resource": "*",
            "Condition": {
                "StringEquals": {
                    "ec2:CreateAction": "RunInstances"
                }
            }
        }
    ]
}
```

图 7-2-2

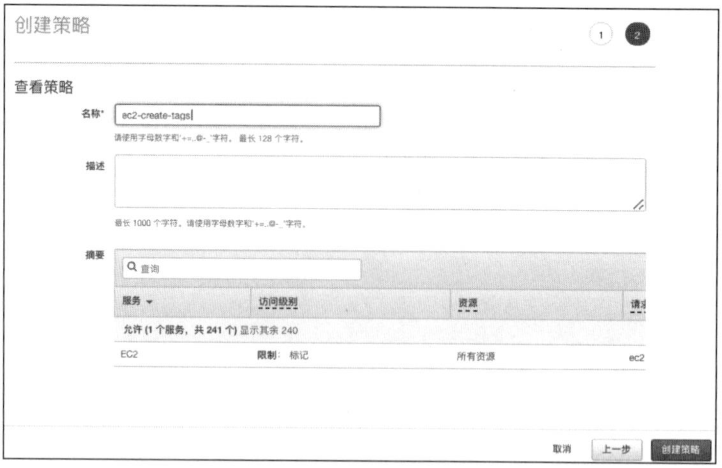

图 7-2-2（续）

步骤 3：创建名为 ec2-create-tags-existing 的策略。

策略定义：仅当资源已标记为 Team，名称为 mylab 时，此策略才允许创建（和覆盖）EC2 标签。

使用下面的 JSON 策略和名称 ec2-create-tags-existing 创建托管策略，如图 7-2-3 所示。

```json
{
    "Version": "2012-10-17",
    "Statement": [
        {
            "Sid": "ec2createtagsexisting",
            "Effect": "Allow",
            "Action": "ec2:CreateTags",
            "Resource": "*",
            "Condition": {
                "StringEquals": {
                    "ec2:ResourceTag/Team": "mylab"
                },
                "ForAllValues:StringEquals": {
                    "aws:TagKeys": [
                        "Team",
                        "Name"
                    ]
                },
                "StringEqualsIfExists": {
```

```
                "aws:RequestTag/Team": "mylab"
            }
        }
    }
]
}
```

图 7-2-3

步骤 4：创建名为 ec2-run-instances 的策略。

策略定义：第一部分仅当区域条件和特定标记键的条件匹配时才允许启动实例，第二部分允许当实例启动时使用区域条件创建其他资源。

使用下面的 JSON 策略和名称 ec2-run-instances 创建托管策略，如图 7-2-4 所示。

```json
{
    "Version": "2012-10-17",
    "Statement": [
        {
            "Sid": "ec2runinstances",
            "Effect": "Allow",
            "Action": "ec2:RunInstances",
            "Resource": "arn:aws:ec2:*:*:instance/*",
            "Condition": {
                "StringEquals": {
                    "aws:RequestedRegion": [
                        "us-east-1",
                        "us-west-1"
                    ],
                    "aws:RequestTag/Team": "mylab"
                },
                "ForAllValues:StringEquals": {
                    "aws:TagKeys": [
                        "Name",
                        "Team"
                    ]
                }
            }
        },
        {
            "Sid": "ec2runinstancesother",
            "Effect": "Allow",
            "Action": "ec2:RunInstances",
            "Resource": [
                "arn:aws:ec2:*:*:subnet/*",
                "arn:aws:ec2:*:*:key-pair/*",
                "arn:aws:ec2:*::snapshot/*",
                "arn:aws:ec2:*:*:launch-template/*",
```

```
            "arn:aws:ec2:*:*:volume/*",
            "arn:aws:ec2:*:*:security-group/*",
            "arn:aws:ec2:*:*:placement-group/*",
            "arn:aws:ec2:*:*:network-interface/*",
            "arn:aws:ec2:*::image/*"
        ],
        "Condition": {
            "StringEquals": {
                "aws:RequestedRegion": [
                    "us-east-1",
                    "us-west-1"
                ]
            }
        }
    }
]
}
```

图 7-2-4

图 7-2-4（续）

步骤 5：创建名为 ec2-manage-instances 的策略。

策略定义：允许重新启动、终止、启动和停止实例，策略的条件是"团队"名称中的关键字，如 app 的名称。

使用下面的 JSON 策略和名称 ec2-manage-instances 创建托管策略，如图 7-2-5 所示。

```json
{
    "Version": "2012-10-17",
    "Statement": [
        {
            "Sid": "ec2manageinstances",
            "Effect": "Allow",
            "Action": [
                "ec2:RebootInstances",
                "ec2:TerminateInstances",
                "ec2:StartInstances",
                "ec2:StopInstances"
            ],
            "Resource": "*",
            "Condition": {
                "StringEquals": {
                    "ec2:ResourceTag/Team": "mylab",
                    "aws:RequestedRegion": [
                        "us-east-1",
```

```
                    "us-west-1"
                ]
            }
        }
    ]
}
```

图 7-2-5

步骤 6：创建 EC2 管理员角色。

为 EC2 管理员创建角色，并附加先前创建的托管策略。

1）以启用了 MFA 且可以在你的 AWS 账户中担任角色的 IAM 用户身份登录 AWS 管理控制台，然后打开 IAM 控制台。

2）在导航窗格中，单击"角色"中的"创建角色"。

3）单击"其他 AWS 账户"，然后输入你现在正在使用的账户 ID，并勾选"需要 MFA"，然后单击"下一步：权限"，如图 7-2-6 所示。我们在此处执行 MFA，因为这是最佳做法。

图 7-2-6

4）在搜索字段中输入"ec2-"，然后选中刚刚创建的 5 个策略，单击"下一步：标签"，如图 7-2-7 所示。

图 7-2-7

5）在本实验中，不使用 IAM 标签，故直接单击"下一步"。

6）在角色名称字段中输入 ec2-admin-team-mylab，然后单击"创建角色"，如图 7-2-8 所示。

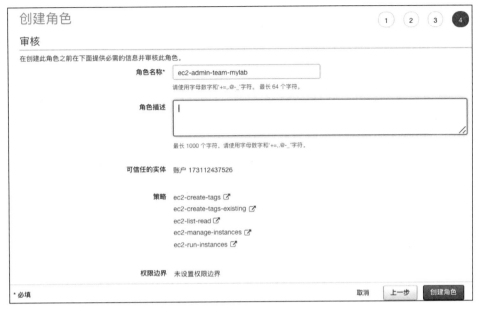

图 7-2-8

7）你可以通过单击列表中的 ec2-admin-team-mylab 来检查创建的角色，并记录角色 ARN 和其到控制台的链接。

8）现在已创建角色，可以进行测试了。

步骤 7：测试角色。

为启用了 MFA 的现有 IAM 用户赋予 ec2-admin-team-mylab 角色。

1）以启用了 MFA 的 IAM 用户身份登录 AWS 管理控制台。

2）在控制台中，单击右上角导航栏上的用户名，然后单击"切换角色"，或者你可以将链接粘贴到先前记录的浏览器中，或者直接单击角色的链接打开切换角色页面，如图 7-2-9 所示。

3）在"切换角色"页面上，在"账户"字段中输入你的账户 ID，并在"角色"字段中输入创建的角色 ec2-admin-team-mylab。

（可选）在此角色处于活动状态时，输入要在导航栏上代替用户名显示的文本。根据账户和角色的信息，建议使用名称，但是你可以将其更改为对你有意义的名称，还可以选择一种颜色来突出显示名称。然后单击"切换角色"，如图 7-2-10 所示。

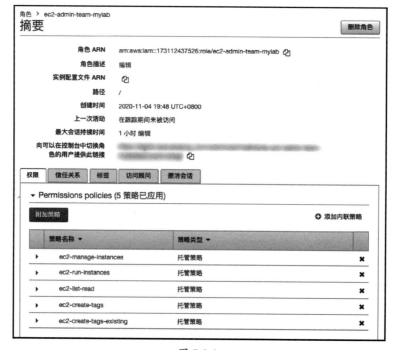

图 7-2-9

图 7-2-10

4）显示替换后的名称和颜色，并且你可以使用角色授予的权限替换你作为 IAM 用户拥有的权限。

这时，使用的最后几个角色会出现在菜单上，当下次需要切换到其中一个时，只需单击所需的角色即可。如果角色未显示在"身份"菜单上，则需要手动输入账户和角色的信息。

测试 1：不允许使用 us-east-1 区域。

导航到 us-east-2（俄亥俄州）区域的 EC2 管理控制台，这时 EC2 仪表板应该显示错误列表。这是第一个通过的测试，因为设置了不允许使用 us-east-2 区域，如图 7-2-11 所示。

图 7-2-11

测试 2：不允许使用 us-east-2 区域。

1）导航到 us-east-1 区域的 EC2 管理控制台，这时 EC2 仪表板应该显示资源的摘要列表，唯一的错误是负数均衡器检索资源的计数，因为这需要其他权限，如图 7-2-12 所示。

图 7-2-12

2）单击"启动实例"以启动向导。

3）单击第一个"选择"按钮，如图 7-2-13 所示。

图 7-2-13

4）单击"下一步：配置实例详细信息"，接受默认实例大小，如图 7-2-14 所示。

图 7-2-14

5）单击"下一步：添加存储"，接受默认详细信息，如图 7-2-15 所示。

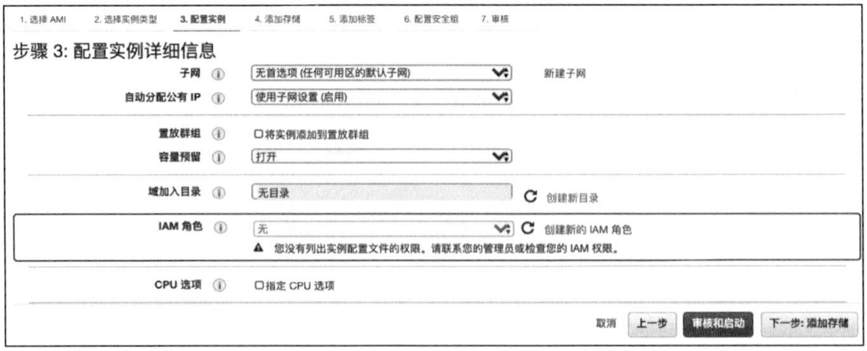

图 7-2-15

6）单击"下一步：添加标签"，接受默认存储选项。

7）现在让我们添加一个错误标签，该标签将无法启动。单击"添加标签"进入实例，补充信息，然后单击"下一步：配置安全组"，如图7-2-16所示。

注意：键和值要区分字母大小写。

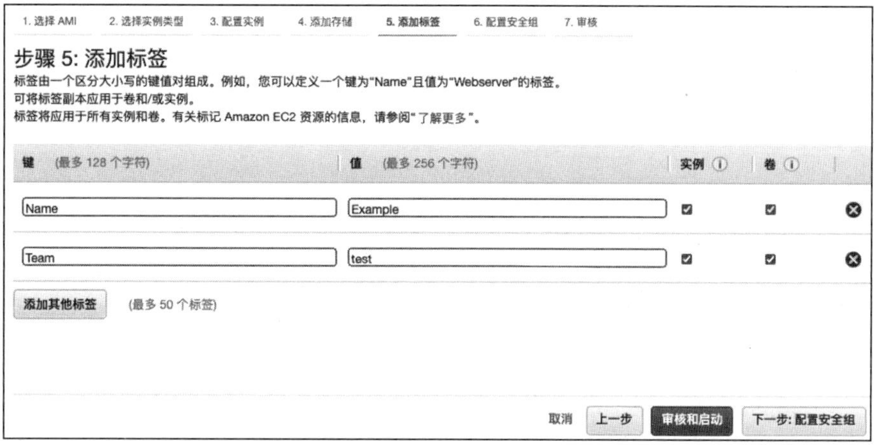

图 7-2-16

8）单击"选择现有安全组"，并选择"default"安全组旁边的复选框，然后单击"查看并启动"。

9）单击"启动"，然后选择"继续而不带密钥对"。勾选"我确认"，然后单击"启动实例"。

10）如果启动失败，则需要按照前面的步骤验证正在使用的角色和已附加的托管角色，单击"返回'查看屏幕'"，如图7-2-17所示。

图 7-2-17

11）单击"添加标签"以修改标签。将团队密钥更改为与先前创建的 IAM 策略匹配的值"mylab"，然后单击"审核和启动"，如图 7-2-18 所示。

图 7-2-18

12）在"审核和启动"页面上，再次单击"启动"，然后选择"继续而不带密钥对"。勾选"我确认"，然后单击"启动实例"。

13）这时，你会看到一条消息，说明实例正在启动，如图 7-2-19 所示，然后单击"查看实例"，并且暂时不终止它。

图 7-2-19

测试 3：修改实例上的标签。

1）在 EC2 管理控制台选中已创建的实例，然后单击"标签"选项卡，如图 7-2-20 所示，再单击"管理标签"。

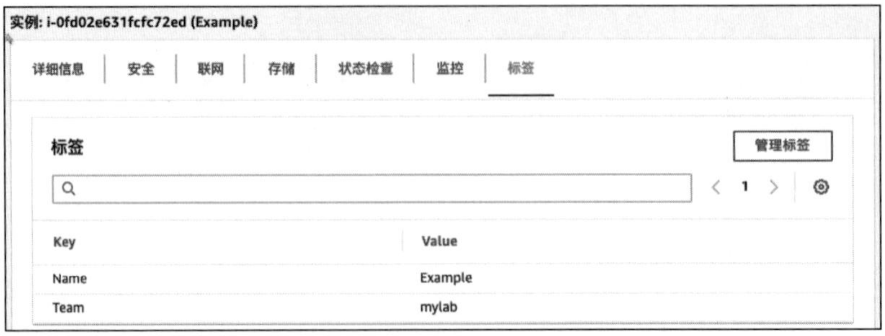

图 7-2-20

2）在"管理标签"页面中，尝试将 Team 更改为 test，然后单击"保存"，将会出现一条错误消息，如图 7-2-21 所示。

图 7-2-21

3）然后将团队键再改回 mylab，将名称键改为 Test，单击"保存"，此时页面如图 7-2-22 所示。

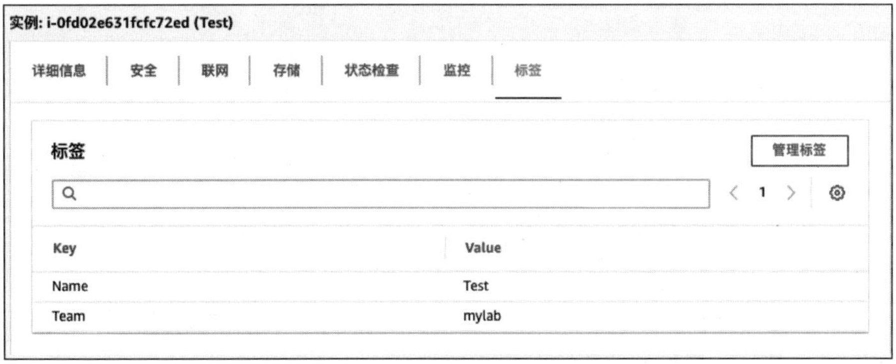

图 7-2-22

测试 4：管理实例权限。

在 EC2 管理控制台选中 Test 实例，单击"操作"按钮，然后展开实例状态，选择"终止实例"，如图 7-2-23 所示。如果实例是你希望终止的，则单击"是，终止"。

图 7-2-23

7.2.4 实验总结

本实验主要是通过功能强大的基于标签的策略来实现资源的特权分离管理，也为更好地基于标签进行资源分类管理、分项目组管理奠定基础。你可以根据自己的权限管理要求修改并组合它们，也可以将实验中的 5 个策略授予不同角色进行管理，还可以对特殊权限进行临时授权，从而有效降低特权使用的潜在风险。

7.3 Lab3：设计 Web 应用的 Cognito 身份验证

7.3.1 实验概述

本实验是综合性实验，属于 Level 300 技术级别，需要你熟悉 AWS 安全服务并具有开发技能。其主要目标是通过 Cognito 身份验证为构建 Web 应用程序配置身份认证功能模块。你需要创建一个 Amazon Cognito 用户池和一个 Web 应用程序客户端，Web 应用程序的创建在前面已经介绍。

本实验可以让你了解如何将 Amazon Cognito 与遵循 OpenID Connect（OIDC）规范的现有授权系统集成。OAuth 2.0 是一个开放标准，定义了许多流程来管理应用程序、用户和授权服务器之间的交互，同时允许用户将其信息访问权限委派给其他网站或应用程序，而无须交出凭证。OIDC 是 OAuth 2.0 协议之上的身份层，使客户端能够验证用户的身份。Amazon Cognito 可以使你快速、轻松地将用户注册、登录和访问控制添加到 Web 和移动应用程序中。

7.3.2 实验场景

某公司,需要使用客户端凭证来请求访问令牌以访问自己的资源,这就意味着当你的应用程序是自己(而不是代表用户)请求令牌时,可以使用此流程。其中,授权码授予流程用于返回授权码,然后将其换为用户池令牌。由于令牌永远不会直接暴露给用户,因此它们不太可能被广泛共享或被未授权方访问。但是,后端需要自定义应用程序才能将授权码换为用户池令牌。出于安全的原因,我们建议将带有证明密钥交换的授权码流程(如 PKCE)用于公共客户端,如单页应用程序或本机移动应用程序。

7.3.3 实验架构

(1)登录流程

Amazon Cognito 对 Web 和移动应用程序的用户进行身份验证遵循 OIDC 规范。用户可以直接通过 Amazon Cognito 托管的 UI 登录页面或通过联合身份提供商(如 Apple、Facebook、Amazon 或 Google)登录。托管 UI 登录页面的工作流程包括登录、注册、密码重置和 MFA。用户在进行身份验证后,Amazon Cognito 将返回标准的 OIDC 令牌。你可以使用令牌中的用户配置文件信息授予用户权限来访问你的资源,如图 7-3-1 所示。

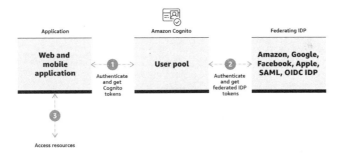

图 7-3-1

表 7-3-1 所示为每种应用程序类型的推荐认证流程。

表 7-3-1

应用	认证流程	描述
机器	客户凭证	当你的应用程序代表自己而不是代表用户请求令牌时,请使用此流程
服务器上的 Web 应用	授权码授予	Web 服务器上的常规 Web 应用程序
单页应用	授权码授予 PKCE	在浏览器中运行的应用,如 JavaScript
移动应用	授权码授予 PKCE	iOS 或 Android 应用

安全远程密码（Secure Remote Password，SRP）协议是一种增强的密码认证密钥协议（PAKE 协议）。这种协议能够防止中间窃听者和中间人攻击，以及无法通过暴力破解猜测密码，这意味着可以使用弱密码获得高安全性。此外，作为增强型 PAKE 协议，服务器不会存储密码等数据。

本实验将授权码流程与 PKCE 一起用于单页应用程序，其中使用 PKCE 的应用程序会生成一个为每个授权请求创建的随机代码验证器。在之后的实验中，将介绍如何为应用设置 Amazon Cognito 授权端点以支持代码验证器。

（2）授权码流程

按照 OpenID 的术语来说，应用程序是依赖方（RP），而 Amazon Cognito 是管理方（OP）。带有 PKCE 授权码的流程，如图 7-3-2 所示。

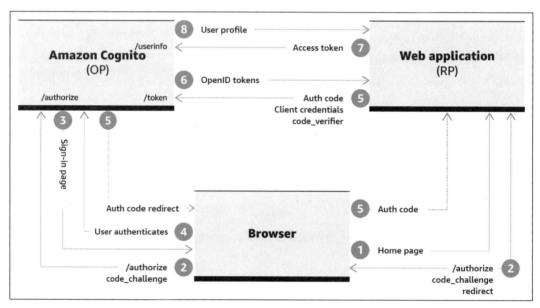

图 7-3-2

1）用户在浏览器中输入应用程序主页的 URL 后，浏览器获取应用程序。

2）该应用程序生成 PKCE 代码质询，并将请求重新定向到 Amazon Cognito OAuth2 授权端点（/oauth2/authorize）。

3）Amazon Cognito 通过 Amazon Cognito 托管的登录页面响应用户的浏览器。

4）使用用户名和密码登录，或者注册为新用户或使用联合登录进行登录。成功登录后，Amazon Cognito 会将授权码返回浏览器，浏览器会重新定向到应用程序。

5）该应用程序使用授权码，其客户端凭证和 PKCE 验证程序会将请求发送到 Amazon Cognito OAuth2 令牌终端节点（/oauth2/token）。

6）Amazon Cognito 使用提供的凭证对应用程序进行身份验证，验证授权码并使用验证程序验证请求，并返回 OpenID 令牌、访问令牌、ID 令牌和刷新令牌。

7）该应用程序会验证 OpenID ID 令牌，然后使用 ID 令牌中的用户配置文件信息（声明）提供对资源的访问。（可选）该应用程序可以使用访问令牌从 Amazon Cognito 用户信息终端节点检索用户配置文件信息。

8）Amazon Cognito 将有关已认证用户的个人资料（声明）返回应用程序，然后该应用程序使用声明提供对资源的访问。

7.3.4　实验步骤

步骤 1：创建一个用户池。

首先使用默认配置创建用户池。

1）转到 Amazon Cognito 控制台，然后选择"管理用户池"进入用户池目录。

2）选择右上角的"创建用户池"。

3）输入池名称，并选择"查看默认值"，如图 7-3-3 所示，然后单击"创建池"。

图 7-3-3

4）复制 Pool ID，稍后会使用它创建你的单页应用程序。其类似于 region_xxxxx，在以后的步骤中会使用它替换变量 *YOUR_USERPOOL_ID*。（可选）你也可以向用户池添加其他功能，然后使用默认配置。如图 7-3-4 所示，当你输入用户池的名称时，就显示了用户池配置的结果。

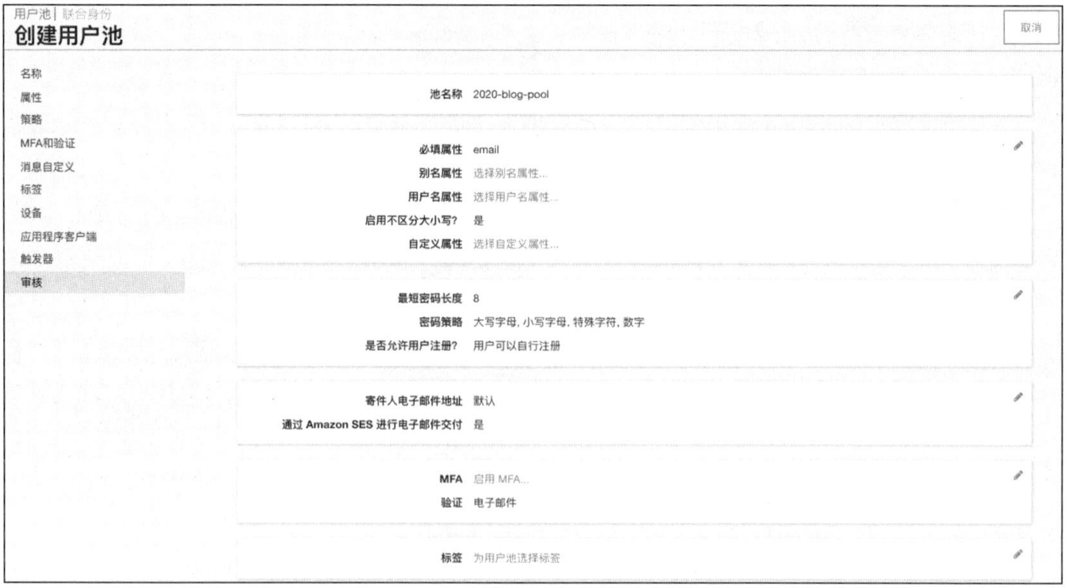

图 7-3-4

如图 7-3-5 所示，用户池创建成功。

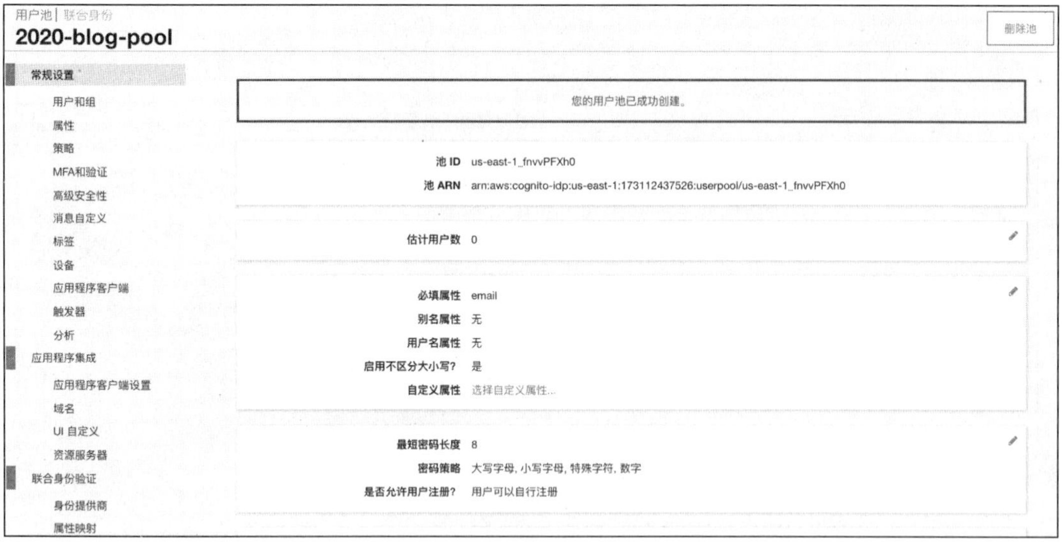

图 7-3-5

步骤 2：创建一个域名。

通过 Amazon Cognito 托管的 UI，你可以使用自己的域名，也可以在 Amazon Cognito 域中添加前缀，本示例使用带前缀的 Amazon Cognito 域。

1）登录 Amazon Cognito 控制台，单击"管理用户池"，再单击"您的用户池"。

2）在"应用程序集成"下，单击"域名"。

3）在"Amazon Cognito 域"部分，添加域前缀（如 2020myblog），如图 7-3-6 所示，创建 Amazon Cognito 托管的 UI 域。

图 7-3-6

4）选择检查可用性。如果你的域不可用，则更改域前缀，然后重试。

5）在确认你的域可用后，复制域前缀以便在创建单页应用程序时使用。在以后的步骤中会使用它替换变量 *YOUR_COGNITO_DOMAIN_PREFIX*。

6）单击"保存更改"。

步骤 3：创建一个应用程序客户端。

应用程序客户端是你在用户池中注册应用程序的地方。通常，你需要为每个应用程序平台创建一个应用程序客户端。例如，你可以为单页应用程序创建一个应用程序客户端，为移动应用程序创建另一个。每个应用程序客户端都有自己的 ID、身份验证流程，以及访问用户属性的权限。

1）登录 Amazon Cognito 控制台，单击"管理用户池"，再单击"您的用户池"。

2）在"常规设置"下，单击"应用程序客户端"。

3）选择创建应用程序客户端。

4）在"应用程序客户端名称"字段中输入名称。

5）取消"生成客户端密钥"选项，其他项为默认配置，如图 7-3-7 所示。

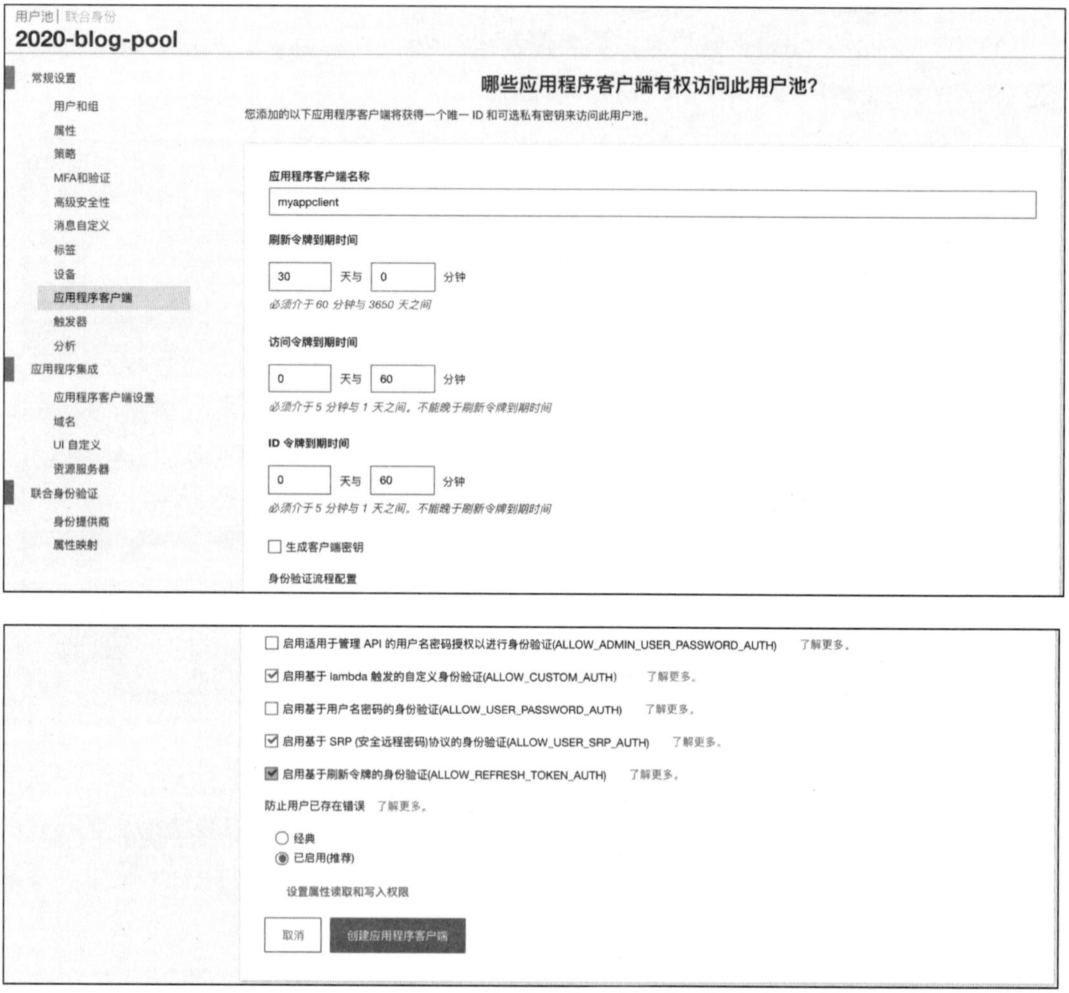

图 7-3-7

注意：客户端密钥用于向用户池验证应用程序客户端。不选"生成客户端密钥"，是因为不想使用客户端 JavaScript 在 URL 上发送客户端密钥。客户端密钥由具有可保护客户端密钥的服务器端组件的应用程序使用。

6）复制应用程序客户端 ID。在以后的步骤中会使用它替换变量 *YOUR_APPCLIENT_ID*。图 7-3-8 所示为当创建应用程序客户端时自动生成的应用程序客户端 ID。

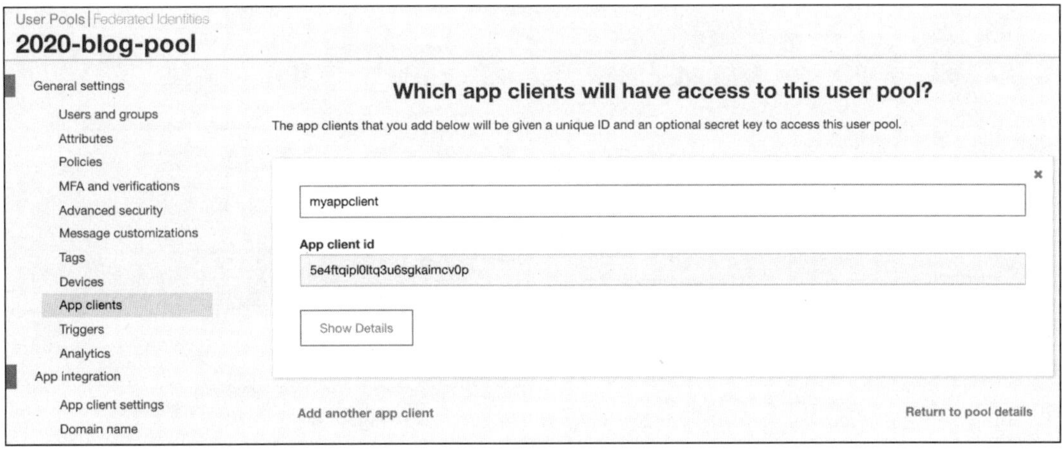

图 7-3-8

步骤 4：创建一个网站存储桶。

Amazon S3 是一种对象存储服务，可提供行业领先的可扩展性、数据可用性和安全性的服务。在这里，我们使用 Amazon S3 托管静态网站。

1）登录 AWS 管理控制台，然后打开 Amazon S3 控制台。

2）单击"创建存储桶"以启动创建存储区向导。

3）在"存储桶名称"中，为你的存储桶输入 DNS 兼容名称，在以后的步骤中会使用它替换 *YOURS3BUCKETNAME* 变量。

4）在"区域"中，选择你要存储分区的 AWS 区域。

注意：建议在与 Amazon Cognito 相同的 AWS 区域中创建 Amazon S3 存储桶。

5）从区域表中查找 AWS 区域代码。在以后的步骤中会使用区域代码替换变量 *YOUR_REGION*。

6）单击"下一步"。

7）选中"版本控制"复选框。

8）连续两次单击"下一步"。

9）单击"创建存储区"。

10）从 Amazon S3 存储桶列表中选择刚创建的存储桶。

11）单击"属性"选项卡。

12）单击"静态网站托管"。

13）选择"使用此存储桶托管网站"。

14）对于索引文档，输入 index.html，然后单击"Save"，如图 7-3-9 所示。

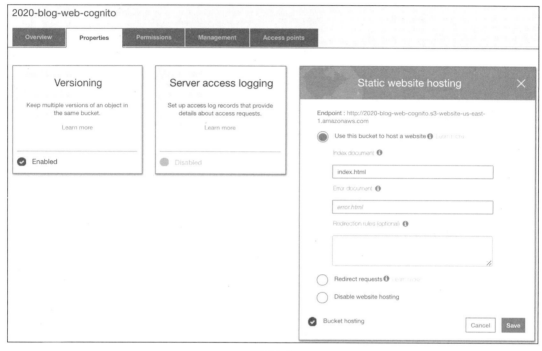

图 7-3-9

步骤 5：创建一个 CloudFront 发行版网站。

Amazon CloudFront 是一项快速的内容交付网络服务，可在友好的环境中帮助开发人员以低延迟和高传输的速度向全球客户安全地交付数据、视频、应用程序和 API。在此过程中，我们使用 CloudFront 为在 Amazon S3 上托管的静态网站设置并启用 HTTPS 的域。

1）登录 AWS 管理控制台，然后打开 CloudFront 控制台。

2）单击"创建分配"。

3）在"创建分发向导"第一页上的"Web"部分选择"入门"。

4）从下拉列表中选择原始域名，如 YOURS3BUCKETNAME.s3.amazonaws.com。

5）其他几项的设置见图 7-3-10。

6）对于"缓存策略"，选择"Managed-CachingDisabled"，如图 7-3-11 所示。

7）将"默认根对象"设置为 index.html，如图 7-3-12 所示。（可选）添加注释。注释是描述分发目的的好地方，如 Amazon Cognito SPA。

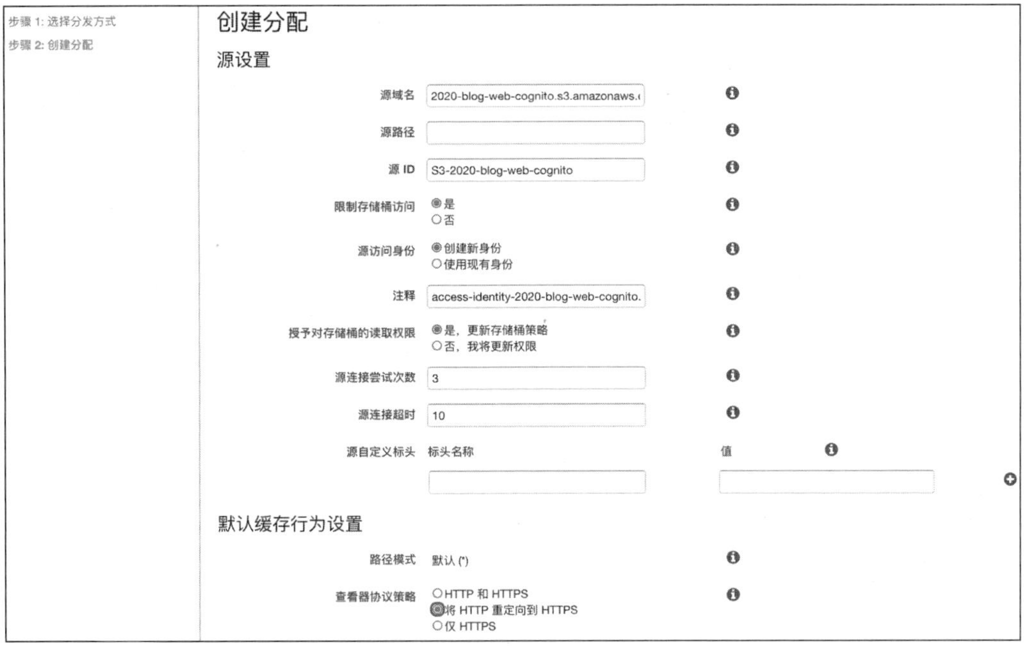

创建分配

源设置

源域名	2020-blog-web-cognito.s3.amazonaws.c
源路径	
源 ID	S3-2020-blog-web-cognito
限制存储桶访问	◉ 是　○ 否
源访问身份	◉ 创建新身份　○ 使用现有身份
注释	access-identity-2020-blog-web-cognito.
授予对存储桶的读取权限	◉ 是，更新存储桶策略　○ 否，我将更新权限
源连接尝试次数	3
源连接超时	10
源自定义标头	标头名称　　　　　值

默认缓存行为设置

路径模式	默认 (*)
查看器协议策略	○ HTTP 和 HTTPS ◉ 将 HTTP 重定向到 HTTPS ○ 仅 HTTPS

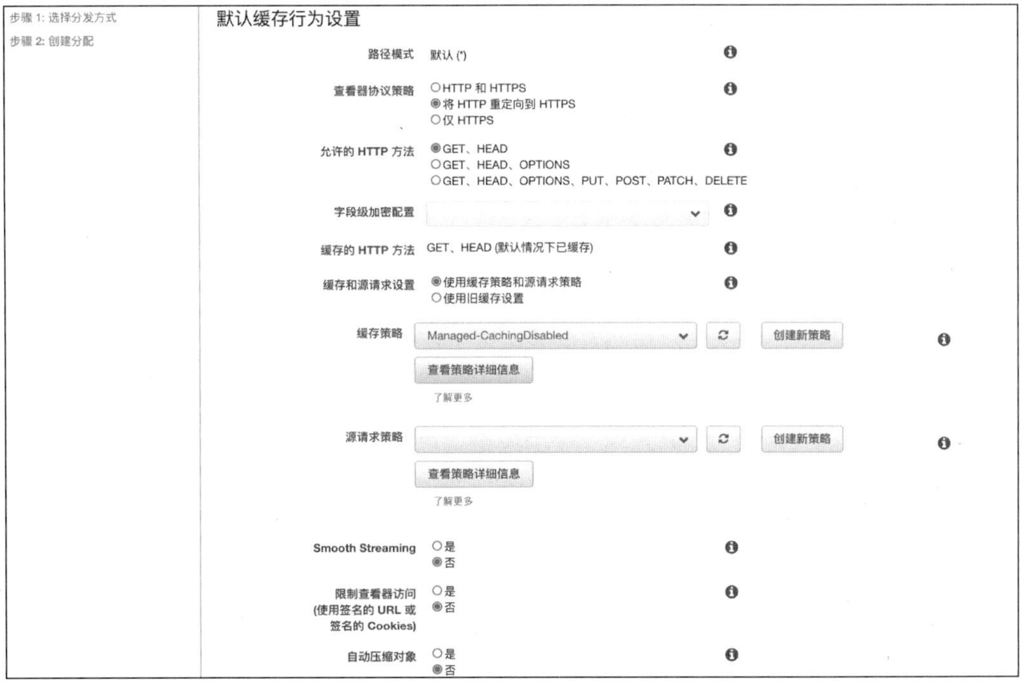

步骤 1: 选择分发方式
步骤 2: 创建分配

图 7-3-10

默认缓存行为设置

路径模式	默认 (*)
查看器协议策略	○ HTTP 和 HTTPS ◉ 将 HTTP 重定向到 HTTPS ○ 仅 HTTPS
允许的 HTTP 方法	◉ GET、HEAD ○ GET、HEAD、OPTIONS ○ GET、HEAD、OPTIONS、PUT、POST、PATCH、DELETE
字段级加密配置	
缓存的 HTTP 方法	GET、HEAD (默认情况下已缓存)
缓存和源请求设置	◉ 使用缓存策略和源请求策略 ○ 使用旧缓存设置
缓存策略	Managed-CachingDisabled　[创建新策略]
	[查看策略详细信息]　了解更多
源请求策略	[创建新策略]
	[查看策略详细信息]　了解更多
Smooth Streaming	○ 是　◉ 否
限制查看器访问 (使用签名的 URL 或签名的 Cookies)	○ 是　◉ 否
自动压缩对象	○ 是　◉ 否

步骤 1: 选择分发方式
步骤 2: 创建分配

图 7-3-11

图 7-3-12

8）单击"创建分配"。该发行版将需要几分钟的时间来创建和更新。

9）复制域名。这是 CloudFront 分发域名，在以后的步骤中会将其用作 *YOUR_REDIRECT_URI* 变量中的 *DOMAINNAME* 值。

步骤 6：创建 Web 应用用户配置文件。

现在，你已经为静态网站托管创建了 Amazon S3 存储桶，并为该站点创建了 CloudFront 分发，可以使用以下代码创建示例 Web 应用程序了。下面列举前面几个步骤中生成的配置信息：

1）*YOUR_COGNITO_DOMAIN_PREFIX* 来自步骤 2。

2）*YOUR_REGION* 是创建 Amazon S3 存储桶时在步骤 4 中使用的 AWS 区域。

3）*YOUR_APPCLIENT_ID* 是步骤 3 中的应用客户端 ID。

4）*YOUR_USERPOOL_ID* 是步骤 1 中的用户池 ID。

5）*YOUR_REDIRECT_URI* 是 *https://DOMAINNAME/index.html*，其中 *DOMAINNAME* 是步骤 5 中的域名。

创建 Web 应用配置文件 userprofile.js：

我们可以使用以下代码创建 userprofile.js 文件，并用配置信息替换脚本中的变量。

```javascript
var myHeaders = new Headers();
myHeaders.set('Cache-Control', 'no-store');
var urlParams = new URLSearchParams(window.location.search);
var tokens;
var domain = "YOUR_COGNITO_DOMAIN_PREFIX";
var region = "YOUR_REGION";
var appClientId = "YOUR_APPCLIENT_ID";
var userPoolId = "YOUR_USERPOOL_ID";
var redirectURI = "YOUR_REDIRECT_URI";

//Convert Payload from Base64-URL to JSON
const decodePayload = payload => {
  const cleanedPayload = payload.replace(/-/g, '+').replace(/_/g, '/');
  const decodedPayload = atob(cleanedPayload)
  const uriEncodedPayload = Array.from(decodedPayload).reduce((acc, char) =>
{
    const uriEncodedChar = ('00' + char.charCodeAt(0).toString(16)).slice(-2)
    return `${acc}%${uriEncodedChar}`
  }, '')
  const jsonPayload = decodeURIComponent(uriEncodedPayload);

  return JSON.parse(jsonPayload)
}


//Parse JWT Payload
const parseJWTPayload = token => {
    const [header, payload, signature] = token.split('.');
    const jsonPayload = decodePayload(payload)

    return jsonPayload
};

//Parse JWT Header
const parseJWTHeader = token => {
    const [header, payload, signature] = token.split('.');
```

```javascript
    const jsonHeader = decodePayload(header)

    return jsonHeader
};


//Generate a Random String
const getRandomString = () => {
    const randomItems = new Uint32Array(28);
    crypto.getRandomValues(randomItems);
    const binaryStringItems = randomItems.map(dec =>
`0${dec.toString(16).substr(-2)}`)
    return binaryStringItems.reduce((acc, item) => `${acc}${item}`, '');
}


//Encrypt a String with SHA256
const encryptStringWithSHA256 = async str => {
    const PROTOCOL = 'SHA-256'
    const textEncoder = new TextEncoder();
    const encodedData = textEncoder.encode(str);
    return crypto.subtle.digest(PROTOCOL, encodedData);
}


//Convert Hash to Base64-URL
const hashToBase64url = arrayBuffer => {
    const items = new Uint8Array(arrayBuffer)
    const stringifiedArrayHash = items.reduce((acc, i) =>
`${acc}${String.fromCharCode(i)}`, '')
    const decodedHash = btoa(stringifiedArrayHash)

    const base64URL = decodedHash.replace(/\+/g, '-').replace(/\//g,
'_').replace(/=+$/, '');
    return base64URL
}

// Main Function
```

```
async function main() {
  var code = urlParams.get('code');

  //If code not present then request code else request tokens
  if (code == null){

    // Create random "state"
    var state = getRandomString();
    sessionStorage.setItem("pkce_state", state);

    // Create PKCE code verifier
    var code_verifier = getRandomString();
    sessionStorage.setItem("code_verifier", code_verifier);

    // Create code challenge
    var arrayHash = await encryptStringWithSHA256(code_verifier);
    var code_challenge = hashToBase64url(arrayHash);
    sessionStorage.setItem("code_challenge", code_challenge)

    // Redirtect user-agent to /authorize endpoint
    location.href =
"https://"+domain+".auth."+region+".amazoncognito.com/oauth2/authorize?response_type=code&state="+state+"&client_id="+appClientId+"&redirect_uri="+redirectURI+"&scope=openid&code_challenge_method=S256&code_challenge="+code_challenge;
  } else {

    // Verify state matches
    state = urlParams.get('state');
    if(sessionStorage.getItem("pkce_state") != state) {
        alert("Invalid state");
    } else {

    // Fetch OAuth2 tokens from Cognito
    code_verifier = sessionStorage.getItem('code_verifier');
```

```
  await
fetch("https://"+domain+".auth."+region+".amazoncognito.com/oauth2/token?g
rant_type=authorization_code&client_id="+appClientId+"&code_verifier="+cod
e_verifier+"&redirect_uri="+redirectURI+"&code="+ code,{
  method: 'post',
  headers: {
    'Content-Type': 'application/x-www-form-urlencoded'
  }})
  .then((response) => {
    return response.json();
  })
  .then((data) => {

    // Verify id_token
    tokens=data;
    var idVerified = verifyToken (tokens.id_token);
    Promise.resolve(idVerified).then(function(value) {
      if (value.localeCompare("verified")){
        alert("Invalid ID Token - "+ value);
        return;
      }
    });
    // Display tokens
    document.getElementById("id_token").innerHTML =
JSON.stringify(parseJWTPayload(tokens.id_token),null,'\t');
    document.getElementById("access_token").innerHTML =
JSON.stringify(parseJWTPayload(tokens.access_token),null,'\t');
  });

  // Fetch from /user_info
  await fetch("https://"+domain+".auth."+region+".amazoncognito.com/oauth2/
userInfo",{
    method: 'post',
    headers: {
      'authorization': 'Bearer ' + tokens.access_token
```

```
    }})
    .then((response) => {
      return response.json();
    })
    .then((data) => {
      // Display user information
      document.getElementById("userInfo").innerHTML = JSON.stringify(data,
null,'\t');
    });
}}}
  main();
```

使用以下代码创建 Web 应用用户配置文件 verifier.js。

```
var key_id;
var keys;
var key_index;
//verify token
async function verifyToken (token) {
//get Cognito keys
keys_url = 'https://cognito-idp.'+ region +'.amazonaws.com/' + userPoolId +
'/.well-known/jwks.json';
await fetch(keys_url)
.then((response) => {
return response.json();
})
.then((data) => {
keys = data['keys'];
});

//Get the kid (key id)
var tokenHeader = parseJWTHeader(token);
key_id = tokenHeader.kid;

//search for the kid key id in the Cognito Keys
```

```
const key = keys.find(key =>key.kid===key_id)
if (key === undefined){
return "Public key not found in Cognito jwks.json";
}

//verify JWT Signature
var keyObj = KEYUTIL.getKey(key);
var isValid = KJUR.jws.JWS.verifyJWT(token, keyObj, {alg: ["RS256"]});
if (isValid){
} else {
return("Signature verification failed");
}

//verify token has not expired
var tokenPayload = parseJWTPayload(token);
if (Date.now() >= tokenPayload.exp * 1000) {
return("Token expired");
}

//verify app_client_id
var n = tokenPayload.aud.localeCompare(appClientId)
if (n != 0){
return("Token was not issued for this audience");
}
return("verified");
};
```

使用以下代码创建 Web 应用用户配置文件 index.html。

```
<!doctype html>

<html lang="en">
<head>
<meta charset="utf-8">
```

```html
<title>MyApp</title>
<meta name="description" content="My Application">
<meta name="author" content="Your Name">
</head>

<body>
<h2>Cognito User</h2>

<p style="white-space:pre-line;" id="token_status"></p>

<p>Id Token</p>
<p style="white-space:pre-line;" id="id_token"></p>

<p>Access Token</p>
<p style="white-space:pre-line;" id="access_token"></p>

<p>User Profile</p>
<p style="white-space:pre-line;" id="userInfo"></p>
<script language="JavaScript" type="text/javascript"
src="https://kjur.github.io/jsrsasign/jsrsasign-latest-all-min.js">
</script>
<script src="js/verifier.js"></script>
<script src="js/userprofile.js"></script>
</body>
</html>
```

将刚刚创建的文件上传到 Amazon S3 存储桶中。如果你使用的是 Chrome 或 Firefox 浏览器，则可以选择要上传的文件夹和文件，然后将它们拖放到目标存储桶中。

1）登录 AWS 管理控制台，然后打开 Amazon S3 控制台。

2）在"存储桶名称"列表中，选择你创建的存储桶名称。

3）在控制台窗口以外的窗口中，选择要上传的 index.html 文件，然后将文件拖放到列出目标存储桶的控制台窗口中。

4）在上传对话框中，单击"上传"。

5）单击"创建文件夹"。

6）输入名称 js，然后单击"保存"。

7）选择 js 文件夹。

8）在控制台窗口之外的其他窗口中，选择要上传的 userprofile.js 和 verifier.js 文件，然后将文件拖放到控制台窗口 js 文件夹中。

注意：Amazon S3 存储桶包含 index.html 文件和一个 js 文件夹，如图 7-3-13 所示。该文件夹包含 userprofile.js 和 verifier.js 文件。

图 7-3-13

步骤 7：配置 Web 应用程序客户端。

下面使用 Amazon Cognito 控制面板配置应用程序客户端，包括身份提供商 OAuth 流程和 OAuth 范围。

1）转到 Amazon Cognito 控制台。

2）单击"管理用户池"。

3）单击"您的用户池"。

4）在"应用程序集成"下，单击"应用程序客户端设置"。

5）在"已启用的身份提供者"下，选择"Cognito 用户池"，添加联合身份提供者。

6）输入回调 URL（S）。回调 URL 是你的 Web 应用程序的 URL 在接收授权码后，被重新定向。在我们的示例中，这将是你之前创建 CloudFront 分配的域名，看起来像 https://*DOMAINNAME*/index.html，其中 *DOMAINNAME* 是 xxxxxxx.cloudfront.net，如图 7-3-14 所示。

注意：回调 URL 需要 HTTPS。在此示例中，我将 CloudFront 作为 Amazon S3 中应用程序的 HTTPS 终端节点。

7）接下来，从允许的 OAuth 范围中选择 OpenID。OpenID 返回 ID 令牌，并授予对客户端可读的所有用户属性的访问权限。

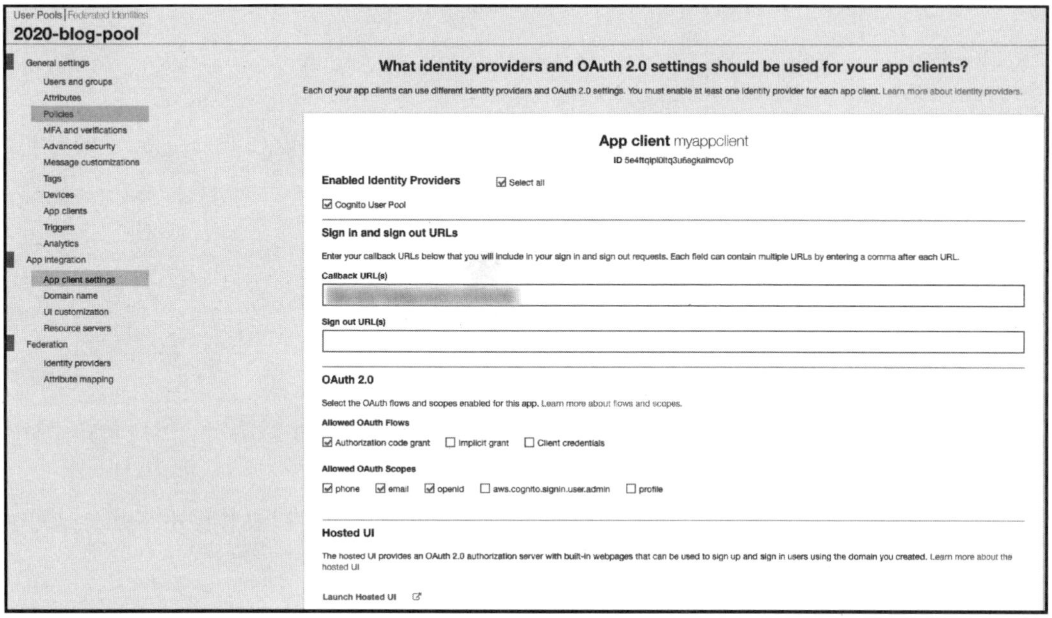

图 7-3-14

8）单击"保存更改"。

步骤 8：访问 Web 应用程序主页。

1）打开网络浏览器，使用 CloudFront 发行版输入应用程序的主页 URL，以便服务你在步骤 6 中创建的 index.html 页面，这时应用程序会将浏览器重新定向到 Amazon Cognito/authorize 端点。

2）该授权端点浏览器重新定向到 AWS Cognito 托管的 UI，用户可以登录或注册。图 7-3-15 所示为用户登录和注册的页面。

步骤 9：注册一个新用户。

你可以使用 Amazon Cognito 用户池来管理用户，也可以使用联合身份提供商来管理，用户可以通过 Amazon Cognito 托管的 UI 或联合身份提供者登录或注册。如果你配置了联合身份提供者，则用户可以看到联合身份提供商列表。当用户选择联合身份提供商时，它们将被复位向到联合身份提供者登录页面。登录后，浏览器将复位向回 Amazon Cognito。在本实验中由于 Amazon Cognito 是唯一的身份提供者，因此你需要使用 Amazon Cognito 托管的 UI 创建 Amazon Cognito 用户。

图 7-3-15

使用 Amazon Cognito 托管的 UI 创建新用户：

1）通过选择注册并输入用户名、密码和电子邮件地址来创建新用户，然后单击"Sign up"，如图 7-3-16 所示。

2）Amazon Cognito 注册工作流程将通过向该地址发送验证码来验证电子邮件地址，图 7-3-17 所示为输入验证码的提示。

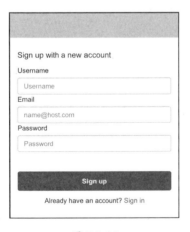

图 7-3-16　　　　　　　　　　　　　图 7-3-17

3）输入验证码。

4）单击"Confirm Account"。

7.3.5 实验总结

在本实验中，首先，Amazon Cognito 将用户身份验证添加到 Web 和移动应用程序中，创建 Cognito 用户池作为用户目录，为 Amazon Cognito 托管的 UI 分配域名，为应用程序创建应用程序客户端。其次，创建一个 Amazon S3 存储桶来托管网站，为 Amazon S3 存储桶创建 CloudFront 发行版，并创建应用程序且上传到 Amazon S3 网站存储桶，然后使用身份提供程序进行 OAuth 流程和客户端应用的设置。再次，通过访问 Web 应用程序跳转到 Amazon Cognito 登录流程来创建新用户名和密码。最后，认证后通过登录到 Web 应用程序来查看 OAuth 和 OIDC 令牌。

当通过 UI，OAuth2 和 OIDC 及可自定义的工作流程来实施身份验证时，Amazon Cognito 可以节省项目的开发时间和你的精力，以便可以使你专注于构建核心业务的重要功能。

通过 Amazon Cognito 服务快速集成用户和认证，主要有三个优势：

1）实现简单：控制台非常直观，你只需要很短的时间来了解如何配置和使用 Amazon Cognito。Amazon Cognito 还具有开箱即用的关键功能，包括社交登录、MFA、忘记密码支持，以及基础架构，即代码（AWS CloudFormation）支持。

2）能自定义工作流程：Amazon Cognito 提供了托管 UI 的选项，用户可以在其中直接登录 Amazon Cognito 或通过联合身份提供者登录。Amazon Cognito 托管的 UI 和工作流程有助于节省团队大量的时间和精力。

3）支持 OIDC：Amazon Cognito 可以按照 ODIC 授权码流程将用户配置文件信息安全地传递到现有授权系统。授权系统使用用户个人资料信息来保护对应用程序的访问。

由于不同用户的登录认证工作流程不同，因此你可以通过设计 AWS Lambda 在关键点自定义 Amazon Cognito 工作流程，这样可以使你无须配置或管理服务器即可运行代码。在用户进行身份验证后，Amazon Cognito 将返回标准 OIDC 令牌。你可以使用 ID 令牌中的用户配置文件信息来授予用户权限以访问你的资源，也可以使用这些令牌来授予对 Amazon API Gateway 托管的 API 的访问权限，还可以将令牌换为临时 AWS 凭证，以访问其他 AWS 服务。

7.4 Lab4：设计 VPC EndPoint 安全访问策略

7.4.1 实验概述

本实验的主要目标是利用 VPC 端点将私有 VPC 连接到受支持的 AWS 服务上，使用基于网络和 IAM 的安全性配置来限制对 AWS 资源和数据的安全访问，以及通过 VPC Endpoint 终端节点来设计云安全架构以满足最高管理层对数据安全保护的要求。

VPC EndPoint 的主要作用是简化从 VPC 内部对 S3 资源的访问，其端点易于配置，高度可靠，并提供与 S3 的安全连接，无须网关或 NAT 实例。在 VPC 专用子网中运行的 EC2 实例可以控制对与 VPC 处于同一区域的 S3 存储桶、对象和 API 函数的访问。你可以使用 S3 存储桶策略来指示能访问你的 S3 存储桶的 VPC 和 VPC 端点。

当创建 VPC 端点时，会删除受影响的子网中使用实例的公共 IP 地址打开的链接。

在创建 VPC 端点后，S3 公共端点和 DNS 名称会继续按预期工作，因为端点仅更改了将请求从 EC2 路由到 S3 的方式。

7.4.2 实验架构

本实验通过使用 VPC 端点安全策略配置，对传输过程中的销售等敏感数据进行加密保护，并且确保它们仅在专用网段之间传输，架构图如图 7-4-1 所示。

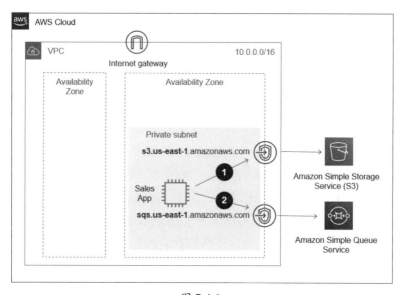

图 7-4-1

1）销售应用程序将每日销售摘要写入 Amazon Simple Storage Service（S3），然后更新多个后端补偿系统。

2）一旦将数据放置在 S3 上并且销售应用程序完成了所有后端系统的更新，应用程序会把消息放置到 Amazon Simple Queue Service（Amazon SQS）队列上。

3）报告引擎将读取放置在 Amazon SQS 队列中的消息并生成报告。

4）然后，报告引擎会将输出写入 S3 并删除已处理的 SQS 消息。

7.4.3 实验步骤

步骤1：设置环境。

（1）登录到实验账户

1）用你的实验账号（如 Labadmin）登录 AWS 管理控制台。

2）确保账户至少具有对 CloudFormation，EC2，VPC，IAM，Elastic Load Balancing 和 Cloud9 的完全访问权限。

3）实验模板支持 us-east-1，us-east-2，us-west-1 和 us-west-2 共 4 个 AWS 区域。

（2）部署实验环境

本实验包括两个 CloudFormation 快速部署模板：一个 CloudFormation 快速部署模板是创建 Cloud9 开发环境的 EC2 服务器实例；另一个 CloudFormation 快速部署模板集成在一个模板中，创建了实验环境的相关服务组件，如 VPC，SQS 队列等。

1）下载部署模板或通过 Clone 命令克隆 GitHub 存储库中的部署文件。

2）打开 CloudFormation 控制台，则可以通过单击 CloudFormation 菜单中的"新建控制台"来启用重新设计的控制台。

3）单击"创建堆栈"。

4）选择"上传模板文件"，然后"选择文件"后，单击"下一步"，如图 7-4-2 所示。

图 7-4-2

5)进入"指定堆栈详细信息"页面,堆栈名称可以定义为 mylab-vpc-endpoint,并将 EventEngine Lab Environment 设置为 false,因为这是在自己账号下部署,不是在 EventEngine 平台上部署,其他参数配置如图 7-4-3 和图 7-4-4 所示。

图 7-4-3

6)查看堆栈信息。在页面底部选中"我确认,AWS CloudFormation 可能创建具有自定义名称的 IAM 资源。",然后单击"创建堆栈",如图 7-4-5 所示。

7)等待两个模板自动部署完成,如图 7-4-6 所示。

(3)配置 AWS Cloud9 工作区

AWS Cloud9 是基于云的集成开发环境,可以让你仅使用浏览器即可编写、运行和调试代码。Cloud9 的执行环境是实验室 VPC 的公共子网中的 EC2 实例。Cloud9 包括代码编辑器、调试器和终端。你可以使用 Cloud9 终端访问销售应用程序,并报告在实验室 VPC 的专用子网中托管的引擎 EC2 实例,以验证所需的安全配置。

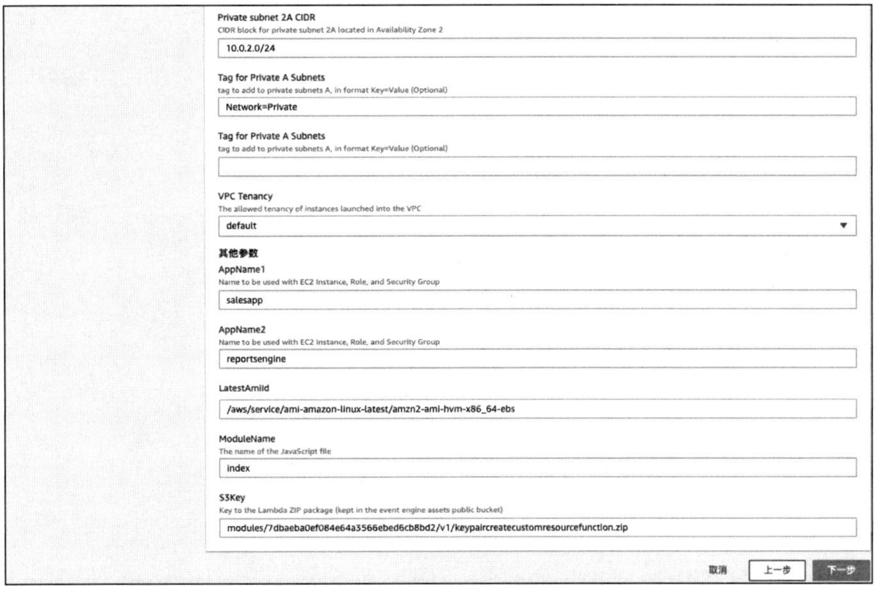

第 7 章 云安全动手实验——提高篇

图 7-4-4

图 7-4-5

图 7-4-6

实验架构如图 7-4-7 所示。

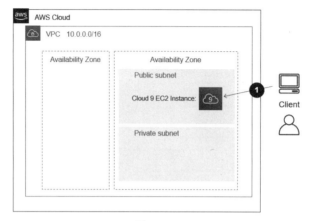

图 7-4-7

1）通过部署模板输出资源 Cloud9InstanceURL 来访问 Cloud9 控制台，如图 7-4-8 所示。

图 7-4-8

2）使用 Cloud9 IDE 菜单栏中的"Window"下拉菜单打开一个新终端，这时终端窗口将在 Cloud9 窗格中打开。重复此过程，以便在 Cloud9 IDE 中有 3 个终端选项卡，如图 7-4-9 所示。

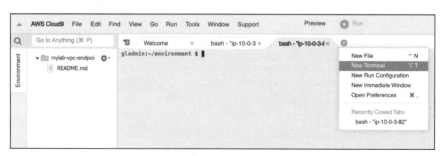

图 7-4-9

3）在第一个终端选项卡中，保留与 Cloud9 实例的连接。我们使用其他两个选项卡建立与 Sales App EC2 实例和 Reports Engine EC2 实例的 SSH 连接。

4）使用第一个终端选项卡在 Cloud9 实例中运行以下命令，如图 7-4-10 所示。

```
aws s3 cp
s3://ee-assets-prod-us-east-1/modules/7dbaeba0ef084e64a3566ebed6cb8bd2/v
1/prepcloud9forssh.sh ./prepcloud9forssh.sh; chmod 700
prepcloud9forssh.sh; ./prepcloud9forssh.sh
```

图 7-4-10

5）利用 shell 命令进行的输出，如图 7-4-11 所示。

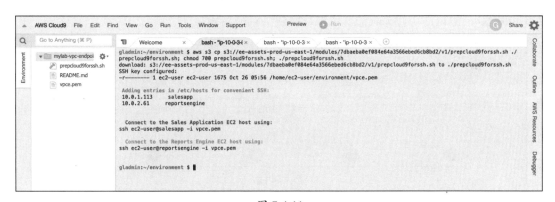

图 7-4-11

6）根据输出中的指示，运行以下 ssh 命令，如 ssh ec2-user@salesapp -i vpce.pem，以连接在 VPC 的私有子网中运行的 Sales App EC2 实例，如图 7-4-12 所示。

```
gladmin:~/environment $ ssh ec2-user@salesapp -i vpce.pem
The authenticity of host 'salesapp (10.0.1.113)' can't be established.
ECDSA key fingerprint is SHA256:0ytbalMhzjL3CWteE8ujDJIuFY0jG6O58W0V9dmJCxY.
ECDSA key fingerprint is MD5:90:d9:fb:96:5f:6f:bb:c4:2a:13:24:75:83:e1:a1:7b.
Are you sure you want to continue connecting (yes/no)? yes
Warning: Permanently added 'salesapp,10.0.1.113' (ECDSA) to the list of known hosts.

       __|  __|_  )
       _|  (     /   Amazon Linux 2 AMI
      ___|\___|___|

https://aws.amazon.com/amazon-linux-2/
2 package(s) needed for security, out of 13 available
Run "sudo yum update" to apply all updates.
[ec2-user@ip-10-0-1-113 ~]$
```

图 7-4-12

7）在第二个终端选项卡中，通过运行命令，建立与在 VPC 的专用子网中运行的 Reports Engine EC2 实例的连接，通过 SSH 连接到 Reports Engine 的输出，如图 7-4-13 所示。

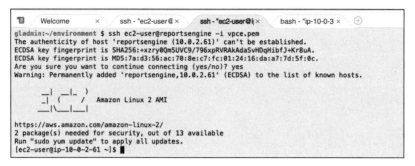

图 7-4-13

步骤 2：创建网关端点 GATEWAY ENDPOINTS。

现在，检查或更新配置以控制对资源的访问，并确保通过 S3 网关 VPC 端点在专用网段上传输到 S3 的数据的访问控制的安全性，如图 7-4-14 所示。

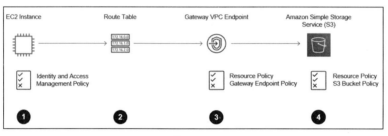

图 7-4-14

网关端点：IAM 角色。EC2 实例使用具有关联 IAM 策略的 IAM 角色，这些 IAM 策略提供了针对 S3 执行 API 调用的权限。

网关端点：路由表。到网关端点的路由仅放置在专用子网的路由表中。从 Cloud9 实例（在公共子网上）发出的 API 调用会使用路由表，而没有将流量路由到 S3 网关端点的条目。因此，目的地源自 Cloud9 实例的 S3 IP 地址的流量将通过 Internet 网关离开 VPC 并遍历 Internet。从销售应用程序和报表引擎 E2 实例（在专用子网上）发出的 API 调用使用路由表条目，该条目将流量路由到网关端点以访问 S3。

网关端点：网关端点资源策略。你可以使用网关端点策略来限制通过网关访问的 S3 存储桶。

网关端点：S3 存储桶资源策略。你可以使用 S3 存储桶资源策略来要求所有的"S3:PutObject API"调用（用于写入数据）都通过网关 VPC 端点进行，这可以确保写入此存储桶的数据能跨专用网段出现。

1）查看 salesapp 的 IAM 角色和策略，架构如图 7-4-15 所示。

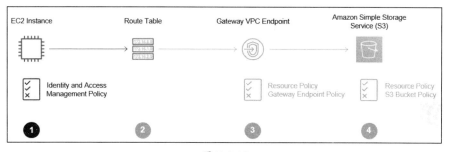

图 7-4-15

salesapp 角色是使用 CloudFormation 堆栈名称加上字符串"salesapp-role"命名的,展开其附带的策略,如图 7-4-16 所示。

图 7-4-16

- salesapp 角色具有对受限制存储桶和不受限制存储桶的读写访问权限。它可以使用"s3：PutObject" API 调用将数据写入受限制的 S3 存储桶中。
- salesapp 角色具有对 SQS 队列的读写访问权限。它可以使用"sqs：SendMessage"API 调用在队列上写一条消息,并指示销售报告的数据已被写入受限制的 S3 存储桶中。

通过单击"信任关系"选项卡查看信任策略,身份提供者 ec2.amazonaws.com 是受信任的实体,此信任策略允许销售应用程序 EC2 实例使用该角色。

2)查看报告引擎 IAM 角色和策略。

reportengine 角色使用 CloudFormation 堆栈名称加字符串"reportsengine-role"的形式命名,

展开其附带的策略，如图 7-4-17 所示。

图 7-4-17

- reportengine 角色具有对受限制存储桶和不受限制存储桶的读写访问权限。它可以使用"s3:GetObject" API 调用从受限制的 S3 存储桶中读取数据。
- 报告引擎具有对 SQS 队列的权限，包括从 SQS 队列中读取和删除 SQS 消息。它可以使用"sqs：ReceiveMessage" API 调用从指定队列中检索消息，这些消息必须包含从中创建报告的数据文件的名称。在报告生成后，reportengine 角色使用"sqs：DeleteMessage" API 调用来删除消息。

通过单击"信任关系"选项卡查看信任策略，身份提供者 ec2.amazonaws.com 是受信任的实体，此信任策略允许 reportsengine EC2 实例使用该角色。

3）查看路由表配置。

构建网关端点中的 Route Table 配置，如图 7-4-18 所示。

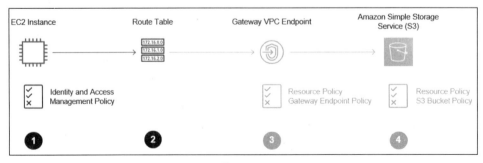

图 7-4-18

EC2 实例已配置的路由表信息，如图 7-4-19 所示。

图 7-4-19

路由表中已经填充了带有前缀列表（格式为 pl-xxx）的不可变条目，其目标是网关 VPC 端点。当创建网关端点并将其与子网关联时，AWS 会自动填充此条目。

在逻辑上，前缀列表 ID 表示服务使用的公共 IP 地址的范围。子网中与指定路由表关联的所有实例都会自动使用端点访问服务，未与指定路由表关联的不使用端点访问服务。这样可以使你将其他子网中的资源与端点分开。

4）端点资源策略。

现在，已配置的网关端点资源策略可以指定通过网关端点访问的 S3 存储桶，如图 7-4-20 所示。

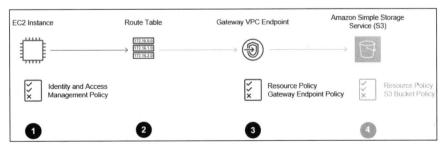

图 7-4-20

VPC 终端节点管理界面，如图 7-4-21 所示。

图 7-4-21

在 VPC 终端节点管理界面的上部，选择终端节点 ID 为 vpce-0166429eb01e9a946 的可选框，端点的详细信息就会显示在下部窗格中。单击"策略"选项卡中的"编辑策略"，然后单击"自定义单选"并输入自定义策略，以下是策略模板。

```
{
  "Statement": [
    {
      "Sid": "Access-to-specific-bucket-only",
      "Principal": "*",
      "Action": [
        "s3:GetObject",
        "s3:PutObject"
      ],
      "Effect": "Allow",
      "Resource": ["arn:aws:s3:::examplerestrictedbucketname",
                   "arn:aws:s3:::examplerestrictedbucketname/*"]
    }
  ]
}
```

从 CloudFormation 堆栈的输出中，复制 "RestrictedS3Bucket" 的值来替换上面模板中 "examplerestrictedbucketname" 的值并保存自定义策略，如图 7-4-22 所示。

5）S3 存储桶资源策略。

配置 S3 存储桶策略，以限制对 S3 存储桶中资源的使用，如图 7-4-23 所示。

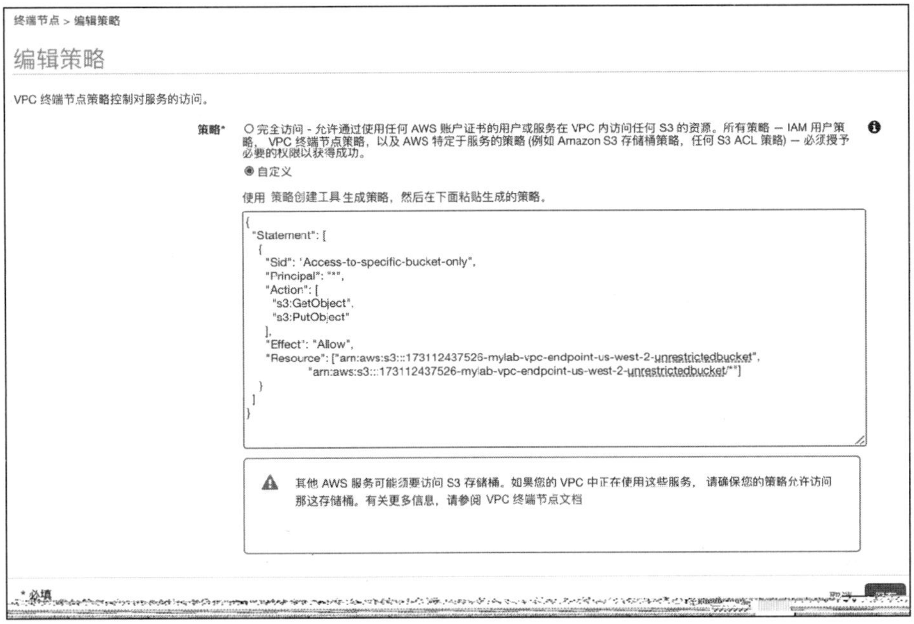

第 7 章 云安全动手实验——提高篇

图 7-4-22

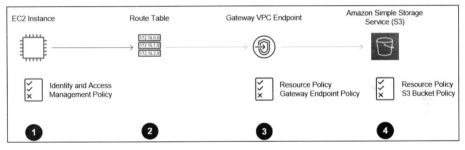

图 7-4-23

你可以参考以下模板来更新 S3 存储桶资源策略。

```
{
  "Version": "2012-10-17",
  "Id": "vpc-endpoints-lab-s3-bucketpolicy",
  "Statement": [
    {
      "Sid": "Access-to-put-objects-via-specific-VPCE-only",
      "Principal": "*",
      "Action": "s3:PutObject",
```

```
      "Effect": "Deny",
      "Resource": ["arn:aws:s3:::examplerestrictedbucketname",
                   "arn:aws:s3:::examplerestrictedbucketname/*"],
      "Condition": {
        "StringNotEquals": {
          "aws:sourceVpce": "vpce-vpceid"
        }
      }
    }
  ]
}
```

单击 CloudFormation 堆栈输出的 "RestrictedS3BucketPermsURL" 值，或者将其复制并粘贴到浏览器中，即可查看 S3 存储桶的权限。

单击 "权限" 选项卡上的 "存储桶策略"，然后将模板中的占位符存储区名称 "examplerestrictedbucketname" 替换为从 CloudFormation 输出中收集的 "RestrictedS3BucketName" 的值。

将模板中的占位符 "vpce-vpceid" 字符串替换为从 CloudFormation 输出中收集的 "S3VPCGatewayEndpoint" 的值（格式为 vpce-xxxxx），如图 7-4-24 所示。

图 7-4-24

注意：对于网关端点，不能将委托人限制为特定的 IAM 角色或用户，授予对所有 IAM 角色和用户的访问权限。对于网关端点，如果你以"AWS"："AWS-account-ID"或"AWS"："arn：aws：iam :: AWS-account-ID：root"的格式指定主体，则仅授予 AWS 账户根用户，而不是账户中所有 IAM 用户和角色。

你不能使用 IAM 策略或存储桶策略来允许从 VPC IPv4 CIDR 范围进行访问，因为 VPC CIDR 块可能重叠或相同，这会导致意外结果。因此，你不能在 IAM 策略中使用 aws：SourceIp 条件通过 VPC 终端节点向 Amazon S3 发出请求。

你可以限制对特定端点或特定 VPC 或特定 VPC 端点的访问，当前仅有端点支持 IPv4 流量。

步骤 3：构建接口端点 INTERFACE ENDPOINTS。

现在，需要检查和更新配置以控制对资源的访问，并确保通过 SQS 接口 VPC 端点在专用网段上传输到 SQS 的数据的安全性，如图 7-4-25 所示。

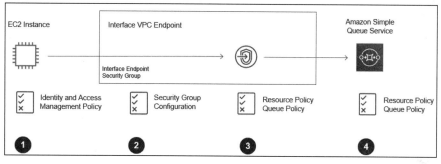

图 7-4-25

接口端点：IAM 角色。EC2 实例可以使用具有关联 IAM 策略的 IAM 角色，它们提供了针对 SQS 执行 API 调用的权限。

接口端点：安全组。你可以使用安全组将网络访问限制为 SQS 接口 VPC 端点，安全组规则将仅允许从 VPC 中的专用子网进行入站访问。

接口端点：接口端点资源策略。对 SQS 服务的访问会受到接口端点策略的限制，该策略仅允许访问特定队列，以及 AWS 账户内的 IAM 委托人。

接口端点：SQS 队列资源策略。访问完整的"sqs：SendMessage"，"sqs：RecieveMessage"或"sqs：DeleteMessage API"调用会受到资源策略（Amazon SQS 策略）的限制，该资源策略要求所有写入 SQS 队列的消息都要通过指定的 VPC 终端节点写入。

（1）IAM 角色

在实验中查看 IAM 角色权限。重新访问分配给 Sales App 和 Reports Engine EC2 实例的

IAM 权限，其中 SalesApp 角色具有执行"sqs：SendMessage"和"sqs：ReceiveMessage"的权限；ReportsEngine 角色具有执行"sqs：ReceiveMessage"和"sqs：DeleteMessage"的权限，如图 7-4-26 所示。

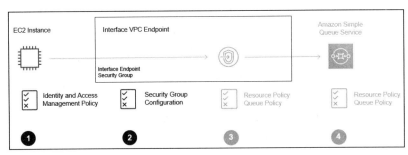

图 7-4-26

（2）安全组

查看安全组的配置及"InterfaceSecurityGroupURL"输出的值，其是用于检查与接口端点关联的安全组的 URL。

将"InterfaceSecurityGroupURL"的值粘贴到浏览器中，然后在顶部窗格中选择"安全组"，并单击"入站规则"选项卡以查看入站安全组的规则，可以看到开发团队无法访问 CIRD 范围 10.0.0.0/8，如图 7-4-27 所示。

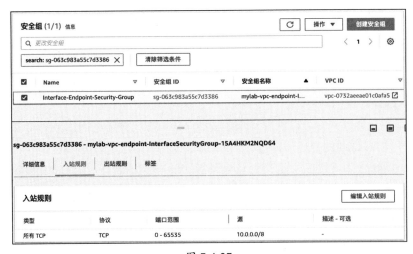

图 7-4-27

进一步限制入站规则。单击"编辑入站规则"来更新现有的入站安全组规则：删除现有规则（10.0.0.0/8），使用以下属性创建两个新的入站规则（使用 Cloudformation 堆栈的输出更新 sg-值），如表 7-4-1 所示。

表 7-4-1

类型	协议	端口范围	资源	描述
所有 TCP	TCP 协议	0-65535	自定义 sg-XXXX	从 SecurityGroupForSalesApp 入站
所有 TCP	TCP 协议	0-65535	自定义 sg-YYYY	从 SecurityGroupForReportsEngine 入站

保存更改，你还可以进一步限制网络对接口端点及其提供访问的 SQS 队列的访问，如图 7-4-28 所示。

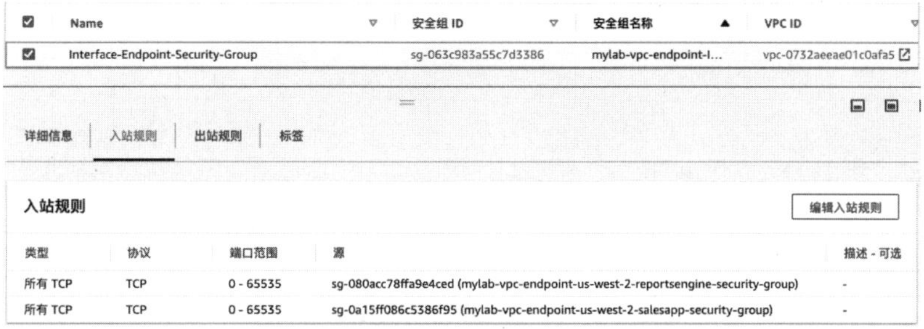

图 7-4-28

（3）端点资源策略

VPC 接口策略控制对接口端点访问的逻辑架构图，如图 7-4-29 所示，可以使用它来限制仅对此 AWS 账户中存在的身份进行访问，单击输出的"InterfaceEndpointPolicyURL"值或将其复制并粘贴到浏览器中，查看访问 VPC 仪表板中的接口端点，然后在接口端点的窗格中单击"策略"选项卡。

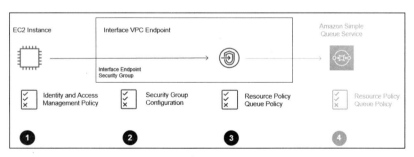

图 7-4-29

使用下面的接口端点策略模板，将"exampleaccountid"替换为实验中的 AWS 账户 ID，将"examplequeueARN"替换为堆栈中"SQSQueueARN"的输出值。

```
{
  "Statement": [{
    "Action": ["sqs:SendMessage","sqs:ReceiveMessage","sqs:DeleteMessage"],
    "Effect": "Allow",
    "Resource": "examplequeueARN",
    "Principal": { "AWS": "exampleaccountid" }
  }]
}
```

在 SQS 的接口端点上编辑接口端点策略,输入创建的自定义策略,并保存和关闭窗口,如图 7-4-30 所示。

图 7-4-30

(4)队列资源策略

在实验中,更新 SQS 策略的逻辑架构图,如图 7-4-31 所示。

1)在浏览器中访问 SQS 控制台。

2)在 AWS 控制台的上部窗格中选择你的 SQS 队列,这时端点的详细信息会显示在下部窗格中。

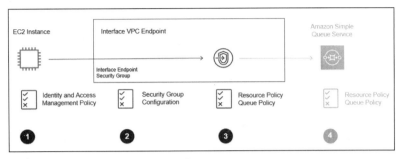

图 7-4-31

3）然后单击"访问策略"选项卡中的"编辑"，在弹出的窗口中，复制下面的 SQS 队列（资源）策略模板。

```
{
 "Version": "2012-10-17",
 "Id": "vpc-endpoints-lab-sqs-queue-resource-policy",
 "Statement": [
   {
     "Sid": "all-messages-sent-from-interface-vpc-endpoint",
     "Effect": "Allow",
     "Principal": "*",
     "Action": "sqs:SendMessage",
     "Resource": "sqsexampleARN",
     "Condition": {
       "StringEquals": {
         "aws:sourceVpce": "vpce-vpceid"
       }
     }
   },
   {
     "Sid": "all-messages-received-from-interface-vpc-endpoint",
     "Effect": "Allow",
     "Principal": "*",
     "Action": "sqs:ReceiveMessage",
     "Resource": "sqsexampleARN",
     "Condition": {
```

```
      "StringEquals": {
        "aws:sourceVpce": "vpce-vpceid"
      }
    }
  },
  {
    "Sid": "all-messages-deleted-from-interface-vpc-endpoint",
    "Effect": "Allow",
    "Principal": "*",
    "Action": "sqs:DeleteMessage",
    "Resource": "sqsexampleARN",
    "Condition": {
      "StringEquals": {
        "aws:sourceVpce": "vpce-vpceid"
      }
    }
  }
 ]
}
```

4）在访问策略编辑器中，将"sqsexampleARN"替换为输出表队列 ARN 中"SQSQueueARN"输出的值（arn:aws:sqs::exampleacctid:examplequeuename），将"vpce-vpceid"替换为堆栈接口 VPC 端点的"SQSVPCInterfaceEndpoint"输出的值（格式为 vpce-xxxxx）。在更新完成示例策略后，保存更改，这时更新的资源策略的队列将显示在控制台中，如图 7-4-32 所示。

接口端点的注意事项：

- 当创建接口端点时，会生成特定于端点的 DNS 主机名，其可以与服务进行通信。对于 AWS 服务和 AWS Marketplace 合作伙伴服务，私有 DNS（默认为启用）会将私有托管区域与 VPC 关联。托管区域包含服务默认 DNS 名称（如 ec2.us-east-1.amazonaws.com）的记录集，该记录集可以解析为 VPC 中端点网络接口的专用 IP 地址，这使你可以使用服务的默认 DNS 主机名（而不是终结点专用的 DNS 主机名）向服务发出请求。例如，如果现有的应用程序向 AWS 服务发出请求，则它们可以继续通过接口终端节点发出请求，而无须进行任何配置更改。

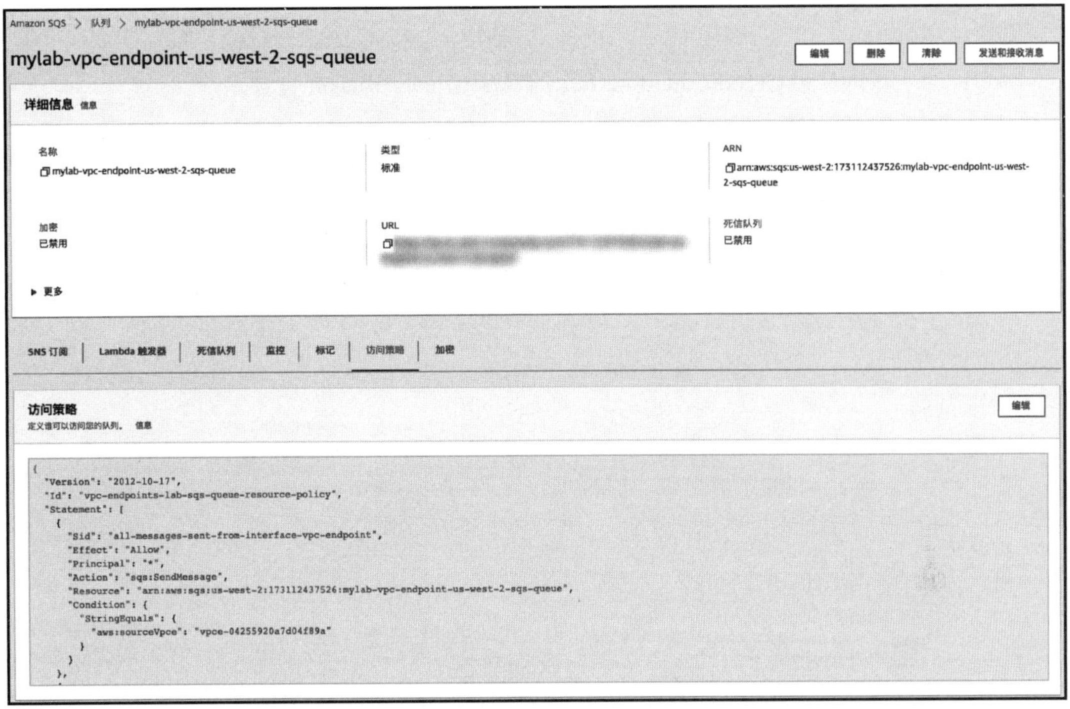

图 7-4-32

- 在默认情况下，每个终端节点支持的带宽是有限制的，因此你可以根据使用情况自动添加其他容量。
- 接口端点仅支持 TCP 通信。
- 仅在同一个区域内支持端点。你无法在 VPC 和其他区域的服务之间创建终结点。

步骤 4：验证接口端点。

下面验证通过接口端点控制对资源访问的安全配置策略。

验证 1：Cloud9 到 SQS 队列的访问。

验证 Cloud9 无法通过 VPC 接口端点写入 SQS 队列，因为配置了接口端点-安全组限制。

首先，确保会话已连接到 Cloud9 实例。通过登录命令：ssh ec2-user@salesapp -i vpce.pem，从 Cloud9 EC2 实例的 bash 提示符下执行下列命令。

```
nslookup sqs.<region>.amazonaws.com
aws sts get-caller-identity
aws sqs send-message --queue-url <sqsqueueurlvalue> --endpoint-url
https://sqs.<region>.amazonaws.com --message-body
"{datafilelocation:s3://<restrictedbucket>/test.txt}" --region <region>
```

其中，<sqsqueueurlvalue>用 Cloudformation 输出的 SQSQueueURL 值替换；
<restrictedbucket>用 Cloudformation 输出的 RestrictedS3Bucket 值替换；
<region>用你的 AWS 区域值替换。

测试结果：Cloud9 无法通过 VPC 接口端点访问 SQS 队列，如图 7-4-33 所示。

```
[ec2-user@ip-10-0-1-113 ~]$ nslookup sqs.us-west-2.amazonaws.com
Server:         10.0.0.2
Address:        10.0.0.2#53

Non-authoritative answer:
Name:   sqs.us-west-2.amazonaws.com
Address: 10.0.1.111
Name:   sqs.us-west-2.amazonaws.com
Address: 10.0.2.15

[ec2-user@ip-10-0-1-113 ~]$ aws sts get-caller-identity
{
    "Account": "173112437526",
    "UserId": "AROASQTSOFMLLZ2D7VJNA:i-0869aa47a3fb68d47",
    "Arn": "arn:aws:sts::173112437526:assumed-role/mylab-vpc-endpoint-us-west-2-salesapp-role/i-0869aa47a3fb68d47"
}
[ec2-user@ip-10-0-1-113 ~]$ aws sqs send-message --queue-url https://sqs.us-west-2.amazonaws.com/173112437526/mylab-vpc-endpoint-us-we
st-2-sqs-queue --endpoint-url https://sqs.us-west-2.amazonaws.com --message-body "{datafilelocation:s3://173112437526-mylab-vpc-endpoi
nt-us-west-2-restrictedbucket/test.txt}" --region us-west-2
```

图 7-4-33

测试流程图，如图 7-4-34 所示。

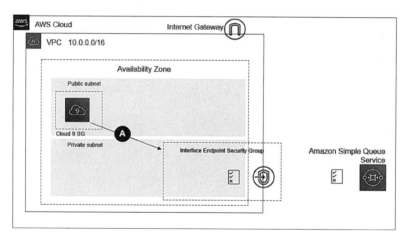

图 7-4-34

当从 VPC 内部执行 nslookup 命令时，你会注意到 SQS 服务的公共 DNS 名称返回的 IP 地址来自 VPC 内的私有 IP CIDR。

当从 VPC 内部执行 aws sts get-caller-identity 命令时，显示签署使用 aws cli 提交的 API 请求的身份。如果你正在使用自己的 AWS 账户执行此实验，假定你访问账户的身份具有管理特权和对 SQS 的完全访问权限，当使用显式标志参数（--endpoint-url）执行 aws sqs send-message cli 命令，以指示 aws cli 显式使用 VPC 端点时，sqs send-message 命令不会成功，因为安全组将阻止网络从 VPC 的公共子网上运行的 Cloud9 EC2 实例访问 Interface 端点。

Cloud9 实例不是分配给 salesapp 或 reportengine 的安全组的成员，这些安全组具有对 VPC 端点使用的安全组的入站访问，并且从 Cloud9 到端点的网络连接失败。你可以选择在 EC2 仪表板中验证 Cloud9 实例的安全组配置。

验证 2：SalesApp EC2 到 SQS 的访问。

验证 SalesApp EC2 是否可以通过接口 VPC 端点成功写入 sqsqueue。

首先，通过登录命令：ssh ec2-user@salesapp -i vpce.pem 登录，并确保会话已连接到 SalesApp EC2 实例。

测试 1：从 Sales App EC2 实例的 bash 提示符下执行下列命令进行测试登录。

```
nslookup sqs.<region>.amazonaws.com
aws sts get-caller-identity
aws sqs send-message --queue-url <sqsqueueurlvalue> --message-body-url
https://sqs.<region>.amazonaws.com --message-body
"{datafilelocation:s3://<restrictedbucket>/test.txt}" --region <region>
```

其中，<sqsqueueurlvalue>用 Cloudformation 输出的 SQSQueueURL 值替换；

<restrictedbucket>用 Cloudformation 输出的 RestrictedS3Bucket 值替换；

<region>用你的 AWS 区域值替换。

测试结果：SalesApp EC2 可以通过接口 VPC 端点成功写入 sqsqueue，如图 7-4-35 所示。

```
[ec2-user@ip-10-0-1-113 ~]$ nslookup sqs.us-west-2.amazonaws.com
Server:         10.0.0.2
Address:        10.0.0.2#53

Non-authoritative answer:
Name:   sqs.us-west-2.amazonaws.com
Address: 10.0.2.15
Name:   sqs.us-west-2.amazonaws.com
Address: 10.0.1.111

[ec2-user@ip-10-0-1-113 ~]$ aws sts get-caller-identity
{
    "Account": "173112437526",
    "UserId": "AROASQTSOFMLLZ2D7VJNA:i-0869aa47a3fb68d47",
    "Arn": "arn:aws:sts::173112437526:assumed-role/mylab-vpc-endpoint-us-west-2-salesapp-role/i-0869aa47a3fb68d47"
}
[ec2-user@ip-10-0-1-113 ~]$ aws sqs send-message --queue-url https://sqs.us-west-2.amazonaws.com/173112437526/mylab-vpc-endpoint-us-west-2-sqs-queue --endpoint-url https://sqs.us-west-2.amazonaws.com --message-body "{datafilelocation:s3://173112437526-mylab-vpc-endpoint-us-west-2-restrictedbucket/test.txt}" --region us-west-2
{
    "MD5OfMessageBody": "400b3a983a239c79f04f0271d211161d",
    "MessageId": "df5b6b9b-73d0-4bc1-8d7d-31c35e0764ac"
}
```

图 7-4-35

测试流程图，如图 7-4-36 所示。

A：AWS CLI 使用与 aws sts get-caller-identity-salesapp 角色返回的身份关联的凭证对你的 API 请求进行签名（注意：此身份有权执行"sqs：SendMessage"和"sqs：ReceiveMessage" API 调用，该调用从 SalesApp EC2instance 启动）。接口端点安全组上有一个入站规则，由于

该规则允许 SalesApp EC2 实例使用的安全组中的所有 TCP 入站访问，因此与接口端点的网络连接成功。

B：接口端点策略允许 AWS 账户内的任何主体对 vpce-us-west-2-sqs-queue 进行"sqs：SendMessage"，"sqs：ReceiveMessage"和"sqs：DeleteMessage"API 调用。端点策略允许对 vpce- us-west-2-sqs-queue 的"sqs：SendMessage"进行 API 调用。

C：vpce-us-west-2-sqs-queue 的 SQS 资源策略允许"sqs：SendMessage"，"sqs：ReceiveMessage"和"sqs：DeleteMessage"API 调用源于源 VPC 端点。

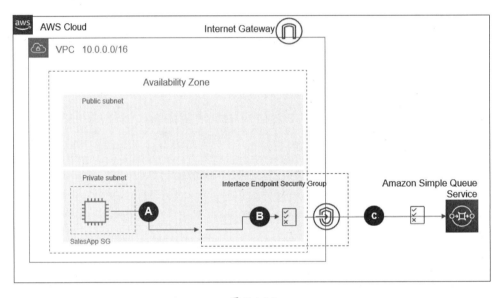

图 7-4-36

测试 2：读回该消息以确认它在队列中。输出 ReceiptHandle 值，并将此值复制到缓冲区中。更换下方示例命令中的占位符，其中包含你正在执行实验的区域值。

```
aws sqs receive-message --queue-url <sqsqueueurlvalue> --endpoint-url https://sqs.<region>.amazonaws.com --region <region>
```

测试结果：SalesApp EC2 可以成功从接口 VPC 端点读取消息，如图 7-4-37 所示。

说明：SalesApp EC2 角色具有 IAM 特权，包括 sqs：ListQueues。现在，我们验证接口端点策略（其策略仅允许"sqs：SendMessage"，"sqs：ReceiveMessage"和"sqs：DeleteMessage"API 调用）是否限制了执行"sqs：ListQueues"API 调用的能力。

第 7 章　云安全动手实验——提高篇

```
[ec2-user@ip-10-0-1-113 ~]$ aws sqs receive-message --queue-url https://sqs.us-west-2.amazonaws.com/173112437526/mylab-vpc-endpoint-us
-west-2-sqs-queue --endpoint-url https://sqs.us-west-2.amazonaws.com --region us-west-2
{
    "Messages": [
        {
            "Body": "{datafilelocation:s3://173112437526-mylab-vpc-endpoint-us-west-2-restrictedbucket/test.txt}",
            "ReceiptHandle": "AQEBG4ZTX2iOWjORuj7y8tzsJve+AuU0aMP6dDI0CkJLPlrBEgKe2jz2WLrZXXy5q4S9PkbaqI5XIdH4v58JBmzuIyHJLzd9pL7L7Lvf
/scc+UMHNpjR/0KIQWPhPPzXHf0//E+unCBfucN5SZbxZ+pACscrTVgTG/7HZ7hVlVp3ZhTwfhpn/RQLb1bC1aYtaRWSxKa9XMZzbFann6XWESY8jpoJkRnAv9CDcdIvtcftWZ
IGgbAYoufQgFCto1Fka5Lw4/9eo72/A1AyRSCAikWQQoIyAXaX6fXLapnD9Neyyp8uZ/DV3rl906vb3WhMnfr1uu4T896tLUnh3w6rUNwXQOPjoVKEW19NTgoSujYhNT7T2bYf
HZ1N+K7MC5V4bQLt55gA87+JhAuWkj1wWQkdz7bVgrchdKVe9Cm/5Sn8pfdkJebiY86MOVLWK1tq9ykC",
            "MD5OfBody": "400b3a983a239c79f04f0271d211161d",
            "MessageId": "df5b6b9b-73d0-4bc1-8d7d-31c35e0764ac"
        }
    ]
}
```

图 7-4-37

测试 3：尝试列出 sqs 队列。更换下方示例命令中的占位符，其中包含你正在执行实验的区域值。

```
aws sqs list-queues --region <region> --endpoint-url
https://sqs.<region>.amazonaws.com
```

测试结果：SalesApp EC2 无法通过接口 VPC 端点成功列出队列。

输入 exit 以结束在 SalesApp EC2 实例上的 SSH 会话，并返回 Cloud9 实例的 bash/shell 提示符下。

验证 3：将引擎 EC2 报告给 SQS。

验证 ReportsEngine EC2 是否可以通过接口 VPC 端点从队列中读取和删除消息。

首先，通过登录命令：ssh ec2-user@reportsengine-i vpce.pem 登录，并确保会话已连接到 Reports Engine EC2 实例，然后从 ReportsEngine EC2 实例的 bash 提示符下执行下列命令。

```
nslookup sqs.<region>.amazonaws.com
aws sts get-caller-identity
aws sqs receive-message --queue-url <sqsqueueurlvalue> --endpoint-url
https://sqs.<region>.amazonaws.com --region <region>
aws sqs delete-message --queue-url <sqsqueueurlvalue> --endpoint-url
https://sqs.<region>.amazonaws.com --region <region> --receipt-handle
<receipthandle>
```

其中，<sqsqueueurlvalue>用 Cloudformation 输出的 SQSQueueURL 值替换。

<restrictedbucket>用 Cloudformation 输出的 RestrictedS3Bucket 值替换。

<region>用你的 AWS 区域值更换，<receipthandle>来自上一个命令的执行结果。

测试结果：EC2 实例可以通过接口端点从 SQS 中读取消息，如图 7-4-38 所示。

```
[ec2-user@ip-10-0-2-61 ~]$ nslookup sqs.us-west-2.amazonaws.com
Server:         10.0.0.2
Address:        10.0.0.2#53

Non-authoritative answer:
Name:   sqs.us-west-2.amazonaws.com
Address: 10.0.1.111
Name:   sqs.us-west-2.amazonaws.com
Address: 10.0.2.15

[ec2-user@ip-10-0-2-61 ~]$ aws sts get-caller-identity
{
    "Account": "173112437526",
    "UserId": "AROASQTSOFMLCEJ74YBE6:i-0427b5fbac45ee337",
    "Arn": "arn:aws:sts::173112437526:assumed-role/mylab-vpc-endpoint-us-west-2-reportsengine-role/i-0427b5fbac45ee337"
}
[ec2-user@ip-10-0-2-61 ~]$ aws sqs receive-message --queue-url https://sqs.us-west-2.amazonaws.com/173112437526/mylab-vpc-endpoint-us-west-2-sqs-queue --endpoint-url https://sqs.us-west-2.amazonaws.com --region us-west-2
{
    "Messages": [
        {
            "Body": "{datafilelocation:s3://173112437526-mylab-vpc-endpoint-us-west-2-restrictedbucket/test.txt}",
            "ReceiptHandle": "AQEB4x65YviJJSfamIbrUnWZys70Bvgn4YCGbjx8j0JZzLUu3+sX83efgS2GbHmNu1NxwKp5HWL418AFYvI5vfHG+h1uHwwG/W6QDIXBcQjsCNXDL3FgGK99Au7TzE7mGIs7hK3ZwLQgMBEcrQoCJ2wRTKa2Eq0yJ2TIJt9jgZAJ8ngXn+t29yzYZJ0azZaJ9T8LFqG6/6ibjnSclyUq9lRvaUcWGlK9v6M6WLLS40bURoteNUXLesR25QRUwQq47Mzg82NptpCrpFzRh35gMZjJsnQNBv/dv1fv1NJaJUUreDW5r3gQWds82nqYR29XUNfqIh2xlFZCn5Y3fBuFxcwwjpmMYrruk1ynIKZ9g0DKfXx66E56hNiasPy6wgj7ELj3+l77pWK3U5XGVIjUjhjUykq354aL2Gfwwgl6Eqr79DEJ92ySznhMSioG0HpqQd3r",
            "MD5OfBody": "400b3a983a239c79f04f0271d211161d",
            "MessageId": "df5b6b9b-73d0-4bc1-8d7d-31c35e0764ac"
        }
    ]
}
```

图 7-4-38

EC2 实例可以通过接口端点从 SQS 中删除消息，如图 7-4-39 所示。

```
[ec2-user@ip-10-0-2-61 ~]$ aws sqs delete-message --queue-url https://sqs.us-west-2.amazonaws.com/173112437526/mylab-vpc-endpoint-us-west-2-sqs-queue --endpoint-url https://sqs.us-west-2.amazonaws.com --region us-west-2 --receipt-handle AQEB4x65YviJJSfamIbrUnWZys70Bvgn4YCGbjx8j0JZzLUu3+sX83efgS2GbHmNu1NxwKp5HWL418AFYvI5vfHG+h1uHwwG/W6QDIXBcQjsCNXDL3FgGK99Au7TzE7mGIs7hK3ZwLQgMBEcrQoCJ2wRTKa2Eq0yJ2TIJt9jgZAJ8ngXn+t29yzYZJ0azZaJ9T8LFqG6/6ibjnSclyUq9lRvaUcWGlK9v6M6WLLS40bURoteNUXLesR25QRUwQq47Mzg82NptpCrpFzRh35gMZjJsnQNBv/dv1fv1NJaJUUreDW5r3gQWds82nqYR29XUNfqIh2xlFZCn5Y3fBuFxcwwjpmMYrruk1ynIKZ9g0DKfXx66E56hNiasPy6wgj7ELj3+l77pWK3U5XGVIjUjhjUykq354aL2Gfwwgl6Eqr79DEJ92ySznhMSioG0HpqQd3r
```

图 7-4-39

测试流程图，如图 7-4-40 所示。

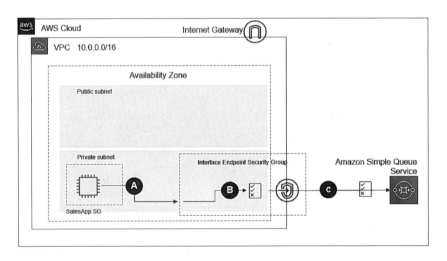

图 7-4-40

A：AWS CLI 使用与 aws sts get-caller-identity-reportsengine 角色返回的身份关联的凭证对

你的 API 请求签名（注意：此身份有权执行"sqs：ReceiveMessage"和"sqs：DeleteMessage" API 调用，该调用从 ReportsEngine EC2 实例启动）。接口端点安全组上有一个入站规则，由于该规则允许 ReportsEngine EC2 实例使用的安全组中的所有 TCP 入站访问，因此与接口端点的网络连接成功。

B：接口端点策略允许 AWS 账户内的任何主体对 vpce-us-west-2-sqs-queue 进行"sqs：SendMessage"，"sqs：ReceiveMessage"和"sqs：DeleteMessage"API 调用。端点策略允许对 vpce- us-west-2-sqs-queue 的"sqs：ReceiveMessage"进行 API 调用。

C：vpce-us-west-2-sqs-queue 的 SQS 资源策略允许"sqs：SendMessage"，"sqs：ReceiveMessage"和"sqs：DeleteMessage"API 调用源于源 VPC 端点，条件已满足且请求已满足。

注意：对 ReportsEngine EC2 实例的"sqs：DeleteMessage"API 调用可以应用相同的评估过程，还可以不通过 IAM 将 SalesApp 角色授予"sqs：DeleteMessage"。

验证 4：将引擎 EC2 报告给 S3。
验证 ReportsEngine EC2 实例通过网关 VPC 端点是否能从 S3 存储桶中读取数据。
先通过登录命令：ssh ec2-user@reportsengine-i vpce.pem 登录，并确保会话已连接到 ReportsEngine EC2 实例，然后从 ReportsEngine EC2 实例的 bash 提示符下执行下列命令。

```
nslookup s3.amazonaws.com
aws sts get-caller-identity
aws s3 cp s3://<RestrictedS3Bucket>/test.txt  .
exit
```

其中，<restrictedbucket>用 CloudFormation 输出的 RestrictedS3Bucket 值替换。
测试结果：EC2 实例可以通过网关 VPC 端点从受限制的 S3 存储桶中读取数据。
步骤 5：验证网关端点。
验证 1：Cloud9 到受限的 S3 存储桶。
验证 Cloud9 是否可以通过 Internet 成功写入不受限制的存储桶（无存储桶策略的存储桶），命令如下。

```
touch test.txt
aws sts get-caller-identity
nslookup s3.amazonaws.com
aws s3 cp test.txt s3://<UnrestrictedS3Bucket>/test.txt
aws s3 rm s3://<UnrestrictedS3Bucket>/test.txt
```

测试结果：Cloud9 通过 Internet 成功写入不受限制的存储桶，如图 7-4-41 所示。

```
gladmin:~/environment $ touch test.txt
gladmin:~/environment $ aws sts get-caller-identity
{
    "UserId": "AIDAJSIQYM45JU3B0RCKE",
    "Account": "173112437526",
    "Arn": "arn:aws:iam::173112437526:user/gladmin"
}
gladmin:~/environment $ nslookup s3.amazonaws.com
Server:         10.0.0.2
Address:        10.0.0.2#53

Non-authoritative answer:
Name:   s3.amazonaws.com
Address: 52.216.18.147

gladmin:~/environment $ aws s3 cp test.txt s3://173112437526-mylab-vpc-endpoint-us-west-2-unrestrictedbucket/test.txt
upload: ./test.txt to s3://173112437526-mylab-vpc-endpoint-us-west-2-unrestrictedbucket/test.txt
gladmin:~/environment $ aws s3 rm s3://173112437526-mylab-vpc-endpoint-us-west-2-unrestrictedbucket/test.txt
delete: s3://173112437526-mylab-vpc-endpoint-us-west-2-unrestrictedbucket/test.txt
```

图 7-4-41

测试流程图，如图 7-4-42 所示。

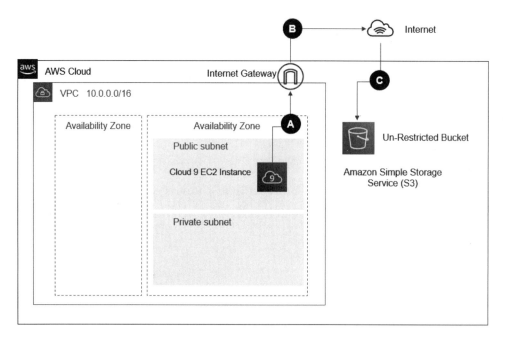

图 7-4-42

A：该 Cloud9 实例在公共子网中，当其执行 aws s3 cp 命令时，AWS CLI 使用与 aws sts get-caller-identity 返回的身份关联的凭证对 API 请求进行签名，使用 DNS 来解析 Amazon Simple Storage Service（S3）的地址，并返回一个公共地址（如 nslookup 命令的输出所示）。

第 7 章 云安全动手实验——提高篇

由于你的 Cloud9 实例的路由表没有 VPC 端点的条目，因此使用 0.0.0.0/0 路由表条目将 S3 的流量发送到 Internet 网关。

B：请求被路由到 S3 服务的公共 IP 地址。

C：请求到达 Amazon S3。该请求已通过身份验证，并已授权 API 调用。由于不受限制的存储桶没有资源（存储桶）策略，因此分配给身份 ALLOW 数据的 IAM 权限会被写入不受限制的存储桶中。

注意：如果你在事件引擎平台之外运行此实验，则需要假定用于访问 Cloud9 的身份具有对 S3 的管理特权。

验证 2：SalesApp EC2 到不受限制的 S3 存储桶。

验证通过网关 VPC 端点从 SalesApp EC2 写入无限制存储桶（无存储桶策略的存储桶）的尝试将被拒绝。

首先，通过登录命令：ssh ec2-user@salesapp -i vpce.pem 登录，并确保会话已连接到 Sales App EC2 实例，然后从 Sales App EC2 实例的 bash 提示符下执行下列命令。

```
touch test.txt
aws sts get-caller-identity
nslookup s3.amazonaws.com
aws s3 cp test.txt s3://<UnrestrictedS3Bucket>/test.txt
```

测试结果：

当从 Sales App EC2 实例执行时，上传到不受限制存储桶的操作被拒绝，即网关 VPC 端点策略仅允许将对象放入受限存储区，如图 7-4-43 所示。

```
[ec2-user@ip-10-0-1-113 ~]$ touch test.txt
[ec2-user@ip-10-0-1-113 ~]$ aws sts get-caller-identity
{
    "Account": "173112437526",
    "UserId": "AROASQTSOFMLLZ2D7VJNA:i-0869aa47a3fb68d47",
    "Arn": "arn:aws:sts::173112437526:assumed-role/mylab-vpc-endpoint-us-west-2-salesapp-role/i-0869aa47a3fb68d47"
}
[ec2-user@ip-10-0-1-113 ~]$ nslookup s3.amazonaws.com
Server:         10.0.0.2
Address:        10.0.0.2#53

Non-authoritative answer:
Name:   s3.amazonaws.com
Address: 52.217.65.198

[ec2-user@ip-10-0-1-113 ~]$ aws s3 cp test.txt s3://173112437526-mylab-vpc-endpoint-us-west-2-unrestrictedbucket/test.txt
upload failed: ./test.txt to s3://173112437526-mylab-vpc-endpoint-us-west-2-unrestrictedbucket/test.txt An error occurred (AccessDenied) when calling the PutObject operation: Access Denied
```

图 7-4-43

测试流程图，如图 7-4-44 所示。

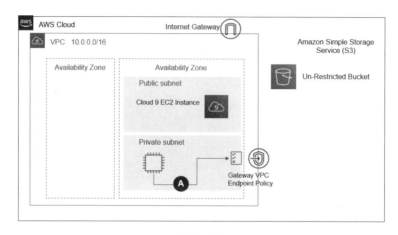

图 7-4-44

SalesApp 实例位于专用子网中。当执行 aws s3 cp 命令时，AWS CLI 使用与 aws sts get-caller-identity-salesapprole 返回的身份关联的凭证对 API 请求进行签名。salesapprole 具有一个 IAM 策略，该策略授权它对受限制和不受限制的存储桶都执行"S3：PutObject"API 调用。AWS CLI 使用 DNS 来解析 Amazon Simple Storage Service（S3）的地址。专用路由表具有所有 S3 公共 IP 地址的前缀列表条目，它们的动态会解析为 S3 提供的公用 CIDR 范围，此项的目标是网关 VPC Ednpoint。该路由表条目比 0.0.0.0/0 路由更具体，而越具体的路由越优先，故其将 S3 公共 IP 地址空间的流量发送到 S3 网关 VPC 端点。由于 S3 网关 VPC 端点策略仅允许访问受限制存储区，因此使用无限制 S3 存储桶资源的请求失败。

验证 3：SalesApp EC2 到受限制的 S3 存储桶。

验证通过网关 VPC 端点从 SalesApp EC2 写入受限制存储桶（带有存储桶策略的存储桶）的尝试将被拒绝

首先，通过登录命令：ssh ec2-user@salesapp -i vpce.pem 登录，并确保会话已连接到 Sales App EC2 实例，然后从 Sales App EC2 实例的 bash 提示符下执行下列命令。

```
touch test.txt
aws sts get-caller-identity
nslookup s3.amazonaws.com
aws s3 cp test.txt s3://<restrictedS3Bucket>/test.txt
```

测试结果：

当从 Sales App EC2 实例执行时，能够成功上传到受限制存储桶，即网关 VPC 端点策略允许将对象放入受限制存储桶中，如图 7-4-45 所示。

```
[ec2-user@ip-10-0-1-113 ~]$ touch test.txt
[ec2-user@ip-10-0-1-113 ~]$ aws sts get-caller-identity
{
    "Account": "173112437526",
    "UserId": "AROASQTSOFMLLZ2D7VJNA:i-0869aa47a3fb68d47",
    "Arn": "arn:aws:sts::173112437526:assumed-role/mylab-vpc-endpoint-us-west-2-salesapp-role/i-0869aa47a3fb68d47"
}
[ec2-user@ip-10-0-1-113 ~]$ nslookup s3.amazonaws.com
Server:         10.0.0.2
Address:        10.0.0.2#53

Non-authoritative answer:
Name:   s3.amazonaws.com
Address: 52.216.230.189

[ec2-user@ip-10-0-1-113 ~]$ aws s3 cp test.txt s3://173112437526-mylab-vpc-endpoint-us-west-2-restrictedbucket/test.txt
upload: ./test.txt to s3://173112437526-mylab-vpc-endpoint-us-west-2-restrictedbucket/test.txt
```

图 7-4-45

测试流程图，如图 7-4-46 所示。

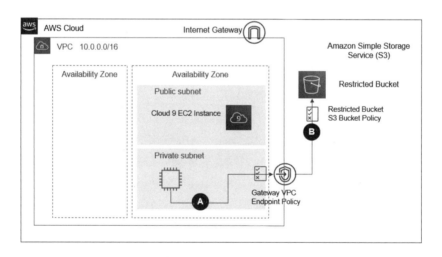

图 7-4-46

SalesApp 实例位于专用子网中。当其执行 aws s3 cp 命令时，AWS CLI 使用与 aws sts get-caller-identity-salesapprole 返回的身份关联的凭证对 API 请求进行签名。salesapprole 具有一个 IAM 策略，该策略授权它对受限制和不受限制的存储桶都执行"S3：PutObject"API 调用。AWS CLI 使用 DNS 来解析 Amazon Simple Storage Service（S3）的地址。由于 S3 网关 VPC 端点策略仅允许访问受限制存储区，因此引用受限的 S3 存储桶资源的请求成功。

7.4.4 实验总结

（1）S3 网关端点验证

路由表条目。AWS 在与专用子网关联的路由表中创建了一个路由表条目（此配置是在实验室设置期间部署的）。

S3 网关端点资源策略。资源策略配置为仅允许"S3：GetObject"和"S3：PutObject"API 调用。

S3 存储桶资源策略。在受限制存储桶上配置 S3 存储桶资源策略，每当未满足使用 VPC 端点的必要条件时，它就会在策略中使用拒绝"S3：PutObject"API 调用的条件。

结果：此安全配置的作用是只能通过 VPC 中的特定 VPC 端点将数据写入受限的 S3 存储桶。路由表条目用于将流量从专用子网路由到端点，只能通过端点执行"S3：GetObject"和"S3：PutObject"API 调用。

（2）SQS 接口端点验证

SalesApp 角色具有执行"sqs：SendMessage"和"sqs：ReceiveMessage"的权限。ReportsEngine 角色具有执行"sqs：ReceiveMessage"和"sqs：DeleteMessage"安全组的权限。接口端点安全组用于限制 SalesApp EC2 实例和 ReportsEngine EC2 实例的入站网络访问（基于它们的安全组成员身份）。专用 DNS 将 VPC 中为 SQS 服务执行的请求解析为专用 IP 地址范围，特别是为接口端点配置的弹性网络接口（ENI）使用的 IP。

接口端点策略仅允许通过 AWS 账户内的身份对特定 SQS 队列进行"sqs：SendMessage"，"sqs：ReceiveMessage"和"sqs：DeleteMessage"API 调用。

SQS 资源策略。SQS 队列资源策略仅当满足通过接口端点发生的情况时才允许对 SQS 队列进行"sqs：SendMessage"，"sqs：ReceiveMessage"和"sqs：DeleteMessage"API 调用。

结果：此安全配置的结果是 SQS API 调用；"sqs：SendMessage"，"sqs：ReceiveMessage"和"sqs：DeleteMessage"只能通过端点发生，并且对端点的访问受到网络控件（安全组）和 IAM 控件（端点策略）的限制。

7.5　Lab5：设计 WAF 高级 Web 防护策略

7.5.1　实验概述

在本实验中，你将构建一个由两个应用程序负载平衡器后面的 Amazon Linux Web 服务器组成的环境。Web 服务器将运行一个包含多个漏洞的 PHP 网站，然后使用 AWS Web Application Firewall（AWS WAF），Amazon Inspector 和 AWS Systems Manager 来识别漏洞并进行补救。

该实验的站点可在 Linux，PHP 和 Apache 上运行，并在应用程序负载平衡器（ALB）后面使用 EC2 和自动伸缩组。在初步的体系结构评估之后，你会发现多个有关漏洞和配置的问题，这要求开发团队利用几周时间修复代码。在本实验中，你的任务是建立一套有效的控件，以减少常见的针对 Web 应用程序的攻击媒介，并提供对新兴威胁进行响应所需的监视功能。

7.5.2 实验工具

（1）模拟环境

在 EC2 实例上，部署 Red Team Host 主机来测试网站漏洞，需要使用该主机对站点 URL 进行手动扫描。为了测试 AWS WAF 规则集，该实验配置了两种扫描功能：一种是 Red Team Host，通过它可以调用手动扫描，也可以在实验室环境之外运行自动扫描仪；另一种是在 ALB 应用程序负载平衡器后面的 Amazon EC2 实例上部署一个 PHP 网站。你可以评估其站点的状态，并将 AWS WAF Web ACL 添加到站点。

（2）测试漏洞

该扫描程序执行以下基本测试，旨在帮助模拟和缓解常见的 Web 攻击媒介。

- 查询字符串中的 SQL 注入（SQLi）。
- Cookie 中的 SQL 注入（SQLi）。
- 查询字符串中的跨站点脚本（XSS）。
- 主体中的跨站点脚本（XSS）。
- 包含在模块中。
- 跨站点请求伪造（CSRF）令牌丢失。
- 跨站点请求伪造（CSRF）令牌无效。
- 路径遍历。
- Canary GET 不应被阻止。
- Canary POST 不应被阻止。

（3）测试工具

手动：扫描程序脚本使用名为 httpie 的开源 HTTP 客户端。

自动：Scanner.py，通过登录模拟攻击的 EC2 服务器，直接运行 runscanner 来执行模拟攻击脚本。

7.5.3 部署架构

架构部署如图 7-5-1 所示。

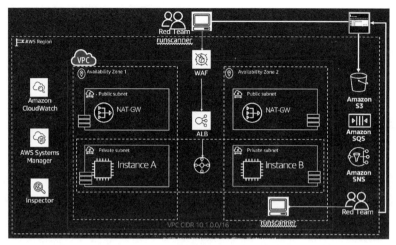

图 7-5-1

7.5.4 实验步骤

从红队测试端运行漏洞扫描脚本（runscanner）以确认网站存在漏洞。

步骤 1：配置基本 SQL 注入策略。

1）在 AWS WAF 控制台中，通过单击"Web ACL"添加自己的规则和规则组来创建 SQL 注入规则。

2）单击"图规则"构建器，"图名称"字段输入"matchSQLi"，"图类型"为"图常规"。

3）在"图句"下，"图检查"项选择"图查询字符串"，"图匹配类型"项选择"图包含 SQL 注入攻击"，"文本转换"项选择"图 URL 解码"，"动作"项选择"图阻止"。

4）单击"添加规则"，然后单击"保存"。

步骤 2：配置增强 SQL 注入策略。

1）使用两条其他语句更新 matchSQLi 规则。

- 选择 matchSQLi 规则并单击"Edit"（你应该已经在上面的操作中创建了此规则）。
- 更改超过一个请求到匹配的语句中，需要选择 OR。
- 单击"添加另一条语句：正文"，包含 sql 注入攻击、html 实体解码和 URL 解码。
- 单击"添加另一条语句：标头"，包含 cookie（手动输入）、sql 注入攻击、URL 解码。

2）查看现有的 matchSQLi 规则以确认其他条件。

在红队测试端运行#runscanner，以确认请求注入漏洞探测已被阻止。

步骤 3：配置跨站点脚本策略。

1）创建一个名为 matchXSS 的新规则，并为 if 请求至少匹配一个语句（OR）。添加的语句如下：

- 所有查询参数，包含 xss 注入攻击、URL 解码。
- 在正文处，包含 xss 注入攻击、html 实体解码和 URL 解码。
- 在标头处，手动输入 cookie，包含 xss 注入攻击、URL 解码。
- 单击"添加规则"，然后单击"保存"。

2）编辑规则，单击"规则 JSON"编辑器，然后记下规则逻辑的结构和语法。

3）为 XSS 规则添加一个例外声明，以允许访问/reportBuilder/Editor.aspx。

注意：考虑到异常所需的嵌套逻辑，在这里我们使用 JSON 编辑器。

4）审查之后，清除 matchXSS 规则的现有编辑器内容，并粘贴以下带有 XSS 异常解决方案的嵌套语句。

```json
{
    "Name": "matchXSS",
    "Priority": 2,
    "Action": {
        "Block": {}
    },
    "VisibilityConfig": {
        "SampledRequestsEnabled": true,
        "CloudWatchMetricsEnabled": true,
        "MetricName": "matchXSS"
    },
    "Statement": {
        "AndStatement": {
            "Statements": [{
                "NotStatement": {
                    "Statement": {
                        "ByteMatchStatement": {
                            "SearchString": "/reportBuilder/Editor.aspx",
                            "FieldToMatch": {
                                "UriPath": {}
                            },
                            "TextTransformations": [{
```

```
                    "Priority": 0,
                    "Type": "NONE"
                }],
                "PositionalConstraint": "STARTS_WITH"
            }
        }
    },
    {
        "OrStatement": {
            "Statements": [{
                "XssMatchStatement": {
                    "FieldToMatch": {
                        "QueryString": {}
                    },
                    "TextTransformations": [{
                        "Priority": 0,
                        "Type": "URL_DECODE"
                    }]
                }
            },
            {
                "XssMatchStatement": {
                    "FieldToMatch": {
                        "Body": {}
                    },
                    "TextTransformations": [{
                        "Priority": 0,
                        "Type": "HTML_ENTITY_DECODE"
                    },
                    {
                        "Priority": 1,
                        "Type": "URL_DECODE"
                    }
                    ]
                }
```

```
                    }
                },
                {
                    "XssMatchStatement": {
                        "FieldToMatch": {
                            "SingleHeader": {
                                "Name": "cookie"
                            }
                        },
                        "TextTransformations": [{
                            "Priority": 0,
                            "Type": "URL_DECODE"
                        }]
                    }
                }
            ]
        }
    ]
}
```

5)单击"保存规则"。

在红队测试端运行#runscanner,以确认请求注入漏洞探测已被阻止。

步骤4:缓解文件包含和路径遍历。

下面使用字符串和正则表达式匹配来构建规则,以阻止指示不需要的路径遍历或包含文件的特定模式。需要考虑的问题如下:

- 最终,用户可以浏览你的Web文件夹的目录结构吗?你是否启用了目录索引。
- 你的应用程序(或任何依赖项组件)是否在文件系统或远程URL引用中使用了输入参数。
- 你是否充分锁定了访问权限,以便无法操纵输入路径。
- 关于误报(目录遍历签名模式),你需要注意哪些事项?
- 确保用于输入路径的相关HTTP请求组件的构建规则不包含已知的路径遍历模式。

部署步骤：

1）创建一个名为 matchTraversal 的规则。如果请求选择，则至少匹配一个语句（OR）。添加的语句和参数如下：

- uri_path，以字符串/ include，url_decode 开头。
- QUERY_STRING，包含字符串../，url_decode。
- query_string，包含字符串://，url_decode。

2）单击"添加规则"，然后单击"保存"。

在红队测试端运行#runscanner，以确认请求注入漏洞探测已被阻止

步骤 5：强制匹配请求。

策略分析：使用字符串和正则表达式匹配、大小限制和 IP 地址匹配来构建规则，以阻止不合格或低价值的 HTTP 请求。需要考虑的问题如下：

- 与你的 Web 应用程序相关的各种 HTTP 请求组件的大小是否受到限制。例如，你的应用程序是否使用过长度超过 100 个字符的 URI。
- 是否有特定的 HTTP 请求组件，如果没有这些组件，你的应用程序是否将无法有效运行（如 CSRF 令牌标头，授权标头，引荐来源标头）。

部署步骤：

1）在左侧窗格中，选择"Regex pattern sets"，并创建 Regex pattern sets。其中名称为 csrf，正则表达式为^ [0-9a-f] {40} $。

上面的正则表达式模式是一个简单的示例，它对字符串长度（40）和字符（0-9 或 af）进行匹配。你可以将正则表达式模式集 ID 复制到临时文件中（如 aec2f77b-f1b0-4181-8fa7-e968ce8ad831），以供以后参考。

记下你的 AWS 账户 ID（在 CloudFormation Stack Outputs 中）和区域，并将它们添加到临时文件中。

2）创建一个新规则 matchCSRF，并选择"Rule JSON editor"。

- 删除现有文本，然后在下面粘贴以下 JSON。
- 使用 AWS 账户和部署步骤 1）中创建的区域，AWS 账户 ID 和正则表达式模式 ID（Update the region, AWS account ID and Regex pattern ID）。

```
{
    "Name": "matchCSRF",
    "Priority": 3,
    "Action": {
```

```json
            "Block": {}
        },
        "VisibilityConfig": {
            "SampledRequestsEnabled": true,
            "CloudWatchMetricsEnabled": true,
            "MetricName": "matchCSRF"
        },
        "Statement": {
            "AndStatement": {
                "Statements": [{
                    "NotStatement": {
                        "Statement": {
                            "RegexPatternSetReferenceStatement": {
                                "ARN": "arn:aws:wafv2:YOUR_REGION:ACCOUNT_ID:regional/regexpatternset/csrf/YOUR_REGEX_PATTERN_ID",
                                "FieldToMatch": {
                                    "SingleHeader": {
                                        "Name": "x-csrf-token"
                                    }
                                },
                                "TextTransformations": [{
                                    "Priority": 0,
                                    "Type": "URL_DECODE"
                                }]
                            }
                        }
                    }
                },
                {
                    "OrStatement": {
                        "Statements": [{
                            "ByteMatchStatement": {
                                "SearchString": "/form.php",
                                "FieldToMatch": {
                                    "UriPath": {}
```

```
                        },
                        "TextTransformations": [{
                            "Priority": 0,
                            "Type": "NONE"
                        }],
                        "PositionalConstraint": "STARTS_WITH"
                    }
                },
                {
                    "ByteMatchStatement": {
                        "SearchString": "/form.php",
                        "FieldToMatch": {
                            "UriPath": {}
                        },
                        "TextTransformations": [{
                            "Priority": 0,
                            "Type": "NONE"
                        }],
                        "PositionalConstraint": "EXACTLY"
                    }
                }
            ]
        }
    }
    ]
}
}
}
```

3）单击"添加规则",然后单击"保存"。

在红队测试端运行#runscanner,以确认请求注入漏洞探测已被阻止。

步骤 6:强制限制攻击 IP(增强配置)。

策略分析:使用地理匹配来建立规则,以限制针对应用程序暴露组件的攻击足迹。

需要考虑的问题如下:

- 你的 Web 应用程序在公共 Web 路径中是否具有服务器端包含组件。

- 你的 Web 应用程序是否在未使用公开路径上暴露（或依赖项具有此类功能）。
- 你是否具有不用于最终用户访问的管理权、状态或运行状况检查路径和组件。
- 应考虑阻止对此类元素的访问，或限制对白名单 IP 地址或地理位置的已知来源访问。

部署步骤：

1）创建一个新规则 matchAdminNotAffiliate，选择"Rule JSON editor"。

粘贴以下 JSON，并将创建的 ID 更新到区域和 Regex 模式 ID。

```
{
"Name": "matchAdminNotAffiliate",
"Priority": 4,
"Action": {
   "Block": {}
},
"VisibilityConfig": {
   "SampledRequestsEnabled": true,
   "CloudWatchMetricsEnabled": true,
   "MetricName": "matchAdminNotAffiliate"
},
"Statement": {
   "AndStatement": {
      "Statements": [{
            "NotStatement": {
               "Statement": {
                  "GeoMatchStatement": {
                     "CountryCodes": [
                        "US",
                        "NE"
                     ]
                  }
               }
            }
         },
         {
            "ByteMatchStatement": {
               "FieldToMatch": {
                  "UriPath": {}
```

```
                },
                "PositionalConstraint": "STARTS_WITH",
                "SearchString": "/admin",
                "TextTransformations": [{
                    "Type": "NONE",
                    "Priority": 0
                }]
            }
        }
    ]
  }
}
```

2）单击"添加规则",然后单击"保存"。

步骤 6：检测和缓解异常。

策略分析：有关你的 Web 应用程序,是什么因素构成的异常。一些常见的异常模式如下：

- 请求量异常增加。
- 对特定 URI 路径的请求量异常增加。
- 异常升高的请求级别生成特定的非 HTTP 状态 200 响应。
- 某些来源（IP,地理位置）的交易量异常增加。
- 常规请求签名（引荐来源网址、用户代理字符串、内容类型等）异常增加。

部署步骤：

1）创建一个名为 matchRateLogin 的规则,其类型是基于速率的规则。

- 速率限制为 1000（至少 100）。
- 仅选择符合规则语句中条件的请求。
- 如果请求选择,则至少匹配一个语句（OR）。添加的语句如下：
  - ➢ uri_path, starts with string, /login.php。
  - ➢ http_method, exactly matches string, POST。
  - ➢ text transformation, None。

2）单击"添加规则",然后单击"保存"。

7.5.5 实验总结

AWS WAF 是 Web 应用程序防火墙服务,在 Web 应用程序中它是增加深度防御的一种好方法。WAF 可以减小 SQL 注入、跨站点脚本和其他常见攻击等漏洞的风险。WAF 允许你创建自己的自定义规则，以决定在请求到达应用程序之前是阻止还是允许 HTTP 请求。它有助于让 Web 应用程序或 API 免受影响可用性、损害安全性和消耗过多资源的影响。

7.6　Lab6：设计 SSM 和 Inspector 漏洞扫描与加固

7.6.1　实验概述

随着时间的推移，在 Amazon EC2 服务器上安装的操作系统会暴露各种系统漏洞和配置漏洞，因此我们需要通过 AWS Inspector 和 System Manager 两个服务自动评估主机漏洞并进行修复加固。

7.6.2　实验步骤

步骤 1：配置 Inspector 漏洞扫描工具。

1）转到 Amazon Inspector 控制台。

2）单击左侧菜单上的"Assessment targets"，其代表 Inspector 将评估的一组 EC2 实例。这时你会看到一个以 InspectorTarget 开头的目标，单击箭头打开目标并显示详细信息，如图 7-6-1 的内容。

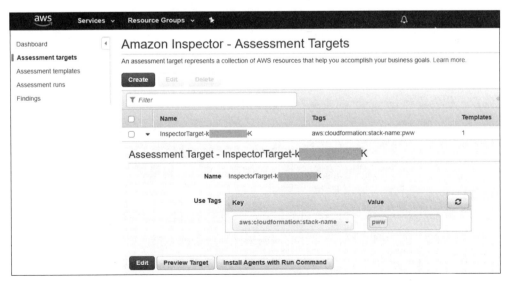

图 7-6-1

在图 7-6-1 中,"Use Tags"包含一个键值对,分别包含 aws:cloudformation:stack-name 和 pww。如果你在一次 AWS 事件中,则堆栈名称类似于"mod-的命令模式",后跟一些其他字符。这意味着,该 Inspector 目标配置使用给定的堆栈名称并选择与 CloudFormation 堆栈相关的所有实例。

当你使用可变数量的实例时,标签非常有用。你可以选择带有特定标签的实例,然后在该 grgroup 上执行操作,而不是指定单个实例 ID。对于负载均衡器后面的实例,你可能不知道实例 ID,但是如果它们都共享一个标签,则可以按标签来同时处理它们。

3)单击"Preview Target"打开一个新窗口,如图 7-6-2 所示。

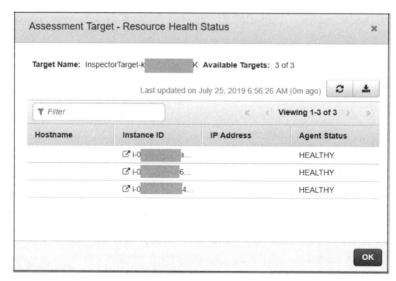

图 7-6-2

现在,你会看到 Inspector 将根据目标的配置评估三个实例。

4)单击左侧菜单上的"Assessment templates",其列表如图 7-6-3 所示。

你会看到一个名称为 AssessmentTemplate 的 Assement 模板。评估模板表示对目标及一个或多个规则包的选择,而规则包是安全检查的规则的集合。该模板会根据以下两个规则包评估上述目标:

常见漏洞和披露:此规则包中的规则有助于验证评估目标中的 EC2 实例是否存在常见漏洞和披露(CVE)。攻击可以利用未修补的漏洞来破坏服务或数据的机密性、完整性和可用性,而披露系统为公众已知的信息安全漏洞和暴露提供了参考方法。通常,你可以通过安装补丁来修复此规则包中的发现。

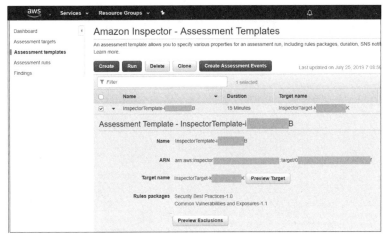

图 7-6-3

安全最佳实践：此规则包中的规则有助于确定系统的配置是否安全。例如，其中一条规则就是检查是否已通过 SSH 禁用了根用户登录。通常，你可以通过调整配置来补救调查结果。

5）在 Amazon Inspector 菜单上，单击"Assessment runs"，可以看到代表你开始的评估条目，因为 CloudFormation 运行了此程序，以节省时间。如果状态不是"Analysls Complete"，则需要定期刷新屏幕，直到状态为"Analysls Complete"，如图 7-6-4 所示。

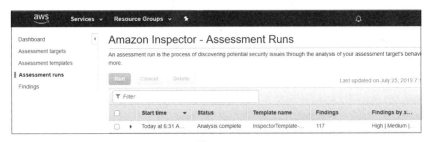

图 7-6-4

6）在代表最近一次扫描的那一行上，记下"Findings"列中的数字（图 7-6-4 中是 117）。在后面执行修复后，该数字应该会减少。单击"Findings"列中的数字，与运行相关的发现如图 7-6-5 所示。

7）你会看到其中一项发现已被扩展显示更多细节。这说明发现的中间部分已删除，以节省空间。

在了解了 Inspector 评估后，你就可以使用 AWS Systems Manager Patch Manager 进行一些补救了。然后，你自己运行检查员评估，以查看发现的数量是否已更改。

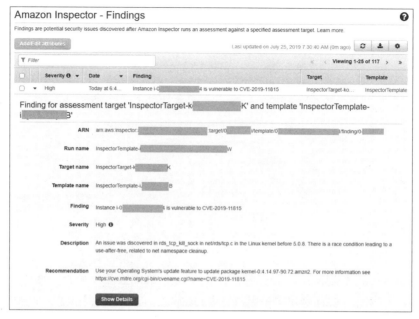

图 7-6-5

步骤 2：使用 Systems Manager 的 Patch Manager 设置修补程序。

在上一个评估阶段，由于在 CloudFormation 堆栈启动的实例上安装了 Amazon Inspector，因此下面可以使用 AWS Systems Manager Patch Manager 来修复补丁。另外，你也可以使用标签来选择实例。

你需要执行以下任务：

1）转到系统管理器控制台，选择补丁程序管理器，然后单击主屏幕上的查看预定义补丁程序的基线链接，如图 7-6-6 所示。

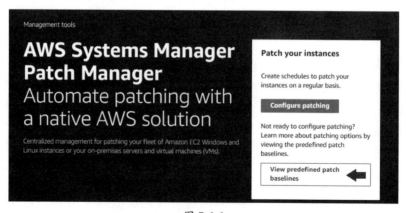

图 7-6-6

2）你会看到用于修补 Patch Manager 支持的每个操作系统的默认修补程序基准列表，默认修补程序基准仅修补主要的安全问题。你可以创建一个新的 Amazon Linux 2 补丁程序基准，以便修补更多内容，并将此新补丁程序基准设置为默认值。

3）单击创建补丁程序的基准。在名称字段中，输入名称以提供新的基准，如 pww。在操作系统字段中，选择"Amazon Linux 2"。在 Product, Classification 和 Severity 的下拉菜单中都选择"All"。在"（Approval rules）"部分中，选中"Include non-security updates"下的复选框，然后单击"Add another rule"按钮，如图 7-6-7 所示。根据屏幕大小，此框可能与标题（Include non-security updates）对齐。

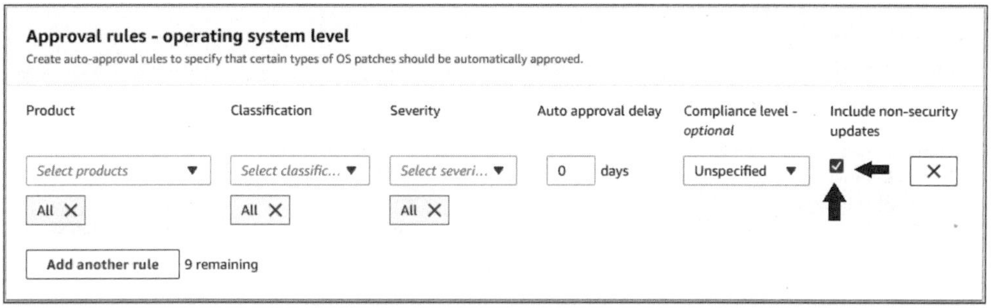

图 7-6-7

4）现在，你会在基准列表中看到新的补丁程序基准，也可能需要刷新窗口才能看到。新的补丁程序基准包括非安全性补丁程序。请注意，在代表新创建的补丁程序基准行的末尾，你会在"默认基准"列中看到"No"，如图 7-6-8 所示。

图 7-6-8

5）单击带有创建的补丁程序基准行上的单选按钮，然后从顶部的"操作"菜单中，选择"设置默认补丁程序基准"，你会被要求进行确认。这样就为 Amazon Linux 2 设置了默认补丁程序基准，以使用刚创建的包括非安全补丁程序的补丁程序基准。现在，你会在补丁基准的末尾看到"Yes"，如图 7-6-9 所示。

图 7-6-9

6）单击"配置补丁"后转到"要修补的实例"部分，然后单击"输入实例标签"单选按钮。在"实例标签"的"标签键"字段中输入 aws：cloudformation：stack-name，在"标记值"

字段中输入之前创建的堆栈名称。如果你是运行本实验并遵循本文档，则可以使用 pww。如果你正在使用事件引擎进行 AWS 事件，则堆栈名称可能以 mod-开头，后跟一些数字。然后单击"添加"。

7）在"Patching schedule"部分中，单击"Skip scheduling and patch instances now"。

8）在"Patching operation"部分中，单击"Scan and install"（如果尚未选中），这时屏幕应类似于图 7-6-10 所示。

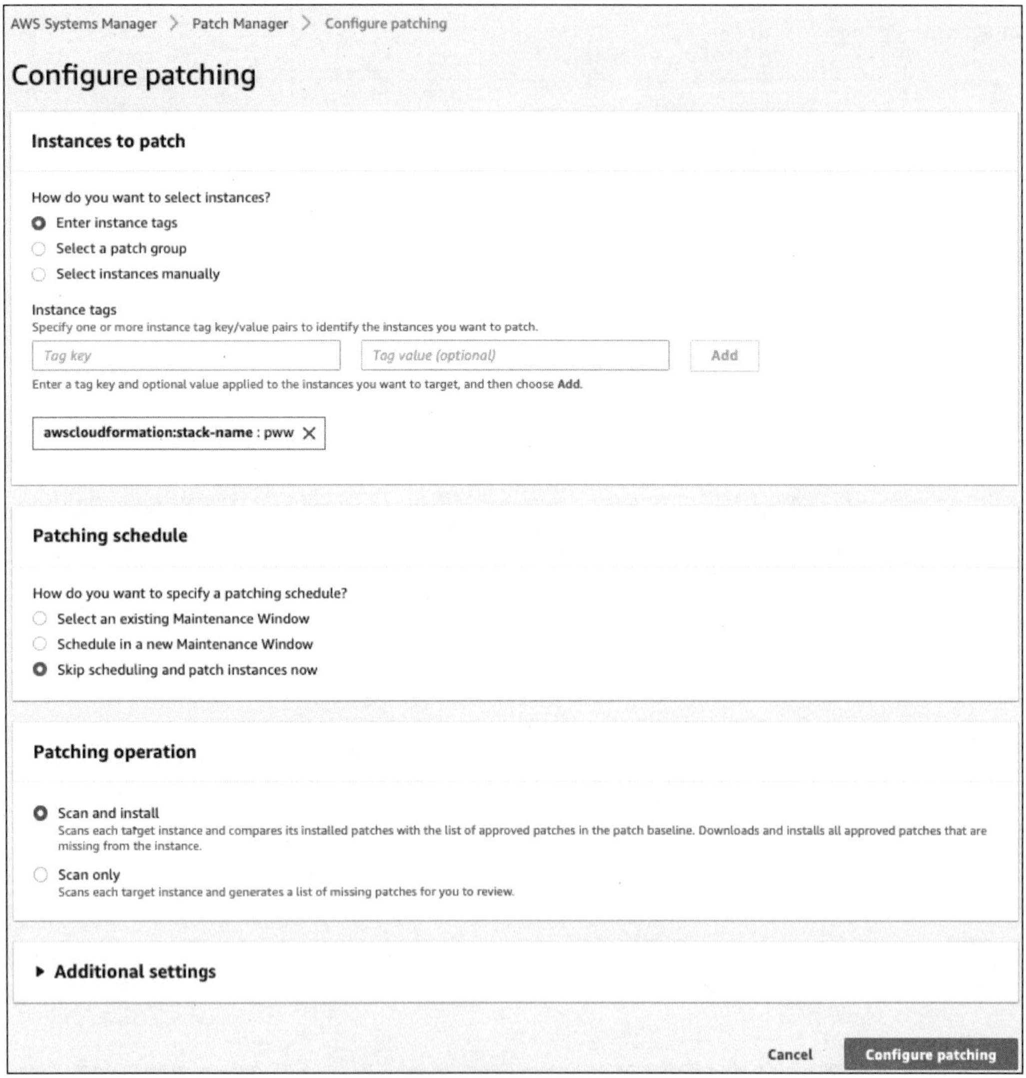

图 7-6-10

9）单击窗口底部的"配置修补程序"，你会在屏幕顶部看到一条 Patch Manager 使用 Run Command 修补实例的消息。

运行命令是 AWS Systems Manager 的另一个功能，其可以在多个 Amazon EC2 实例之间运行命令。修补程序管理器将构建执行修补程序所需的命令，并使用"运行命令"执行命令。

步骤 3：通过 Systems Manager 运行命令来检查修补状态。

现在，你可以使用 AWS Systems Manager Run Command 检查并修补操作的状态。

1）转到 AWS Systems Manager 控制台，然后单击左侧菜单上的"Run Command"。如果修补程序仍在运行，你就会在"Command"选项卡中看到该条目，然后等待命令完成。如有必要，则刷新屏幕以更新显示。命令完成后，单击"Command history"。

2）查找包含文档名称为 AWS-RunPatchBaseline 的行，其表示补丁管理器活动，这时屏幕应该类似于图 7-6-11 所示。如果命令状态为"fail"，则单击"Command ID"链接，然后单击"Run Command"以重新应用补丁程序基准并监视状态。

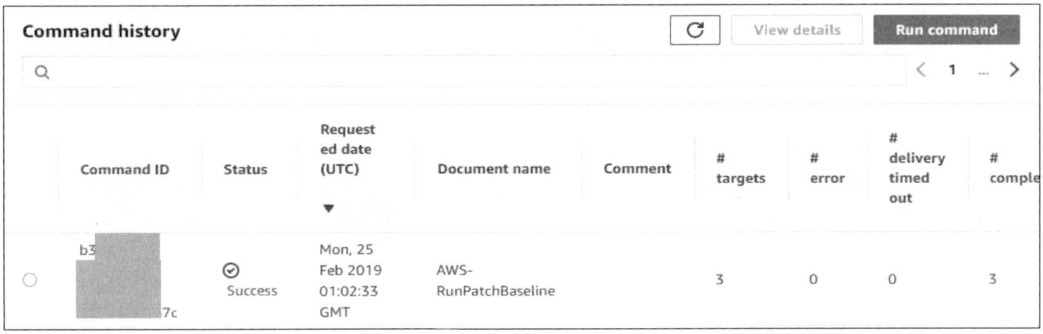

图 7-6-11

3）单击"Command ID"链接可以查看有关该命令的更多详细信息，你会看到每个目标的一行，并带有引用实例 ID 的链接。如果再单击"Instance ID"，则会看到所执行命令的每个步骤。请注意，这里跳过了一些步骤，因为它们不适用于实例的操作系统，另外你只能看到命令输出的第一部分。如果你要查看所有输出，则可以配置 Systems Manager，以将输出定向到 Amazon S3 存储桶。

现在已经完成了修补操作。在验证阶段，你可以使用 Amazon Inspector 重新评估环境。

步骤 4：扫描并验证修补结果。

在修复环境后，你需要再次使用 Amazon Inspector 来评估环境，以查看修补程序是如何影响环境的整体安全状况的。你需要先运行检查员评估。当评估运行时，还会探索 AWS 其他的一些功能。然后返回 Inspector，以查看使用 Systems Manager Patch Manager 进行修补的评估结果。

下面运行另一个检查员评估：
- 转到 Amazon Inspector 控制台，单击菜单上的"评估模板"。
- 找到并选中你在评估阶段创建的模板。
- 单击"运行"，这样就启动了另一个评估，运行时间约为 15 分钟。

探索 AWS Systems Manager 对 Windows 的维护。

当 Inspector 运行时，你会了解到 AWS Systems Manager 对 Windows 的维护。通过 AWS Systems Manager 维护 Windows，你可以定义如修补操作系统之类的时间表。因此，你可以设置维护窗口以持续应用补丁程序，而不是像以前那样一次性地应用补丁程序。每个维护窗口都有一个时间表（要进行维护的时间）、维护的一组注册目标（在这种情况下，是此实验的一部分 Amazon EC2 实例），以及一组注册任务（在这种情况下，是指修补操作）。

（1）创建维护窗口

1）转到 AWS Systems Manager 控制台，然后选择"Maintenance Windows"。

2）单击"创建维护窗口"，使用表 7-6-1 中的值，其他项保留默认值。请注意窗口的开始日期，这样做是为了避免干扰当前正在运行的 Inspector 扫描。

表 7-6-1

栏位名称	栏位值
目标名称	pww_targets
指定实例标签	选择单选按钮
标记键	aws: cloudformation: stack-name
标签值	堆栈名称（在此示例中为 pww）

然后单击"Add"以添加标签，这时屏幕应类似于图 7-6-12 所示，再单击"Register target"。

3）这时会根据你输入的信息将目标注册到维护窗口。

（2）注册维护窗口任务

1）单击左侧菜单上的"维护窗口"。

2）在维护窗口列表中，单击你创建的维护窗口对应的窗口 ID，链接以 mw-前缀开头。

3）单击"操作"，然后选择"注册运行"命令任务菜单项，使用表 7-6-2 中的值，其他字段保留默认值。

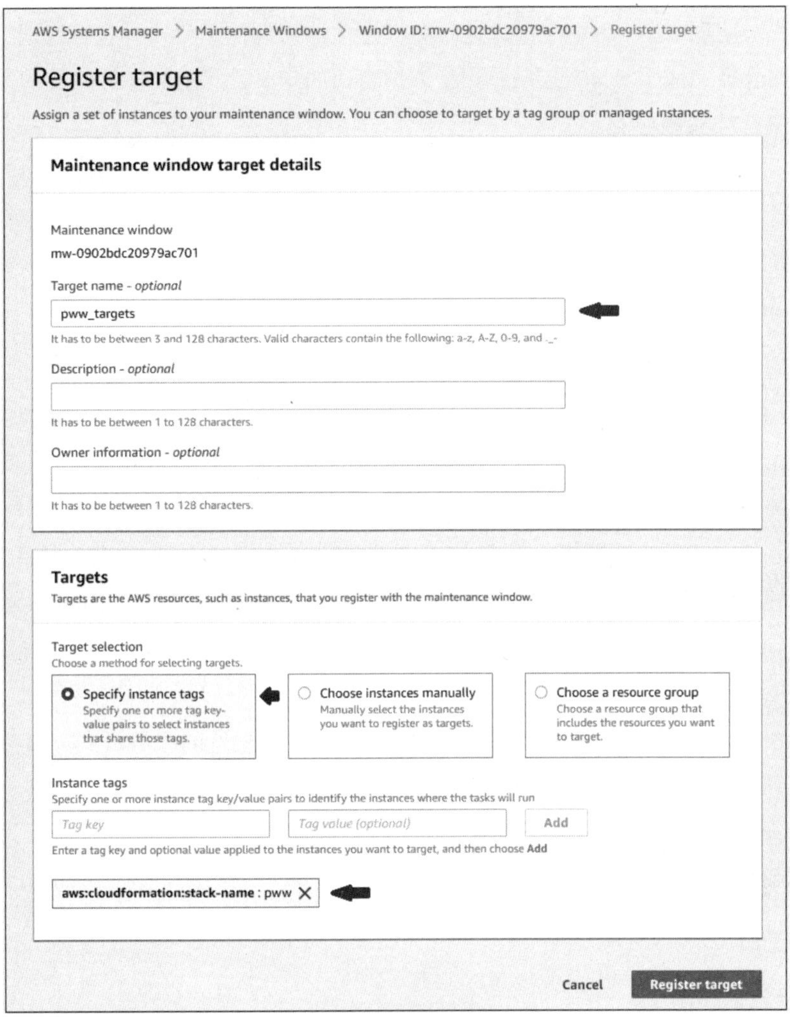

第 7 章 云安全动手实验——提高篇

图 7-6-12

表 7-6-2

栏位名称	栏位值
任务名称	pww_task
命令文件	AWS-RunPatchBaseline
指定目标	选择注册的目标群体
并发	1个目标
误差阈值	1个错误
服务角色选项	将服务链接的角色用于Systems Manager

4）单击"注册"运行命令任务，这时会根据你输入的信息将修补任务注册到维护窗口。

现在，你已经完成了 Systems Manager 维护窗口的定义。此附加任务的目的是，向你展示如何在环境中持续实施修补。

7.7 Lab7：自动部署云上威胁智能检测

7.7.1 实验概述

该实验的主要目标是使用 AWS CloudFormation 自动配置 GuardDuty 的检测方案，主要包括 AWS CloudTrail，AWS Config，Amazon GuardDuty 等服务。你可以使用 AWS 管理控制台和 AWS CloudFormation 自动执行每个服务的配置，为确保工作负载与 AWS 具有完善的框架打下良好的基础。

AWS CloudTrail 是一项服务，可以对 AWS 账户进行合规性审核、运营审核和风险审核等。借助 CloudTrail，你可以记录、持续监控和保留与整个 AWS 基础架构操作相关的账户活动。CloudTrail 还可以提供 AWS 账户活动的事件历史记录，包括通过 AWS 管理控制台、AWS SDK、命令行工具和其他 AWS 服务执行的操作。

AWS Config 是一项可以评估、审核和评估 AWS 资源配置的服务。它可以持续监视和记录 AWS 资源配置，并允许你根据所需配置自动评估记录的配置。

AWS GuardDuty 是一种威胁检测服务，可以连续监视恶意或未经授权的行为，以帮助你保护 AWS 账户和工作负载。它也可以监视可能会破坏账户的活动，如异常的 API 调用或潜在的未经授权的部署，还可以检测攻击者可能受到威胁的实例或侦察。

7.7.2 实验条件

1）设置一个 Labadmin 实验账号。

2）下载自动化部署文件 cloudtrail-config-guardduty.yaml。

3）选择部署不同的区域（要求区域已经发布 GuardDutyfu 服务）。

7.7.3 实验步骤

步骤 1：登录环境。

用 Labadmin 实验账号登录 AWS 管理控制台。

步骤 2：部署 GuardDuty 堆栈。

1）通过 AWS 管理控制台，或通过链接打开 CloudFormation 服务，然后单击"创建堆栈"，并选择"使用新资源"。

2）保持"准备模板"设置不变。
- 对于模板源，选择"上传模板文件"。
- 单击"选择文件"并选择下载到本地电脑中的 CloudFormation 模板：cloudtrail-config-guardduty.yaml，如图 7-7-1 所示。

图 7-7-1

3）单击"下一步"。
4）堆栈名称使用"MyFirst-GuardDutyControls"，或者其他名称。
5）参数配置，如图 7-7-2 所示。

图 7-7-2

- 查看参数及其默认值。
- 在"General"中，仅当尚未配置时才选择"Yes"启用服务，如 Config 和 GuardDuty 服务已经在部署的区域中启用；在默认配置 Config 和 GuardDuty 项中选择"No"，否则部署会报错。在默认情况下，CloudTrai 处于启用状态，如果你已经启用，则将创建另一个跟踪和 S3 存储桶。
- CloudTrailBucketName：要创建的新 S3 存储桶的名称（2020-lab cloudTrailBucketName），以供 CloudTrail 向其发送日志。

提示：存储桶名称在所有 AWS 存储桶中必须唯一，并且只能包含小写字母、数字和连字符。

- ConfigBucketName：要创建的新 S3 存储桶的名称（2020-lab-ConfigBucketName），以供 Config 将配置快照保存到存储桶，如图 7-7-3 所示。
- GuardDutyEmailAddress：接收警报的电子邮件地址（填写自己的邮件地址），你必须有权访问此地址以进行测试，然后单击"下一步"。

6）对于"配置堆栈"选项，我们建议配置标签（即键值对），以帮助你识别堆栈及其创建的资源。例如，在密钥的左列中输入所有值，在值的右列中输入你的电子邮件地址。这里不使用其他权限或高级选项，故单击"下一步"。

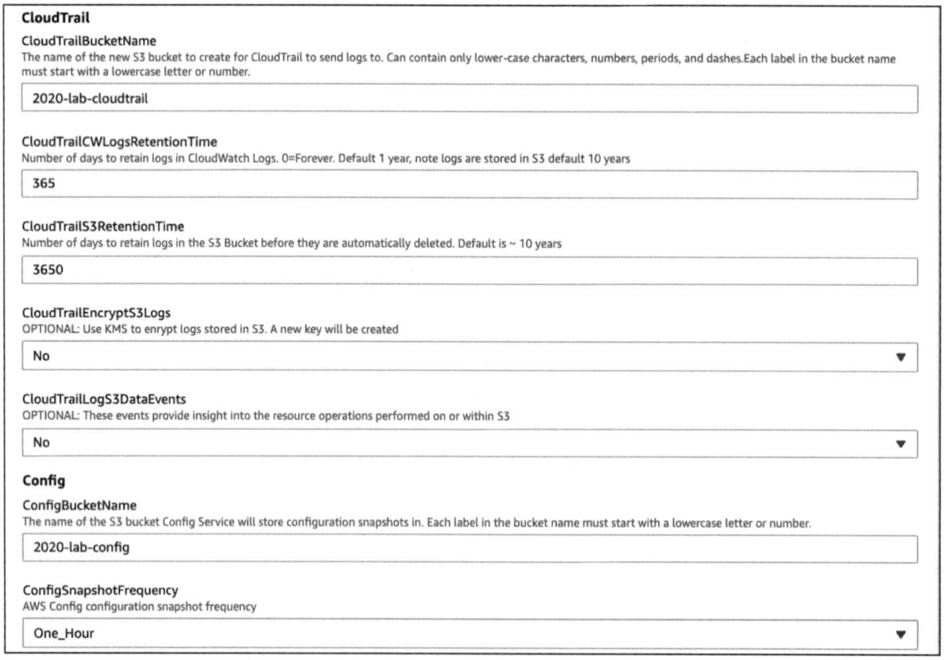

CloudTrail

CloudTrailBucketName
The name of the new S3 bucket to create for CloudTrail to send logs to. Can contain only lower-case characters, numbers, periods, and dashes.Each label in the bucket name must start with a lowercase letter or number.

2020-lab-cloudtrail

CloudTrailCWLogsRetentionTime
Number of days to retain logs in CloudWatch Logs. 0=Forever. Default 1 year, note logs are stored in S3 default 10 years

365

CloudTrailS3RetentionTime
Number of days to retain logs in the S3 Bucket before they are automatically deleted. Default is ~ 10 years

3650

CloudTrailEncryptS3Logs
OPTIONAL: Use KMS to enrypt logs stored in S3. A new key will be created

No

CloudTrailLogS3DataEvents
OPTIONAL: These events provide insight into the resource operations performed on or within S3

No

Config

ConfigBucketName
The name of the S3 bucket Config Service will store configuration snapshots in. Each label in the bucket name must start with a lowercase letter or number.

2020-lab-config

ConfigSnapshotFrequency
AWS Config configuration snapshot frequency

One_Hour

图 7-7-3

7）查看页面内容：在页面底部选择"我确认，AWS CloudFormation 可能创建 IAM 资源。"，然后单击"创建堆栈"，如图 7-7-4 所示。

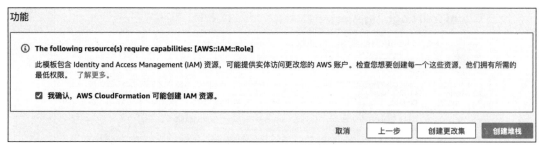

图 7-7-4

8）进入 CloudFormation 堆栈状态页面，显示正在进行的堆栈创建，如图 7-7-5 所示。

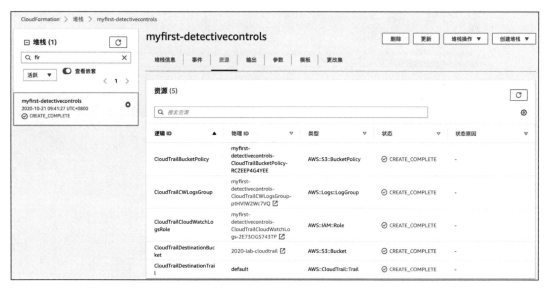

图 7-7-5

- 单击"资源"选项卡。
- 滚动浏览列表。它显示（以相反的顺序）由 CloudFormation 执行的活动，如开始创建资源等。
- 在创建堆栈期间遇到的任何错误都将在此选项卡中列出。

9）当堆栈显示 CREATE_COMPLETE 状态时，说明部署成功。

现在，你已经设置了堆栈控件以登录到存储桶并保留事件，这使你能够搜索历史记录，并在以后启用对 AWS 账户的主动监控。

这时，你会收到一封电子邮件，以确认 SNS 电子邮件订阅，你必须进行确认，如图 7-7-6 所示。

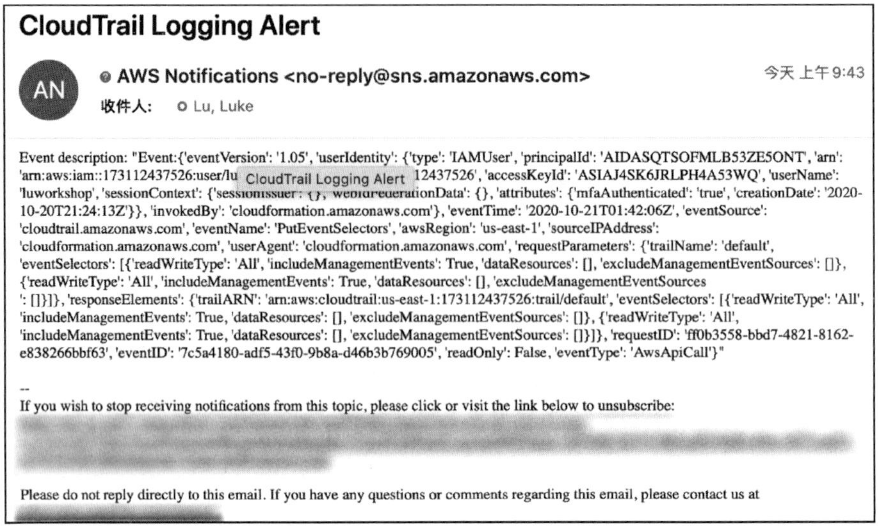

图 7-7-6

由于电子邮件是直接通过 SNS 从 GuardDuty 发送的，因此为 JSON 格式。

步骤 3：清除环境。

1）登录 AWS 管理控制台，然后打开 CloudFormation 控制台。

选择部署的堆栈名称，如 "MyFirst-GuardDutyControls"。

单击"操作"，然后单击"删除堆栈"。

确认堆栈，然后单击"是，删除"。

2）清空并删除 S3 存储桶。

登录 AWS 管理控制台，然后打开 S3 控制台。

选择你之前创建的 CloudTrail 存储桶，但无须单击名称。

7.7.4 实践总结

本实验实现了 CloudFormation 堆栈的自动化部署，主要是创建和配置 CloudTrail，包括一个 CloudTrail、一个 S3 存储桶及一个 CloudWatch Logs 组。你可以选择通过为每个参数设置 CloudFormation 参数来配置 AWS Config 和 Amazon GuardDuty。

这个实验属于基础实验，后续我们会扩展场景，为威胁检测设置自动提醒关键指标以进行自动化配置管理，用托管服务来提高你的安全威胁和响应的自动化和可见性。

7.8 Lab8：自动部署 Config 监控并修复 S3 合规性

7.8.1 实验概述

本实验的主要目标是如何使用 AWS Config 监控 Amazon S3 存储桶开放读取和写入访问的 ACL 和公共访问策略，如何使用 Amazon CloudWatch，Amazon SNS 和 Lambda 自动修复公共存储桶 ACL，发现 S3 存储桶目录开放权限不合格的情况，并及时发出告警邮件，以便能够轻松识别并保护开放的 S3 存储桶的 ACL 和策略。

7.8.2 实验架构

在实验架构中，主要用到 AWS Config，Amazon S3，Amazon CloudWatch，Amazon SNS，Lambda 等 5 个服务，共需要完成 5 个任务项，如图 7-8-1 所示。

1）启用 AWS Config 来监控 Amazon S3 存储桶的 ACL 和策略是否合规。

2）创建一个 IAM 角色和策略，以授予 Lambda 读取 S3 存储桶策略并通过 SNS 发送警报的权限。

3）创建并配置 CloudWatch Events 规则，当 AWS Config 监控到 S3 存储桶 ACL 或策略违规时，该规则会触发 Lambda 函数。

4）创建一个使用 IAM 角色的 Lambda 函数，以查看 S3 存储桶的 ACL 与策略和更正 ACL，并将不合规策略通知你的团队。

5）通过使用修改 S3 存储桶目录的权限，来验证监控合规记录和自动修复及告警信息。

注意：实验假定你的合规性策略的要求是监控的存储桶不允许公共读取或写入访问。

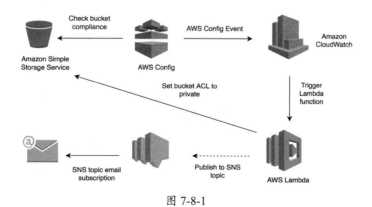

图 7-8-1

7.8.3 实验步骤

步骤 1：启用 AWS Config 和 Amazon S3 存储桶监控。

以下是如何设置 AWS Config 来监控 Amazon S3 存储桶。

1）登录 AWS 管理控制台，然后打开 AWS Config 控制台，选择"设置"。

2）在"设置"页面的"要记录的资源类型"下，清除"所有资源"复选框。在"特定类型"列表中，选择"S3"下的"Bucket"，如图 7-8-2 所示。

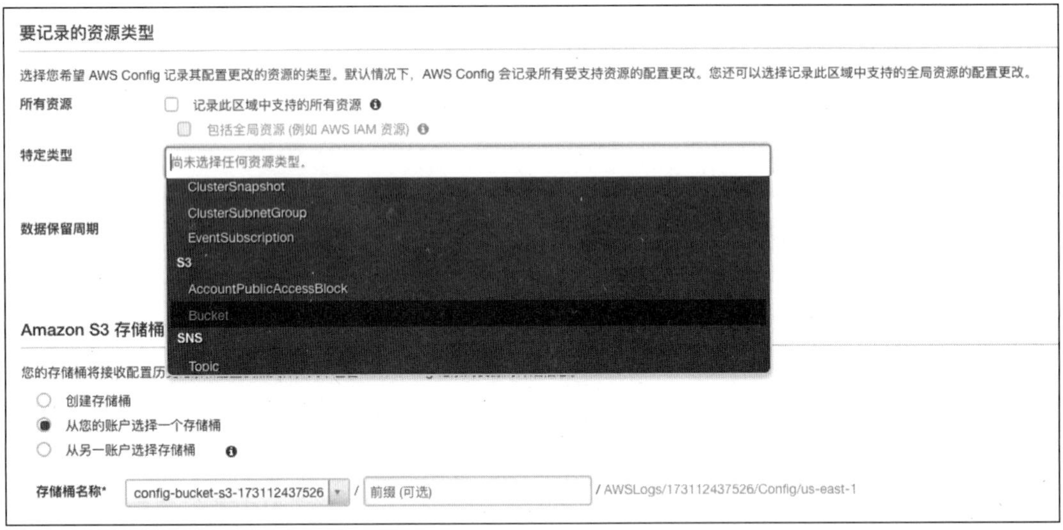

图 7-8-2

3）选择"Amazon S3 存储桶"以存储配置历史记录和快照。我们创建一个新的 Amazon S3 存储桶，如图 7-8-3 所示。

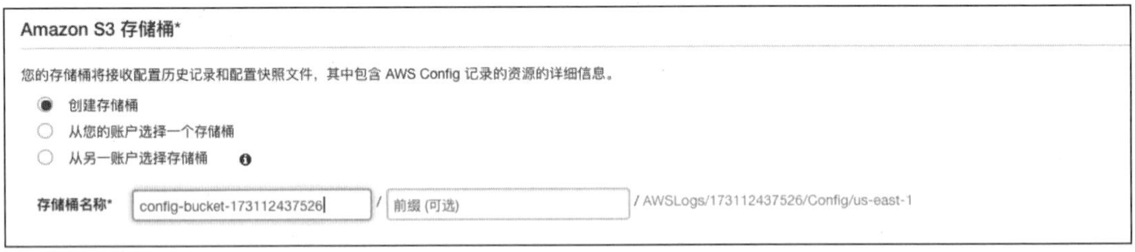

图 7-8-3

如果在账户中使用现有的 S3 存储桶，则选择"从您的账户选择一个存储桶"，然后使用下拉列表选择一个现有存储桶。

4）在"Amazon SNS 主题"下，选中"将配置更改和通知流式传输到 Amazon SNS 主题"，然后选中"创建主题"（也可以选择以前创建并订阅的主题），如图 7-8-4 所示。

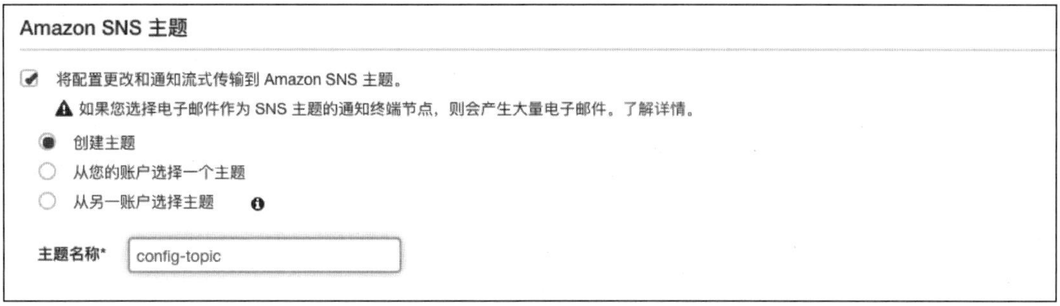

图 7-8-4

你也可以根据自己的习惯完成主题"config-topic"的修改，在完成设置后，将会直接在 SNS 中创建新主题，如图 7-8-5 所示。

图 7-8-5

5）选中主题旁边的复选框，然后在"操作"菜单下，选择"订阅主题"。

6）选择将"电子邮件"作为协议，输入你的电子邮件地址，然后单击"创建订阅"，如图 7-8-6 所示。几分钟后，你将收到一封电子邮件，要求你确认订阅此主题的通知。选择链接以确认订阅，如图 7-8-7 所示。

7）在"AWS Config 角色"下，选择"使用现有 AWS Config 服务相关角色"，如图 7-8-8 所示。

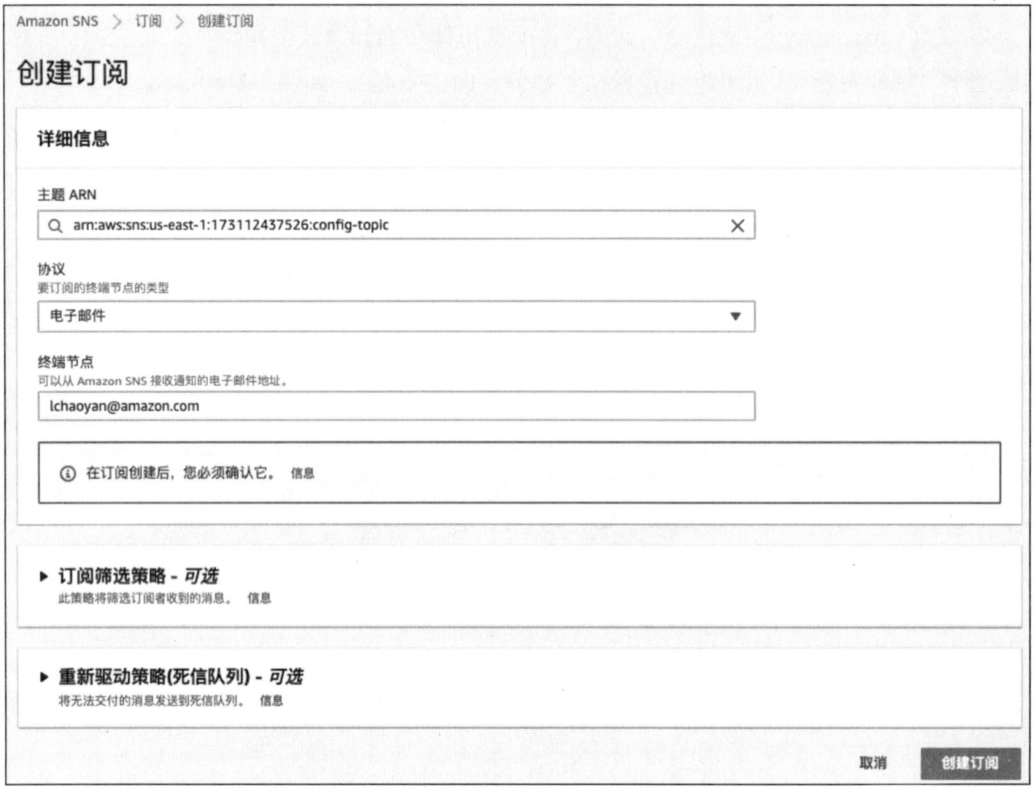

图 7-8-6

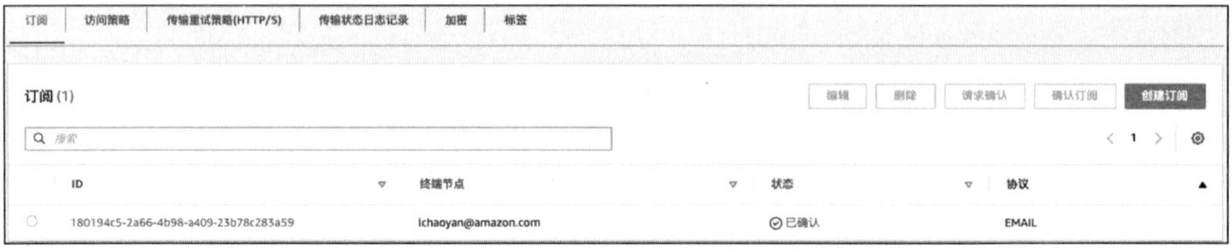

图 7-8-7

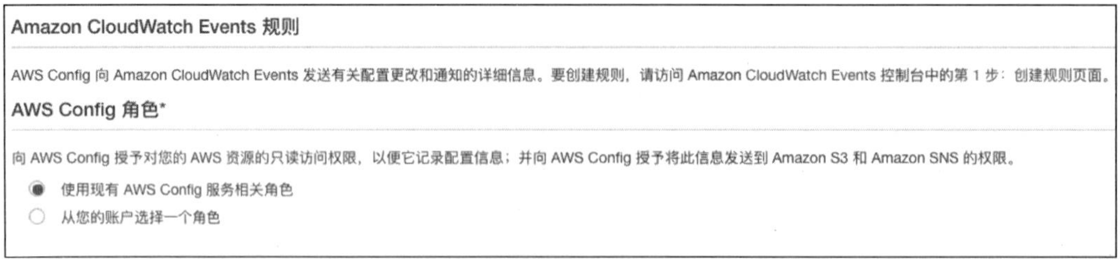

图 7-8-8

8）配置 Amazon S3 存储桶监控规则：在 AWS Config 的"添加规则"页面上，搜索 S3 并选择"s3-bucket-public-read-prohibited"和"s3-bucket-public-write-prohibited"规则，然后分别双击它们进行规则详细配置，如图 7-8-9 所示。

图 7-8-9

9）在查看页面上，单击"确认"。这时，AWS Config 正在分析你的 Amazon S3 存储桶，捕获其当前配置，并根据选择的规则评估配置。

步骤 2：为 Lambda 创建角色。

我们需要为 Lambda 创建角色，以实现检查和修改 Amazon S3 存储桶的 ACL 和策略、登录 CloudWatch Logs，以及发布到 Amazon SNS 主题的权限。现在，我们设置自定义 AWS 身份和访问管理（IAM）策略与角色来支持这些操作，并将策略分配给将被创建的 Lambda 函数。

1）在 AWS 管理控制台的"服务"下，选择 IAM 访问 IAM 控制台。

2）创建 Lambad 角色需要的策略：复制以下策略到 IAM 的策略控制界面，然后单击"查看策略"，如图 7-8-10 所示。

```
{
    "Version": "2012-10-17",
    "Statement": [
```

```json
    {
        "Sid": "SNSPublish",
        "Effect": "Allow",
        "Action": [
            "sns:Publish"
        ],
        "Resource": "*"
    },
    {
        "Sid": "S3GetBucketACLandPolicy",
        "Effect": "Allow",
        "Action": [
            "s3:GetBucketAcl",
            "s3:GetBucketPolicy"
        ],
        "Resource": "*"
    },
    {
        "Sid": "S3PutBucketACLAccess",
        "Effect": "Allow",
        "Action": "s3:PutBucketAcl",
        "Resource": "arn:aws:s3:::*"
    },
    {
        "Sid": "LambdaBasicExecutionAccess",
        "Effect": "Allow",
        "Action": [
            "logs:CreateLogGroup",
            "logs:CreateLogStream",
            "logs:PutLogEvents"
        ],
        "Resource": "*"
    }
    ]
}
```

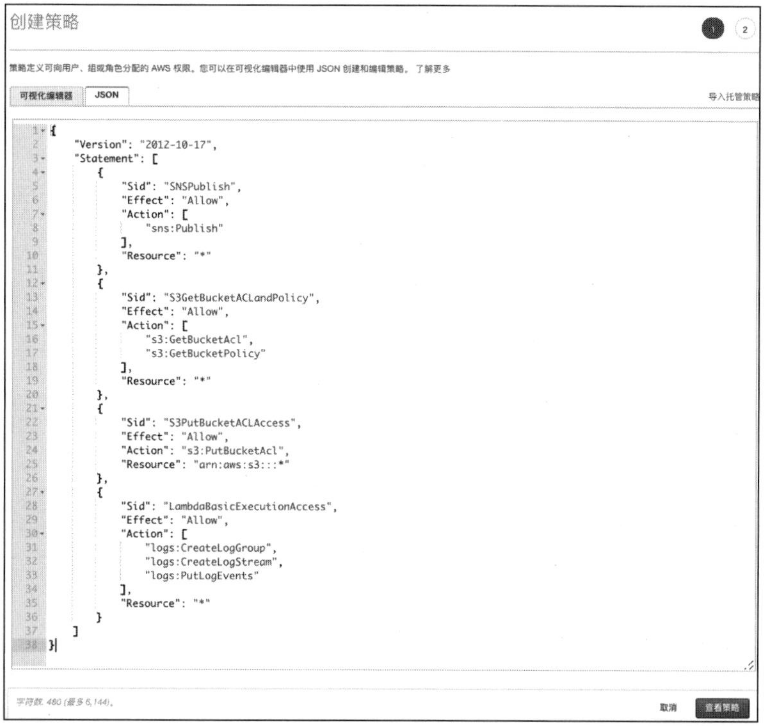

第 7 章 云安全动手实验——提高篇

图 7-8-10

策略详情如图 7-8-11 所示：

图 7-8-11

3）为 Lambda 函数创建角色：从角色的服务列表中选择 Lambda，并选中之前创建的策略旁边的复选框，然后单击"下一步：为您的角色命名"添加描述，然后单击"创建角色"。在此示例中，命名为 mylab-modify-s3-acl-Role，然后将其附加给角色 AWS 的托管策略

"AWSLambdaBasicExecutionRole"，如图 7-8-12 所示。

图 7-8-12

步骤 3：创建和配置 CloudWatch 规则。

下面创建一个 CloudWatch 规则，当 AWS Config 监控并确定 Amazon S3 存储桶不合格时，其能触发 Lambda 函数，如图 7-8-13 所示。

图 7-8-13

1）在 AWS 管理控制台的"服务"下,选择"CloudWatch"。

2）在左侧的"事件"下,选择"规则",然后单击"创建规则"。

3）在步骤 1"创建规则"的"事件源"下,选择下拉列表中的"生成自定义事件模式",并将以下模式粘贴到文本框中。

```
{
 "source": [
  "aws.config"
 ],
 "detail": {
  "requestParameters": {
   "evaluations": {
    "complianceType": [
     "NON_COMPLIANT"
    ]
   }
  },
  "additionalEventData": {
   "managedRuleIdentifier": [
    "S3_BUCKET_PUBLIC_READ_PROHIBITED",
    "S3_BUCKET_PUBLIC_WRITE_PROHIBITED"
   ]
  }
 }
}
```

该模式匹配 AWS Config 检查 Amazon S3 存储桶,以确保公共访问时生成的事件。

4）在图 7-8-13 的"目标"中,选择之前创建的 Amazon SNS 主题"config-topic"(如果提前设置了 Lambda,也可以同时选择配置它,其将在步骤 4 中创建),然后单击"配置详细信息"。

5）给规则命名为 mylab-AWSConfigFoundOpenBucket,如图 7-8-14 所示,然后单击"创建规则"。

步骤 4:创建 Lambda 函数。

下面创建一个新的 Lambda 函数,来检查 Amazon S3 存储桶的 ACL 和策略。如果发现存储桶 ACL 允许公共访问,则 Lambda 函数会将其修改为私有 ACL。如果找到了存储桶策略,则 Lambda 函数将创建 SNS 消息,将该策略放入消息正文中,并将其发送到创建的 Amazon SNS 主题中。

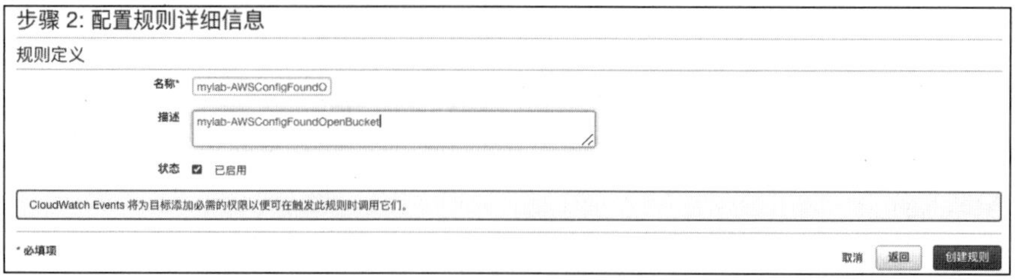

图 7-8-14

由于存储桶策略很复杂并且覆盖策略可能会导致意外的访问丢失，因此此 Lambda 函数不会尝试以任何方式更改策略。

1）在 AWS 管理控制台的"服务"下，选择 Lambda 以转到 Lambda 控制台。从控制面板中，选择创建功能或者直接进入"功能"页面，再单击右上角的"创建功能"。

2）在"创建功能"页面上选择"从头开始创作"，填写函数名称：AWSConfigOpenAccessResponder。在"运行时"的下拉列表中，选择"Python 3.6"。在"执行角色"下，选择"使用现有角色"，并选择你在前面步骤中创建的角色，然后单击"创建函数"，如图 7-8-15 所示。

图 7-8-15

3)现在，根据之前创建的规则添加一个 CloudWatch Event。单击"添加"，选择"EventBridge（CloudWatch Events）"，这时其图框显示连接到 Lambda 函数的左侧，如图 7-8-16 和图 7-8-17 所示。

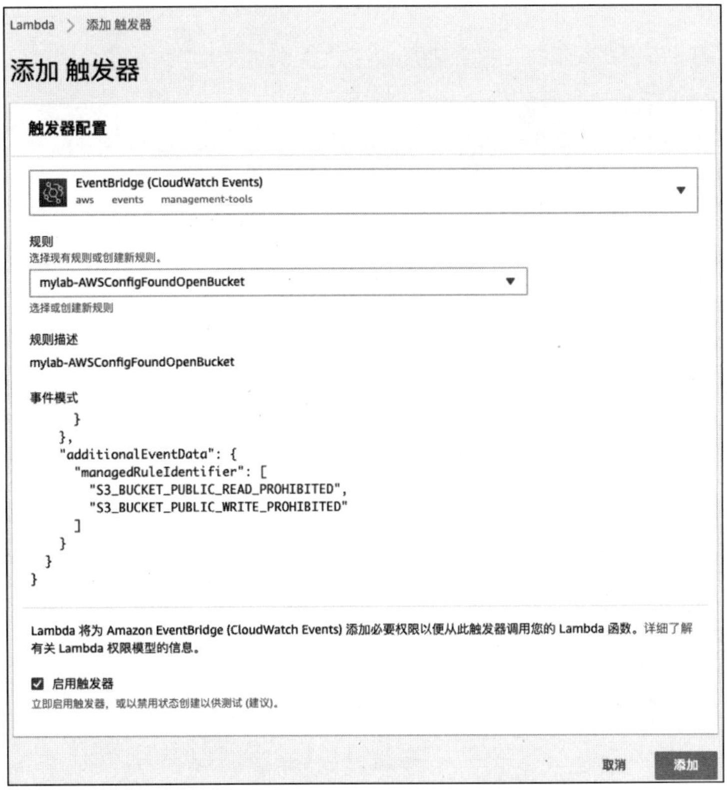

图 7-8-16

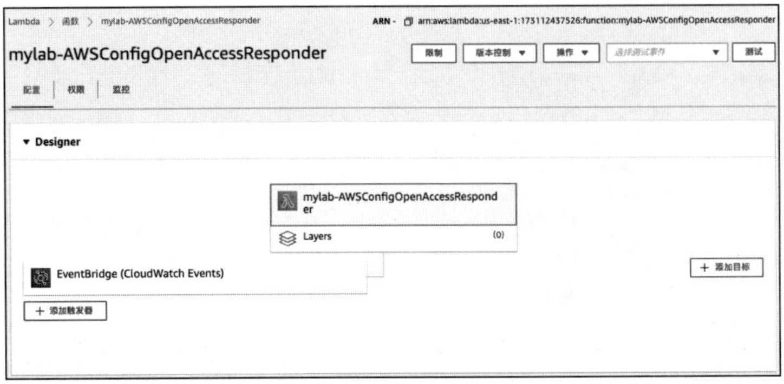

图 7-8-17

4）向下滚动到"函数代码"部分，删除默认代码，然后粘贴以下代码，如图 7-8-18 所示。

```python
import boto3
from botocore.exceptions import ClientError
import json
import os

ACL_RD_WARNING = "The S3 bucket ACL allows public read access."
PLCY_RD_WARNING = "The S3 bucket policy allows public read access."
ACL_WRT_WARNING = "The S3 bucket ACL allows public write access."
PLCY_WRT_WARNING = "The S3 bucket policy allows public write access."
RD_COMBO_WARNING = ACL_RD_WARNING + PLCY_RD_WARNING
WRT_COMBO_WARNING = ACL_WRT_WARNING + PLCY_WRT_WARNING

def policyNotifier(bucketName, s3client):
    try:
        bucketPolicy = s3client.get_bucket_policy(Bucket = bucketName)
        # notify that the bucket policy may need to be reviewed due to security concerns
        sns = boto3.client('sns')
        subject = "Potential compliance violation in " + bucketName + " bucket policy"
        message = "Potential bucket policy compliance violation. Please review: " + json.dumps(bucketPolicy['Policy'])
        # send SNS message with warning and bucket policy
        response = sns.publish(
            TopicArn = os.environ['TOPIC_ARN'],
            Subject = subject,
            Message = message
        )
    except ClientError as e:
        # error caught due to no bucket policy
        print("No bucket policy found; no alert sent.")

def lambda_handler(event, context):
```

```python
    # instantiate Amazon S3 client
    s3 = boto3.client('s3')
    resource = list(event['detail']['requestParameters']['evaluations'])[0]
    bucketName = resource['complianceResourceId']
    complianceFailure = event['detail']['requestParameters']['evaluations'][0]['annotation']
    if(complianceFailure == ACL_RD_WARNING or complianceFailure == ACL_WRT_WARNING):
        s3.put_bucket_acl(Bucket = bucketName, ACL = 'private')
    elif(complianceFailure == PLCY_RD_WARNING or complianceFailure == PLCY_WRT_WARNING):
        policyNotifier(bucketName, s3)
    elif(complianceFailure == RD_COMBO_WARNING or complianceFailure == WRT_COMBO_WARNING):
        s3.put_bucket_acl(Bucket = bucketName, ACL = 'private')
        policyNotifier(bucketName, s3)
    return 0  # done
```

图 7-8-18

5）向下滚动到"编辑环境变量"部分，此代码使用"环境变量"存储 Amazon SNS 主题 ARN。

在"键"中输入"TOPIC_ARN"；在"值"中输入步骤 1 中创建的 Amazon SNS 主题的 ARN，如图 7-8-19 所示。

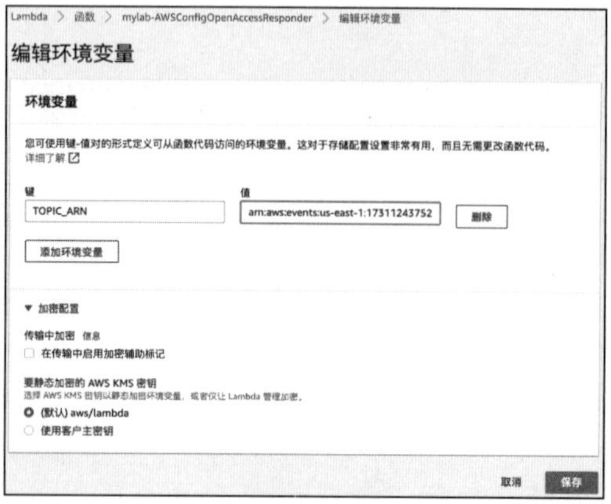

图 7-8-19

6）在权限标签下的"执行角色"的"现有角色"下拉列表中选择之前创建的角色"mylab-modify-s3-acl-role"，保留其他内容不变，然后单击"保存"，如图 7-8-20 所示。

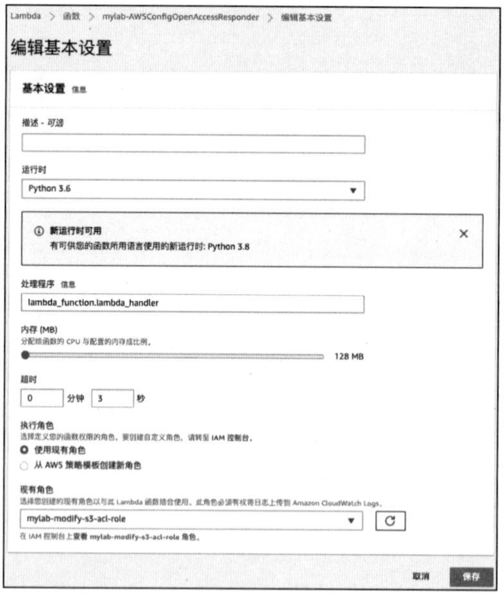

图 7-8-20

步骤5：验证监控和修复效果。

1）对其进行测试以确保检测和响应能正常工作，如图7-8-21所示。

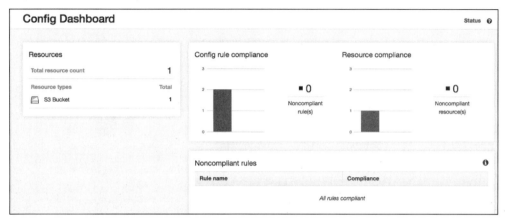

图 7-8-21

现有一个 Amazon S3 存储桶，在 AWS Config 监视的区域中创建的"myconfigtestbucket"及关联的 Lambda 函数。由于该存储桶没有在 ACL 或策略中设置任何公共的读写访问权限，因此创建符合标准。

2）更改存储桶的 ACL 以允许对象的公共列表，S3 权限选项卡如图 7-8-22 所示，其显示了每个人都被授予访问权限。

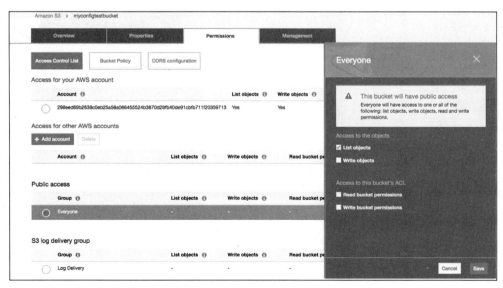

图 7-8-22

3）保存后，存储桶就可以进行公共访问了。几分钟后，在 AWS Config 仪表板上可以看到有一种不合规的资源，且带有不合规的配置仪表板显示，如图 7-8-23 所示。

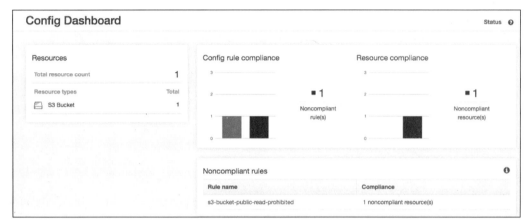

图 7-8-23

4）在 Amazon S3 控制台中，我们看到在调用由 CloudWatch Rule 触发的 Lambda 函数之后，存储桶不再具有启用的公共对象列表。权限标签显示不再允许访问，如图 7-8-24 所示。

图 7-8-24

5）这时，AWS Config 仪表板显示没有任何不符合要求的资源，配置仪表板显示不合规资源为 0，如图 7-8-25 所示。

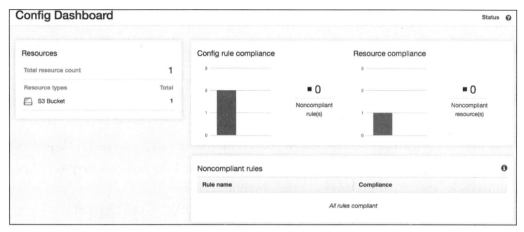

图 7-8-25

6）下面通过配置允许列表访问的存储桶策略来检查 Amazon S3 存储桶策略，如图 7-8-26 所示。

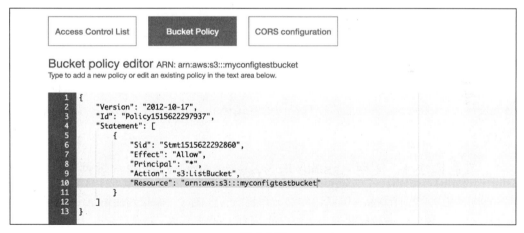

图 7-8-26

7）在"myconfigtestbucket"存储桶上设置此策略的几分钟后，AWS Config 会识别该存储桶不再合规。因为这是存储桶策略而不是 ACL，所以我们向之前创建的 SNS 主题发布了一个通知，以便了解潜在的策略冲突。

我们还可以修改或删除该策略，然后由 AWS Config 识别该资源是否符合要求。

7.8.4 实验总结

本实验主要通过 AWS Config 服务定义的资源配置检测模板，快速配置并持续监控你的 AWS 资源的安全合规场景，从而使评估、监控和修复不合规的资源配置变得更简单、更自动化。AWS Config 提供了许多有关 AWS 资源安全和合规托管的规则，这些规则解决了广泛的安全问题，如检查是否对 Amazon Elastic Block Store（Amazon EBS）卷进行了加密、是否对资源进行了适当的标记，以及是否为根用户启用了 MFA 账户等。你还可以创建自定义规则，以通过 AWS Lambda 函数来监控和修复合规性的要求。

为了提高部署效率，我们在附书资料中提供了一个 AWS CloudFormation 自动化部署模板，该模板实现了以上所有步骤。基于该模板，你可以将 AWS Config 修改并部署在多个区域中。

7.9　Lab9：自动部署云上漏洞修复与合规管理

在本实验中，讲述如何通过 AWS Systems Manager 和 Amazon CloudWatch 构建企业合规性管理和漏洞补救系统，如何通过 Amazon QuickSight 和 Amazon Athena 进行报告分析和展示，以便为合规性利益相关者提供云上安全合规系统的可视化内容。

本实验的目的是定义一个策略，对其进行持续监控，并根据定义的策略确保系统能够保持符合所需配置的要求。我们将针对 AWS Systems Manager 分别使用常见的行业标准域特定语言（DSL）、PowerShell DSC 和 Ansible 来监控和修复 Linux 和 Windows 实例。首先从 Linux 和 Ansible 开始，然后根据需要转到 Windows 和 PowerShell DSC。由于 AWS Systems Manager 服务还支持 Chef Inspec，因此也可以以相同的方式利用自动化平台来满足合规性、安全性和策略要求。

7.9.1　实验模块 1：使用 Ansible 与 Systems Manager 的合规性管理

Ansible 是一个配置平台，可以让你定义系统的安全性。下面我们使用 Ansible 手册来定义和配置并有选择地补救配置的不合规项，并利用 AWS Systems Manager Session Manager 进行远程管理，而无须网络连接或管理 SSH 密钥。我们将为 Windows 使用类似的配置平台，并采取额外的步骤确保禁用了远程管理实例所需的服务。

步骤 1：启动 Ubuntu EC2 实例。

1）登录 AWS 账户。

2）登录后，转到 EC2 控制台。

3）启动 Ubuntu Server EC2 实例，如图 7-9-1 所示。

图 7-9-1

4）选择一个通用 t2.micro 实例，如图 7-9-2 所示，然后单击"下一步：配置实例详细信息"。

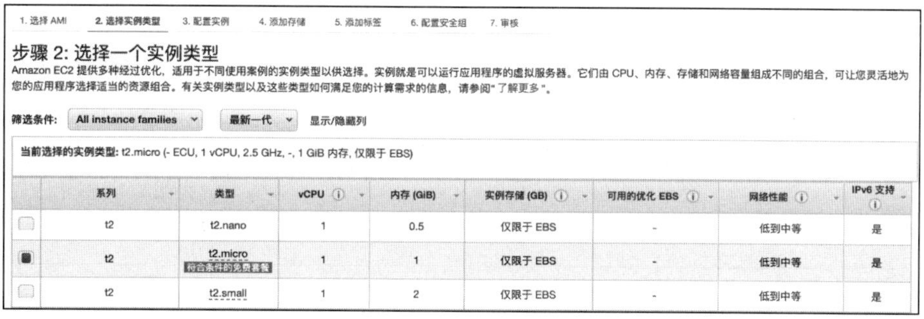

图 7-9-2

5）在图 7-9-3 所示的页面上，"IAM 角色"部分以外的所有项都为默认值，单击"创建新的 IAM 角色"。

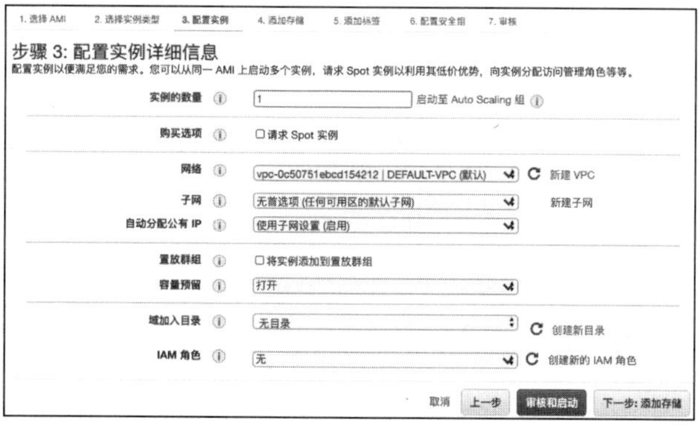

图 7-9-3

6）在"角色"页面上，单击"创建角色"。

7）在"选择受信任实体的类型"部分中，选择"AWS 产品"，并在"选择一个使用案例"中选择"EC2"，然后单击"下一步：权限"，如图 7-9-4 所示。

图 7-9-4

8）在"Attach 权限策略"页面中，选择"AmazonEC2RoleforSSM"策略，然后单击"下一步：标签"，如图 7-9-5 所示。

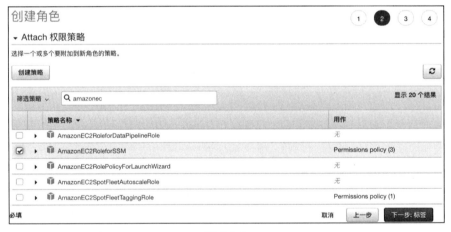

图 7-9-5

9）在"添加标签"页面上，单击"下一步：审核"。

10）在"审核"页面中，角色名称为"mylab-ubuntu-ssm-role"，然后单击"创建角色"，如图 7-9-6 所示。

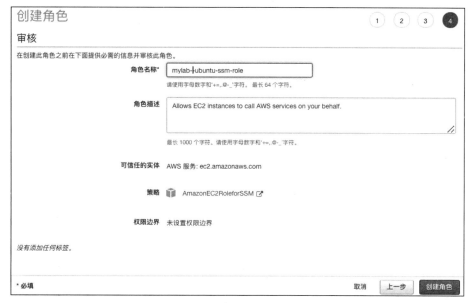

图 7-9-6

11）创建角色后，将返回"配置实例详细信息"页面并完成实例创建。在继续之前，先刷新"IAM 角色"部分并选择刚刚创建的角色，如图 7-9-7 所示。

图 7-9-7

12）然后单击"下一步：添加存储"。
13）在"添加存储"页面中，各项使用默认设置，然后单击"下一步：添加标签"。
14）在"添加标签"页面中，在"值"部分中输入"名称"作为"键"，并输入"mylab-ubuntu"。
15）然后单击"审核并启动"。
16）在"审阅实例启动"页面上，单击"启动"。
17）选择"mylab-keypair"，然后单击"启动实例"，如图 7-9-8 所示。

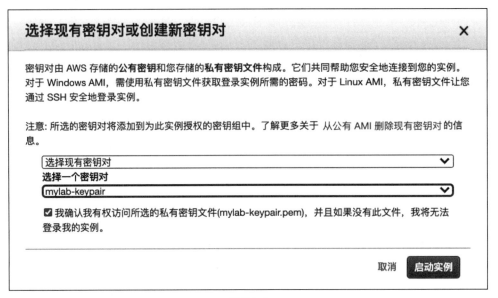

图 7-9-8

步骤 2：配置 KMS 主密钥。

为了确保会话链接是安全的，我们需要通过 KMS 配置加密会话主密钥。

1）转到 AWS 管理器控制台。

2）在"Key Management Service（KMS）"页面上，单击"客户管理的密钥"，然后单击"创建密钥"并选择"对称"，单击"下一步"，如图 7-9-9 所示。

图 7-9-9

填写密钥名称"mylab-ssm-kmskey"，然后单击"下一步"，如图 7-9-10 所示。

第 7 章　云安全动手实验——提高篇　365

图 7-9-10

3）分别选择管理员账号并"定义密钥管理权限"和"定义密钥使用权限"，如图 7-9-11 和图 7-9-12 所示，然后分别单击"下一步"。

图 7-9-11

图 7-9-12

4）密钥创建成功，如图 7-9-13 所示，单击"完成"。

图 7-9-13

5）在客户端密钥管理员界面，单击创建完成的密钥并拷贝 ARN 到文本框，以便在创建内联策略授权角色访问密钥时使用，如图 7-9-14 所示。

图 7-9-14

步骤 3：附加 Role 内联策略。

1）打开之前在 IAM 中创建的角色，并单击"添加内联策略"，如图 7-9-15 所示。

图 7-9-15

2）单击"JSON"标签，将策略复制到文本框中，并将之前自定义密钥的 ARN 拷贝到 Resource 处，如图 7-9-16 所示。

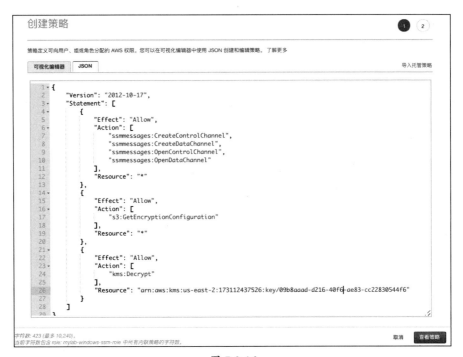

图 7-9-16

3）将内联策略命名为"mylab-SessionManagePermissions",如图 7-9-17 所示。

图 7-9-17

4）跳转到 System Managerg 管理页面,单击"会话管理器"中的"首选项",如图 7-9-18 所示。

图 7-9-18

在设置好会话管理器的密钥之后,通过下面托管实例页面,即可安全启动会话。

步骤 4：合规展示和自动修复。

在启动实例后,使用 AWS Systems Manager 维护安全合规性。

1）转到 AWS 管理器控制台。

2）在"托管实例"页面上,单击刚刚创建的 EC2 实例,然后在"操作"下拉列表中选择"启动会话",如图 7-9-19 所示。

图 7-9-19

3）使用"会话管理器"安装 Ansible 组件，这将确保系统能保持安全性。

4）然后单击"开始会话"，以连接到刚刚创建的 EC2 实例。

5）在打开新选项卡并建立与 EC2 实例的会话后，运行以下命令来安装 Ansible，如图 7-9-20 所示。

图 7-9-20

6）安装完所有组件后，单击"状态管理器"，如图 7-9-21 所示，然后单击"创建关联"。

图 7-9-21

7）在"名称"字段中输入"mylab-ubuntu-ansible"，在"文档"中选择"AWS-RunAnsiblePlaybook"，如图 7-9-22 所示。

图 7-9-22

8）在"参数"的"Playbookurl"框中输入以下 URL，然后从"Check"下拉列表中选择"True"。本实验中使用的 Playbookurl 在 EC2 实例上安装了 Web 服务，但是我们将不会安装该服务，而只会使用 Playbookurl 将实例标记为不兼容。复制并粘贴地址，如图 7-9-23 所示。

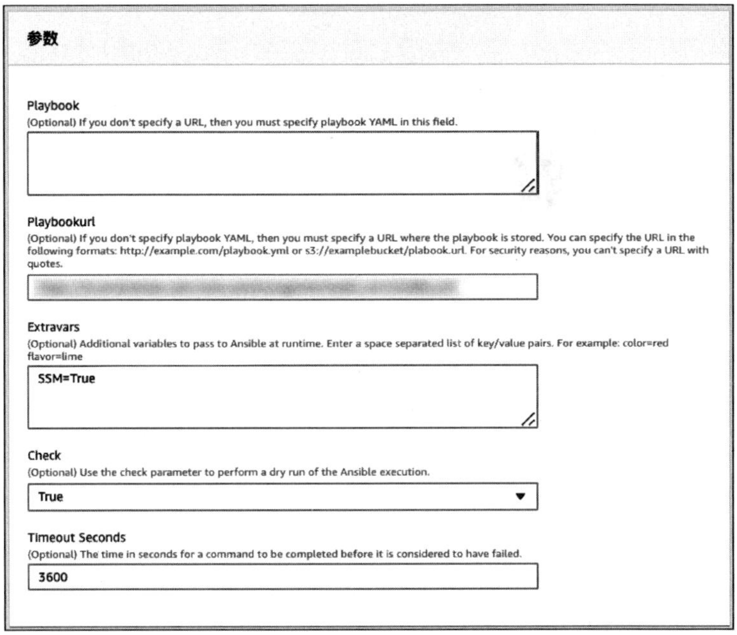

图 7-9-23

9）在"目标"中，为键值对选择"Specify instance tags"，并添加"Name"和"mylab-ubuntu"，如图 7-9-24 所示。

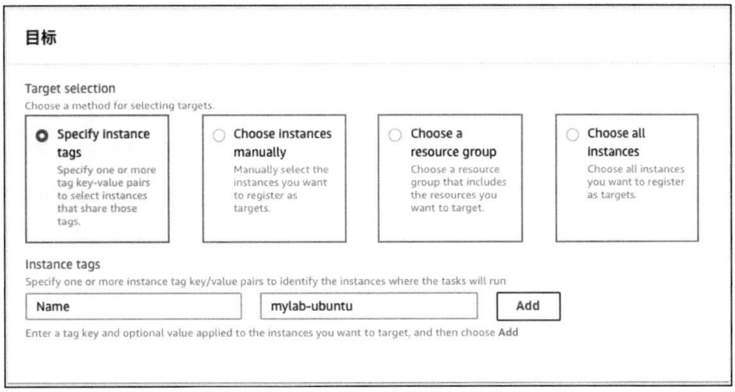

图 7-9-24

或者通过手动选择实例，如图 7-9-25 所示。

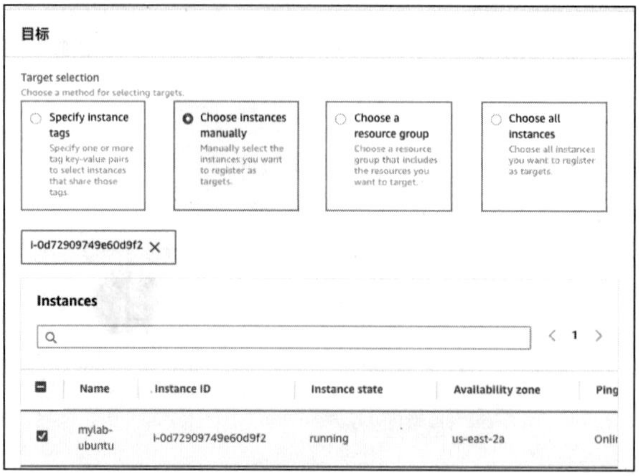

图 7-9-25

10）在"指定计划"中，保留默认值。

注意：关联尽管每 30 分钟运行一次，但是与资源标签匹配的所有新实例几分钟内会在 Ansible 中具有所需的状态配置。

11）在"高级选项"设置中，将"合规严重性"选择为"重大"。这会帮助我们轻松地在 Systems Manager 合规性功能中识别不符合合规性要求的任何 EC2 实例，如图 7-9-26 所示。

图 7-9-26

12）所有其他设置都可以保留默认值，然后单击"创建关联"。

13）一旦创建了"状态管理器"关联，其就会检查我们的 EC2 实例是否在合规的范围内。为此，我们将在 AWS Systems Manager 控制台中转到"合规性类型"，如图 7-9-27 所示。

图 7-9-27

14）由于我们将 Ansible 配置为对任何不合规的警报（即仅检查），因此在"合规性资源摘要"仪表板中会看到不合规的详细信息。

15）在这种情况下，不要介意描绘的其他关联，我们只关心在之前步骤中配置的"关键资源"合规性的警报。

16）如果单击"关键资源"警报，则可以看到我们创建的实例不符合要求。如果我们想自动修复此合规性问题，则可以基于.yml 定义的 Ansible 更改关联设置。

在这种情况下，我们可以使用 Ansible 为 Ubuntu Linux 实例设置所需的状态配置。Ansible Playbook 能够在 AWS Systems Manager 上本地运行，因为该服务具有执行指令所需的运行引擎。使用此方法的好处是，你不需要再担心管理 Ansible 服务器基础架构中的繁重任务。

7.9.2 实验模块 2：监控与修复 Windows 的 RDP 漏洞

现在，假设你发现了 RDP 漏洞，并决定在其 EC2 Windows 实例上禁用远程桌面协议服务。为了解决此问题，你决定使用 AWS Systems Manager 实施解决方案，以便在任何带有标签键"名称"和标签值"mylab-rdp"的 EC2 实例上禁用 RDP。在新实例或现有实例上启用 RDP 后，在 30 分钟内，我们创建的策略将重新应用并自动修复系统，另外我们还将使用合规性仪表板轻松识别不合规的系统。

步骤 1：启动 Windows EC2 实例。

1）首先转到 EC2 控制台，然后单击"启动实例"。

2）选择"Microsoft Windows Server 2019 Base"映像，如图 7-9-28 所示。

图 7-9-28

3）选择一个通用 t2.micro 实例，如图 7-9-29 所示，然后单击"下一步：配置实例详细信息"。

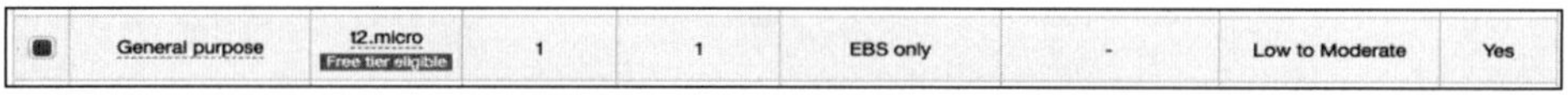

图 7-9-29

4）在下一个页面中，选择"IAM 角色"部分以外的所有默认值，然后单击"Greate new IAM role"链接，如图 7-9-30 所示。

图 7-9-30

5）在"角色"页面上，单击"创建角色"。

6）在"选择受信任实体的类型"部分，选择"AWS 产品"，并在"选择一个使用案例"中选择"EC2"，然后单击"下一步：权限"，如图 7-9-31 所示。

图 7-9-31

7）在"Attach 权限策略"页面中，选择"AmazonEC2RoleforSSM"策略，然后单击"下一步：标签"，如图 7-9-32 所示。

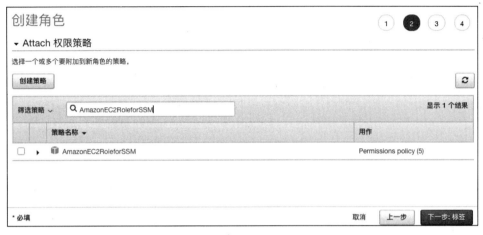

图 7-9-32

8）在"添加标签"页面上，单击"下一步：审核"。

9）在"审核"页面中，在"角色名称"中输入"mylab-windows-ssm-role"，然后单击"创建角色"，如图 7-9-33 所示。

图 7-9-33

10）创建角色后，返回"配置实例详细信息"页面并完成创建实例。在继续之前，我们要刷新"IAM 角色"部分并选择刚刚创建的角色，如图 7-9-34 所示。

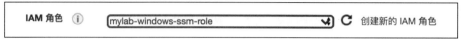

图 7-9-34

提示:如果你想在 System Manager 会话管理器的可选项中启用 KMS 加密钥的功能,则可以参考前面实验中的步骤进行配置。

11)然后单击"下一步:添加存储"。

12)在"添加存储"页面中,使用默认设置,然后单击"下一步:添加标签"。

13)在"添加标签"页面中,在"值"中输入"Name"作为"键",并输入"mylab-windows",如图 7-9-35 所示。

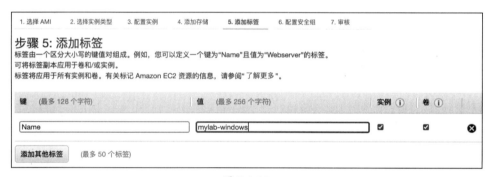

图 7-9-35

14)然后单击"查看并启动"。

15)在"审阅实例启动"页面上,单击"启动"。

16)选择"mylab-keypair2",然后单击"启动实例",如图 7-9-36 所示。

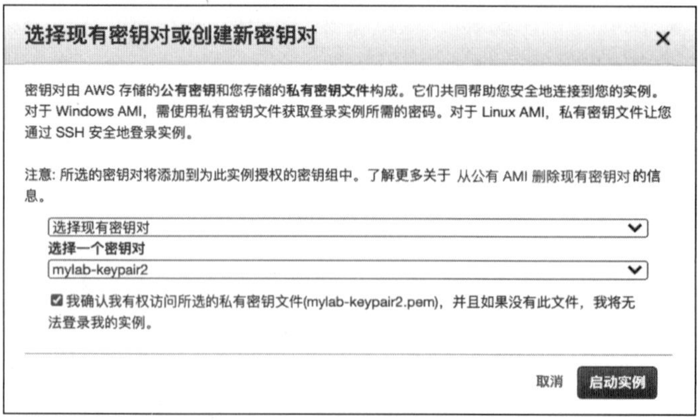

图 7-9-36

步骤2：合规展示和自动修复。

在启动实例后，将使用 AWS Systems Manager 维护安全合规性。

1）转到 AWS 管理器控制台。

2）使用"会话管理器"安装 Ansible 组件，这将确保系统能保持安全性。

3）然后单击"开始会话"按钮，以便连接到刚刚创建的 EC2 实例。

4）在"会话"页面上，单击刚刚创建的 EC2 实例，然后单击"启动会话"，如图 7-9-37 所示。

图 7-9-37

5）会话运行后，运行"netstat -ab | findstr 3389"命令，如图 7-9-38 所示。

图 7-9-38

6）在导航中找到"状态管理器"。

7）在该页面上，单击"创建关联"按钮，如图 7-9-39 所示。

8）在"名称"字段中，输入"mylab-windows-PowerShellDSC"，如图 7-9-40 所示。

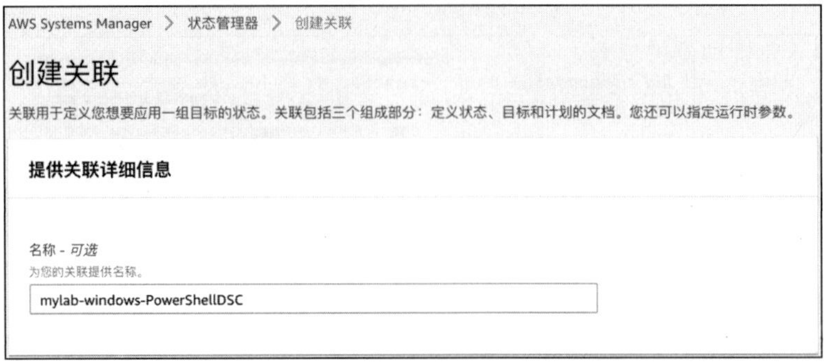

图 7-9-40

9）在"文档"部分中选择"AWS-ApplyDSCMofs"。与无须编译即可运行的 Ansible 不同，PowerShell DSC 需要将配置编译成.mof 扩展名文件，如图 7-9-41 所示。

图 7-9-41

作为参考，.mof 文件是使用以下命令通过 PowerShell DSC 编译的。

```
Configuration DisableRDP
{
    Import-DscResource -Module xRemoteDesktopAdmin, NetworkingDsc

    Node ('localhost')
    {
        xRemoteDesktopAdmin RemoteDesktopSettings
```

```
    {
        Ensure = 'Absent'
        UserAuthentication = 'Secure'
    }

    Firewall DisableRDPRule
    {
        Name              = 'RemoteDesktop-UserMode-In-TCP'
        Group             = 'Remote Desktop'
        Ensure            = 'Present'
        Enabled           = 'False'
    }
}
DisableRDP
```

10）在"参数"部分中可以用本链接替换"Mofs To Apply"中的内容，如图 7-9-42 所示。

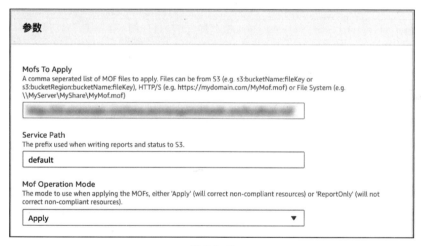

图 7-9-42

11）在"Mof Operation Mode"部分中选择"Apply"并选择"仅报告"，这样就不会自动修复发现的合规性问题。

12）在"Compliance Type"中，自定义合规性标签，将"RDPCompliance"设为标识符，如图 7-9-43 所示。

图 7-9-43

13）在"目标"部分中，选择"Specify instance tags"，然后在键值对中分别输入"Name：mylab-windows"，如图 7-9-44 所示。

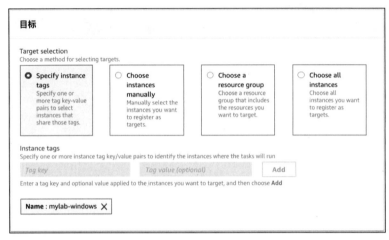

图 7-9-44

14）在"指定计划"部分中保留默认值。

15）在"高级选项"设置中，将"合规性严重级别"选为"重大"，如图 7-9-45 所示。

图 7-9-45

16）其他设置都保留为默认值，然后单击"创建关联"。

17）一旦创建了"状态管理器"关联，将会检查我们的 EC2 实例是否在合规范围内。为此，我们将在 AWS Systems Manager 控制台中转到"合规性类型"。

18）在实验中，由于我们将 PowerShellDSC 配置为对任何不合规的警报（即仅检查），因此在"合规性资源摘要"中将会看到不合规的内容。

19）找到创建的"合规性类型",并标记为"Custom：RDPCompliance",如图 7-9-46 所示。

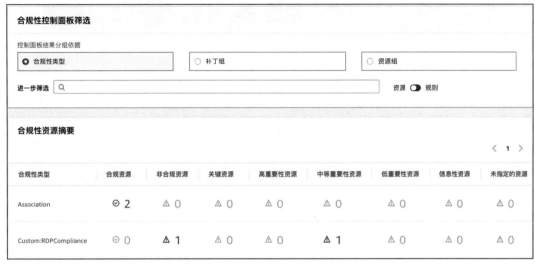

图 7-9-46

20）单击"非兼容资源"后,会出现自我们创建关联以来尚未获得所需配置的实例描述,如图 7-9-47 所示。

图 7-9-47

21）一旦正确地应用了 State Manager 关联,并假设 .mof 文件按预期执行没有问题,那么我们创建的实例或键值对为"Name"和"mylab-windows"的任何实例都会具有自动配置应用的功能。当你具有带有弹性工作负载的 AutoScaling 组时,此功能特别有用。

22）返回会话管理器,然后重新运行 netstat 来检查 RDP 端口是否已经打开:netstat -ab | findstr 3389,输出结果如图 7-9-48 所示。

图 7-9-48

在这种情况下,我们使用 PowerShellDSC 为 Windows EC2 实例设置所需的状态配置。PowerShell DSC MOF 文件能够在 AWS Systems Manager 上本地运行,因为该服务具有执行指令所需的运行引擎。使用这种方法的好处是,你不需要再担心管理 PowerShellDSC 基础架构中的繁重任务。

7.9.3 实验模块 3:使用 AWS Systems Manager 和 Config 管理合规性

在本实验中,我们将使用 AWS Systems Manager 和 AWS Config 对安装在 EC2 实例上的所有应用程序进行分类,然后将被认为不安全的应用程序列入黑名单。

注意:所使用的应用程序只是一个普通的示例应用程序。

步骤 1:创建不合规的 EC2 实例。

1)转到 EC2 控制台,然后单击"启动实例"。

2)选择"Microsoft Windows Server 2019 Base"映像,如图 7-9-49 所示。

图 7-9-49

3)选择一个通用 t2.micro 实例,然后单击"下一步:配置实例详细信息"。

4)单击"创建新的 IAM 角色"链接,其他所有项都设置为默认值。

5)在"角色"页面上,不再创建新角色,直接使用实验模块 2 中创建的角色"mylab-windows-ssm-role"。

6）在"审核"页面的"IAM 角色"部分中，选择创建的角色"mylab-windows-ssm-role"，如图 7-9-50 所示。

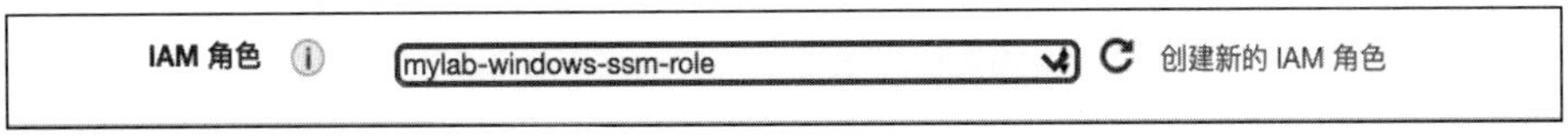

图 7-9-50

7）单击"高级详细信息"，并在"用户数据"中输入以下内容，如图 7-9-51 所示。

```
![User data](/reinforce/GRC320RAssets/Config9.png)
<powershell>
……
</powershell>
```

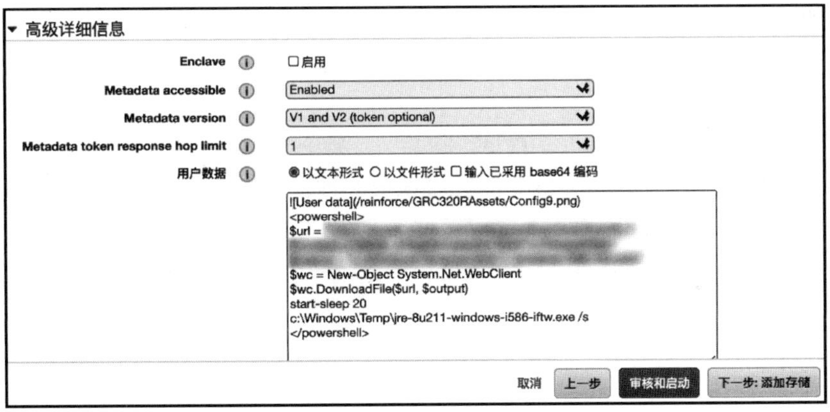

图 7-9-51

8）单击"下一步：添加存储"。

9）在"添加存储"页面中，使用默认设置，然后单击"下一步：添加标签"。

10）在"添加标签"页面中，在"值"部分输入"名称"作为"键"，并输入"mylab-windows"。

11）然后单击"查看并启动"。

12）在"审阅实例启动"页面上，单击"启动"。

13）选择密钥对，然后单击"启动实例"。

步骤 2：配置 Systems Manager 监控策略。

1）转到 AWS Systems Manager 控制台。

2）然后单击导航中的"托管实例"，如图 7-9-52 所示。

图 7-9-52

3）在"配置清单"的下拉列表中选择"设置清单",如图 7-9-53 所示。

图 7-9-53

4）在"名称"字段中,输入"mylab-windows-Association"。

5）在"目标"部分指定启动 EC2 实例时使用的标签,如图 7-9-54 所示。

6）其他所有内容均为默认设置,然后单击"设置清单"。

7）配置完成后,单击"操作"下拉菜单,并选择"编辑 AWS Config 记录",如图 7-9-55 所示。

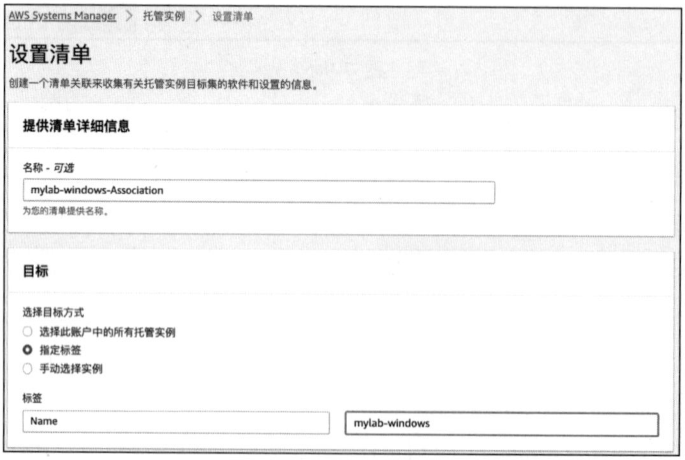

图 7-9-54

图 7-9-55

8)进入"设置"页面后,我们将确保记录已打开。

步骤 3:配置 Config 响应规则。

1)在导航中单击"规则",如图 7-9-56 所示。

图 7-9-56

2)然后单击"添加规则"。

3)在"添加规则"页面的搜索栏中输入"blacklist",如图 7-9-57 所示。

图 7-9-57

4)然后选择名称为"ec2-managedinstance-applications-blacklisted"的预定义规则。

5)这时在 Systems Manager 控制台的"Managed Instances"中打开了一个新的浏览器选项卡。

6)找到带有标签"mylab-windows"的 EC2 实例,单击"实例 ID"链接。

7)在实例详细信息页面上,单击"清单"选项卡以获取在实例上安装的软件,如图 7-9-58 所示。

图 7-9-58

8)复制 Java 应用程序的名称,即 Java 8 Update 211,以便在创建配置规则时使用。

9)将"Scope of changes"的"Trigger"配置为"All changes",如图 7-9-59 所示。

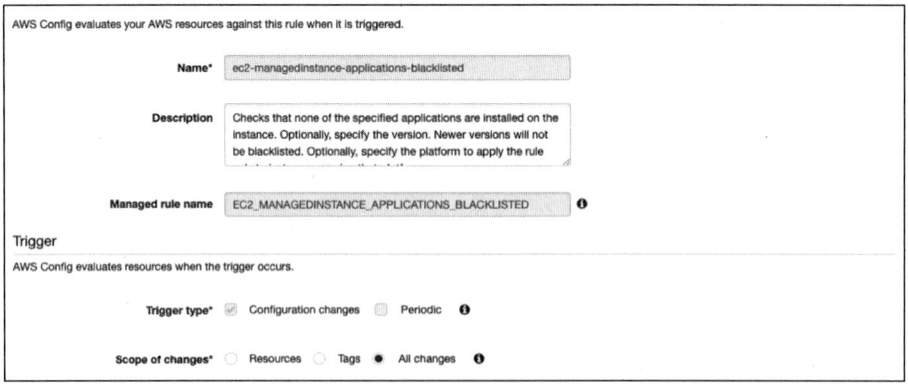

图 7-9-59

10）在"规则参数"配置中输入适当的"Java 8 Update 211"版本。

11）将"修正操作"设置为"AWS-StopEC2Instance",如图 7-9-60 所示。

图 7-9-60

12）单击"保存"按钮。

13）创建规则后,将需要一些时间来完成评估。

14）评估完成后,我们会看到一个不符合要求的资源,如图 7-9-61 所示。

图 7-9-61

15）如果我们单击规则名称（ec2-managedinstance-applications-blacklisted）,则能看到其他详细信息,包括不符合要求的资源。

16）在"规则详细信息"页面上，选择需要修复的实例，然后单击"修正"，如图 7-9-62 所示。

图 7-9-62

17）此时，会看到正在执行的补救措施，如图 7-9-63 所示。

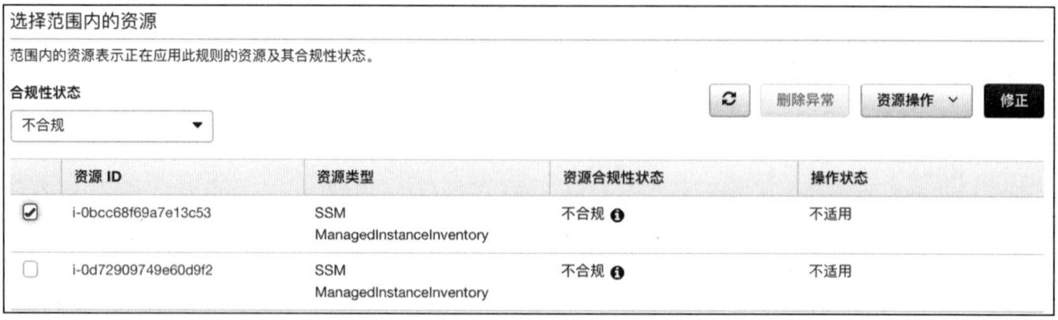

图 7-9-63

18）为了确保操作有效，我们转到 EC2 控制台并检查实例是否已关闭，如图 7-9-64 所示。

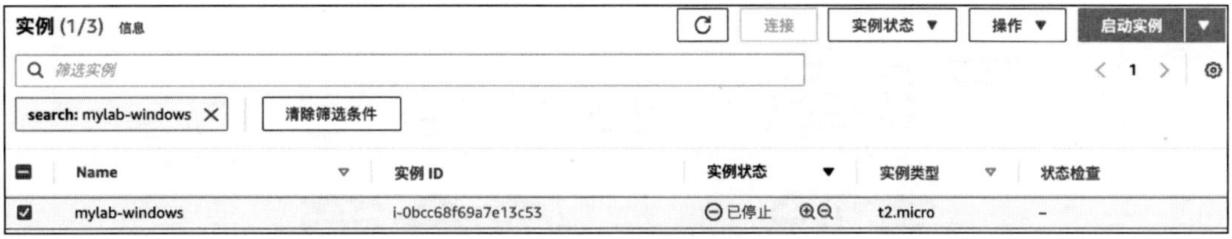
实例 (1/3) 信息
连接
实例状态 ▼
操作 ▼
启动实例
筛选实例
search: mylab-windows
清除筛选条件
Name
实例 ID
实例状态
实例类型
状态检查
mylab-windows
i-0bcc68f69a7e13c53
已停止
t2.micro
-

图 7-9-64

本实验的目的是识别任何不遵循安全合规性策略的系统。通过利用所需的状态配置及 AWS Config 和 AWS Config 规则，我们可以设置多层方法来确保系统遵循安全策略。在此实验中，尽管我们使用了 EC2 实例，但由于它们易于管理且能突出显示，因此可用于与其他服务进行交互。

第 8 章 云安全动手实验——综合篇

本章是云上安全综合实验组,主要目的是帮助你全面完成自定义安全集成和综合安全架构的设计与实现。

综合篇主要包括集成云上 ACM 私有 CA 数字证书体系、集成云上的安全事件监控和应急响应、集成 AWS 的 PCI-DSS 安全合规性架构、集成 DevSecOps 安全敏捷开发平台及云上综合安全管理中心等。

本章还介绍在架构设计中可能用到的典型产品或工具,如 AWS Well-Archietcture,AWS 策略自动化生成工具,AWS 用户场景模拟工具。综合篇包括 6 个综合实验:集成云上 ACM 私有 CA 数字证书体系;集成云上的安全事件监控和应急响应;集成 AWS 的 PCI-DSS 安全合规性架构;集成 DevSecOps 安全敏捷开发平台;集成 AWS 云上综合安全管理中心;AWS Well-Architected Labs 动手实验。

8.1 Lab1:集成云上 ACM 私有 CA 数字证书体系

8.1.1 实验概述

本实验的主要目标是在遵循安全最佳实践的同时,利用 ACM 专用证书颁发机构(PCA)的服务创建完整的 CA 层次结构并生成专用证书,以及在应用程序负载平衡器上应用专用证书,使用 ACM 私有 CA 提供的预构建模板创建代码签名证书。例如,代码签名、签署在线证书状态协议(Online Certificate Status Protocol,OCSP)响应、用于双向(相互)身份验证的 TLS 客户端。

在 AWS 云平台上,角色主要用来指定一组权限,类似于 AWS IAM 中的用户。角色的好处是它可以通过配置使你强制使用 MFA 令牌来保护你的凭证。当以用户身份登录时,你将获得一组特定的权限,这时可以直接切换到角色。AWS IAM 用户权限切换到的任何角色都不能累加，一次只能切换一个角色，激活一组权限。这时会暂时保留原始用户的权限，而为你分配角色的权限。该角色可以在你自己的账户中，也可以在任何其他 AWS 账户中。在退出角色后，会自动恢复用户权限。

8.1.2 实验架构

本实验所需要的条件：
- 先用已经注册的管理员账号登录 AWS 管理控制台。
- 用你的实验账户，如 Labadmin，登录 AWS 控制台。
- 选择有 ACM 服务的区域进行部署。
- 通过在当前登录的 AWS 账户的 AWS 控制台上使用 switch 角色来假设名为 CaAdminRole 的角色，该角色具有证书颁发机构管理员进行 CA 管理所需的权限。作为 CA 管理员，你将负责创建根 CA 和从属证书颁发机构的层次结构。
- CA 管理员需要承担名为 AWSCertificateManagerPrivateCAPrivilegedUser 的托管策略，该策略已附加到 CaAdmin IAM 角色。此策略具有以下条件：

1）仅当满足上述条件且 TemplateArn 与某个值匹配时，此条件才允许进行某些 ACM 专用 CA API 调用。

2）在指定条件下，ACM 专用 CA 使用 Template 的模板参数来确定是允许还是拒绝委托人颁发 CA 证书。

3）当在 AWS 管理控制台上创建 CA 时，会自动选择 CA 证书的模板 ARN，只能从你的应用程序进行 ACM PCA IssueCertificate API 调用。

8.1.3 实验步骤

ACM 私有 CA 使用模板可以创建可标识用户、主机、资源和设备的 CA 证书及终端实体证书。以下是通过 AWS 管理控制台创建 CA 证书架构的步骤。

实验模块 1：部署 CA 基础架构。

步骤 1：自动部署 CA 基础架构环境。

1）登录 AWS 管理控制台，选择区域，通过查找服务在输入框中搜索 CloudFormation 服务（见图 8-1-1），或者直接通过链接打开 CloudFormation 管理界面，如图 8-1-2 所示，单击"创建堆栈"。

2）在 Amazon S3 URL 文本框输入地址，或者通过右击下载模板链接并另存为 *template-ca-admin.yaml*。然后单击"上传模板文件"，再单击"下一步"，如图 8-1-3 所示。

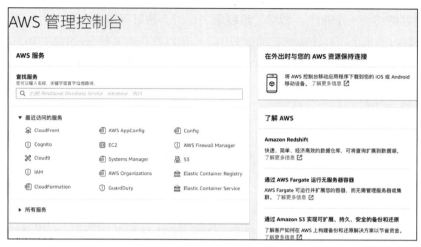

图 8-1-1

图 8-1-2

图 8-1-3

3）然后单击"下一步"，如图 8-1-4 所示。

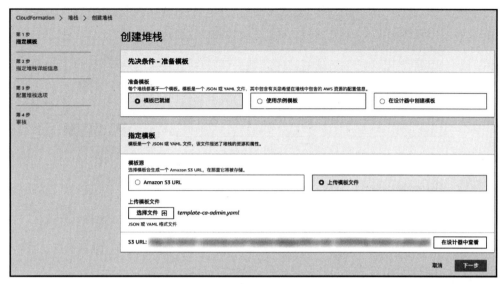

图 8-1-4

4）在"指定堆栈详细信息"页面，输入堆栈名称：mylab-CaAdminStack，然后单击"下一步"，如图 8-1-5 所示。

图 8-1-5

5）在本实验中，不会添加任何标签或其他选项，然后单击"下一步"。

6）查看堆栈信息。选中"我确认，AWS CloudFormation 可能创建具有自定义名称的 IAM 资源。"，然后单击"创建堆栈"，如图 8-1-6 所示。

7）几分钟后，堆栈的状态会从 CREATE_IN_PROGRESS 变为 CREATE_COMPLETE。

8）单击"输出"标签可以查看自动化部署输出结果，如图 8-1-7 所示。

图 8-1-6

图 8-1-7

步骤 2：创建一个根 CA。

导航到 AWS 控制台中的 ACM 服务，单击"私人证书颁发机构"下的"入门"。

1）创建一个根 CA，单击"私有 CA"，然后单击"创建 CA"，如图 8-1-8 所示。

图 8-1-8

2）开始创建 CA 并选择"根 CA"，然后单击"下一步"，如图 8-1-9 所示。

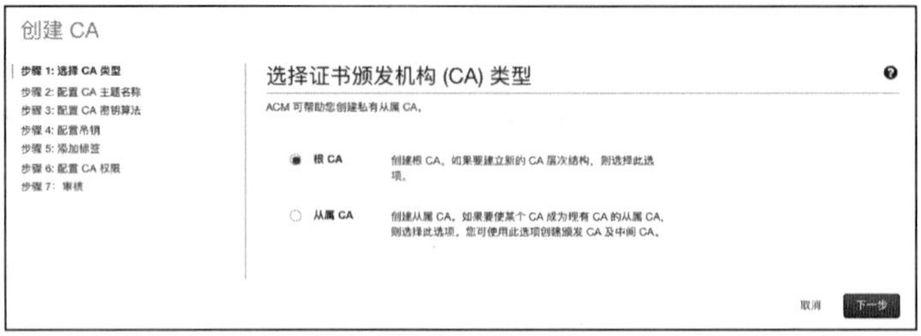

图 8-1-9

3）首先填写配置 CA 的基本信息，如图 8-1-10 所示。

图 8-1-10

4）选择"RSA 2048"作为 CA 的算法，如图 8-1-11 所示。

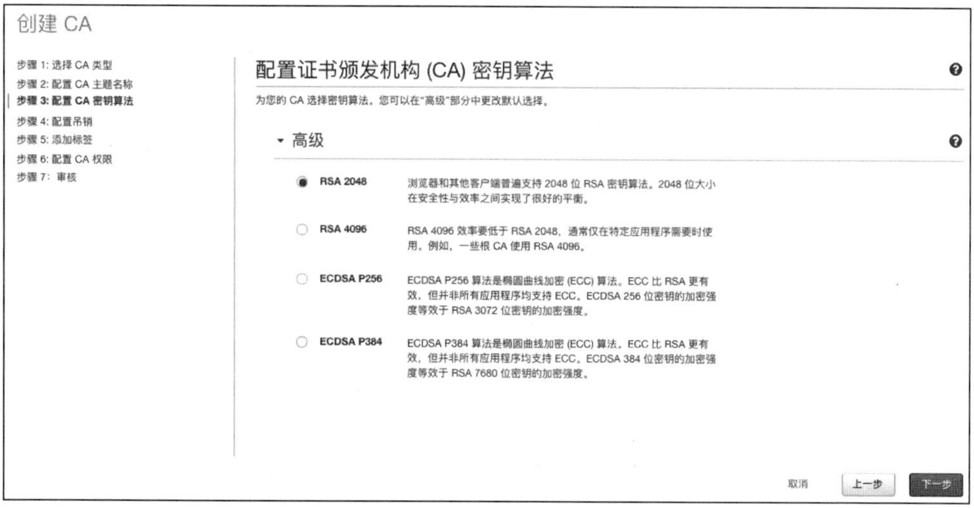

图 8-1-11

5）在"证书吊销列表（CRL）"中选中"启用 CRL 分配",并选择之前创建的 S3 存储桶名称作为存储 CRL,如图 8-1-12 所示。

图 8-1-12

6）在"添加标签"中,命名证书使用的部门和团队名称,如图 8-1-13 所示。

图 8-1-13

7）配置 CA 权限,默认单击"下一步",审核所有配置项,如图 8-1-14 所示,确认并创建根 CA。

说明：由于创建的 ACM 根 CA 中有一个标签,其键为 team,值为 ca-admin,因此你可以使用基于标签的授权来设置对此证书颁发机构的访问控制,以便只有此键值对的 IAM 主体可以访问此私有 CA,策略如图 8-1-15 所示。

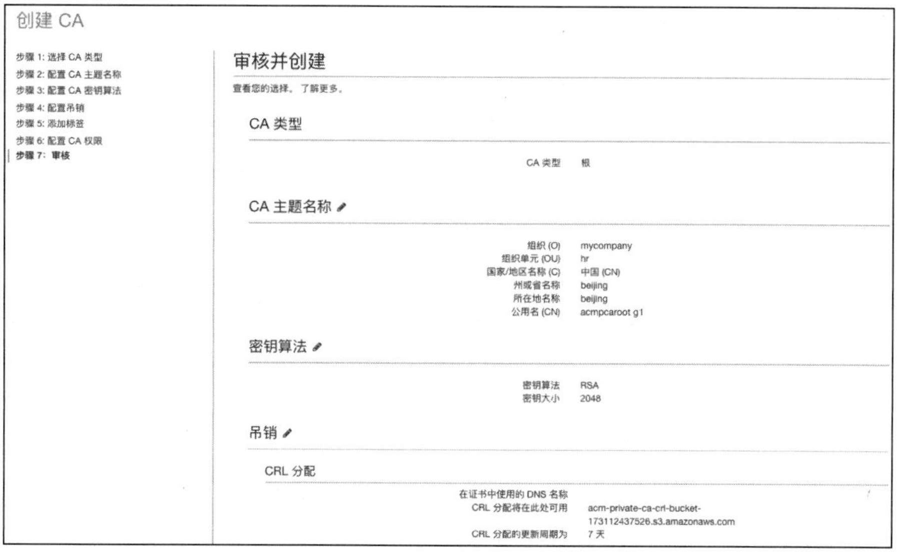

图 8-1-14

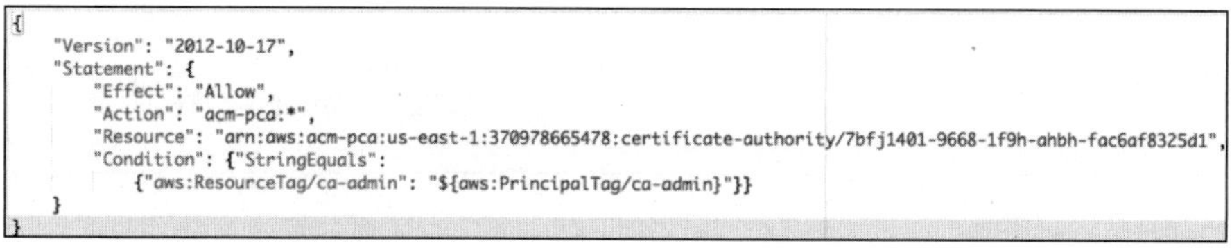

图 8-1-15

8）成功创建根 CA，如图 8-1-16 所示。

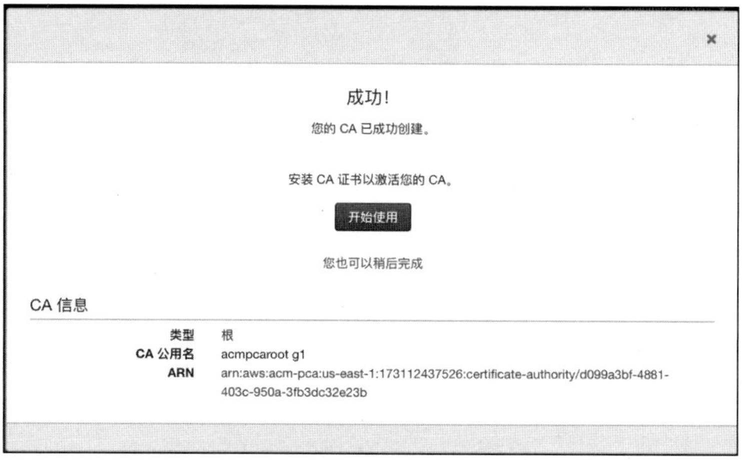

图 8-1-16

9）指定根 CA 证书参数，如图 8-1-17 所示。

图 8-1-17

10）审核、生成并安装根 CA 证书，单击"确认并安装"，如图 8-1-18 所示。

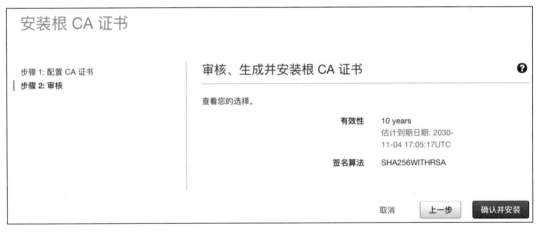

图 8-1-18

11）成功安装根 CA 证书，如图 8-1-19 所示。

步骤 3：创建一个二级发行数字证书的 CA。

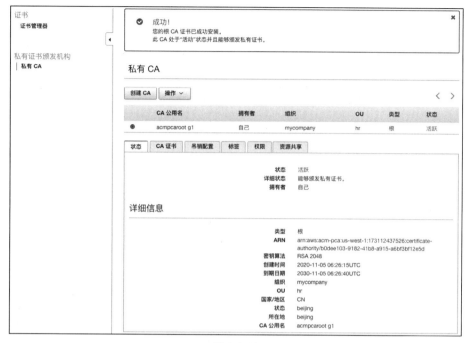

图 8-1-19

1)单击"创建 CA",选择"从属 CA",然后单击"下一步",如图 8-1-20 所示。

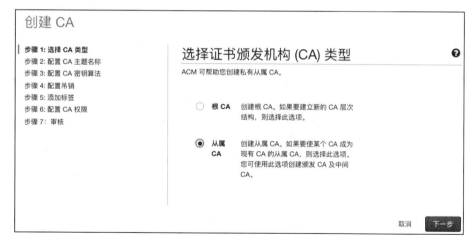

图 8-1-20

2)配置二级 CA 参数,填写组织名称、组织单元及相关信息,单击"下一步",如图 8-1-21 所示。

图 8-1-21

3）配置二级 CA 密钥算法，你可以根据公司的要求，选择适合的密钥算法，然后单击"下一步"，如图 8-1-22 所示。

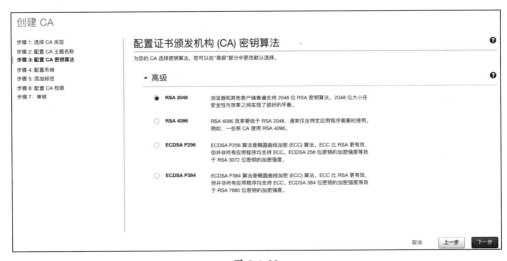

图 8-1-22

4)在"证书吊销列表(CRL)"中,选择与根 CA 相同的 S3 存储桶目录,单击"下一步",如图 8-1-23 所示。

图 8-1-23

5)在"添加标签"中,增加二级 CA 的标签信息,然后单击"下一步",如图 8-1-24 所示。

图 8-1-24

6)在"配置 CA 权限"中,选中"授权",单击"下一步",如图 8-1-25 所示。

7)成功创建二级 CA,如图 8-1-26 所示,然后单击"下一步"。

8)安装从属 CA 证书,选择"ACM 私有 CA",然后单击"下一步",如图 8-1-27 所示。

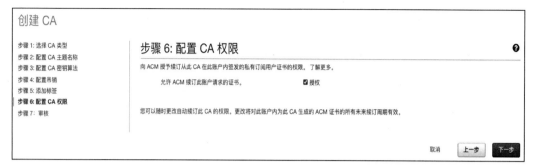

图 8-1-25

图 8-1-26

图 8-1-27

签署从属 CA CSR（Certificate Signing Request，证书请求文件）有两种选择：一种是使用由 ACM 私有 CA 创建的 ACM 私有 CA，另一种是使用组织中已经存在的中间或根私有 CA。如果你的组织中已经有一个专用 CA，并决定用它签署从属 CA 证书，则可以将根 CA 证书的私钥存储在公司内部本地数据中心的安全加密机中，也可以存储在 AWS CloudHSM 的云加密机中。故最终是由用户负责管理私钥根 CA 的安全性、可用性和持久性。

9）配置 CA 证书并管理根 CA 证书，然后单击"下一步"，如图 8-1-28 所示。

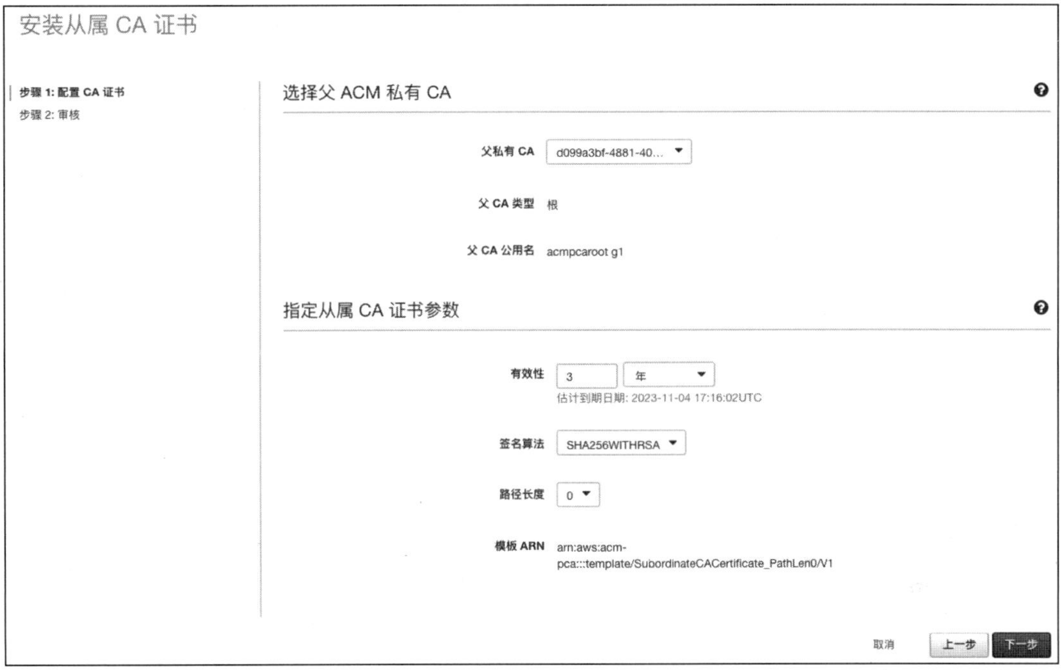

图 8-1-28

说明：路径长度（pathlen）是 CA 证书的基本约束，它定义了 CA 下存在的 CA 层次结构的最大 CA 深度。例如，路径长度约束为零的 CA 不能有任何从属 CA，路径长度约束为 1 的 CA 在其下面最多可以具有一级从属 CA。

10）审核二级 CA 证书，单击"生成"，如图 8-1-29 所示。

11）成功生成二级 CA 证书，如图 8-1-30 所示。

图 8-1-29

图 8-1-30

实验模块 2：部署应用程序基础架构。

步骤 1：构建应用程序基础架构。

先下载自动部署模板，并将链接另存为 template-appdev.yaml 文件保存在本地电脑上。

第 8 章　云安全动手实验——综合篇

1）在你的 AWS 账户登录管理控制台中，上传并启动 CloudFormation 堆栈，然后单击"下一步"，如图 8-1-31 所示。

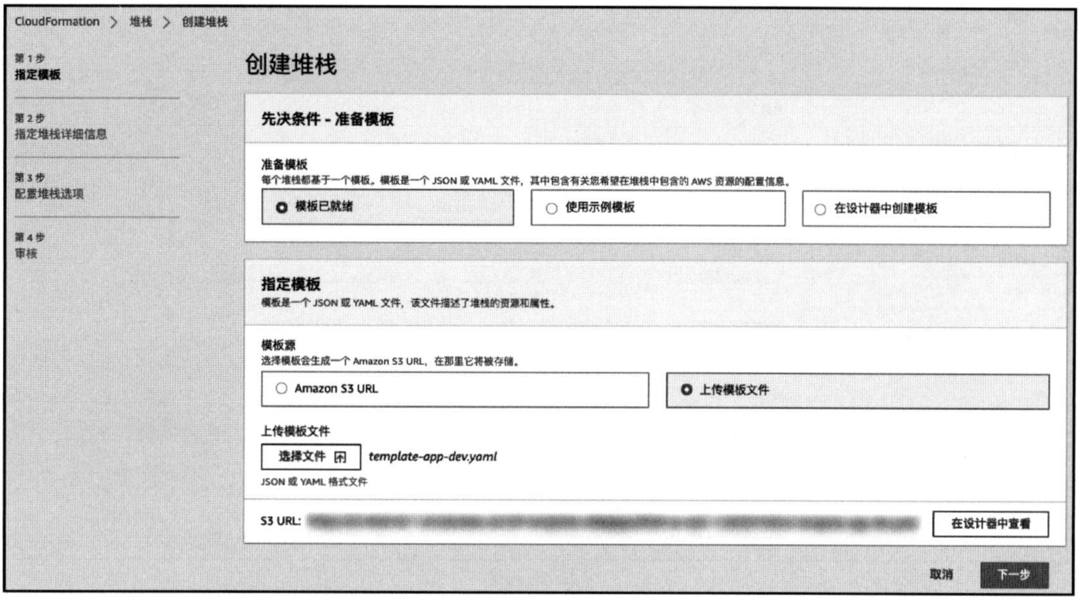

图 8-1-31

2）将堆栈名称命名为 mylab-appdevStack，单击"下一步"，如图 8-1-32 所示。

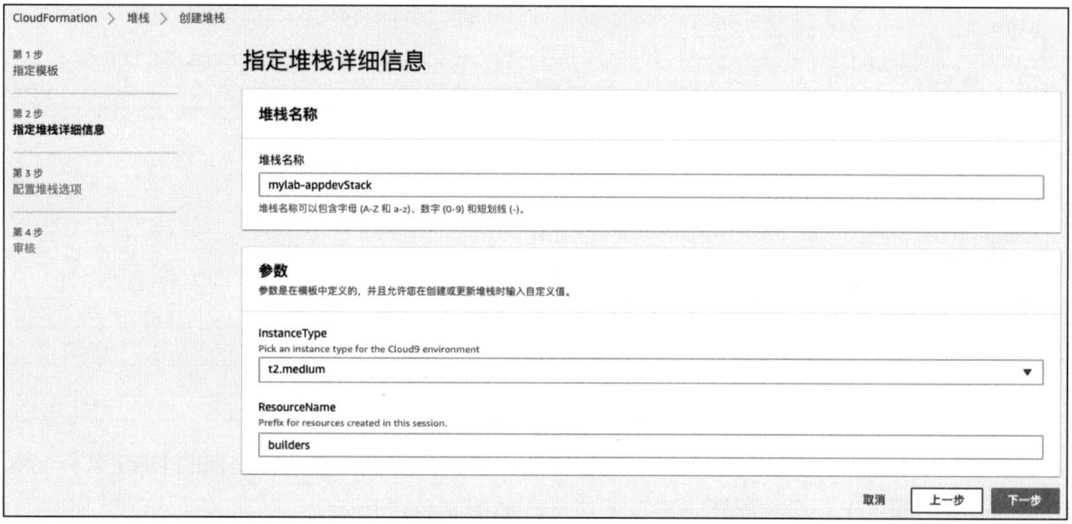

图 8-1-32

3）部署模板创建了应用环境和架构，部署完成的资源结果如图 8-1-33 所示。

图 8-1-33

4）嵌入部署模板创建了 Cloud 的集成开发环境，部署完成的资源结果如图 8-1-34 所示。

图 8-1-34

步骤 2：申请为 ALB 负载均衡器颁发证书。

1）你可以在账户 EC2 的负载平衡器下看到创建的负载平衡器，将它们的 DNS 名称复制到 Notes 应用程序中，后续配置将需要此信息，如图 8-1-35 所示。

图 8-1-35

2）跳转到 ACM 颁发私人证书的管理页面，单击"开始使用"，如图 8-1-36 所示。

图 8-1-36

3）请求一个私有证书，选中域名并单击"下一步"，如图 8-1-37 所示。

4）选择具有通用名称 acmsubordinateca g1 的从属 CA，已发行的私有证书将由该从属 CA 签名，然后单击"确认并请求"，如图 8-1-38 所示。

5）不要在此处放置任何标签，因为我们不会在私有证书上使用标签。现在将 ACM 私有证书添加在标签上，如图 8-1-39 所示。

图 8-1-37

图 8-1-38

图 8-1-39

6）验证域名，然后单击"确认并请求"，验证结果如图 8-1-40 所示。

图 8-1-40

说明：当你为应用程序负载平衡器颁发私有证书时，私有证书的默认有效期为 13 个月。

步骤 3：将 HTTPS 侦听器和专用证书附加到 ALB。

1）单击 EC2 控制台下面的"Create target group"，如图 8-1-41 所示。

图 8-1-41

2）在"Target group name"中填写"lambda-target-group，如图 8-1-42 所示。

3）在 Lambda 函数列表中选择"builders-lambda-origin-one"，如图 8-1-43 所示。

4）选择负载均衡器，并单击"添加侦听器"，如图 8-1-44 所示。

5）选择"HTTPS"并转发至"lambda-target-group"，它是带有 ALB 后面的 HTML 代码的 Lambda 函数，将安全策略保留为默认值。对于"默认 SSL 证书"，选择"从 ACM 中（推荐）"及之前创建的私人证书，单击页面右上方的"保存"，如图 8-1-45 所示。

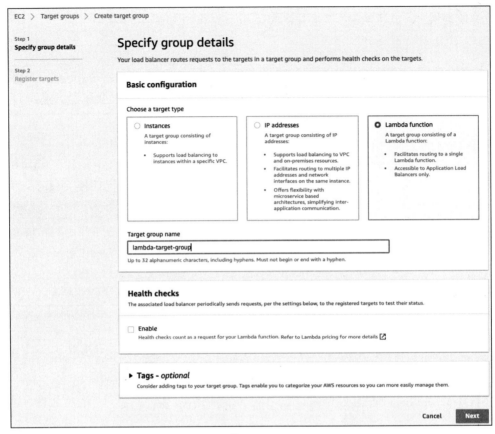

图 8-1-42

图 8-1-43

图 8-1-44

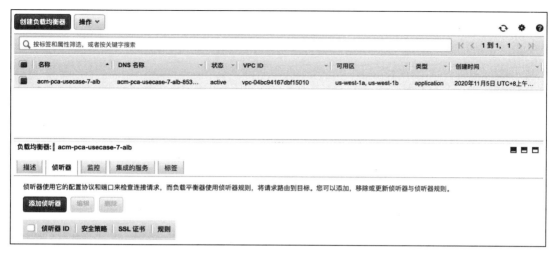

图 8-1-45

6）已成功创建侦听器，如图 8-1-46 所示。

图 8-1-46

在组织中，如果你使用私有证书，则意味着可以通过私有网络访问应用程序。如果要构建面向公共 Internet 的应用程序，则应使用公共 ACM 证书。

如果你的浏览器能够在与 ALB 的 HTTPS 连接期间验证 ALB 提供的证书，则应该能在浏览器地址栏上看到锁定图标。与使用 curl 或 wget 相比，这更直观。

实验模块 3：验证 ALB 的数字证书。

1）在 Firefox 浏览器上验证证书身份，首先导航至 https://<你的 ALB DNS>，由于浏览器的信任库中没有根证书，因此 ALB 身份验证失败，如图 8-1-47 所示。

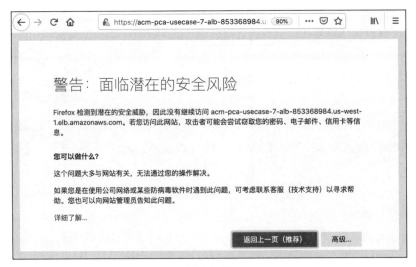

图 8-1-47

2）在 ACM 的私有 CA 管理界面，选择"根 CA"，然后单击"将证书正文导出为文件"并命名为 RootCACertificate.pem 保存到你的计算机中，如图 8-1-48 所示。

图 8-1-48

3）跳转到"设置"页面，搜索"证书"，然后单击"查看证书"，如图 8-1-49 所示。

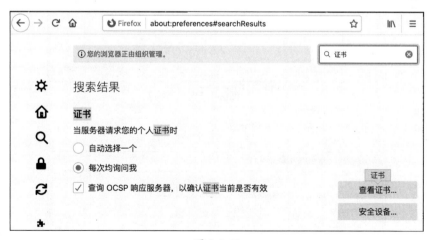

图 8-1-49

4）单击"导入"并选择本地电脑中的"RootCACertificate.pem",如图 8-1-50 所示。

图 8-1-50

5）选择"信任由此证书颁发机构来标识网站。",选择本地电脑中的"RootCACertificate.pem",并单击"确认",如图 8-1-51 所示。

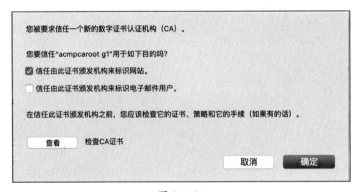

图 8-1-51

6）成功导入根证书,如图 8-1-52 所示。

图 8-1-52

7）这时，再使用 Firefox 浏览器验证 ALB 的身份。输入 https://<你的 ALB DNS>，这时没有任何安全提示就能直接打开 HTTPS 的网站并能看到"Hello World"。另外，浏览器地址栏上的绿色锁定图标也表明 ALB 的身份验证通过，为浏览器的信任证书，如图 8-1-53 所示。

图 8-1-53

在 Chrome 浏览器上验证证书身份与在 Microsoft Edge 浏览器上的操作基本类似，需要注意的是在 Chrome 中需要设置浏览器信任自建私有服务证书或者负载均衡器证书。

实验模块 4：开发批量创建和撤销证书代码。

本模块主要是通过云上集成开发平台 Cloud9 构建开发环境、开发批量创建证书和撤销证书的代码，实现快速模拟数字证书的创建和撤销动作，通过设置 CloudWatch 的特权告警参数，可以及时监控特权操作的行为和规避重要批量操作的风险。

步骤 1：打开 Cloud9 设置开发环境。

1）导航到 AWS 控制台中的 Cloud9 服务管理界面，如图 8-1-54 所示。

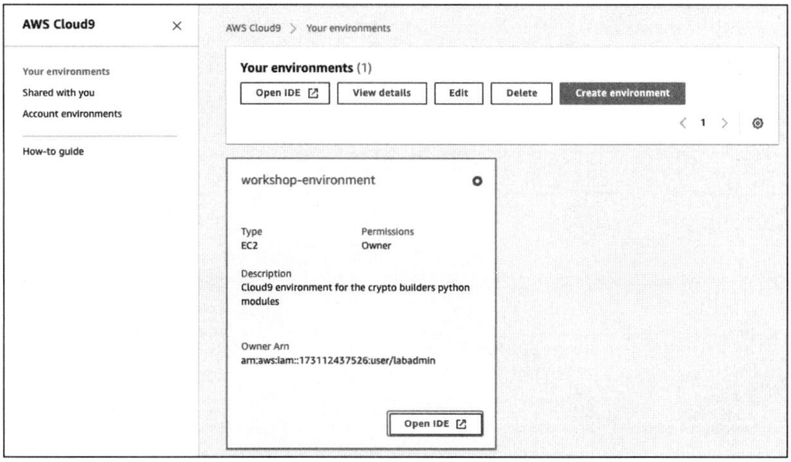

图 8-1-54

2）打开 Workshop-environment 的 Cloud9 IDE 环境，并选择"New Terminal，如图 8-1-55 所示。

图 8-1-55

3）在 Cloud9 IDE 环境中，在屏幕左侧的文件夹窗格中找到 data-protection 文件夹。

4）在 IDE 中右击（在 mac OS 上按住 Ctrl 键并单击）environment-setup.sh 文件，然后选择"Run"，此脚本大约需要一分钟，如图 8-1-56 所示。

图 8-1-56

5）在下面的运行窗口中，看到已安装完成，如图 8-1-57 所示。

图 8-1-57

步骤 2：编写批量创建和撤销数字证书脚本。

1）打开数据保护目录下的用例"usecase-7"，选择"code"，并双击"create-certs.py"打开一个终端页面，如图 8-1-58 所示。

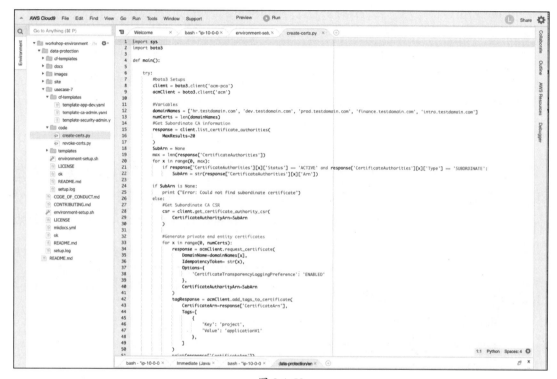

图 8-1-58

2）代码运行结果如图 8-1-59 所示。

图 8-1-59

3）成功批量申请并创建了 5 个证书，然后返回 AWS 控制台并导航到证书管理器服务，即可查看生成的所有证书，如图 8-1-60 所示。

图 8-1-60

如果是导航到 5 个证书中的一个，然后单击"证书颁发机构 ARN"，会看到有关 CA 的信息。在这里，我们通过"创建时间"和"到期日期"可知 CA 的有效期为 3 年。

4）如果出现类似于"ModuleNotFoundError: No module named 'boto3'"的错误，则升级 boto3 的版本，如图 8-1-61 所示。

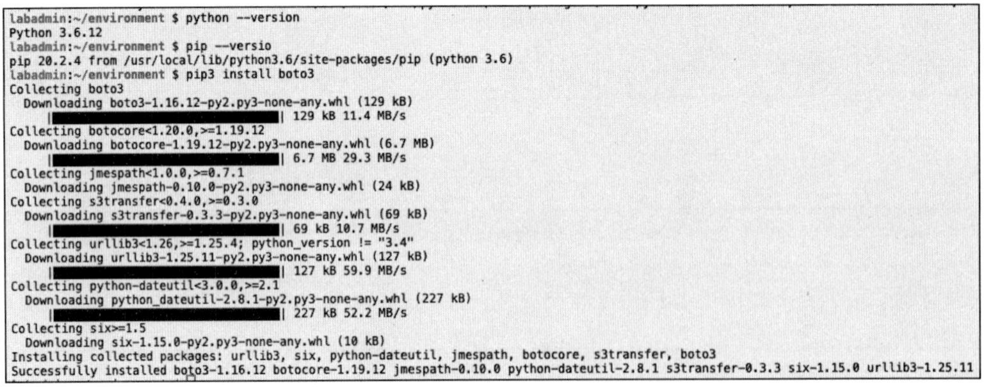

图 8-1-61

5）双击打开"revoke-certs.py"对服务器证书进行批量撤销，这时会打开一个终端页面，如图 8-1-62 所示。

6）单击"Run"，显示结果如图 8-1-63 所示。

7）返回 AWS 控制台并导航到证书管理器服务，即可查看所有证书列表，也可以生成你的审计报告。例如，将生成后的报告指定放到 S3 存储桶中，这时定位到 S3://mylab-acm-private-ca-crl-bucket-173112437526/audit-report/b38c3cbf-b4a6-45ea-af04-729b5539d24a/211f876a-9f63-4b83-bab9-01d23b3bb213.csv，打开后如图 8-1-64 所示。

第 8 章 云安全动手实验——综合篇

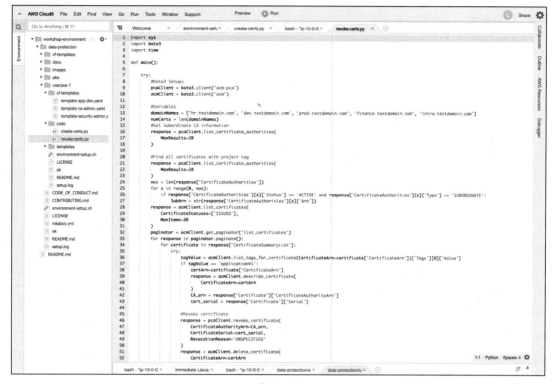

图 8-1-62

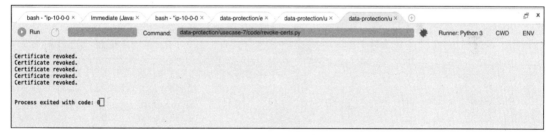

图 8-1-63

subject	notBefore	notAfter	issuedAt	revokedAt
CN=acm-pca-usecase-7-alb-85	2020-11-05T06:20:22+	2021-12-05T07:20:22+	2020-11-05T07:20:23+0000	
CN=intra.testdomain.com	2020-11-06T04:13:38+	2021-12-06T05:13:38+	2020-11-06T05:13:38+	2020-11-06T06:03:24+0000
CN=prod.testdomain.com	2020-11-06T04:13:37+	2021-12-06T05:13:37+	2020-11-06T05:13:38+	2020-11-06T06:03:21+0000
CN=hr.testdomain.com	2020-11-06T04:13:37+	2021-12-06T05:13:37+	2020-11-06T05:13:37+	2020-11-06T06:03:18+0000
CN=finance.testdomain.com	2020-11-06T04:13:38+	2021-12-06T05:13:38+	2020-11-06T05:13:38+	2020-11-06T06:03:22+0000
CN=dev.testdomain.com	2020-11-06T04:13:37+	2021-12-06T05:13:37+	2020-11-06T05:13:37+	2020-11-06T06:03:20+0000

图 8-1-64

实验模块 5：设置批量撤销证书报警指标。

步骤 1：创建批量撤销证书报警。

1）导航到 CloudWatch 的 Create Alarm 界面，单击"创建警报"，如图 8-1-65 所示。

图 8-1-65

2）然后单击"选择指标"，并单击"下一步"，如图 8-1-66 所示。

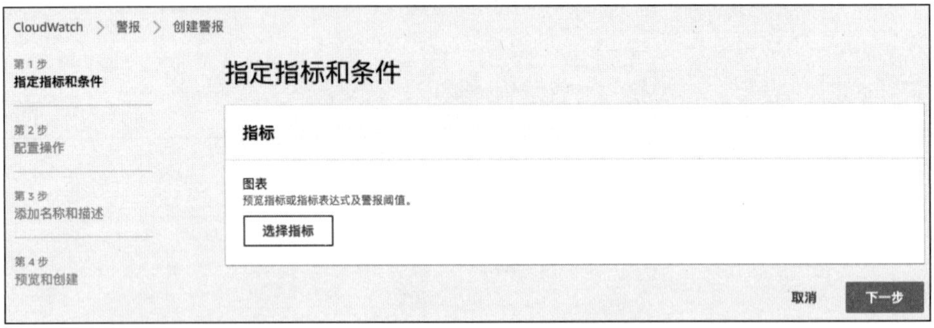

图 8-1-66

3）在指标管理界面的"全部指标"中，选择"事件"，如图 8-1-67 所示。

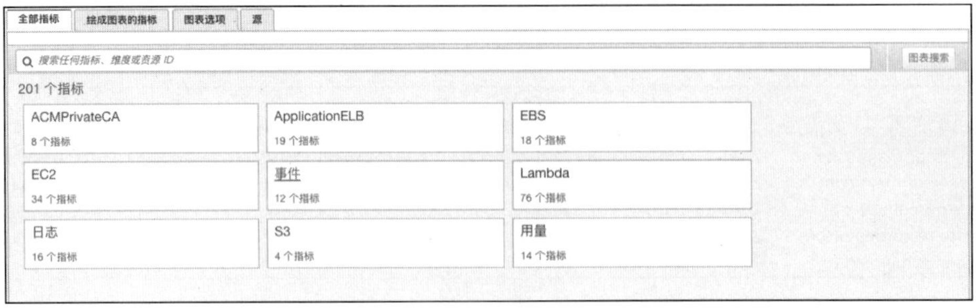

图 8-1-67

4）这时会出现一个规则列表，选中"mylab-Ca-Security-Role-RevEventRule-NXUXKTW3V4AE"，指标名称为 TriggeredRules，然后单击"选择指标"，如图 8-1-68 所示。

图 8-1-68

5）在"指定指标和条件"页面中，将"统计数据"设置为总计，"周期"设置为 15 分钟，如图 8-1-69 所示。

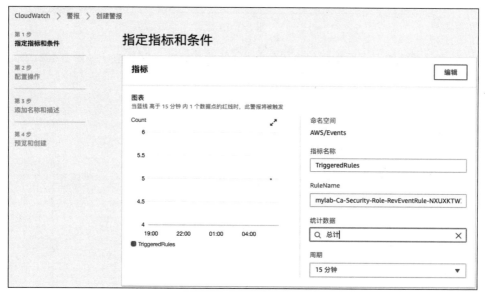

图 8-1-69

6）在"条件"页面中，将"警报条件"选中"大于/等于"，"报警阈值"设置为"4"，"要报警的数据点"设置为"将缺失的数据作为良好（未超出阈值）处理"，如图 8-1-70 所示。

图 8-1-70

7）在"配置操作"页面中，单击"删除"，保持其他项为默认值，如图 8-1-71 所示，单击"下一步"。

图 8-1-71

8）在"添加名称和描述"页面中，填写警报名称为"Mass certificate Revocation"，报警描述为"more than 4 certificate were revoked within 15 minutes"，然后单击"下一步"，如图 8-1-72。

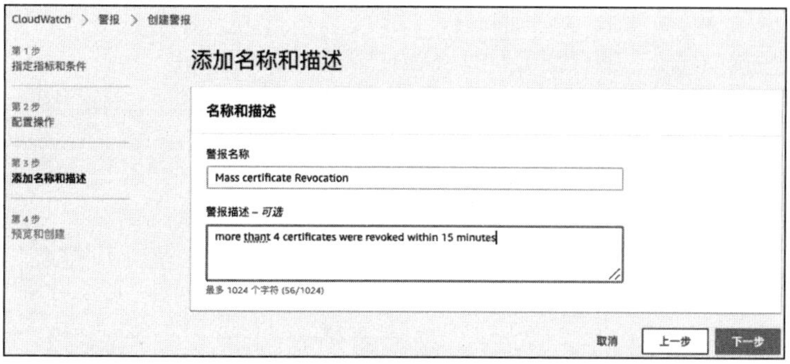

图 8-1-72

然后单击"创建警报"，如图 8-1-73 所示。

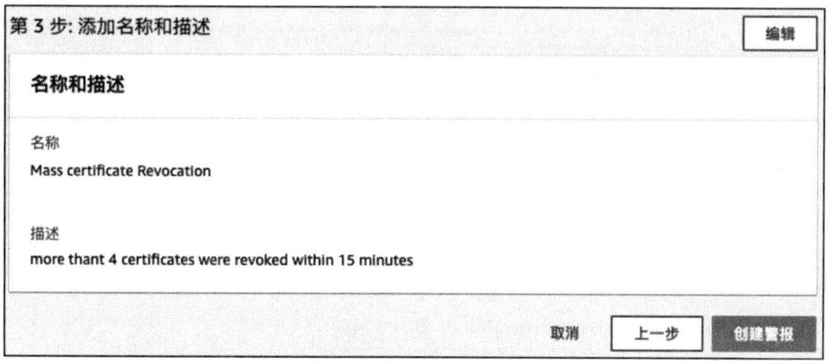

图 8-1-73

步骤 2：验证批量撤销证书报警。

1）验证设置好的 CloudWatch 的 Alarm 指标，可以参考本实验模块 4 的步骤 2。执行脚本快速创建数字证书和撤销数字证书，最终触发的告警如图 8-1-73 所示。

图 8-1-73

2）单击 CloudWatch 警报中的名称，可以详细了解报警的信息，如图 8-1-74 所示。

图 8-1-74

为了创建撤销阈值,以跟踪随着时间的推移撤销的证书数量,我们需要利用 CloudWatch Events 和 CloudWatch Alarms。

下面创建一个 CloudWatch Event 来查找撤销的 API 调用,这里我们可以创建一个 CloudWatch Alarm。我们可以使用上面创建的事件来查看触发事件的次数,并从 CloudWatch Alarm 中选择每次要分类为 ALARM 状态的触发器数量,部分代码如下。

```
source:
    - "aws.acm-pca"
detail-type:
    - "AWS API Call via CloudTrail"
detail:
    eventSource:
        - "acm-pca.amazonaws.com"
    eventName:
        - "RevokeCertificate"
```

实验模块 6:设置 CA 证书特权操作报警指标。

创建 CA 证书是一项特权操作,只能由 CA Management 团队内的授权人员执行。因此,我们需要监控内部任何 CA 证书的创建。

1）导航到 CloudWatch 的 Create Alarm 界面，然后选择"指标"，在指标管理界面中，选择"事件"，然后单击"按规则名称"，你会看到一个规则列表。

2）在规则列表中，选中"mylab-Ca-Security-Role-RevEventRule-NXUXKTW3V4AE"，指标名称为"TriggeredRules"，然后单击"选择指标"。

3）在"指定指标和条件"页面中，将"统计数据"设置为最大（Maximum），"周期"为 1 天。

在"条件"页面中，"警报条件"选中"大于/等于"，定义"报警阈值"为 1。

在"配置操作"页面中，单击"删除"，保持其他项为默认值，单击"下一步"。

在"添加名称和描述"页面中，警报名称为"CA Certificate creation"，报警描述为"CA Certificate were created"，然后单击"下一步"，再单击"创建警报"，如图 8-1-75 和图 8-1-76 所示。

图 8-1-75

图 8-1-76

实验模块 7：设置监控仪表板。

1）导航到 CloudWatch 的控制面板，然后单击"创建控制面板"，如图 8-1-77 所示。

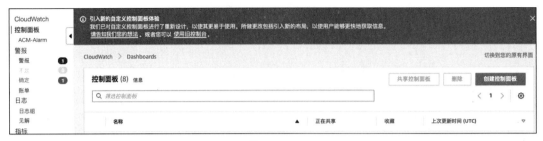

图 8-1-77

2）填写名称为 ACM-Alarm，然后单击"创建控制面板"，如图 8-1-78 所示。

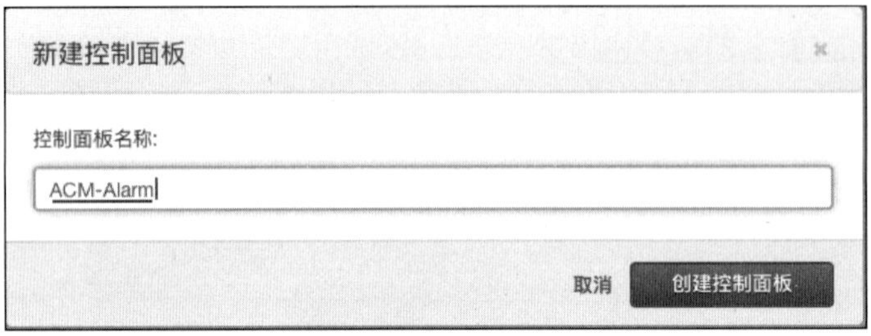

图 8-1-78

3）导航到警报管理界面，选中某个警报，在"操作"下拉菜单中选择"添加到控制面板"，如图 8-1-79 所示。

图 8-1-79

4）选择控制面板中创建的"ACM-Alarm"，然后选择"数字"展示图，再单击"添加到控制面板"，如图 8-1-80 所示。将警报 CA Certificate creation 添加到控制面板中并选择"线形图"，再单击"添加到控制面板"，如图 8-1-81 所示。

图 8-1-80

图 8-1-81

5）最终创建 CloudWatch 控制面板，如图 8-1-82 所示。

图 8-1-82

现在，有两个产生了 ALARM 状态的警报。这是由于应用程序开发人员撤销了多个证书，以及在创建 CA 层次结构时创建了 CA 证书。组织可以使用此机制来构建控制面板，以便在发生敏感操作时进行监控和警报（SNS，电子邮件等）。

实验模块 8：构建模板来创建代码签名证书。

本模块主要是使用 ACM Private CA 提供的预构建模板创建代码签名证书。允许针对特定用例限制使用证书，并且可以使用 IAM 权限来控制哪些主体可以颁发特定类型证书的用户或角色。

1）导航到 Cloud9 服务管理界面，打开 Workshop-environment 环境。根据实验部署所在的区域选择地区，如图 8-1-83 所示。

图 8-1-83

2）在模板子目录下打开 templates.py 文件，单击"运行"按钮来运行 Python 脚本 templates.py，大约 2 分钟后，会看到"成功创建代码签名证书 codesigning_cert.pe"。

3）使用 cd data-protection/usecase-7/template 命令将目录更改为模板所在的目录，即可看到代码签名证书，如图 8-1-84 所示。

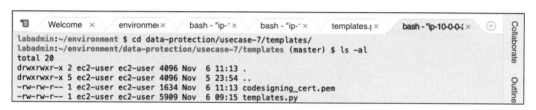

图 8-1-84

如果在创建代码签名证书时出现图 8-1-85 所示的错误，则需要通过命令更新 Python 的加密版本，如图 8-1-86 所示。

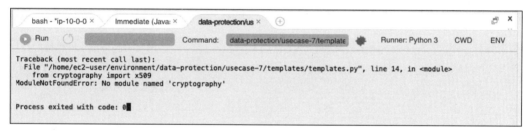

图 8-1-85

图 8-1-86

4）运行签名命令：openssl x509 -in codesigning_cert.pem -text -noou，如图 8-1-87 所示。

通过本实验可以学习有关证书的扩展功能，这可以帮助你将证书用于识别 TLS 服务器端点之外的应用程序，包括代码签名、签署在线证书状态协议响应和适用双向（相互）身份验证的 TLS 客户端。

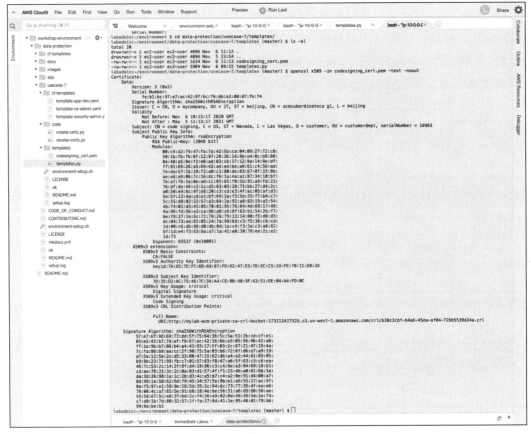

图 8-1-87

8.1.4 实验总结

本实验使用 ACM 专用证书提交机构（PCA）服务创建完整的 CA 结构、生成专用证书，以及在应用程序负载平衡器上应用专用证书。其中模板允许针对特定用例限制使用证书，并且可以使用 IAM 权限来控制某些主体可以提交特定类型证书的用户或角色。例如：

1）为 CA 管理员要承担的角色创建 IAM 角色 CaAdminRole，该角色具有证书提交机构管理员进行 CA 管理所需的权限。作为 CA 管理员，你需要负责创建根 CA 和从属证书提交机构的层次结构。

2）为应用程序开发人员承担的角色创建 IAM 角色 AppDevRole，该角色具有应用程序开发人员构建网络应用程序所需的权限，该应用程序由应用程序负载平衡器作为前置，而负载平衡器后方是拉姆达来源，其可为网站提供 HTML 代码。应用程序开发人员还有权在他们选择的证书提交机构提交证书。

你也可以通过 CloudFormation 模板快速创建下面两个角色：

ACM 私有 CA 使用模板创建用于标识用户、主机、资源和设备的 CA 证书和最终实体证书。当在控制台中创建证书时，会自动应用模板，应用的模板基于你选择的证书类型和指定的路径长度。如果使用 CLI 或 API 创建证书，则可以手动提供应用模板的 ARN，也可以支持 OCSP 签名证书模板。

8.2 Lab2：集成云上的安全事件监控和应急响应

8.2.1 实验概述

本实验是基于多个 AWS 的安全服务集成的实验，主要是帮助你了解如何集成及使用它们来识别和补救环境中的威胁。你将使用到 Amazon GuardDuty（威胁检测）、Amazon Macie（发现、分类和保护数据）、Amazon Inspector（漏洞和行为分析）、AWS Security Hub（集中式安全响应中心）等服务，并了解如何使用这些服务来调查攻击期间和之后的威胁、建立通知和响应管道，以及添加其他保护措施以改善环境的安全状况。

8.2.2 用户场景

公司已经将大部分应用部署到云上，符合高级别的安全体系要求，需要对基础架构进行监控和响应能力升级。如果你是公司的云安全负责人，并且已受命安排团队在 AWS 环境中进行自动化安全监控规划与实施。作为安全管理职责的一部分，你还需要负责响应环境中的任何安全事件。

由于环境中存在配置错误，攻击者可能已经能够访问 Web 服务器。你会从已部署的安全服务中收到警报，表明存在恶意活动。这些警报包括与已知恶意 IP 地址的通信、账户侦察、对 Amazon S3 存储桶配置的更改及禁用安全配置。你必须要确定入侵者可能执行了什么活动及它们是如何进行的，以便可以阻止入侵者的访问、修复漏洞并将配置恢复到正确的状态。

8.2.3 部署架构

本实验只需要部署一台面向互联网的 Web 服务器，其可以通过弹性网络接口访问 Internet 网关，而客户可以通过指向弹性网络接口的 DNS 条目访问你的 Web 服务器。你将静态内容存储在 S3 存储桶中，并使用 VPC S3 Endpoint Gateway 从 Web 服务器进行访问。

在此环境部署模块中，主要是启动第一个 CloudFormation 模板，其设置基础结构的初始组件，包括 GuardDuty、Inspector、SecurityHub 等侦探控件，以及简单的通知和补救管道。

其中有些步骤需要手动配置，如图 8-2-1 所示。

在模拟攻击模块中，主要是启动第二个 CloudFormation 模板，该模板部署模拟的攻击。另外，创建了两个 EC2 实例：一个实例名为恶意主机（Malicious Host），具有附加的 EIP，该 EIP 已添加到 GuardDuty 自定义威胁列表中。尽管恶意主机与另一个实例位于同一个 VPC 中，但是出于场景考虑，并结合防止提交渗透测试请求的需要，我们的行为就像它在 Internet 上一样，代表了攻击的计算机。另一个实例名为受损实例（Compromised Instance），是你的 Web 服务器，并由恶意主机接管，如图 8-2-1 所示。

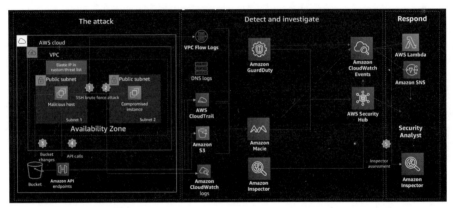

图 8-2-1

模拟攻击的威胁，用数字表示分别如下：

1）数字 1 和 2 显示 SSH 蛮力攻击和成功的 SSH 登录。
2）数字 3 显示攻击者对 S3 存储桶所做的更改。
3）数字 4 显示攻击者使用从受感染 EC2 实例中窃取的 IAM 临时凭证进行的 API 调用。

8.2.4 实验步骤

模块 1：构建实验环境。

运行第一个 CloudFormation 模板，并自动创建其中的一些控件，然后再手动配置其他模板。如果尚未登录，则需要登录 AWS 控制台。

1. 启用 Amazon GuardDuty

1）启用 Amazon GuardDuty，其会持续监控你的环境是否存在恶意或未经授权的行为，然后转到 Amazon GuardDuty 控制台（us-west-2），并单击"开始使用"，如图 8-2-2 所示。

第 8 章　云安全动手实验——综合篇　　433

图 8-2-2

2）跳转到欢迎页面，单击"启用 GuardDuty"，并输入需要指派的管理员账户，本实验指派与实验相同的账户 ID，如图 8-2-3 所示。

图 8-2-3

3）在管理界面中，单击"设置"，并通过在设置中单击"生存示例结果"模拟攻击威胁特征进行模拟测试。

4）现在，启用了 GuardDuty 并能持续监控 CloudTrail 日志、VPC 流日志和 DNS 查询日志中的环境威胁。

2. 部署第一个 AWS CloudFormation 模板

1）跳转到 CloudFormation 管理控制台，并通过链接下载模板，然后在 CloudFormation 管理控制台中创建标准堆栈并进行部署，或者通过在浏览器中输入链接进行直接部署。

部署地区：us-west-2，单击"下一步"，如图 8-2-4 所示。

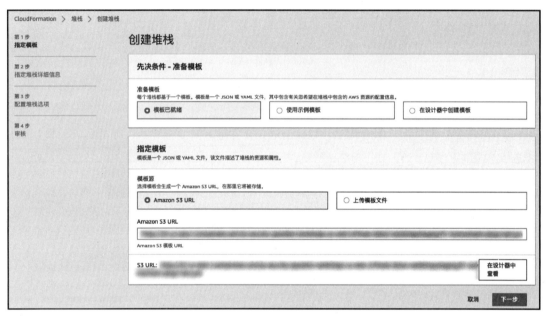

图 8-2-4

2）然后转到"指定堆栈详细信息"页面，输入必要的参数。
- 堆栈名称：Mylab-ThreatDetectionWksp-Env。
- Email Addess：你有权访问的任何有效电子邮件地址。

单击"下一步"，如图 8-2-5 所示。

3）再次单击"下一步"（在默认情况下，保留此页面上的所有内容）。

4）最后，向下滚动并选中复选框以确认模板创建了 IAM 角色，然后单击"创建堆栈"，如图 8-2-6 所示。

第 8 章　云安全动手实验——综合篇　435

图 8-2-5

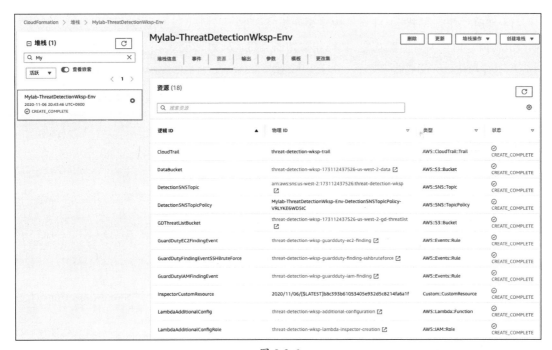

图 8-2-6

提示：你将会收到 SNS 的电子邮件，并要求你进行确认订阅，以便在实验期间接收来自 AWS 服务的电子邮件警报。

3. 设置 Amazon CloudWatch 事件规则和自动响应

下面将完成最终规则的创建，此后，你会有适当的规则来接收电子邮件中的通知并触发 Lambda 函数以响应威胁。

1）打开 CloudWatch 控制台（us-west-2）。

2）在左侧导航窗格的"事件"下，单击"规则"，然后单击"创建规则"，如图 8-2-7 所示。

图 8-2-7

3）选择"事件模式"，打开"构建事件模式"的下拉列表以按服务匹配事件，并在下拉列表中选择"自定义事件模式"，复制并粘贴以下自定义事件模式。

```
{
  "source": [
    "aws.guardduty"
  ],
  "detail": {
    "type": [
      "UnauthorizedAccess:EC2/MaliciousIPCaller.Custom"
    ]
  }
}
```

4）在"目标"中，单击"添加目标"，选择"Lambda 函数"，然后选择"threat-detection-wksp-remediation-nacl"，再单击"配置详细信息"，如图 8-2-9 所示。

5）在"配置规则详细信息"页面上，填写"名称和描述"。

名称：threat-detection-wksp-guardduty-finding-ec2-maliciousip。

描述：GuardDuty Finding: UnauthorizedAccess:EC2/MaliciousIPCaller.Custom

然后单击"创建规则"，如图 8-2-10 所示。

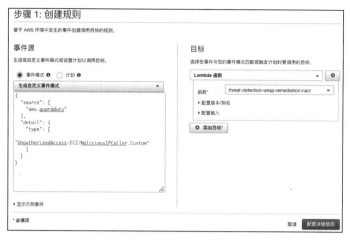

图 8-2-9

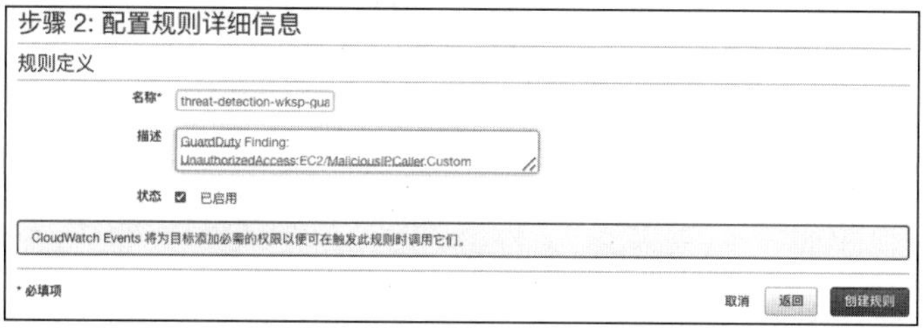

图 8-2-10

6）检查 Lambda 函数以查看其功能。打开 Lambda 控制台，单击"threat-detection-wksp-remediation-nacl"，如图 8-2-11 所示。

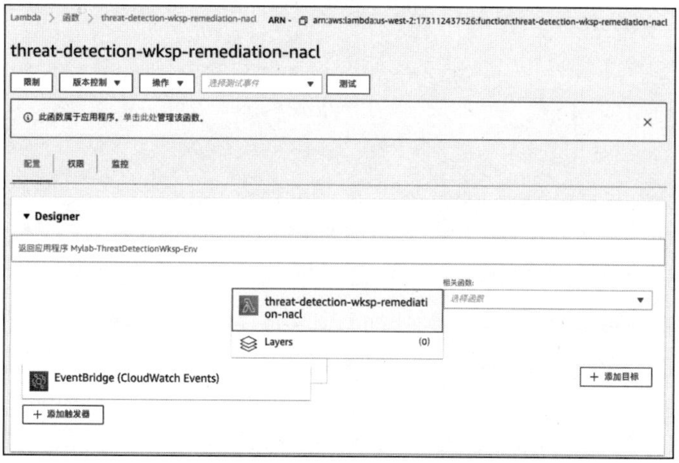

图 8-2-11

其中，Lambda 函数的代码如下：

```python
from __future__ import print_function
from botocore.exceptions import ClientError
import boto3
import json
import os

def handler(event, context):

  # Log Event
  print("log -- Event: %s " % json.dumps(event))

  # Set Event Variables
  gd_sev = event['detail']['severity']
  gd_vpc_id = event["detail"]["resource"]["instanceDetails"]["networkInterfaces"][0]["vpcId"]
  gd_instance_id = event["detail"]["resource"]["instanceDetails"]["instanceId"]
  gd_subnet_id = event["detail"]["resource"]["instanceDetails"]["networkInterfaces"][0]["subnetId"]
  gd_offending_id = event["detail"]["service"]["action"]["networkConnectionAction"]["remoteIpDetails"]["ipAddressV4"]

  response = "Skipping Remediation"
  wksp = False

  for i in event['detail']['resource']['instanceDetails']['tags']:
    if i['value'] == os.environ['PREFIX']:
      wksp = True
  print("log -- Event: Workshop - %s" % wksp)
  try:
```

```python
# Setup a NACL to deny inbound and outbound calls from the malicious IP from this subnet
    ec2 = boto3.client('ec2')

    response = ec2.describe_network_acls(
      Filters=[
        {
          'Name': 'vpc-id',
          'Values': [
              gd_vpc_id,
          ]
        },
        {
          'Name': 'association.subnet-id',
          'Values': [
              gd_subnet_id,
          ]
        }
      ]
    )

    gd_nacl_id = response["NetworkAcls"][0]["NetworkAclId"]

    if gd_sev == 2 and wksp == True and event["detail"]["type"] == "UnauthorizedAccess:EC2/SSHBruteForce":
      response = ec2.create_network_acl_entry(
          DryRun=False,
          Egress=False,
          NetworkAclId=gd_nacl_id,
          CidrBlock=gd_offending_id+"/32",
          Protocol="-1",
          RuleAction='deny',
          RuleNumber=90
      )
```

```
    print("log -- Event: NACL Deny Rule for
UnauthorizedAccess:EC2/SSHBruteForce Finding ")

  elif wksp == True and event["detail"]["type"] ==
"UnauthorizedAccess:EC2/MaliciousIPCaller.Custom":
    response = ec2.create_network_acl_entry(
        DryRun=False,
        Egress=True,
        NetworkAclId=gd_nacl_id,
        CidrBlock=gd_offending_id+"/32",
        Protocol="-1",
        RuleAction='deny',
        RuleNumber=90
    )

    print("log -- Event: NACL Deny Rule for
UnauthorizedAccess:EC2/MaliciousIPCaller.Custom Finding ")
  else:
    print("A GuardDuty event occured without a defined remediation.")

except ClientError as e:
  print(e)
  print("Something went wrong with the NACL remediation Lambda")
return response
```

4. 启用 AWS Security Hub

启用 AWS Security Hub 可以为你提供 AWS 环境的安全性和合规性的全面视图。

1）转到 AWS Security Hub 控制台。如果"入门"按钮可用，则单击它；如果未启用，则启用安全中心，然后跳过第三步。

2）单击"入门"按钮，然后单击"Enable AWS Security Hub"按钮。

3）如果在 Security Hub 控制台中看到红色文本（图 8-2-12 右上的黑底部分），则可以忽略。

图 8-2-12

AWS Security Hub 现在已启用,并将开始收集和汇总目前为止我们已启用的安全服务的发现。

模块 2:部署攻击模拟。

1)部署第二个 CloudFormation 模板,主要是部署启动模拟攻击,需要与第一个模板部署在相同区域(us-west-2)。你可以下载部署模块,也可以直接在浏览器中输入地址直接部署,然后单击"下一步",如图 8-2-13 所示。

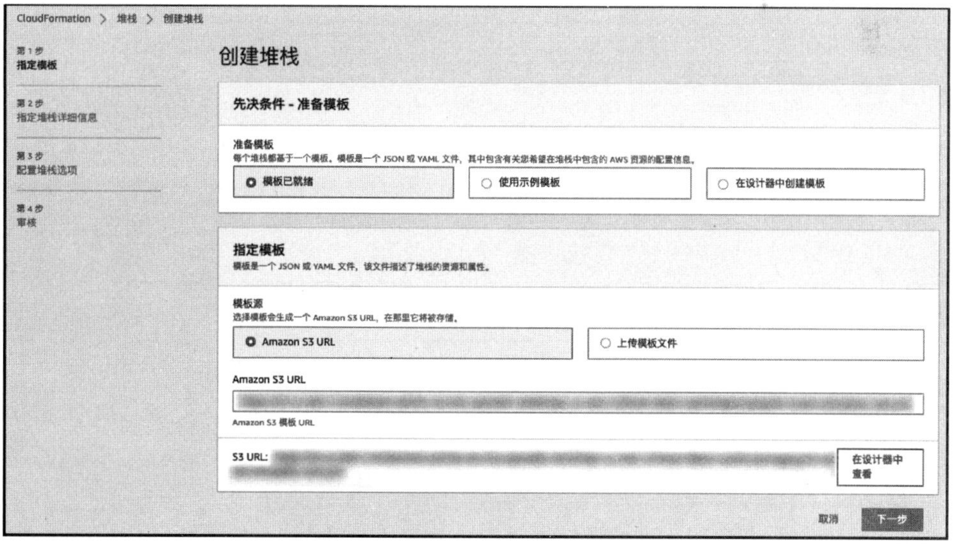

图 8-2-13

2）进入控制台以运行模板，堆栈的名称会被自动填充，但你可以改变它。例如，可以修改为 Mylab-ThreatDetectionWksp-Attacks，然后保持其他默认值不变，单击"下一步"，如图 8-2-14 所示。

图 8-2-14

3）最后确认模板来创建 IAM 角色，然后单击"创建堆栈"，如图 8-2-15 所示。

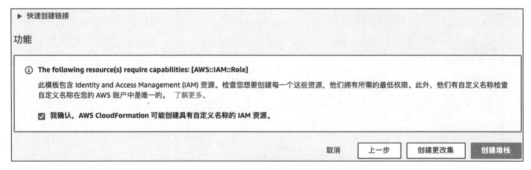

图 8-2-15

4）回到 CloudFormation 控制台，可以通过刷新页面来查看堆栈创建信息。在继续之前，要确保堆栈处于 CREATE_COMPLETE 状态，如图 8-2-16 所示。

注意：在第二个 CloudFormation 模板完成后，至少需要 20 分钟，你才能查看发现。

图 8-2-16

模块 3：检测和响应受损的 IAM 凭证。

1. 检测受损的 AWS IAM 凭证

通过电子邮件警报排序并标识与 AWS IAM 主体有关的警报，如 Amazon GuardDuty 查找：UnauthorizedAccess:IAMUser/MaliciousIPCaller.Custom。

1）从电子邮件警报中复制"Access Key ID"的信息"ASIASQTSOFMLFPUFEC6A"，如图 8-2-17 所示，然后使用 Amazon GuardDuty 对这些发现进行初步调查。

```
"Amazon GuardDuty Finding : Recon:IAMUser/MaliciousIPCaller.Custom"

"Account : 173112437526"
"Region : us-west-2"
"Description : API ListBuckets, commonly used in reconnaissance attacks, was invoked from an IP address 54.70.75.39 on
the custom threat list Custom-Threat-List-8df8fade-9d63-403b-bffc-30557903f0aa. Unauthorized actors perform such
activity to gather information and discover resources like databases, S3 buckets etc., in order to further tailor the attack."
"Access Key ID : ASIASQTSOFMLFPUFEC6A"
"User Type : AssumedRole"

--
If you wish to stop receiving notifications from this topic, please click or visit the link below to unsubscribe:


Please do not reply directly to this email. If you have any questions or comments regarding this email, please contact us at
```

图 8-2-17

2）转到 Amazon GuardDuty 控制台（us-west-2）。

在"添加筛选条件"框中选择"访问密钥 ID"，然后粘贴复制的内容，如图 8-2-18 所示，再选择"应用"。

3）单击结果之一以查看详细信息，你可以看到此发现中引用的访问密钥来自 IAM 假定角色。

图 8-2-18

4)在受影响的资源下检查主体 ID,你会发现在两个字符串之间用冒号分隔。第一个是 IAM 角色的唯一 ID,第二个是 EC2 实例 ID,如图 8-2-19 所示。

图 8-2-19

IAM 角色的唯一 ID:threat-detection-wksp-compromised-ec2。

EC2 实例 ID:i-0dafa37d6fd6dafb9。

5)该 Principal ID 包含发出 API 请求实体的唯一 ID,并请求使用临时安全证书,也包括一个会话名称。在这种情况下,会话名称是 EC2 实例 ID,因为假定角色的调用是利用 EC2 的 IAM 角色完成的。

6)复制完整的主体 ID,其中包含角色的唯一 ID 和会话名称:"principalId":"< unique ID >:< session name >"。

```
Iam instance profile
arn: arn:aws:iam::173112437526:instance-profile/threat-detection-wksp-compromised-ec2-profile
id: AIPASQTSOFMLIYTKB25KH
```

7)检查受影响资源下的用户名并将其复制下来,它们与所涉及的 IAM 角色的名称相对应,因为用于进行 API 调用的临时凭据来自附加了 IAM 角色的 EC2 实例。

2. 手动处置受损的 AWS IAM 凭证

现在，你已经确定攻击者正在使用 EC2 的 IAM 角色提供的临时安全证书，并决定立即旋转该证书，以防止任何进一步的滥用或潜在的特权升级。

响应 1：撤销 IAM 角色会话（IAM）。

1）转到 AWS IAM 控制台。

2）单击"角色"，并使用你之前复制下来的用户名找到上一部分中确定的角色（这是附加到受感染实例的角色），然后单击该角色名，如图 8-2-20 所示。

图 8-2-20

3）单击"撤销会话"选项卡，再单击"撤销活动会话"按钮，如图 8-2-21 所示。

图 8-2-21

4）选中"我确认我要撤销该角色所有的活动会话。"复选框，然后单击"撤销活动会话"，如图 8-2-22 所示。

图 8-2-22

问题：实际上，阻止使用由该角色发布的临时安全凭证的机制是什么？

响应 2：重新启动 EC2 实例。

受到破坏的 IAM 角色的所有活动凭证均已失效，这意味着攻击者无法再使用那些访问密钥，但也意味着任何使用此角色的应用程序也不能使用它们。

1）在 EC2 控制台中，停止名为 threat-detection-wksp: Compromised Instance 的实例。首先选中实例旁边的框，然后选择"实例状态"中的"停止实例"，如图 8-2-23 所示，然后单击"是"和"停止"进行确认。

图 8-2-23

2）等待实例状态停止（你可能需要刷新 EC2 控制台），然后再单击"启动实例"。你需要等到所有状态检查都通过后才能继续。

响应 3：对比启动 EC2 实例前后的凭证。

为了确保应用程序的可用性，你需要通过停止和启动实例来刷新实例上的访问键，简单的重新启动不会更改密钥。由于你正在使用 AWS Systems Manager 在 EC2 实例上进行管理，因此可以使用它查询元数据，以验证实例重新启动后访问密钥是否已旋转。

1）转到 AWS Systems Manager 控制台，单击左侧导航栏中的"Session Manager"，然后单击"Start Session"。

2）这时会看到 threat-detection-wksp: Compromised Instance 实例的状态为正在运行的受感染实例，如图 8-2-24 所示。

图 8-2-24

3）查看当前在该实例上活动的凭证，选中"Threat-detection-wksp: Compromised Instance"旁边的单选框，然后单击"Start Session"。

4）在开启会话中运行命令，如图 8-2-25 所示。

图 8-2-25

5）将访问密钥 ID 与电子邮件警报中的访问密钥 AccessKey ID 进行比较，以确保更改，如图 8-2-26 所示。

```
重启之后新的 AccessKeyID: "ASIASQTSOFMLE4RKQDFZ"
邮件告警中的 AccessKeyID: "ASIASQTSOFMLFPUFEC6A"
```

图 8-2-26

由此可见，你已经成功撤销了来自 AWS IAM 角色的所有活动会话，并轮换了 EC2 实例上的临时安全凭证。

模块 4：检测和响应受损的 EC2 实例。

1. 探索与实例 ID 相关的发现（AWS Security Hub）

当调查受感染的 IAM 凭证时，你会发现它来自 EC2 的 IAM 角色，并从发现的主体 ID 中标识了 EC2 实例 ID。利用实例 ID（你之前复制的实例 ID 是 i-0dafa37d6fd6dafb9），你可以使用 AWS Security Hub 来调查结果。首先，研究与 EC2 实例相关的 GuardDuty 发现。

1）转到 AWS Security Hub 控制台。

2）该链接会带你到"发现"部分（如果没有，则单击左侧导航中的"发现 "）。

3）通过选中"添加过滤器"并在"产品名称"中粘贴"GuardDuty"，如图 8-2-27 所示。

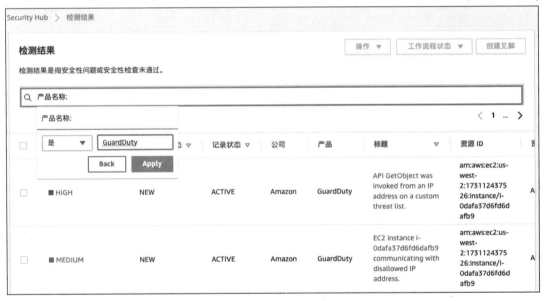

图 8-2-27

4）使用浏览器的查找功能从 GuardDuty 中查找主体 ID：i-0dafa37d6fd6dafb9，如图 8-2-28 所示。

现在，从资源 ID 中复制 Amazon Resource Name（ARN）进行第一个匹配。ARN 看起来像 arn:aws:ec2:us-west-2:173112437526:instance/i-0dafa37d6fd6dafb9 这样。

5）再次选中"添加过滤器"并选择"资源 ID"，然后粘贴上一步中的 ARN，以添加另一个过滤器，如图 8-2-29 所示。

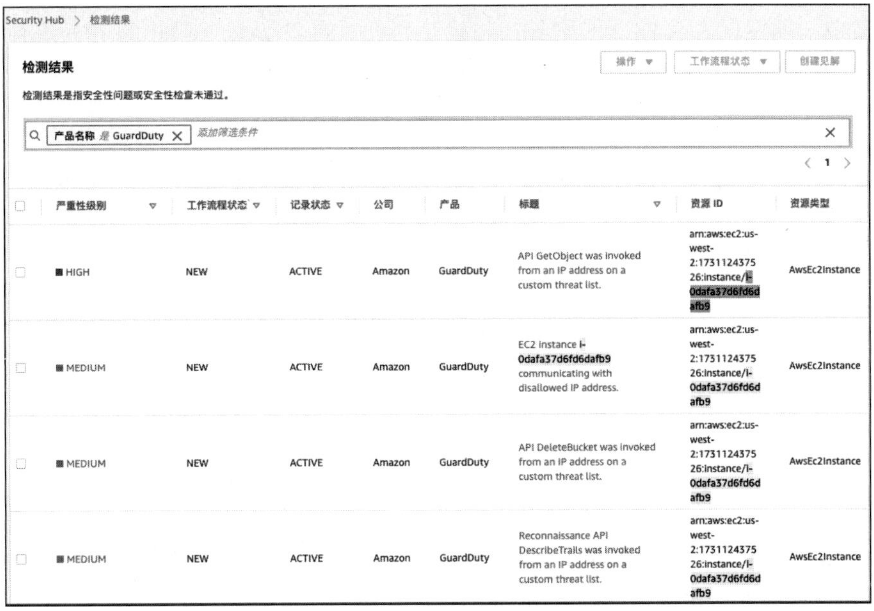

第 8 章 云安全动手实验——综合篇

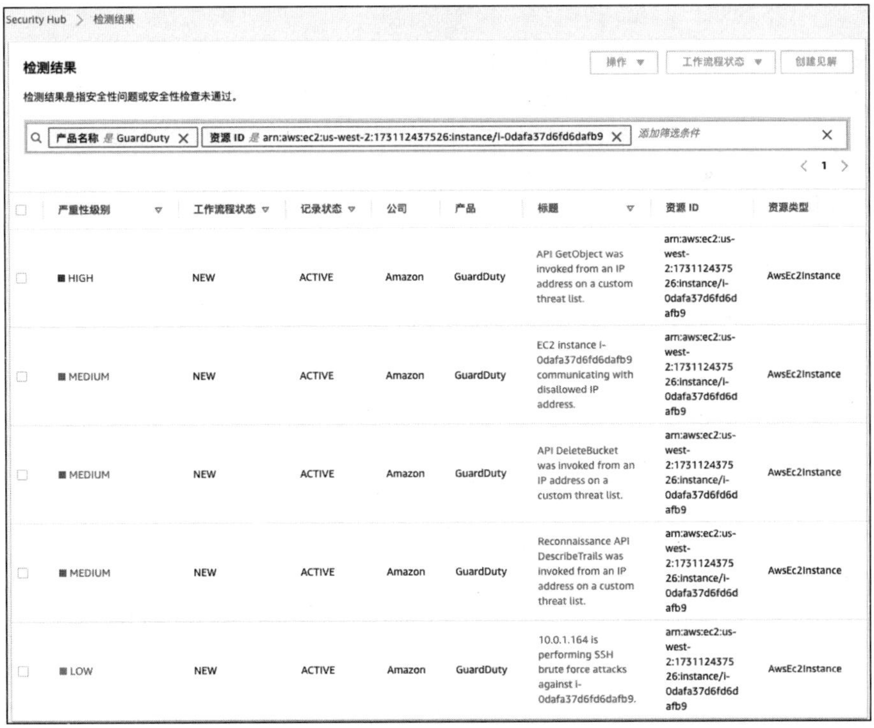

图 8-2-28

图 8-2-29

6）其中一项发现表明 EC2 实例正在与威胁列表中的 IP 地址（禁止的 IP）进行通信，这为该实例已受到威胁的结论提供了进一步的证据，如图 8-2-30 所示。

	■MEDIUM	NEW	ACTIVE	Amazon	GuardDuty	EC2 instance i-0dafa37d6fd6dafb9 communicating with disallowed IP address.	arn:aws:ec2:us-west-2:173112437526:instance/i-0dafa37d6fd6dafb9	AwsEc2Instance

图 8-2-30

7）另一项发现表明特定 IP 地址的系统正在对你的实例执行 SSH 暴力攻击。现在，你需要调查 SSH 蛮力攻击是否成功，以及是否允许攻击者访问该实例。

2. 确定是否在 EC2 实例上启用 SSH 密码认证（AWS Security Hub）

对威胁的自动响应可以做很多事情。例如，你可能有一个触发器，帮助你收集有关威胁的信息，然后安全团队可以将其用于调查。考虑到该选项，我们有一个 CloudWatch 事件规则，当 GuardDuty 检测到特定攻击时，它会触发 EC2 实例的 Amazon Inspector 扫描，你可以使用 AWS Security Hub 查看 Inspector 的发现。另外，我们要确定 SSH 配置是否遵循最佳实践。

1）转到 AWS Security Hub 控制台。
2）发现中的链接会带你到"发现"部分（如果没有，则单击左侧导航中的"finding"）。
3）选中"添加过滤器"并在"产品名称"中粘贴"Inspector"。
4）利用浏览器的查找功能查找 password authentication over SSH，如图 8-2-31 所示。

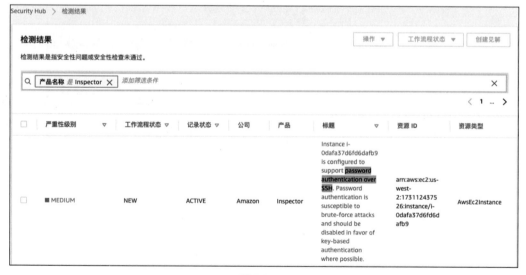

图 8-2-31

5）单击经历过 SSH 蛮力攻击的实例的 SSH 和密码身份验证的发现，然后进行审查。

如果稍后看不到任何发现，则可能是 Inspector 代理存在问题。这时，转到 Inspector 控制台，单击"评估模板"，检查以威胁检测-wksp 开头的模板，然后单击"运行"。你可以等待 15 分钟来完成扫描，也可以查看运行并检查状态。你也可以随意继续执行此模块，并在以后检查结果。

检查后，你会看到实例上已配置了通过 SSH 的密码身份验证。此外，如果你检查 Inspector 的其他发现，会发现没有密码复杂性限制，这意味着该实例更容易受到 SSH 暴力攻击。

3. 确定攻击者是否能够登录 EC2 实例（CloudWatch 日志）

既然已经知道实例更容易受到 SSH 暴力攻击，那么让我们看一下 CloudWatch 日志并创建一个指标以查看是否有成功的 SSH 登录。

1）转到 CloudWatch 日志。

2）单击"日志组"并查找"/threat-detection-wksp/var/log/secure"，如图 8-2-32 所示。

3）如果你有多个日志流，则使用先前复制的实例 ID（i-0dafa37d6fd6dafb9）进行筛选，然后单击该流，如图 8-2-33 所示。

图 8-2-32

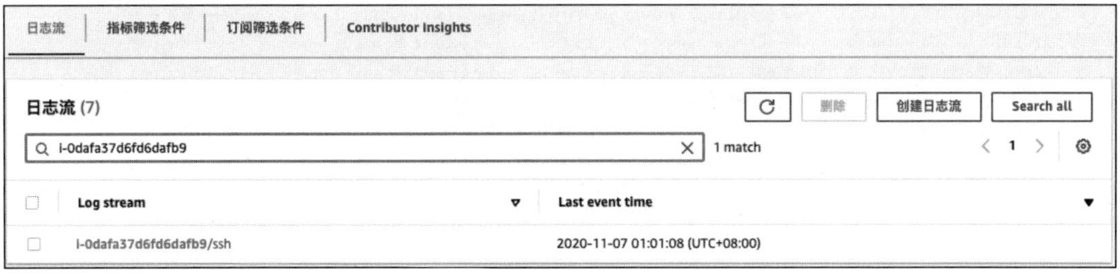

图 8-2-33

4）在过滤器事件文本框中，写入过滤器模式：[Mon, day, timestamp, ip, id, msg1= Invalid, msg2 = user, ...]，如图 8-2-34 所示。

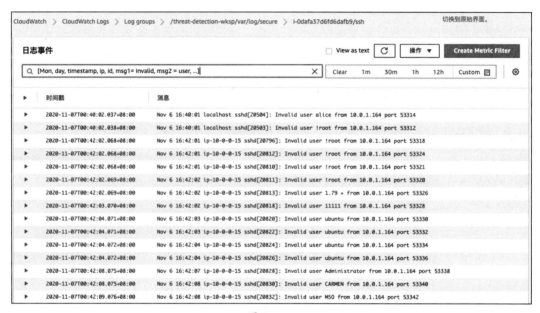

图 8-2-34

5）现在，将过滤器替换为[Mon, day, timestamp, ip, id, msg1= Accepted, msg2 = password, ...]模式的查询条件，如图 8-2-35 所示。

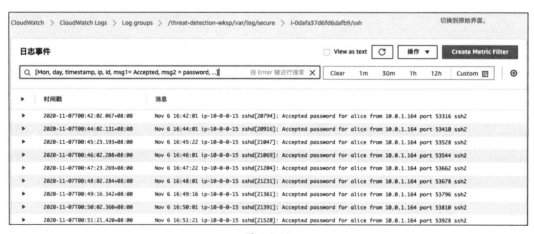

图 8-2-35

这时，你是否看到任何成功登录实例的信息？哪个 Linux 用户受到威胁？

4. 修改 EC2 安全组（EC2）

攻击者的活动会话会因为实例所在子网上 NACL 的更新而自动停止，这是通过某些 GuardDuty 结果调用的 CloudWatch 事件规则触发器来完成的。如果你已决定通过 AWS Systems Manager 对 EC2 实例进行管理，则不需要打开管理端口，修改与 EC2 实例关联的安全组即可，以防止攻击者或其他任何人连接。

1）转到 Amazon EC2 控制台。

2）查找名称为 threat-detection-wksp: Compromised Instance 的正在运行的实例，即受损实例，如图 8-2-36 所示。

图 8-2-36

3）在"描述"选项卡下，单击受感染实例的"安全组"，如图 8-2-37 所示。

图 8-2-37

4）查看"编辑入站规则"选项卡下的"入站规则"。

5）单击"编辑"，然后删除入站 SSH 规则。

在初始配置期间，SSM 代理已安装在 EC2 实例上，这时单击"保存规则"即可，如图 8-2-38 所示。

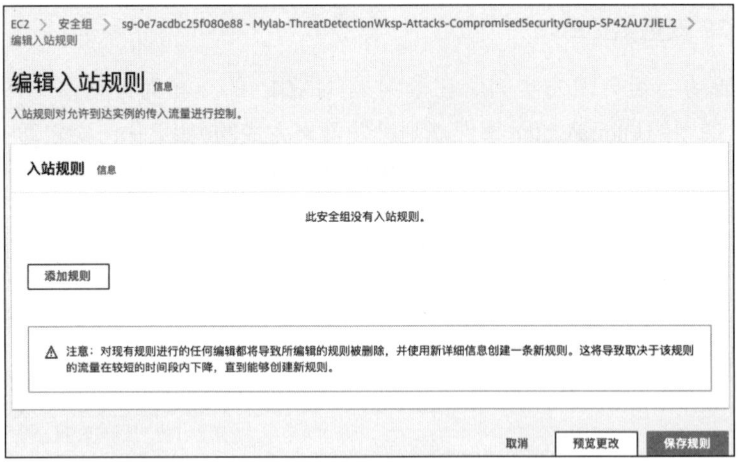

图 8-2-38

到此为止，你已成功纠正了该事件，并进一步改善了环境。由于这是一个模拟实验，因此无法在分配的短时间内涵盖响应功能的每个方面，但希望通过这些操作，你能对 AWS 上可用于检测、调查、响应威胁和攻击的功能有所了解。

模块 5：清理环境。

为了防止向你的账户收费，我们建议清理已创建的基础结构。如果你打算让事情继续进行，以便可以进一步检查，则记住在完成后进行清理。

在删除 CloudFormation 堆栈之前，你需要手动删除一些资源，因此需要按顺序执行以下步骤：

1）删除创建的 Inspector 对象。
- 转到 Amazon Inspector 控制台。
- 单击左侧导航窗格中的"评估目标"。
- 删除所有以 Threat-detection-wksp 开头的内容。

2）删除受损 EC2 实例的 IAM 角色和 Inspector 的服务链接角色，如果未创建此角色，则
- 转到 AWS IAM 控制台。
- 单击"角色"。
- 搜索名称为 threat-detection-wksp-compromised-ec2 的角色。
- 选中旁边的复选框，然后单击"删除"。
- 对名称为 AWSServiceRoleForAmazonInspector 的角色重复上述步骤。

3）删除模块 1 中由 CloudFormation 模板创建的所有 S3 存储桶（以 threat-detection-wksp 开头并以-data，-threatlist 和-logs 结尾的）

- 转到 Amazon S3 控制台。
- 单击相应的存储桶。
- 单击"删除存储桶"。
- 复制并粘贴存储桶的名称（实际上你是要删除存储桶的额外验证）。
- 对所有的存储桶重复上述步骤。

4）删除模块 1 和模块 2 中的 CloudFormation 堆栈（Mylab-ThreatDetectionWksp-Envp 和 Mylab-ThreatDetectionWksp-Attacks）。

- 转到 AWS CloudFormation 控制台。
- 选择适当的堆栈。
- 选择"操作"。
- 单击"删除堆栈"。
- 对每个堆栈重复上述步骤。

在删除第二个堆栈之前，无须等待第一个堆栈删除完成。

5）删除 GuardDuty 自定义威胁列表并禁用 GuardDuty，如果未配置它，则

- 转到 Amazon GuardDuty 控制台。
- 单击左侧导航窗格中的"列表"。
- 单击旁边的威胁列表并启动定制威胁列表。
- 在左侧导航窗格中，单击"设置"。
- 选中"禁用"旁边的复选框。
- 单击"保存设置"，然后在弹出框中单击"禁用"。

6）禁用 AWS Security Hub。

- 转到 AWS Security Hub 控制台。
- 单击左侧导航窗格中的"设置"。
- 单击顶部导航窗格中的"常规"。
- 单击"禁用 AWS Security Hub"。

7）删除你创建的手动 CloudWatch Event Rule 和生成的 CloudWatch Logs。

- 转到 AWS CloudWatch 控制台。
- 单击左侧导航窗格中的"规则"。
- 选中"Threat-detection-wksp-guardduty-finding-maliciousip"旁边的单选按钮。
- 选择"操作"，然后单击"删除"。
- 单击左侧导航窗格中的"日志"。
- 选中"/ aws / lambda / threat-detection-wksp-inspector-role-creation"旁边的单选按钮。

- 选择"操作",然后单击"删除日志组",再在弹出框中单击"是,删除"。
- 其他的重复以上步骤:

  / aws / lambda / threat-detection-wksp-remediation-inspector

  / aws / lambda / threat-detection-wksp-remediation-nacl

  / threat-detection-wksp / var / log / secure

8. 删除订阅 SNS 主题时创建的 SNS 订阅。

- 转到 AWS SNS 控制台。
- 单击左侧导航窗格中的"订阅"。
- 选中订阅旁边的复选框,该订阅将你的电子邮件显示为 Endpoint,并且在 Subscription ARN 中具有威胁检测-wksp。
- 选择"操作",然后单击"删除订阅"。

8.2.5 实验总结

在本实验中,主要包括 5 个模块:

在模块 1 中,设置基础结构的初始组件,包括 GuardDuty,Inspector,SecurityHub 等侦探控件以及简单的通知和补救管道,并通过 CloudFormation 模板,快速设置其他环境组件。

在模块 2 中,通过 CloudFormation 模板快速创建两个 EC2 实例。一个实例(名为 Malicious Host)具有附加的 EIP,该 EIP 已添加到 GuardDuty 自定义威胁列表中。尽管恶意主机与另一个实例位于同一个 VPC 中,但是出于场景考虑(并防止提交渗透测试请求的需要),我们的行为就像它在 Internet 上一样,代表了攻击的计算机。另一个实例(名为"受损实例")是你的 Web 服务器,并由"恶意主机"接管。

在模块 3 和模块 4 中,主要是分析威胁攻击告警日志,设置手动补救漏洞,并为后续的攻击设置了一些自动补救措施。其主要目的也是想通过分析研究攻击事件的发生过程,结合威胁攻击事件的特征和流程,为用户自己设置更有效的、自动化的补救和响应措施奠定基础。模块 5 主要是清理已创建的基础结构。

本实验中的攻击事件发生过程如下:

1)创建了两个实例,它们位于同一个 VPC 中,但位于不同的子网中。该**恶意主机**假装是在互联网上的攻击。**恶意主机**上的弹性 IP 位于 GuardDuty 的自定义威胁列表中。另一个"**受害实例**"表示已提升并转移到 AWS 的 Web 服务器。

2)尽管公司政策是仅为 SSH 启用基于密钥的身份验证,但在某个时候,由于已在**受感染实例**上启用了 SSH 的密码身份验证,因此要从 GuardDuty 查找结果触发的 Inspector 扫描中识别出此错误配置。

3)该**恶意主机**对**受害实例**进行 SSH 密码暴力破解攻击,并已暴力攻击成功。

告警来源：
GuardDuty Finding: UnauthorizedAccess:EC2/SSHBruteForce 攻击威胁

4）SSH 暴力攻击成功，并且攻击者能够登录受**感染实例**。

告警来源：
CloudWatch Logs (/threat-detection-wksp /var /log /secure) 确认成功登录

5）受到威胁的实例还会连续 ping 恶意主机，以基于自定义威胁列表生成 GuardDuty 查找。

告警来源：
GuardDuty Finding: UnauthorizedAccess: EC2/MaliciousIPCaller.Custom

6）API 结果的调用来自**恶意主机**。使用 IAM 角色中的临时凭证来运行**恶意主机**上的 EC2，因为附加到**恶意主机**的 EIP 在自定义威胁列表中，所以会生成 GuardDuty 告警结果。

告警来源：
GuardDuty **Finding**: Recon: IAMUser / MaliciousIPCaller.Custom
GuardDuty **Finding**: UnauthorizedAccess: IAMUser / MaliciousIPCaller.Custom

7）GuardDuty 的调查结果引发了许多 CloudWatch Events 规则，然后触发了各种服务。

CloudWatch 事件规则：常规 GuardDuty 查找结果将调用 CloudWatch Event 规则，该规则触发 SNS 发送电子邮件。

CloudWatch 事件规则：SSH 蛮力攻击发现会调用 CloudWatch Event 规则，该规则会触发 Lambda 函数并通过 NACL 及在 EC2 实例上运行 Inspector 扫描的 Lambda 函数来阻止攻击者的 IP 地址。

CloudWatch 事件规则：未经授权的访问自定义 MaliciousIP 发现会调用 CloudWatch Event 规则，该规则触发 Lambda 函数以通过 NACL 阻止攻击者的 IP 地址。

本实验能帮助用户充分了解真实威胁场景，了解与威胁检测和响应有关的许多 AWS 服务，熟悉 Amazon GuardDuty、Amazon Macie 和 AWS Security Hub 的威胁检测功能以及响应措施。

8.3 Lab3：集成 AWS 的 PCI-DSS 安全合规性架构

8.3.1 实验概述

AWS 合规性解决方案在 AWS 中可以简化和实现安全基准，即从初始设计到运营安全准备。这些解决方案融入了 AWS 解决方案架构师、安全与合规性人员的专业知识，可帮助你通过自动化的方式轻松构建安全可靠的架构。

此实验包括与 AWS Service Catalog 集成的 AWS CloudFormation 模板，其能自动构建遵循 PCI DSS 要求的标准基准架构，还包括安全控制矩阵框架，其能将安全控制与基准的架构决策、功能和配置对应。

8.3.2 部署模板

由于 AWS CloudFormation 模板是本实验部署资源的基本架构，因此客户可以在不同的模板之间进行选择以测试和自定义其环境，而无须部署整个架构。

IAM 用户必须具有相应的权限来部署每个模板创建的资源，其中包括适用于组和角色的 IAM 配置。

你还可以编辑 main.template 以自定义子网和架构，对于必须在应用程序所有者的账户中部署初始基础架构的预置团队而言，这一点很有用。

部署指导手册：AWS 云上的 PCI DSS 标准化架构。

笔者为此实验提供了工具和模板的 GitHub 存储库，以便你能快速修改、扩展和自定义这些内容。建议你利用这些资源，以确保正确的版本控制、开发人员协作及文档更新。当然，你也可以使用自己的 Git 或 Apache Subversion 源代码存储库，或者使用 CodeCommit。

快速入门的 GitHub 存储库包括以下目录：

- assets：安全控件体系、架构示意图和登录页面资产。
- templates：用于部署的 AWS CloudFormation 模板文件。
- submodules：由快速入门模板使用的脚本和子模板。

将模板上传到 Amazon S3：

快速入门的 Amazon S3 存储桶中提供了快速入门模板。如果你是使用自己的 S3 存储桶，则可以使用 AWS 管理控制台或 AWS CLI 按照以下说明来上传 AWS CloudFormation 模板。

使用控制台：

1）登录 AWS 管理控制台，然后打开 Amazon S3 控制台。
2）选择用于存储模板的存储桶。
3）选择"Upload"并指定要上传文件的本地位置。
4）将所有模板文件上传到同一个 S3 存储桶中。
5）通过选择模板文件，然后选择 Properties 来查找并记下模板 URL。

使用 AWS CLI：

- 下载 AWS CLI 工具。
- 使用以下 AWS CLI 命令上传每个模板文件：

```
aws s3 cp <template file>.template s3://<s3bucketname>/
update Amazon S3 URL:
```

主堆栈的模板列出了嵌套堆栈的 Amazon S3 URL。如果你已将模板上传到自己的 S3 存储桶并要从该处部署模板，则必须修改 main.template 文件的 Resources 部分。

在启动实验之前，必须按照指定的方式配置你的账户，否则部署可能会失败。

部署前的条件准备和检查：

在部署 PCI DSS 实验模板之前，按照本说明确认你的账户已正确设置。

- 查看 AWS 账户的服务配额和服务使用情况，根据需要提高请求，以确保账户中有可用容量来启动资源。
- 确保 AWS 账户在你计划部署的 AWS 区域中设置了至少一个 SSH 密钥对（但最好是两个单独的密钥对），以用于堡垒主机和其他 Amazon EC2 主机登录。
- 如果你要部署到可使用 AWS Config 的 AWS 区域，则要确保在 AWS Config 控制台中已手动设置 AWS Config。目前，AWS Config 仅在终端节点和配额网页上列出的区域中可用。

查看 AWS 服务配额：

如果想查看和提高（如有必要）对 PCI 快速入门部署所需资源的服务配额，则需要使用 Service Quotas 控制台和 Amazon EC2 控制台。

使用 Service Quotas 控制台查看账户中对 Amazon VPC、IAM 组和 IAM 角色的现有服务配额，并确保可以部署更多资源。

1）打开 Service Quotas 控制台。

2）在导航窗格中，选择"AWS services（AWS 服务）"。

3）在 AWS 服务页面上，找到要检查的服务，然后选择该服务。

4）将 AWS default quota value（AWS 默认配额值）列与 Applied quota value（应用的配额值）列进行比较，以确保你可以分配以下内容而不超过此快速入门部署的 AWS 区域[建议使用美国东部（弗吉尼亚北部）地区]中的默认配额。

- 额外两（2）个 VPC。
- 额外六（6）个 IAM 组。
- 额外五（5）个 IAM 角色。

如果需要增加，则可以选择配额名称，然后选择 Request quota increase（请求增加配额），以打开 Request quota increase（请求增加配额）表单。

创建 Amazon EC2 密钥对：确保至少有一个 Amazon EC2 密钥对存在于你的 AWS 账户中（位于计划在其中部署快速入门的区域）。

1）打开 Amazon EC2 控制台。

2）使用导航栏中的区域选择器选择计划部署的 AWS 区域。

3）在导航窗格的"Network & Security"下，选择"Key Pairs"。

4）在密钥对列表中，确认至少有一个可用的密钥对（但最好是两个），并记下密钥对名称。当启动快速入门时，你需要为参数 pEC2KeyPairBastion（用于堡垒主机登录访问）和 pEC2KeyPair（用于所有其他 Amazon EC2 主机登录访问）提供密钥对名称。虽然你可以为这两个参数使用相同的密钥对，但建议使用不同的。

如果你想新建一个密钥对，则要选择"Create Key Pair"。

注意：如果你部署快速入门是为了进行测试或概念验证，建议你创建新的密钥对，而不是指定已被生产实例使用的密钥对。

设置 AWS Config：

如果 AWS Config 在你要部署快速入门的区域中尚未初始化，则按照以下步骤操作。

1）打开 AWS Config 控制台。

2）使用导航栏中的区域选择器选择计划部署的 AWS 区域。

3）在 AWS Config 控制台中，选择"Get started"，如图 8-3-1 所示。

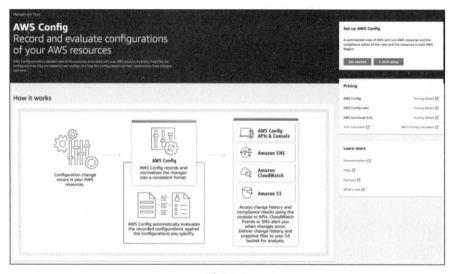

图 8-3-1

4）在"Set up AWS Config"页面上，你可以保留所有默认值，也可以按照所需方式进行修改，然后单击"Next"，如图 8-3-2 所示。

第 8 章 云安全动手实验——综合篇

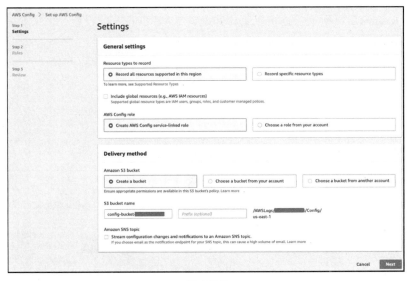

图 8-3-2

5）这时，系统会提示你选择 AWS Config 的规则。集中式日志记录模板会为环境部署规则，你可以根据实际情况添加规则或删除规则，然后单击"Next"，如图 8-3-3 所示。

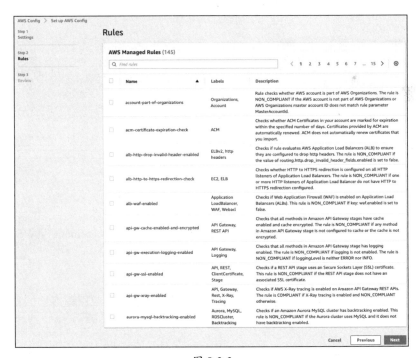

图 8-3-3

6）在"Review"页面上，你可以查看并确认 AWS Config 的设置。如果要完成设置，则单击"Confirm"。

8.3.3 实验架构

在 AWS 上，由多 VPC 集成的 PCI DSS 的标准网络架构，如图 8-3-4 所示。

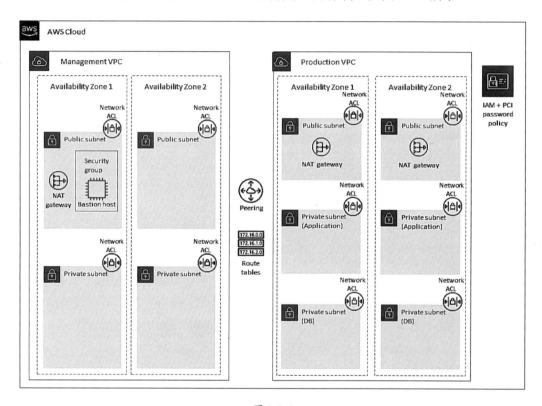

图 8-3-4

模板架构主要包括以下组件和功能：

- 使用自定义 IAM 策略的基本 AWS Identity and Access Management（AWS IAM）配置，其带有关联的组、角色和实例配置文件。
- 符合 PCI 要求的密码策略。
- 面向外部的标准 VPC 多可用区架构，其中包含用于不同应用程序层的独立子网，以及用于应用程序和数据库的私有（后端）子网。
- 托管网络地址转换（NAT）网关，用于允许对私有子网中的资源进行出站 Internet 访问。

- 受保护的堡垒登录主机，用于协助命令行 SSH 对 EC2 实例的访问，以便进行故障排除和系统管理活动。
- 网络访问控制列表（网络 ACL）规则，用于筛选流量。
- 适用于 EC2 实例的标准安全组。

在 AWS 上，PCI DSS 的集中式日志记录设计架构，如图 8-3-5 所示。

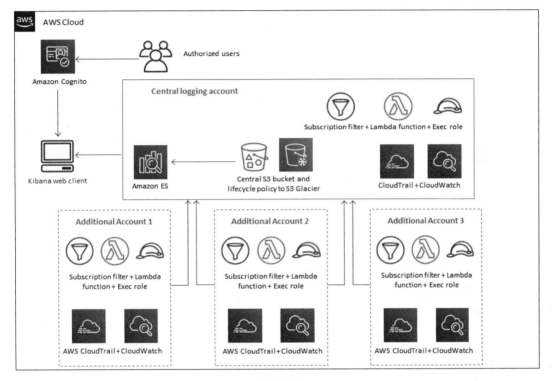

图 8-3-5

集中式日志记录设计架构主要包括以下组件和功能：
- 使用 CloudTrail，CloudWatch 和 AWS Config 规则的日志记录、监视和警报（可选），具有 Kibana 前端的 Amazon ES 集群以用于 CloudTrail 日志分析和访问控制的 Amazon Cognito。
- 用于集中式日志记录的 Amazon S3，其利用生命周期策略来归档 S3 Glacier 中的对象（支持符合 PCI 的保留策略）。
- 用于将 CloudTrail 日志从其他账户转发到主日志记录账户的第二个模板（如果适用）。

在 AWS 上，适用于 PCI DSS 的 Amazon Aurora MySQL 数据库设计架构，如图 8-3-6 所示。

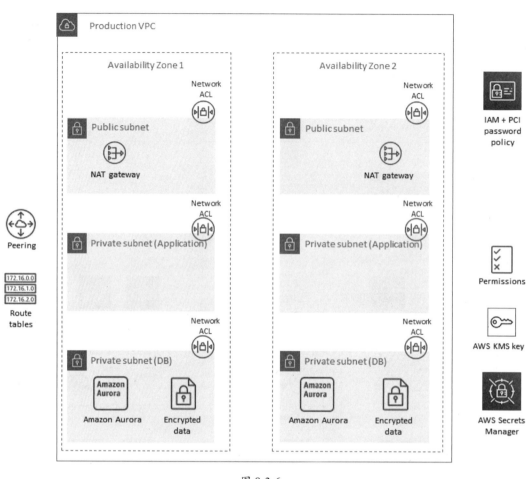

图 8-3-6

数据库设计架构主要包括以下组件和功能：
- 加密的多可用区 Amazon RDS Aurora MySQL 数据库集群。
- Amazon RDS 数据库的安全组。安全组只允许通过端口 3306 进行访问，并且仅允许从指定的 VPC 进行访问。
- AWS Key Management Service（AWS KMS）对称客户主密钥（CMK），具有用户定义的密钥别名并启用自动轮换功能。
- 具有密钥管理员和密钥用户的使用权限的 IAM 组。
- 用户定义的数据库用户名和密码。
- 将 Secrets Manager 设置为每 89 天轮换一次数据库密码。

在 AWS 上，PCI DSS 的 Web 应用程序（带 AWS WAF）设计架构，如图 8-3-7 所示。

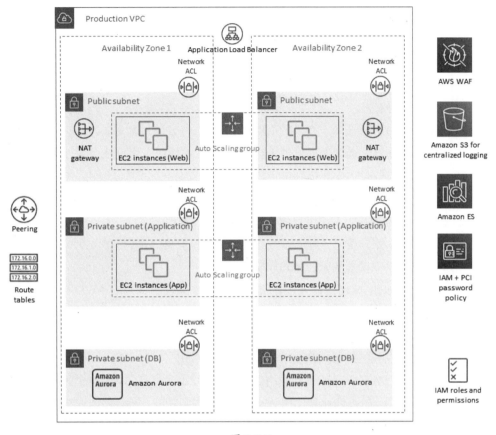

图 8-3-7

Web 应用程序设计架构主要包括以下组件和功能：

- 使用 Auto Scaling 和 Application Load Balancer 的三层 Linux Web 应用程序，可通过应用程序对其进行修改或引导。用于加密的 Web 内容、集中式日志记录和 AWS WAF 日志的 S3 存储桶。
- AWS WAF，具有用于减轻 OWASP（Open Web Application Security Project，开放式 Web 应用程序安全项目）的 Web 应用程序漏洞风险的规则。
- Kinesis Data Firehose，用于将 AWS WAF 日志流传输到 Amazon S3 和 Amazon ES。

8.3.4　实验步骤

在 AWS 上部署快速入门架构的步骤如下：

步骤 1：登录 AWS 账户。

- 登录你的 AWS 账户，并确保其配置正确。

步骤 2：启动堆栈。

- 启动主 AWS CloudFormation 模板。
- 输入所需参数的值。
- 查看其他模板参数，并根据需要自定义它们的值。

步骤 3：测试你的部署。

- 将 Outputs（输出）选项卡提供的 URL 用于主堆栈以测试部署。
- 将 Outputs（输出）选项卡提供的堡垒主机的 IP 地址用于主堆栈，并使用你的私有密钥（如果你想通过 SSH 连接到该主机）。

步骤 4：登录 AWS 账户。

1）使用具有适当权限的 IAM 用户角色登录你的 AWS 账户。

2）确保你的 AWS 账户配置正确。请注意，如果你打算将 AWS 区域与 AWS Config 的功能结合使用，则必须手动设置 AWS Config 服务。

3）使用导航栏中的区域选择器来选择要将 PCI DSS 架构部署到的 AWS 区域。

Amazon EC2 的位置由区域和可用区构成，其中区域分散存在，位于独立的地理区域中。此快速入门将 m4.large 实例类型用于部署的 WordPress 和 NGINX 部分中，AWS Config 规则服务当前仅在终端节点和配额网页列出的 AWS 区域中可用。

你最好选择最接近数据中心或企业网络的区域，以减小运行在 AWS 与企业网络上的系统和用户之间的网络延迟。如果你计划使用 AWS Config 规则功能，则必须选择终端节点和配额网页上的区域。

4）选择你之前创建的密钥对。在 Amazon EC2 控制台的导航窗格中，单击"Key Pairs"（密钥对），然后从列表中选择密钥对。

步骤 5：启动堆栈创建主模板。

集中式日志记录包括两个模板。首先在你的账户中启动主模板，然后从你想要从中转发日志的任何其他账户启动子模板。

主模板 AWS CloudFormation 将架构部署到 VPC 内的多个可用区中。在启动堆栈之前，你需要查看技术要求和预先部署步骤。

1）在你的 AWS 账户中拷贝链接以启动主 AWS CloudFormation 模板。

你还可以下载主模板，以便在你自定义时作为起始点。该模板会部署到控制台右上角的导航栏显示的 AWS 区域中，你可以通过导航栏中的区域选择器来更改区域。

通过模板创建堆栈需要约 8 分钟的时间。

2）在"Select Template"页面上，保留模板 URL 的默认设置，然后单击"Next"。

3）在"Specify Details"页面上，为模板提供所需的参数值，如表 8-3-1 所示。

表 8-3-1

标签	参数	默认值	说明
实例租赁	VPCTenancy	Default（默认）	实例的租赁属性已发布到 VPC 中。在默认情况下，VPC 中的所有实例将作为共享租期实例运行，选择 dedicated 以将它们改为作为单一租赁实例运行。如果不确定，则保留 default
第一个可用区	AvailabilityZoneA	需要输入	可用区 1 的名称
第二个可用区	AvailabilityZoneB	需要输入	可用区 2 的名称，其必须与可用区 1 的名称不同

Amazon EC2 配置可参考表 8-3-2 所示的信息：

表 8-3-2

标签	参数	默认值	说明
堡垒实例的现有 SSH 密钥	EC2KeyPairBastion	需要输入	账户中用于堡垒主机登录的 SSH 密钥对，这是你在预部署步骤中创建的密钥之一
其他实例的现有 SSH 密钥	EC2KeyPair	需要输入	账户中用于所有其他 E2 实例登录的 SSH 密钥对，这是你在预部署步骤中创建的密钥之一

IAM 密钥策略可参考表 8-3-3 所示的信息：

表 8-3-3

标签	参数	默认值	说明
最长密码使用期限	MaxPasswordAge	90	密码的最长使用期（以天为单位）
最短密码长度	MinPasswordLength	7	最短密码长度
保留之前的密码	PasswordHistory	4	要记住之前密码的数量，以防止重复使用密码
需要小写字符	RequireLowercaseChars	True	密码要求至少有一个小写字符
需要大写字符	RequireUppercaseChars	True	密码要求至少有一个大写字符
需要数字	RequireNumbers	True	密码要求至少有一个数字
需要符号	RequireSymbols	True	密码要求至少有一个非字母数字字符（!@#$%^&*()_+-=[]{}|'）

4）在"Options"（选项）页面上，你可以为堆栈中的资源指定标签（键值对）并设置其他选项，还可以使用标签来整理和控制针对堆栈中资源的访问，这些操作不是必须的。完成

此操作后,单击"Next"。

5)在"Review"页面上,查看并确认模板设置。在"Capabilities"下,选中如下两个复选框,以确认此模板将创建 IAM 资源,并且可能需要自动扩展宏的功能,如图 8-3-8 所示。

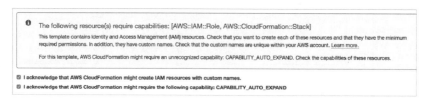

图 8-3-8

6)单击"Create",以部署堆栈。

7)监控正在部署的堆栈的状态。如果所有部署的堆栈显示 CREATE_COMPLETE 状态,则表示此引用架构的集群已准备就绪。这时,你会看到部署了多个嵌套堆栈。

步骤 6:自动化部署集中式日志记录模板。

(1)集中式日志自动化部署模板

主集中式日志记录 AWS CloudFormation 模板在单个账户中部署日志记录架构,另一个集中式日志记录模板可用于将日志从其他账户转发到集中式日志账户。

在启动堆栈之前,你需要查看技术要求和预先部署步骤:

1)在你的 AWS 账户中启动主集中式日志记录 AWS CloudFormation 模板,或者直接通过 Link 地址下载,在自己账号中上传模板进行部署。该模板会部署到控制台右上角导航栏显示的 AWS 区域中,你可以通过导航栏中的区域选择器来更改区域。创建主集中式日志记录堆栈大约需要 20 分钟。你还可以下载模板,以便在自定义时作为起始点。

2)在"Select Template"页面上,保留模板 URL 的默认设置,然后单击"Next"。

3)在"Specify Details"页面上,为模板提供所需的参数值。在"Options"页面上,你可以为堆栈中的资源指定标签(键值对)并设置其他选项,也可以使用标签来整理和控制针对堆栈中资源的访问,但这些操作不是必须的。在完成此操作后,单击"Next"。

4)在"Review"页面上,查看并确认模板设置。在"Capabilities"下,选中两个复选框,以确认此模板将创建 IAM 资源,并且可能需要自动扩展宏的功能。

5)单击"Create",以部署堆栈。

6)监控正在部署的堆栈的状态。如果所有部署的堆栈显示 CREATE_COMPLETE 状态,则表示此引用架构的集群已准备就绪。由于你部署的是整个架构,因此这里会列出 8 个堆栈(针对主模板和 7 个嵌套模板)。

7)如果你是使用其他账户模板从其他账户转发日志,则需要按照相同的步骤启动模板。

（2）数据库自动化部署模板

数据库自动化 AWS CloudFormation 模板将在生产 VPC 中部署数据库架构，其包括部署 Secrets Manager 和客户主密钥（CMK）。数据库密码通过 PCI 兼容的复杂性、长度、到期日期和轮换在 Secrets Manager 内进行维护。

1）在你的 AWS 账户中启动数据库 AWS CloudFormation 模板，或者直接通过 Link 地址下载，在自己账号中上传模板进行部署。该模板会部署到控制台右上角导航栏显示的 AWS 区域中，你可以通过导航栏中的区域选择器来更改区域。

2）在"Select Template"页面上，保留模板 URL 的默认设置，然后单击"Next"。

3）在"Specify Details"页面上，为模板提供所需的 7 个参数值。

4）在"Options"页面上，你可以为堆栈中的资源指定标签（键值对）并设置其他选项，还可以使用标签来整理和控制针对堆栈中资源的访问，这些可以单独设置。在完成此操作后，单击"Next"。

5）在"Review"页面上，检查设置并选中确认复选框，这会声明模板将创建 IAM 资源。

6）单击"Create"，以部署堆栈。

7）监控正在部署的堆栈的状态。如果所有部署的堆栈显示 CREATE_COMPLETE 状态，则表示此引用架构的集群已准备就绪。由于你部署的是整个架构，因此会列出 8 个堆栈（针对主模板和 7 个嵌套子模板）。

（3）Web 应用程序自动化部署模板

此自动化 AWS CloudFormation 模板部署 Web 应用程序架构，包括嵌套 AWS WAF 模板。在启动堆栈之前，你需要查看技术要求和预先部署步骤。

1）在你的 AWS 账户中启动 Web 应用程序 AWS CloudFormation 模板，或者直接通过 Link 地址下载，在自己账号中上传模板进行部署。

该模板会部署到控制台右上角导航栏显示的 AWS 区域中，你可以通过导航栏中的区域选择器来更改区域。创建堆栈需要约 10 分钟的时间。

你还可以下载模板，以便在自定义时作为起始点。

2）在"Select Template"页面上，保留模板 URL 的默认设置，然后单击"Next"。

3）在"Specify Details"页面上，为模板提供所需的 7 个参数值。

4）在"Options"页面上，你可以为堆栈中的资源指定标签（键值对）并设置其他选项，还可以使用标签来整理和控制针对堆栈中资源的访问，这些可以单独设置。在完成此操作后，单击"Next"。

5）在"Review"页面上，检查设置并选中"确认"复选框。第一种方法会声明模板将创建 IAM 资源。第二种方法与包含宏的堆栈模板有关，以便对模板执行自定义处理，并且需要确认将发生此处理。

6）单击"Create"，以部署堆栈。

7）监控正在部署的堆栈的状态。如果所有部署的堆栈显示 CREATE_COMPLETE 状态，则表示此引用架构的集群已准备就绪。由于你部署的是整个架构，因此会列出 8 个堆栈（针对主模板和 7 个嵌套模板）。

步骤 7：测试你的部署。

（1）主模板部署

部署完成后，从"Outputs"选项卡中记下堡垒主机的公有 IP 地址，如图 8-3-9。

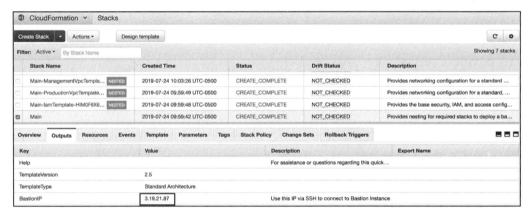

图 8-3-9

（2）嵌套模板（如管理 VPC 模板）部署

查看创建的资源，如图 8-3-10 所示。

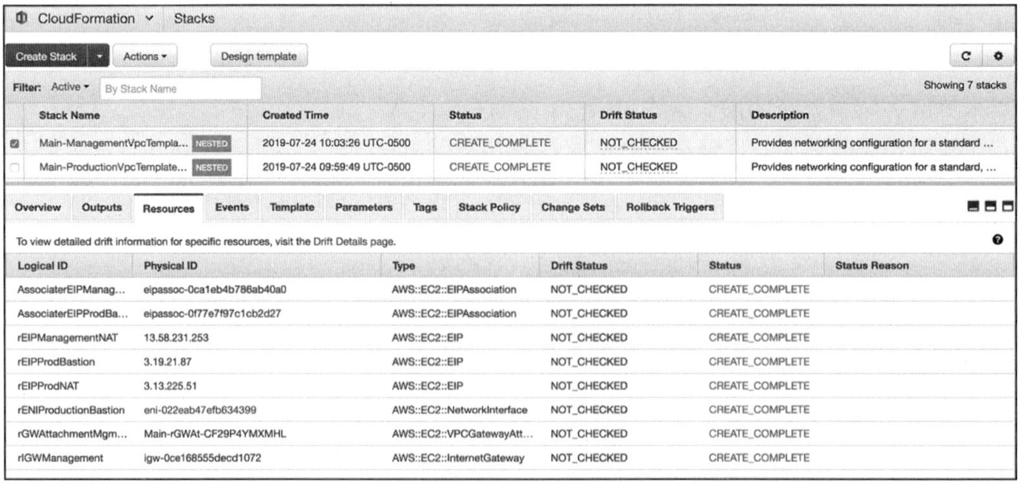

图 8-3-10

第 8 章 云安全动手实验——综合篇

（3）集中式日志记录模板

部署完成后，查看"Outputs"选项卡并记下 Kibana 控制面板的 Amazon ES 域终端节点、S3 存储桶和登录 URL，如图 8-3-11 所示。

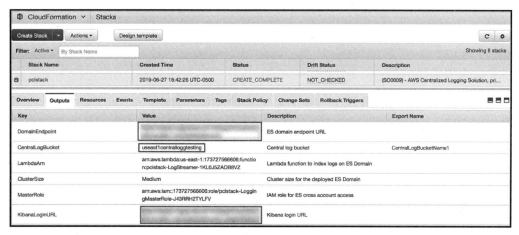

图 8-3-11

使用发送到你电子邮件的临时密码登录 Kibana 控制面板。

1）登录后，在左侧导航窗格中单击"Management"。

2）在"Configure an index pattern"下，将"Index name or pattern"字段设置为 cwl-*（这时下面的消息框会从红色变为绿色，确认存在匹配的索引和别名）。然后单击"Next"。

3）在"Time Filter"下，选择"@timestamp"。

4）要想查看索引中每个字段的列表，则选择"Create index pattern"。

5）要想查看日志，则在左侧导航窗格中单击"Discover"，如图 8-3-12 所示。

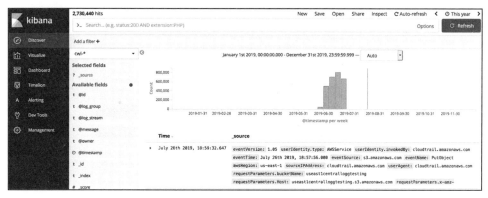

图 8-3-12

（4）数据库模板

部署完成后，记下"Outputs"选项卡下的 AWS KMS 密钥别名、数据库安全组和数据库名称，如图 8-3-13 所示。

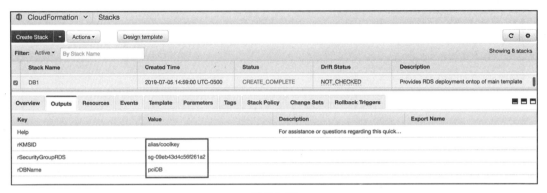

图 8-3-13

如果想检索自动生成的 PCI 兼容的密码，则在 Secrets Manager 控制台上选择具有"This is my pci db instance secret"描述的密码，然后选择"Secret key/ value"，如图 8-3-14 所示。

在"Rotation configuration"中，将值设置为 89 天，而不是 90 天。这是因为 Secrets Manager 是在上一次轮换完成时计划下一次轮换的，其通过向上次轮换的实际日期添加轮换间隔（天数）来计划日期。该服务会随机选择 24 小时日期窗口中的小时，也可以随机选择分钟，但它会根据小时的起始进行加权并受帮助分布负载的各种因素的影响。根据合规性要求，建议将值设置为比要求的值少 1 天。

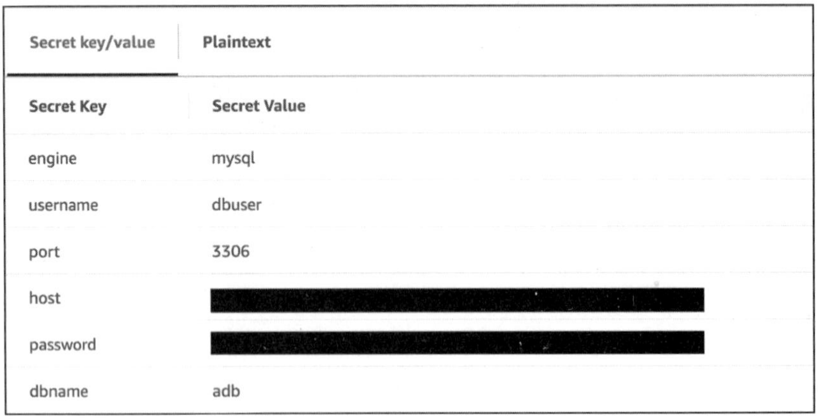

图 8-3-14

（5）Web 应用程序模板

部署完成后，在"Outputs"选项卡下选择 LandingPageURL 链接，如图 8-3-15 所示。

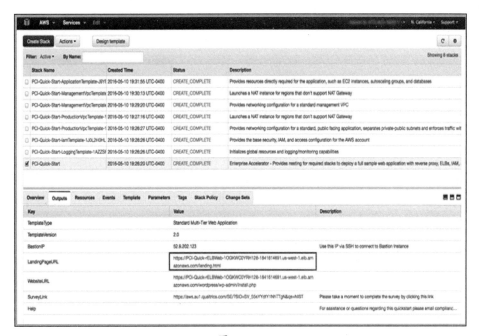

图 8-3-15

此链接将会在浏览器中启动新页面，如图 8-3-16 所示。

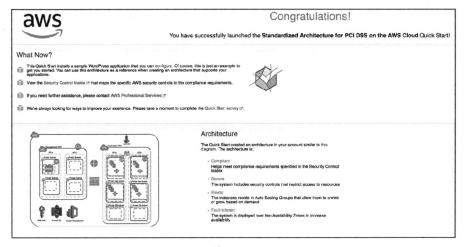

图 8-3-16

此部署构建多可用区 WordPress 站点的工作演示。要想连接到 WordPress 网站，就在"Outputs"选项卡下选择 WebsiteURL（网站 URL）链接，主堆栈的"Outputs"选项卡下也提供了 WebsiteURL 链接。由于提供 WordPress 仅为测试和概念验证使用，而不供生产使用，因此你可以将它替换为所选的其他应用程序，如图 8-3-17 所示。

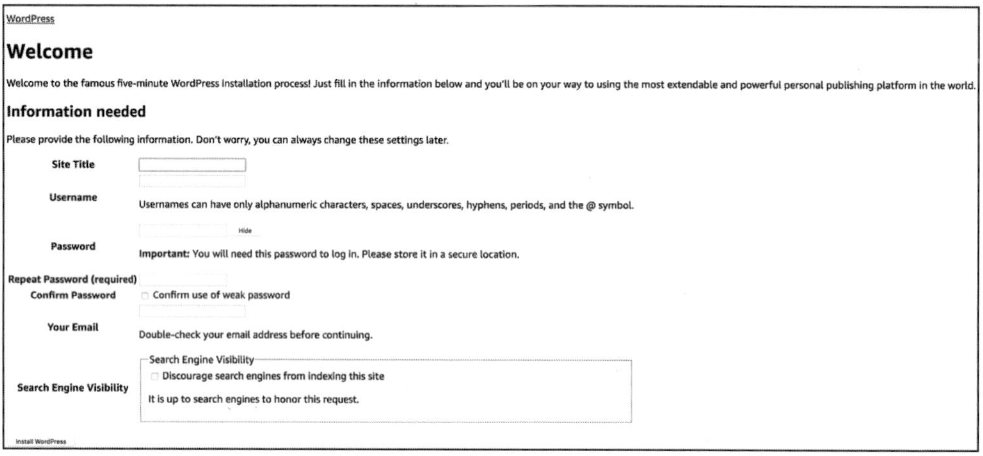

图 8-3-17

你可以从载入的页面上安装和测试 WordPress 部署。要想在部署 AWS WAF 时访问管理页面，则必须在 AWS WAF 规则中按照下列步骤添加你的 IP 地址。

1）在 AWS WAF 控制台左侧导航窗格中选择"WebACL"。

2）选择部署了堆栈的区域。

3）选择名为 standard-owasp-acl 的 WebACL。

4）在左侧导航窗格中，选择"IP Addresses"。

5）在"IP match conditions"下，选择"standard-match-admin-remote-ip"。

6）在右侧选择"Add IP addresses or ranges"，如图 8-3-18 所示。

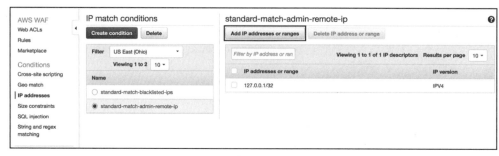

图 8-3-18

7）将你的 IP 地址或 CIDR 范围添加到允许列表中，然后单击"Add"。

8）在左侧导航窗格中，选择"Rules"。

9）然后选择"standard-enforce-csrf"。

10）在右侧选择"Edit rule"，再选择"Add condition"。

11）在"When a request"下，依次选择"does not""originate from an IP address in"和"standard-match-admin-remote-ip"，如图 8-3-19 所示。

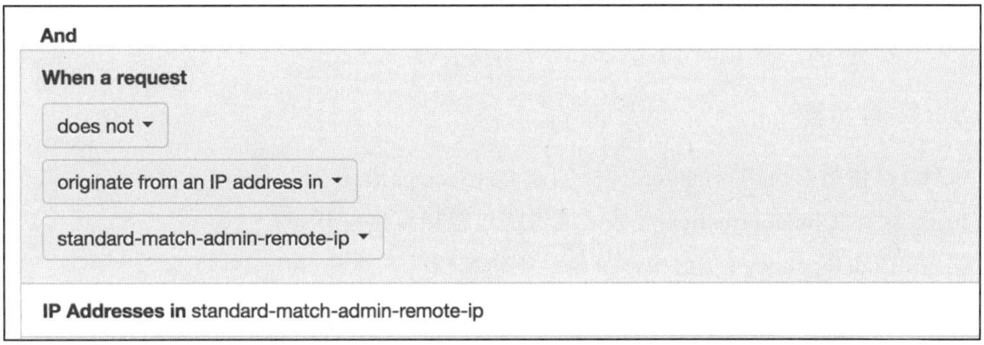

图 8-3-19

12）单击"Update"。

这时，你能够访问和设置 WordPress 了。

对于此实验，建议你在概念验证演示或测试完成后删除 AWS CloudFormation 堆栈。

8.3.5　实验总结

此实验部署中包含的 WordPress 应用程序仅用于演示。应用程序级别的安全性（包括修补、操作系统更新和消除应用程序漏洞）是客户端的责任。现在，你已在 AWS 上部署和测试 PCI 架构了。

8.4　Lab4：集成 DevSecOps 安全敏捷开发平台

8.4.1　实验概述

如今，DevSecOps 变得越来越流行。在本实验中，使用 AWS CodePipeline 和 AWS Lambda 构建管道，Amazon S3 作为代码存储库。如果你的开发人员想要部署一个 AWS Cloudformation 模板，但是在将其发布到生产环境之前，需要确保它的安全性。

8.4.2 实验条件

使用自己的 AWS 账户登录 AWS 控制台，主要步骤如下：

1）使用管理员级别的账户登录 AWS 控制台。

2）指定 eu-west-1（爱尔兰）区域进行实验，并创建 CloudFormation 部署模板。

3）将两个 .zip 文件上传到该存储桶。

4）转到 CloudFormation 并运行 "pipeline.yml"。

5）继续进行下一个构建阶段。

8.4.3 实验步骤

步骤 1：使用 CloudFormation 模板创建 DevSecOps 管道。

1）导航到 CloudFormation 服务，或者通过链接直接打开。

2）在 CodePipeline 控制台中，单击 "创建堆栈"。

3）下载 CloudFromation 模板，选择 "上传模板文件"，并上传 DevSecOpsPipeline.yaml，然后单击 "下一步"，如图 8-4-1 所示。

图 8-4-1

4）指定堆栈详细信息，你可以保留预填充的参数，但必须填写以下参数。

- 堆栈名称：创建堆栈的名称，如 Mylab-DevSecOps。
- RepositoryName：存储库的名称，用于提交基础结构文件，如 DevSecOpsGitRepository，如图 8-4-2 所示。

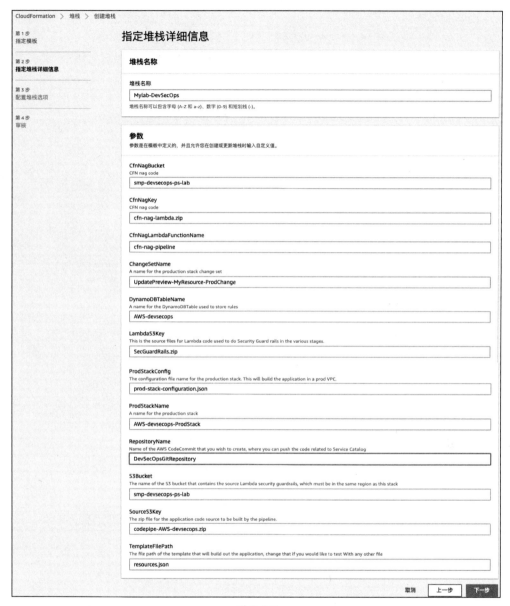

图 8-4-2

5）在"配置堆栈选项"页面中，默认不变，如图 8-4-3 所示，然后单击"下一步"。

6）查看配置堆栈选项，选中"功能和转换"复选框，然后单击"创建堆栈"，如图 8-4-4 所示。

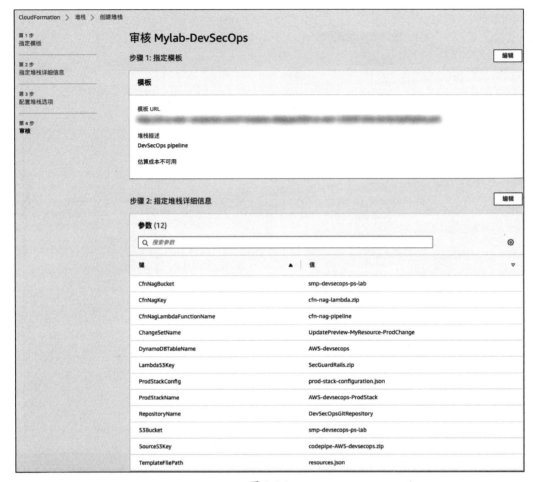

图 8-4-3

图 8-4-4

7）现在会看到堆栈创建正在进行中。堆栈创建完成后，单击"输出"，如图 8-4-5 所示。

图 8-4-5

这时，可以看到堆栈输出的存储库 URL 值，其主要用来提交执行代码。现在你有一个代码管道，该管道将从你创建的存储库"DevSecOpsGitRepository"中读取 CloudFormation 模板代码，以在你的账户中部署新的基础架构。

步骤 2：使用 CodeCommit 管理部署新的基础架构。

在创建 DevSecOps 管道之后，下面使用 Continuous Deployment（CD）持续部署一些基础架构。

1）导航到 CodeCommit 管理界面，打开已创建的存储库，或者通过链接打开，如图 8-4-6 所示。

图 8-4-6

2）这时，CloudFormation 模板就创建了一个新的空存储库，然后使用新的 CloudFormation 模板补充该存储库。首先，打开存储库并创建一个新管道配置文件，如图 8-4-7 所示。

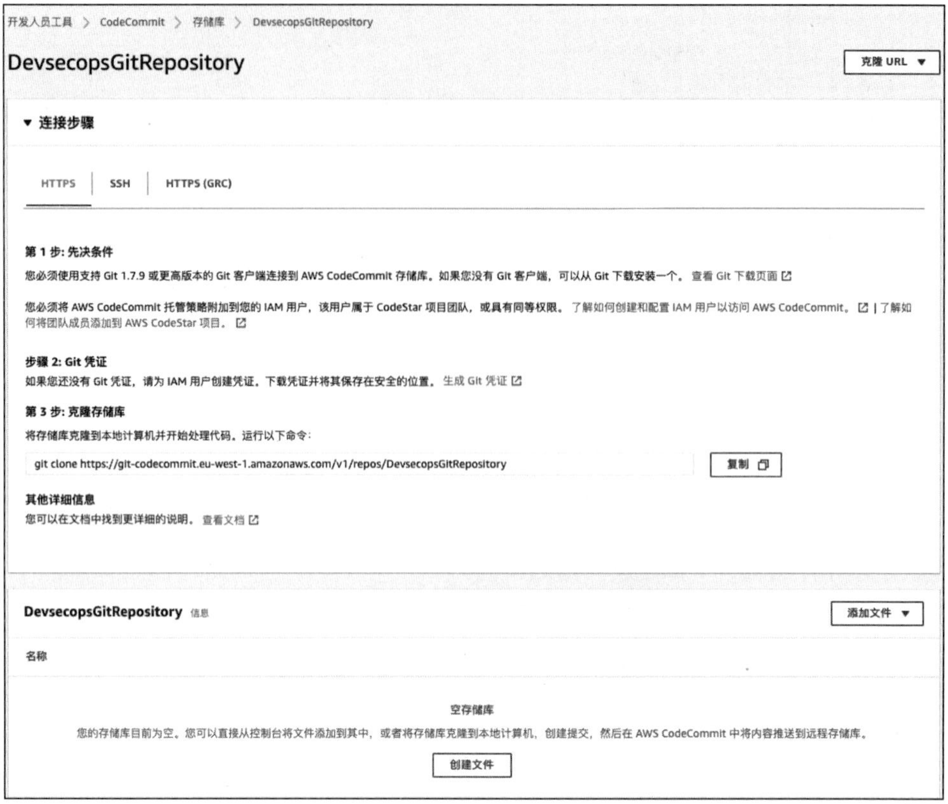

图 8-4-7

① 每次在存储库中创建新管道配置文件，都需要填写创建人的相关信息，如图 8-4-8 所示。

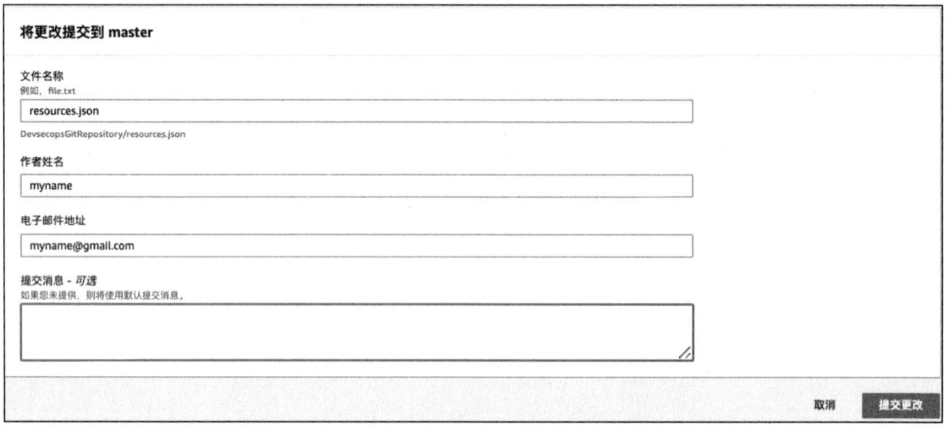

图 8-4-8

- 文件名称：resources.json。
- 作者姓名：Your name。
- 电邮地址：Your email address。
- 文件摘要：Added resources.json。
- 内容：主要文件的脚本和代码。

② 下面在存储库中创建管道配置文件：resources.json，其内容如下。

```json
{
  "AWSTemplateFormatVersion": "2010-09-09",
  "Description": "AWS CloudFormation Sample Template for Continuous Delievery:AWS DevSecOps",
  "Parameters": {
    "VPCName": {
      "Description": "DevSecOpsVPC",
      "Type": "String"
    }
  },
  "Resources": {
    "DoNotDelete": {
      "Type": "AWS::IAM::User",
      "Properties": {
        "LoginProfile": {
          "Password": "my-secure-password"
        }
      }
    },
    "MyGroup": {
      "Type": "AWS::IAM::Group"
    },
    "Users": {
      "Type": "AWS::IAM::UserToGroupAddition",
      "Properties": {
        "GroupName": {
          "Ref": "MyGroup"
        },
```

```json
      "Users": [
        {
          "Ref": "DoNotDelete"
        }
      ]
    }
  },
  "myVPC": {
    "Type": "AWS::EC2::VPC",
    "Properties": {
      "CidrBlock": "1.2.3.4/16",
      "EnableDnsSupport": "false",
      "EnableDnsHostnames": "false",
      "InstanceTenancy": "dedicated",
      "Tags": [
        {
          "Key": "Name",
          "Value": {
            "Ref": "VPCName"
          }
        }
      ]
    }
  },
  "SecurityGroup": {
    "Type": "AWS::EC2::SecurityGroup",
    "Properties": {
      "GroupDescription": "SSH Security Group",
      "SecurityGroupIngress": {
        "CidrIp": "0.0.0.0/0",
        "FromPort": 22,
        "ToPort": 22,
        "IpProtocol": "tcp"
      },
```

```json
      "Tags": [
        {
          "Key": "Name",
          "Value": "DevSecOpsSecurityGroup"
        }
      ],
      "VpcId": {
        "Ref": "myVPC"
      }
    }
  },
  "S3Bucket": {
    "Type": "AWS::S3::Bucket",
    "Properties": {
      "AccessControl": "BucketOwnerFullControl",
      "Tags": [
        {
          "Key": "Name",
          "Value": "DevSecOpsS3Bucket"
        }
      ]
    }
  }
},
"Outputs": {
  "SecurityBucket": {
    "Description": "S3 Bucket created by Finance team",
    "Value": {
      "Ref": "S3Bucket"
    }
  }
}
}
```

③ 创建完成，管道文件名称为 resources.json，如图 8-4-10 所示。

图 8-4-11

在提交更改后，你会在顶部看到一条消息，提示：resources.json 已提交给 master。

一旦提交成功，即可创建一个新堆栈，名称为 AWS-devsecops-ProdStack，如图 8-4-12 所示。

图 8-4-12

④ 以创建管道文件的方式,创建文件 prod-stack-configuration.json,并将新文件添加到"DevSecOpsGitRepository"存储库中,其中需添加到文件的脚本,如图 8-4-13 所示。

```
{
  "Parameters": {
    "VPCName": "ProdVPCIdParam"
  }
}
```

图 8-4-13

⑤ 在"DevSecOpsGitRepository"存储库界面中,单击存储库名称,如图 8-4-14 所示,会看到刚才创建的两个文件,如图 8-4-15 所示。

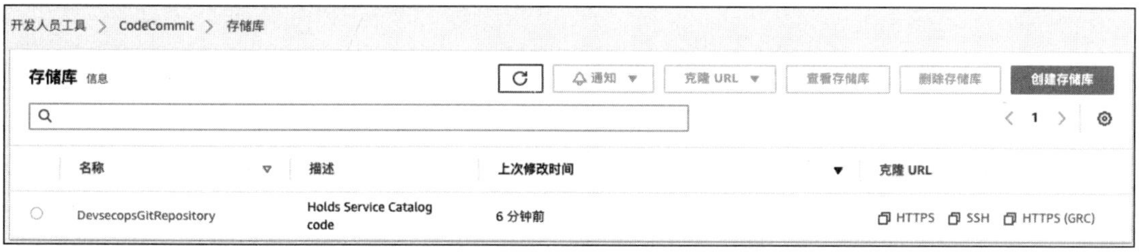

图 8-4-14

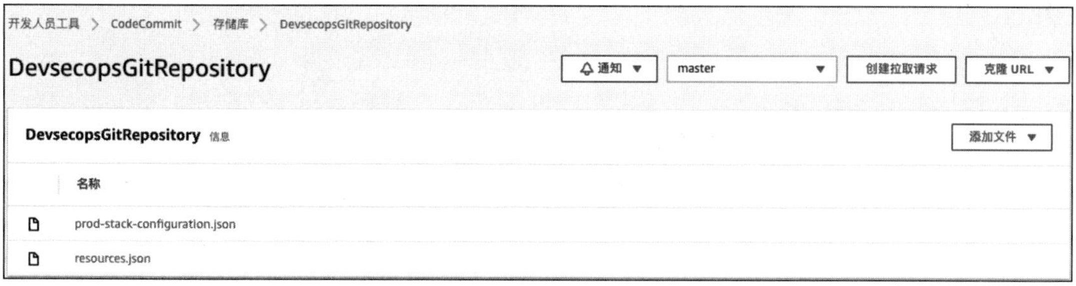

图 8-4-15

⑥ 跳转到代码管道 Code pipeline,会看到你的管道已正确执行完成,如图 8-4-16 所示。

⑦ 每次更新管道文件都会从 git commit 自动触发管道运行,但需要等待。如果你不想等待,则可以单击"发布更改",如图 8-4-17 所示。

图 8-4-16

图 8-4-17

步骤 3：配置和测试 CloudFormation 堆栈的静态代码分析。

1. 配置堆栈的静态代码分析

在模块中，我们希望对 CloudFormation 堆栈添加静态代码分析模块。为此，我们需要修改已经下载的 DevSecOpsPipeline.yaml 文件。

1）找到已下载到本地电脑的 DevSecOpsPipeline.yaml 部署模板。

2）在 DevSecOpsPipeline.yaml 文件中添加堆栈静态代码分析。由于该模板已经包含一些用于当前注释的静态代码分析的注释部分，如图 8-4-18 所示，因此，需要先取消注释部分的内容，然后保存 CloudFormation 模板，并命名为 DevSecOpsPipeline-StaticCodeAnalysis.yaml。

```
################## BEGIN UNCOMMENT CODE TO ENABLE STATIC CODE ANALYSIS ##################
#    - Name: StaticCodeAnalysis
#      Actions:
#        - InputArtifacts:
#            - Name: TemplateSource
#          Name: CFNParsing
#          ActionTypeId:
#            Category: Invoke
#            Owner: AWS
#            Provider: Lambda
#            Version: '1'
#          Configuration:
#            FunctionName: !Ref CFNValidateLambda
#            UserParameters: !Sub
#              -
#                {"input": "TemplateSource", "file":
#                "${TemplateFilePath}","output": "${S3BucketName}"}
#              - S3BucketName: !Ref ArtifactBucket
#          OutputArtifacts:
#            - Name: TemplateSource2
#          RunOrder: '1'
#    - Name: CFN-nag-StaticCodeAnalysis
#      Actions:
#        -
#          Name: CfnNagAction
#          InputArtifacts:
#            - Name: TemplateSource
#          ActionTypeId:
#            Category: Invoke
#            Owner: AWS
#            Version: 1
#            Provider: Lambda
#          Configuration:
#            FunctionName: !Ref CfnNagStaticTest
#            UserParameters: !Ref TemplateFilePath
#          RunOrder: 1
################## END UNCOMMENT CODE TO ENABLE STATIC CODE ANALYSIS ##################
```

图 8-4-18

3）导航到 CloudFormation 服务，在之前部署的 DevSecOpsPipeline 堆栈基础上单击"更新"，在"更新堆栈"部分，选中"替换当前模板"，并选择重新上传模板文件 DevSecOpsPipeline-StaticCodeAnalysis.yaml，然后单击"下一步"，如图 8-4-19 所示。

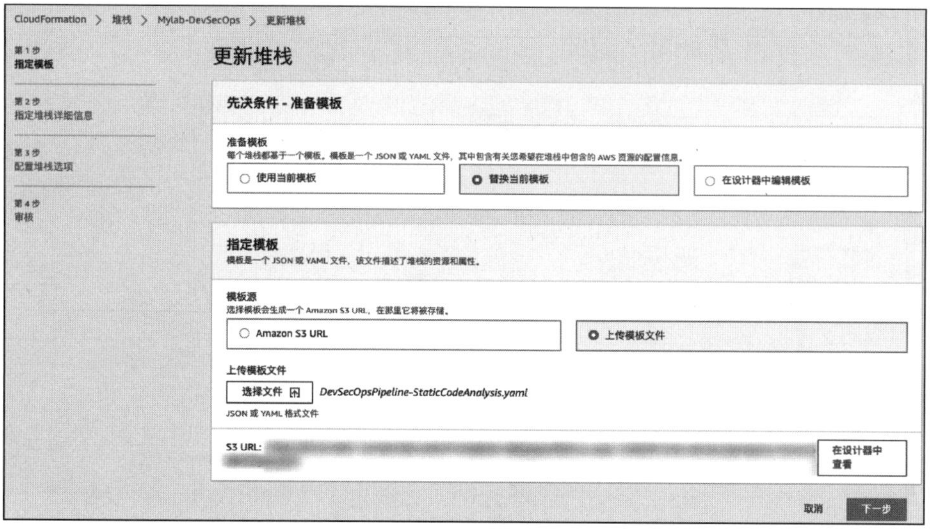

图 8-4-19

以相同的步骤创建 CloudFormation 堆栈，然后等待更新完成。

2. 进行静态代码分析测试

1）导航到你的管道 CodePipeline，这时会看到管道有两个新步骤：StaticCodeAnalysis 和 CFN-nag-StaticCodeAnalysis，如图 8-4-20 所示。

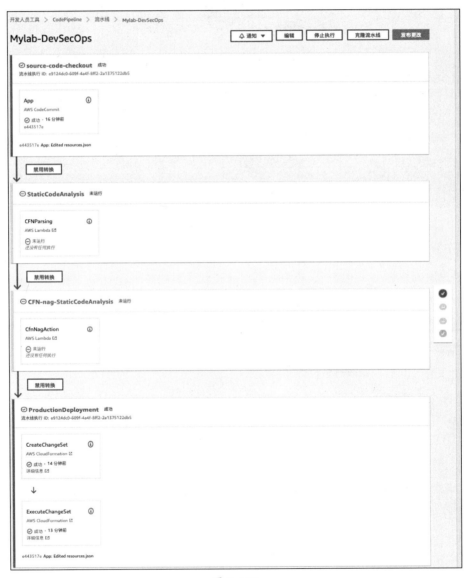

图 8-4-20

2）其中，StaticCodeAnalysis 用于 Python 中的一些基本代码测试。CFN-nag-StaticCodeAnalysis 用于实现代码测试，其可以通过 cfn_nag 进行一些更复杂的规则检查，还可以使用自己的规则进行自定义。

3）为了重新部署你的基础架构，现在还需要执行两个新规则。单击"发布更改"，这会再次触发管道。几分钟后，你会看到管道出现故障，如图 8-4-21 所示。

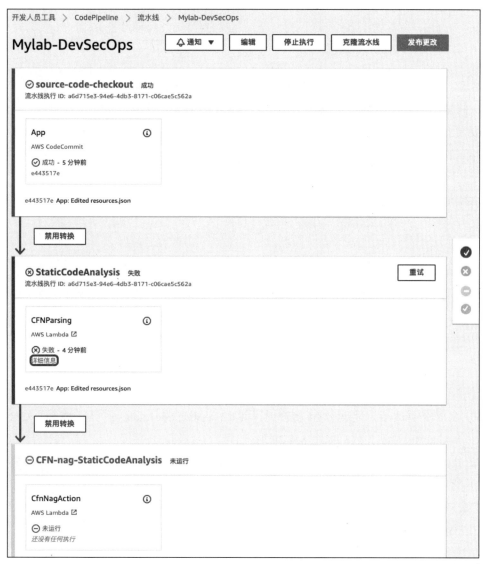

图 8-4-21

4）在 StaticCodeAnalysis 步骤中单击“详细信息”，即可查看详细信息，如图 8-4-22 所示。

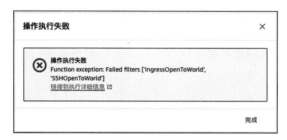

图 8-4-22

然后，单击“链接到执行详细信息”来分析操作执行失败的原因。

5）修复管道“StaticCodeAnalysis”的错误。在 CodeCommit 中修改管道文件 resources.json，你需要更改：Resources-> SecurityGroup-> Properties-> SecurityGroupIngress->CidrIp 并将“CidrIp”的值“0.0.0.0”修改为“1.2.3.4/32”，然后更新和提交，如图 8-4-23 所示。

```
    "myVPC": {
      "Type": "AWS::EC2::VPC",
      "Properties": {
        "CidrBlock": "1.2.3.4/16",
        "EnableDnsSupport": "false",
        "EnableDnsHostnames": "false",
        "InstanceTenancy": "dedicated",
        "Tags": [
          {
            "Key": "Name",
            "Value": {
              "Ref": "VPCName"
            }
          }
        ]
      }
    },
    "SecurityGroup": {
      "Type": "AWS::EC2::SecurityGroup",
      "Properties": {
        "GroupDescription": "SSH Security Group",
        "SecurityGroupIngress": {
          "CidrIp": "0.0.0.0/0",
          "FromPort": 22,
          "ToPort": 22,
          "IpProtocol": "tcp"
        },
```

图 8-4-23

6）在提交更改后，将再次触发管道，这时 StaticCodeAnalysis 显示成功，CFN-nag-StaticCodeAnalysis 显示失败，如图 8-4-24 所示。

7）找出 CFN-nag-StaticCodeAnalysis 中的问题，先打开“详细信息”，如图 8-4-25 所示。

8）然后单击“链接到执行详细信息”，打开 CloudWatch Logs。导航到“日志组”并找到包含的最新条目 CfnNagStaticTest。在日志流中，你会看到两个 FAILing 条目，分别是 FAIL F51 和 FAIL F1000，如图 8-4-26 所示。

开发人员工具 > CodePipeline > 流水线 > Mylab-DevSecOps
Mylab-DevSecOps
通知
编辑
停止执行
克隆流水线
发布更改
source-code-checkout 成功
流水线执行 ID: f8afa4dc-ef89-460c-b50c-cd48a6480e84
App
AWS CodeCommit
成功 - 1 分钟前
61e67dbd
61e67dbd App: Edited resources.json
禁用转换
StaticCodeAnalysis 成功
流水线执行 ID: f8afa4dc-ef89-460c-b50c-cd48a6480e84
CFNParsing
AWS Lambda
成功 - 刚刚
详细信息
61e67dbd App: Edited resources.json
禁用转换
CFN-nag-StaticCodeAnalysis 失败
流水线执行 ID: f8afa4dc-ef89-460c-b50c-cd48a6480e84
重试
CfnNagAction
AWS Lambda
失败 - 刚刚
详细信息
61e67dbd App: Edited resources.json

图 8-4-24

操作执行失败
操作执行失败
Failures count: 2 Warnings count: 6
链接到执行详细信息
完成

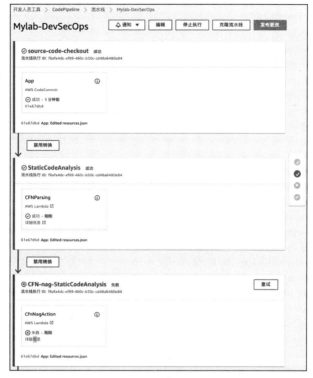

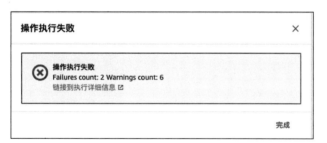

图 8-4-25

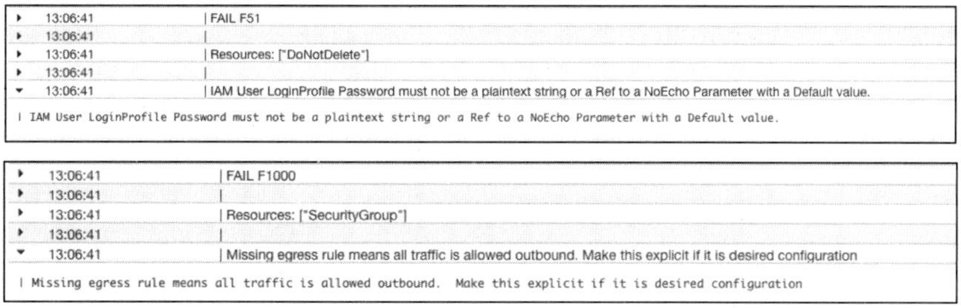

13:06:41 | FAIL F51
13:06:41 |
13:06:41 | Resources: ["DoNotDelete"]
13:06:41 |
13:06:41 | IAM User LoginProfile Password must not be a plaintext string or a Ref to a NoEcho Parameter with a Default value.
| IAM User LoginProfile Password must not be a plaintext string or a Ref to a NoEcho Parameter with a Default value.
13:06:41 | FAIL F1000
13:06:41 |
13:06:41 | Resources: ["SecurityGroup"]
13:06:41 |
13:06:41 | Missing egress rule means all traffic is allowed outbound. Make this explicit if it is desired configuration
| Missing egress rule means all traffic is allowed outbound. Make this explicit if it is desired configuration

图 8-4-26

解决问题的办法 1：直接删除 Resources -> DoNotDelete -> Propertiesd 的配置，删除内容如下：

```
"Properties": {
  "LoginProfile": {
    "Password": "my-secure-password"
  }
}
```

解决问题的办法 2：将一个特定 SecurityGroupEgress 添加到我们的安全组中，并通过 Resources -> SecurityGroup -> Properties 增加 SecurityGroupEgress 新条目到 resources.json 文件。内容如下：

```
"SecurityGroup": {
  "Type": "AWS::EC2::SecurityGroup",
  "Properties": {
    "GroupDescription": "SSH Security Group",
    "SecurityGroupIngress": {
      "CidrIp": "1.2.3.4/32",
      "FromPort": 22,
      "ToPort": 22,
      "IpProtocol": "tcp"
    },
    "SecurityGroupEgress": {
      "CidrIp": "10.2.3.2/12",
      "FromPort": 80,
      "ToPort": 80,
      "IpProtocol": "tcp"
    },
    "Tags": [
      {
        "Key": "Name",
        "Value": "DevSecOpsSecurityGroup"
      }
    ],
    "VpcId": {
      "Ref": "myVPC"
    }
  }
}
```

9）在提交更改后，将再次触发管道，这时 StaticCodeAnalysis 和 CFN-nag-StaticCodeAnalysis 都显示成功，如图 8-4-28 所示。

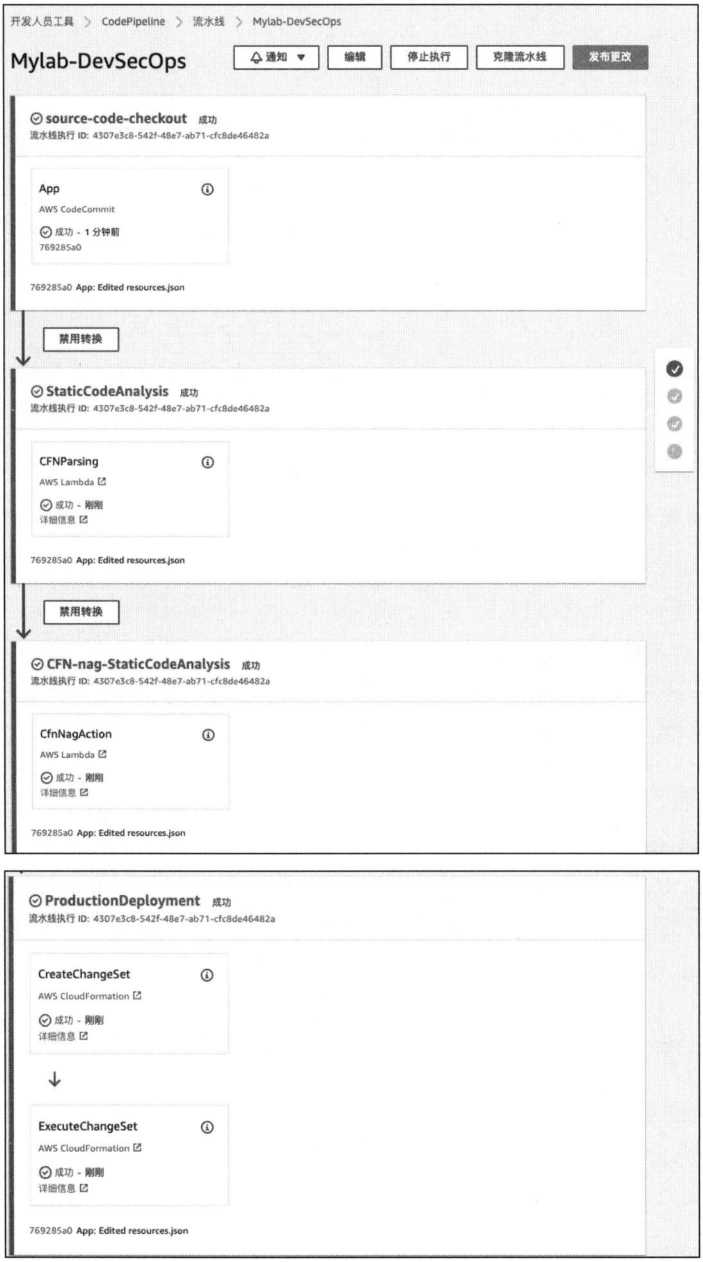

图 8-4-28

步骤 4：清理。

为了防止向你的账户收费，我们建议要及时清理已创建的基础结构。如果你打算让事情继续进行，以便可以进一步检查，则要记住在完成后进行清理。

8.4.4 实验总结

通过本实验，你能体验到工具和自动化如何在整个开发生命周期中创建具有安全意识的文化，同时扩展业务需求。通过示例说明如何构建部署管理、如何修补管理构建过程中的问题，以及如何通过管道进行静态代码检查，从而有效提高敏捷开发过程中的安全性和合规性。

8.5 Lab5：集成 AWS 云上综合安全管理中心

8.5.1 实验概述

本实验的目标是让你熟悉 AWS Security Hub，从而更好地了解如何在自己的 AWS 环境中使用安全中心管理和监控安全日志与事件。实验主要包括两部分：第一部分配置和使用 Security Hub 的功能；第二部分展示如何使用 Security Hub 从不同的数据源导入安全日志并分析调查结果，以便你可以对响应工作进行优先级排序，对调查结果实施不同的响应方式，从而构建安全中心的基础。

8.5.2 实验场景

假设你是云安全分析师，由于大部分业务系统运行在云上，就需要将工作负载稳定地迁移到你的云环境中，因此就要检测各类安全日志和事件，还要集成使用第三方安全服务、自定义脚本和 AWS 服务。你作为云安全分析师，有责任创建一个安全日志来集中管理解决方案，以实现与 AWS 环境相关的安全监控结果的可视化，以便可以设计不同的优先级并响应不同等级安全的分析结果。

8.5.3 实验条件

1）需要用 Labadmin 实验账号登录 AWS 管理控制台。
2）需要下载自动化部署文件 aws-security-hub-workshop-deploy.zip。
3）需要支持在以下 AWS 区域进行实验：eu-north-1，ap-south-1，eu-west-2，eu-west-1，ap-northeast-2，ap-northeast-1，ap-southeast-2，eu-central-1，us-east-1，us-east-2，us-west-1 和 us-west-2。

4）检查实验区域是否已经启动账户和 Config，Security Hub 和 GuardDuty 等服务。如果已启动，则在自动化部署文件中取消配置项。

8.5.4 实验模块 1：环境构建

在本实验的架构中需要使用多个 Lambda 函数、EC2 实例，以及通过 CloudFormation 模板创建的其他 AWS 资源。你首先需要复制 GitHub 存储库中的实验内容，并将其上传到 AWS 账户的 S3 存储桶中，然后开始动手实验。

步骤 1：获取部署文件。

1）从 GitHub 上将 aws-security-hub-workshop-deploy.zip 文件下载到本地计算机。

2）解压文件，其目录中共有 12 个文件。

步骤 2：存储部署文件。

1）导航到 S3 控制台，然后单击"创建存储桶"。

提示：提供你自己的存储桶名称，其必须唯一。

2）记录存储桶名称以备后用。

3）单击"创建存储桶"。

4）单击你的存储桶名称以导航到你的存储桶。

5）在本地计算机上，将解压的 deploy 目录的内容上传到新创建存储桶的根目录中，除非此存储桶的根目录中已有这 12 个文件。

步骤 3：确定部署条件。

1）必须确保你的账户所在区域中未启用 Config，Security Hub 和 GuardDuty 等服务，因为 CloudFormation 模板可以为你启用所有这些选项。如果你选择执行此操作，并且这些服务已启用，则模板自动部署失败。

2）为了正确执行下一步，必须确认每个服务的状态。具体步骤如下：

- 单击 AWS 控制台左上角的"服务"。
- 在服务搜索栏中输入"Security Hub"。
- 从列表中选择"安全中心"。
- 如果在页面右侧看到"转到安全中心"，则说明未启用安全中心。
- 单击左上角的"服务"。
- 在搜索栏中输入"GuardDuty"，并从列表中选择"GuardDuty"。
- 如果你在页面中看到"入门"，则表示未启用 GuardDuty。
- 单击左上角的"服务"。

- 在搜索栏中输入"Config",然后从列表中选择"Config"。
- 如果在页面中看到"入门",则说明未启用配置。

步骤 4:部署实验堆栈。

1)导航到 CloudFormation 控制台。

2)单击"创建堆栈"。

3)在 Amazon S3 URL 中,将路径添加到你设置的模板中,并在下面的示例中替换 [YOUR-BUCKET-NAME]。

4)在"创建堆栈"页面上单击"下一步"。

5)提供你的堆栈名称。

6)在"参数"部分中,如果 GuardDuty,SecurityHub 和 Config 没有启用,则选择"是",否则选择"否"。

7)输入你创建的并在其中存储部署文件的 S3 存储桶的名称,其余参数保留默认值。

8)在"指定堆栈详细信息"页面上,单击"下一步"。

9)在"配置堆栈选项"页面上,单击"下一步"。

10)滚动到底部并**检查**两个确认。

11)单击"**创建堆栈**"。

说明:要记得使用刷新按钮查看更新,因为此模板要创建 5 个嵌套模板,大概需要 5~10 分钟才能完成。在完成完整堆栈的创建后,你会在本实验接下来的 30 分钟内看到在 Security Hub 中采集到的各种事件和日志。

在此模块中,你创建了一个 S3 存储桶,传输了部署文件并部署了设置模板。

8.5.5 实验模块 2:安全中心视图

步骤 1:启动安全中心 Security Hub。

安全中心的"摘要"页面为你提供了有关 AWS 账户的安全性和合规性状态的概述。

1)单击 AWS 控制台左上角的"服务"。

2)在服务搜索栏中输入"Security Hub"。

3)从列表中选择"Security Hub"。

4)单击左侧导航上的"摘要",可以看到洞察的结果、数据来源、安全性标准合规视图和未通过的安全检查项,如图 8-5-1 所示。

图 8-5-1

5)向下滚动到"见解"下的图表(图表可能因为启用服务资源的不同而有所不同),将鼠标移至新发现的事件和日志中,来观察 Security Hub 已收集的发现的来源,如图 8-5-2 所示。

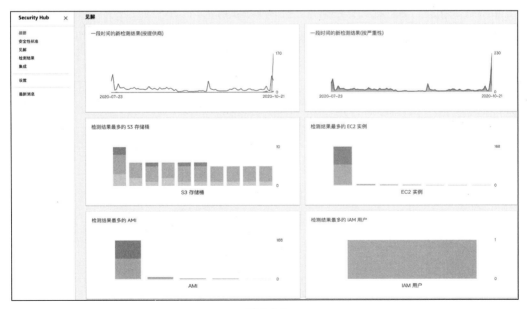

图 8-5-2

在安全中心自启动后，会自动对 GuardDuty 和 Inspector 的数据进行订阅。如果 Macie，IAM Access Analyzer 和 Firewall Manager 服务已启用，则其调查结果也会被自动订阅。

6）单击左侧导航上的"安全性标准"，可以看到 AWS 基础安全最佳实践、CIS 安全基准和 PCI DSS 支付卡行业数据安全标准的安全符合性得分情况，如图 8-5-3 所示。

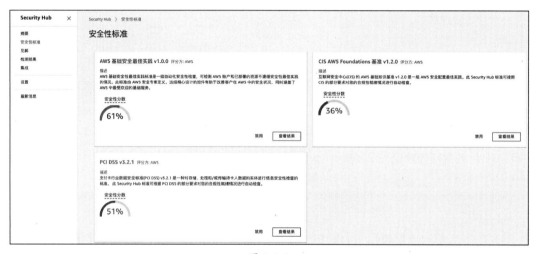

图 8-5-3

单击每个标准，即可看到详细信息，如图 8-5-4 所示。

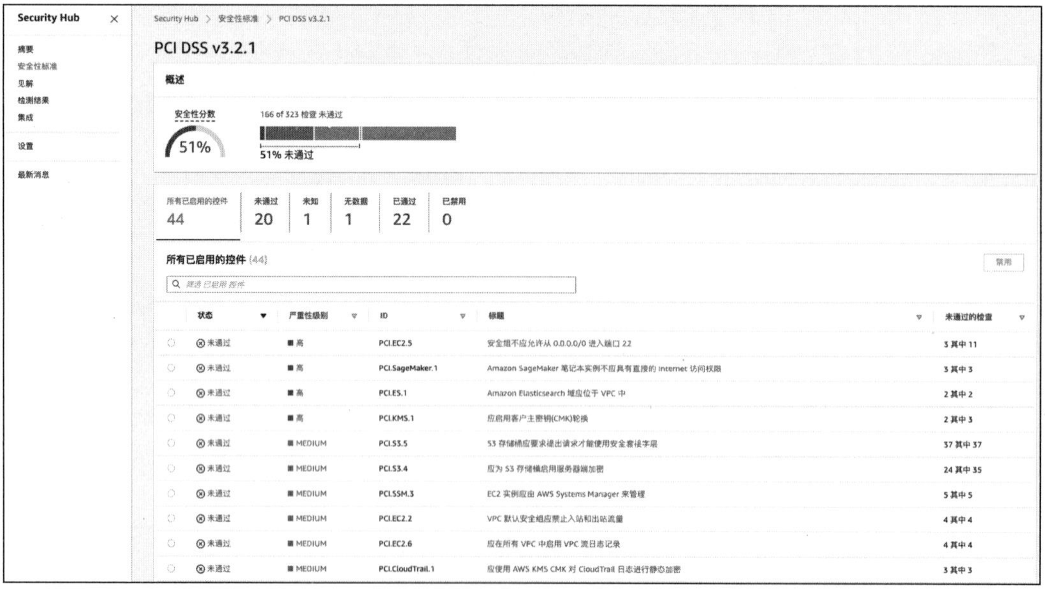

图 8-5-4

第 8 章 云安全动手实验——综合篇

启用安全标准后，AWS Security Hub 会在两小时内开始运行检查。初始检查后，每个控件的计划可以是定期的（12 小时）的，也可以是更改触发时间的。

7）单击左侧导航窗格中的"见解"，在"见解"标签中，可看到分类的不同发现，如图 8-5-5 所示。

图 8-5-5

8）单击每个主题中的链接，即可定位到具体的问题和关联的资源，如图 8-5-6 所示。

图 8-5-6

步骤 2：多账户管理结构。

AWS Security Hub 支持邀请其他 AWS 账户启用 Security Hub，并与你的 AWS 账户关联。如果你邀请账户的所有者启用了安全中心并接受了邀请，则你的账户会被指定为主安全中心账户，并且被邀请的账户将成为成员账户。当受邀账户接受邀请时，会授予主账户权限以查看成员账户中的发现，主账户还可以对成员账户中的结果执行操作。

安全中心的每个管理员，每个区域最多支持 1000 个成员账户。由于主成员账户关联仅在发送邀请的区域中创建，因此你必须在要使用它的每个区域中启用安全中心，然后邀请每个账户作为每个区域中的成员账户进行关联。

在实验中，会向你的 Security Hub 账户添加一个成员账户。这说明只是使用示例信息，实际上不会设置多账户层次结构。

1）单击左侧导航窗格上的"设置"，如图 8-5-7 所示。

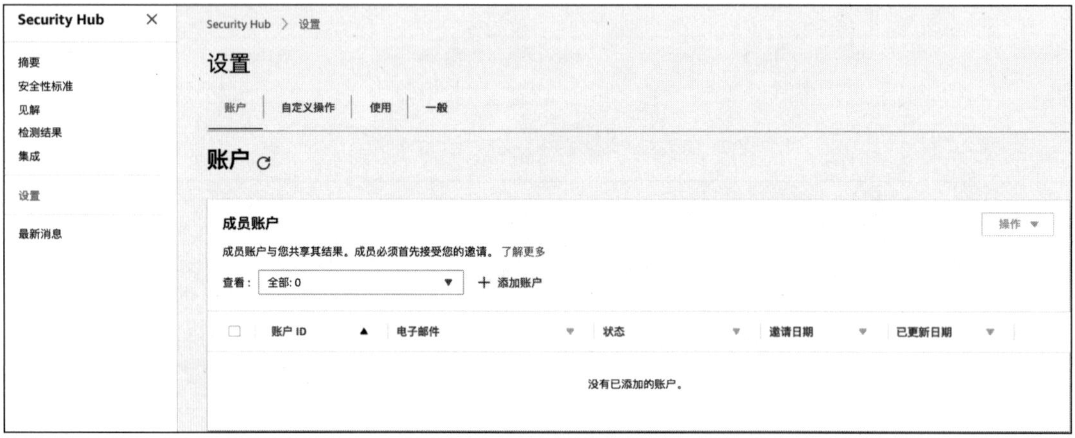

图 8-5-7

2）然后单击"+添加账户"，并在"账户 ID"字段中输入 12 位的数字账号 ID，如 123456789012，同时输入你的邮箱地址，单击"添加"，结果如图 8-5-8 所示。

图 8-5-8

3）在"状态"字段中，单击"邀请"，结果如图 8-5-9 所示。

图 8-5-9

步骤 3：与第三方集成的安全中心。

Security Hub 提供了集成来自 AWS 服务和第三方产品的安全发现功能。对于第三方产品，Security Hub 可以让你能够有选择地启用集成，并提供指向与第三方产品相关配置说明的链接。

Security Hub 仅从支持的 AWS 和合作伙伴产品集成中检测并合并在 AWS 账户中启用 Security Hub 之后生成的安全发现，它不会检测和合并在启用 Security Hub 之前生成的安全发现。

1）在左侧导航窗格中单击"集成"，如图 8-5-10 所示。

图 8-5-10

2）滚动浏览可看到第三方安全公司列表，返回顶部和搜索的云托管，如图 8-5-11 所示，单击"接受检测结果"。

图 8-5-11

3）查看集成所需的权限，然后单击"接受检测结果"，如图 8-5-12 所示。

图 8-5-12

4）即可导入第三方收集的结果。

Security Hub 会导入 AWS 安全服务调查结果、启用的第三方产品集成，以及构建的自定义集成。Security Hub 会利用 AWS 安全发现格式的标准格式来使用这些发现，从而消除费时的数据转换工作。

5）单击左侧导航窗格上的"检测结果"，可看到按照优先级进行排序的视图，如图 8-5-13 所示。

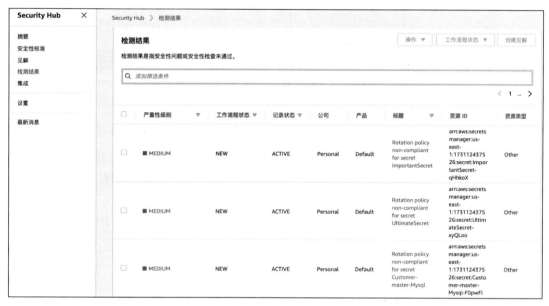

图 8-5-13

8.5.6　实验模块 3：安全中心自定义

AWS Security Hub 的一项关键功能是能够定制安全性发现，该发现超出了 Security Hub、AWS 服务和第三方提供商的集成。此自定义发现功能可以使用户灵活地在 AWS 环境中构建安全检查，并将其导入 Security Hub。

在实验中，会有多个来源将自定义发现发送到 Security Hub，使用 AWS Config 创建自定义结果，并为自定义结果创建自定义洞察分析结果。

步骤 1：使用 AWS Config 创建自定义结果。

1）首先使用 AWS Config 识别合规性违规，然后将这些违规发布到 Security Hub 中，并在 Security Hub 中创建自己的发现，如图 8-5-14 所示。

2）通过 EventBridge 创建规则，该规则将捕获从 Config 规则发送的有关不合规资源的消息，并将其路由到目标。

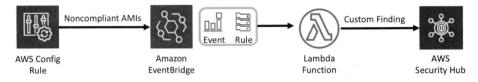

图 8-5-14

3）导航到 Amazon EventBridge 控制台，并单击右侧的"创建规则"，如图 8-5-15 所示。

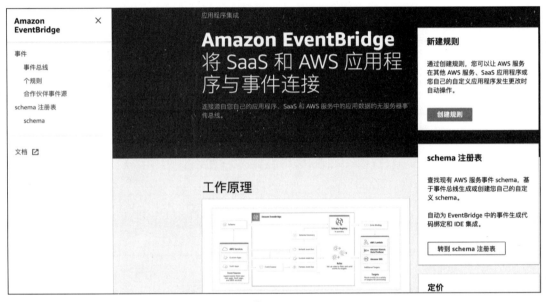

图 8-5-15

4）在"创建规则"页面中，为规则提供名称（unapproved-amis-rule）和描述（this rule to capture events for unapproved amis），以表述规则的用途，如图 8-5-16 所示。

5）在"定义模式"下，选择"事件模式"。

6）选择"服务提供的预定义模式"。

7）在"服务提供商"下拉列表中，选择"AWS"。

8）在"服务名称"下拉列表中，选择"Config"。

9）对于"事件类型"，选择"Config Rules Compliance Change"。

10）选中"特定规则名称"，并在文本框中输入"approved-amis-by-id"。

11）在"选择目标"下，确保在顶部下拉列表中填充了 Lambda 函数，然后选择"ec2-non-compatible-ami-sechub"的 Lambda 函数，单击"创建"，如图 8-5-17 所示。

Amazon EventBridge
事件
事件总线
个规则
合作伙伴事件源
schema 注册表
schema
文档
Amazon EventBridge > 事件 > 个规则 > 创建规则
创建规则
规则将监控特定事件，然后将其路由至您选择的 AWS 目标。您可以创建一个在发生其他 AWS 操作时自动执行某个 AWS 操作的规则，也可以创建一个按设定计划定期执行 AWS 操作的规则。
名称和描述
名称
unapproved-amis-rule
长度上限为 64 个字符，包括小写字母/大写字母、.、-、_。
描述 - 可选
this rule to capture events for unapproved amis
定义模式
生成或自定义事件模式或设置计划以调用目标。
事件模式 信息
构建模式以匹配事件
计划 信息
按计划时间调用您的目标
事件匹配模式
您可以使用服务提供的预定义模式或创建自定义模式
服务提供的预定义模式
自定义模式
服务提供商
AWS 服务或自定义/合作伙伴服务
AWS
服务名称
选为事件源的合作伙伴服务名称
Config
事件类型
作为匹配模式源的事件类型
Config Rules Compliance Change
任何消息类型
特定消息类型
任何规则名称
特定规则名称
approved-amis-by-id
删除
添加
事件模式
编辑
{
"source": [
"aws.config"
],
"detail-type": [
"Config Rules Compliance Change"
]
}
图 8-5-16

图 8-5-17

"ec2-non-compatible-ami-sechub"是在实验环境设置过程中创建的自定义 Lambda 函数。完成创建 EventBridge 规则的结果如图 8-5-18 所示。

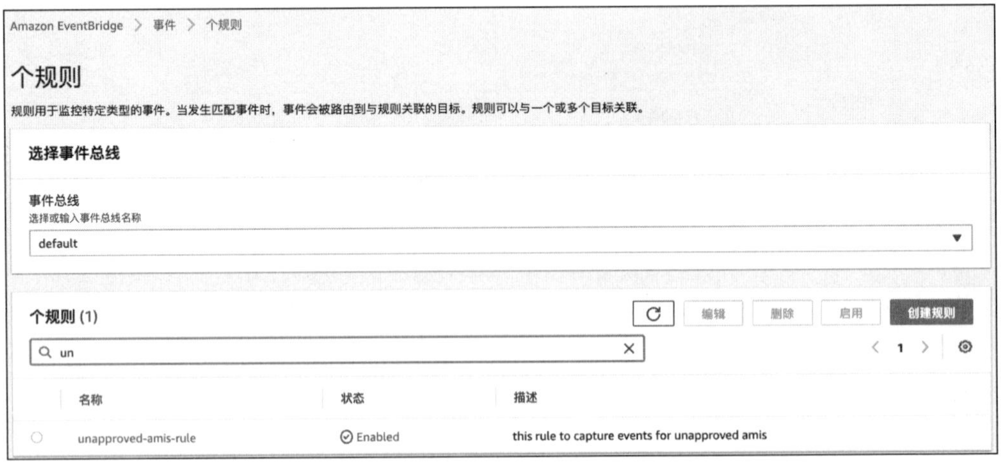

图 8-5-18

步骤 2：创建规则以跟踪批准的 AMI。

下面运行 Config 规则以生成有关不合规资源的信息，并将其发送到 Security Hub。

1）导航到 AWS Config 控制面板。

2）在控制面板中，单击左侧导航菜单上的"规则"，选中"approved-amis-by-id"规则并单击规则名称，如图 8-5-19 所示。

图 8-5-19

3）转到该规则的详细信息页面，如图 8-5-20 所示。

图 8-5-20

在规则的详细信息页面中,会看到配置了批准的 AMI 列表的规则,其中有一种资源显示为不合规。由于现在已经有了 EventBridge,因此你希望看到不符合要求的 EC2 实例在 Security Hub 中显示为发现。

4)单击"删除结果",并在弹出窗口中,单击"删除"。

5)单击选择作用域资源部分中的"刷新"。现在,不合规的资源应该为空。

6)单击"重新评估"。

这时,会收到一条消息,指出正在使用 Config 规则并且需要刷新页面。此时,可以在浏览器中刷新整个页面,也可以在页面范围中选择资源的刷新按钮。

现在,实例在"在范围中选择资源"部分中显示为不合规。重新运行 Config 规则将会触发正在寻找不符合要求资源的 EventBridge 规则,从而使结果显示在 Security Hub 中。

清除结果并重新评估 Config 规则,可以帮助你强制将发现发送到此实验的 Security Hub 中。在通常情况下,你无须手动运行 Config 规则即可将发现结果显示在 Security Hub 中。一旦配置了 Config 和 EventBridge 规则,当 Config 规则查找不符合要求的资源时,新的不符合要求的资源将会自动流入 Security Hub 中。

步骤 3:查看不符合要求的 AMI 发现。

1)导航到"Security Hub"控制面板。

2)单击左侧导航菜单中的"发现"。

3)在搜索结果列表中看到三条规则,如图 8-5-21 所示,其中包含一个实例未批准 AMI 的标题"Unapproved AMI used for instane",这是 Security Hub 合规性规则与 EventBridge 集成发现的结果。单击发现的标题链接,即可查看发现的更多详细信息,如图 8-5-22 所示。

Security Hub > 检测结果								
☐	■ MEDIUM	NEW	ACTIVE	Personal	Default	Unapproved AMI used for instance i-00a5c7d9c127e6ec5	east-1:173112437526:instance/i-00a5c7d9c127e6ec5	AWS::EC2::Instance
☐	■ MEDIUM	NEW	ACTIVE	Personal	Default	Unapproved AMI used for instance i-01e6e7a1737fcf9b7	arn:aws:ec2:us-east-1:173112437526:instance/i-01e6e7a1737fcf9b7	AWS::EC2::Instance
☐	■ MEDIUM	NEW	ACTIVE	Personal	Default	Unapproved AMI used for instance i-0c5dc54a3bf1019fe	arn:aws:ec2:us-east-1:173112437526:instance/i-0c5dc54a3bf1019fe	AWS::EC2::Instance

图 8-5-21

图 8-5-22

步骤 4：为自定义结果创建自定义洞察。

Security Hub 提供了创建洞察的功能，这些洞察过滤的属性比你从初始结果控制台中看到的更多。你可以筛选作为发现的一部分传入的其他属性，这样可以更精细地筛选发现。对于本实验，已构建了自定义发现，以便可以利用 AWS 安全发现格式中的 Generator ID 字段来识别发现的来源。

1）导航到"安全中心"控制面板。

2）单击左侧导航菜单中的"见解"。

3）单击"创建见解"。

4）单击顶部的过滤器字段以添加其他过滤器。

5）选择"公司名称"的过滤字段、EQUALS 的过滤器匹配类型和 Personal 的值，如图 8-5-23 所示。

6）选择"产品名称"的过滤字段、EQUALS 的过滤器匹配类型和 Default 的值，如图 8-5-24 所示。

7）选择"分组依据"，在选项列表中，选择"Generatorid"。

单击"创建见解'以保存你的自定义见解，如图 8-5-25 所示。

图 8-5-23

图 8-5-24

图 8-5-25

8）为你的见解提供一个对你有意义的名称（Custom findings Insight），然后单击"保存见解"，如图 8-5-26 所示。刷新你的浏览器以使用"图形"重新加载屏幕，如图 8-5-27 所示。

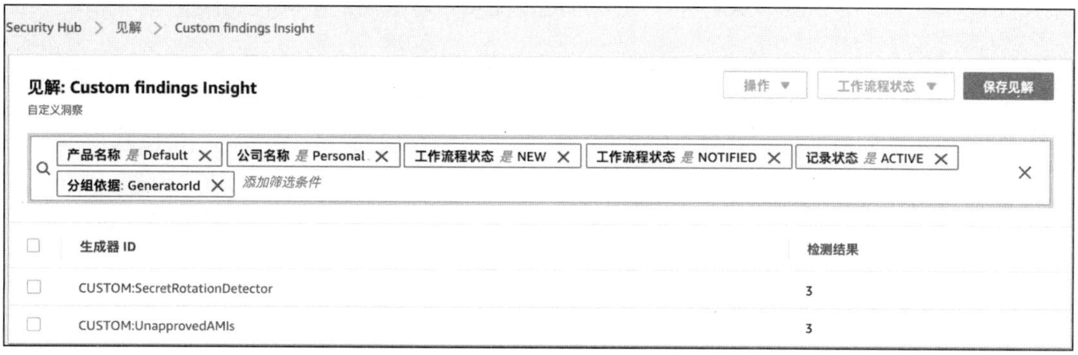

图 8-5-26

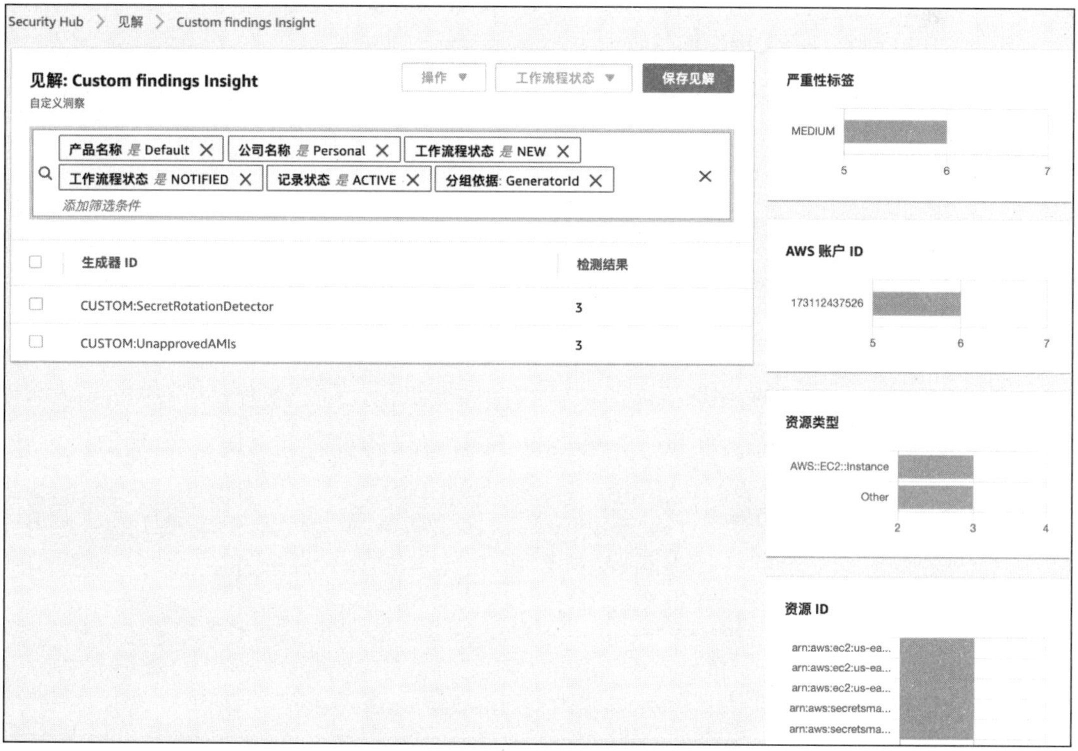

图 8-5-27

现在，你获得了一个自定义洞察，可以深入地了解即将进入 Security Hub 的自定义发现，从而可以更深入地了解与安全发现有关的内容、发现的来源，以及应该在何处确定优先级补救措施。

对于在此自定义见解中的发现，你可以单击资源 ID 链接以深入研究与资源相关的特定发现，还可以随意使用分组，以了解分组的其他属性及创建数据的不同视图。

8.5.7　实验模块 4：自定义处置与响应

本模块以 CIS 基准检测结果为例，自定义补救和响应操作。针对 Security Hub 检测到的有问题的配置采取措施并及时补救和响应此类问题。在本模块的前半部分，把 Security Hub 自定义操作与提供的 Lambda 函数连接，通过调用 Lambda 函数将 EC2 实例与 VPC 网络隔离。在下半部分，为 CIS AWS AWS Foundations 标准部署自动修复和响应操作。

步骤 1：创建自定义操作以隔离 EC2 实例。

在 Security Hub 中创建自定义操作，然后将其关联到 EventBridge 规则，该规则会调用 Lambda 函数来更改 Security Hub 发现的 EC2 实例上的安全组。

在安全中心创建自定义操作的步骤如下：

1）导航到 **Security Hub** 控制台。

2）在左侧导航菜单中，单击"设置"。

3）选择"自定义操作"。

4）单击"创建自定义操作"。

5）输入代表隔离 EC2 实例的操作名称、操作描述和自定义操作 ID，然后单击"创建自定义操作"，如图 8-5-28 所示。

图 8-5-28

6）创建结果如图 8-5-29 所示。

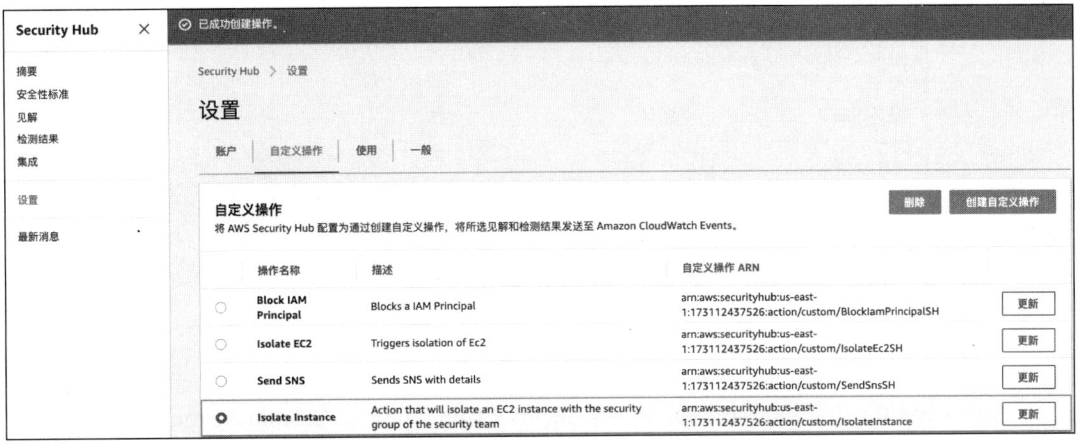

图 8-5-29

7）复制为你的自定义发现生成的自定义操作 ARN。

步骤 2：创建 EventBridge 规则以捕获自定义操作。

AWS 服务的事件几乎会实时地传递到 CloudWatch Events 和 Amazon EventBridge，你可以编写简单的规则来指示感兴趣的事件，以及当事件与规则匹配时应采取的自动操作。自动触发的操作包括 AWS Lambda 函数，Amazon EC2 运行命令，将事件中转到 Amazon Kinesis Data Streams，AWS Step Functions 状态机，Amazon SNS 主题，ECS 任务等。

下面定义一个 EventBridge 规则，该规则将匹配来自 Security Hub 的事件（发现），这些事件已自定义操作。

1）导航到 Amazon EventBridge 控制台。

2）单击右侧的"创建规则"。

3）在"创建规则"页面中，为你的规则提供**名称**和**描述**，以表示规则的用途，如图 8-5-30 所示。

所有 Security Hub 的发现都会被作为事件发送到 AWS 默认的事件总线。定义模式部分可让你识别出匹配事件时要采取的特定操作的过滤器。

4）在定义模式下，选择"事件模式"。

5）在"事件匹配模式"下，选择"服务提供的预定义模式"。

6）在"服务提供商"下拉列表中，选择"AWS"。

7）在"服务名称"下拉列表中，选择或输入"Security Hub"。

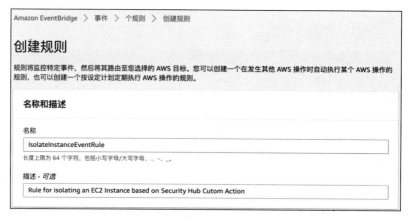

图 8-5-30

8）在"事件类型"下拉列表中，选择"Security Hub Findings-Custom Action"，如图 8-5-31 所示。

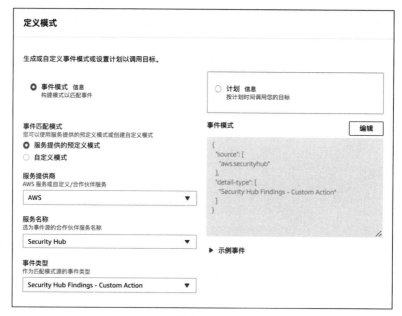

图 8-5-31

9）在"事件模式"窗口中，单击"编辑"。

10）复制并粘贴以下自定义事件模式，用登录账户 ID 替换下面脚本中的"[YOUR-ACCOUNT-ID]"，并将所有脚本复制到事件模式的文本框中，然后单击"保存"，如图 8-5-32 所示。

```
{
"source": [
   "aws.securityhub"
 ],
 "detail-type": [
   "Security Hub Findings - Custom Action"
 ],
 "resources": [
"arn:aws:securityhub:us-east-1:[YOUR-ACCOUNT-ID]:action/custom/IsolateInstance"
 ]
}
```

图 8-5-32

11）在"选择目标"下，在"目标"的下拉列表中选择"Lambda 函数"，然后选择"isolate-ec2-security-group"函数，如图 8-5-33 所示，最后单击"创建"。isolate-ec2-security-groups 是本实验在环境设置过程中创建的自定义 Lambda 函数。

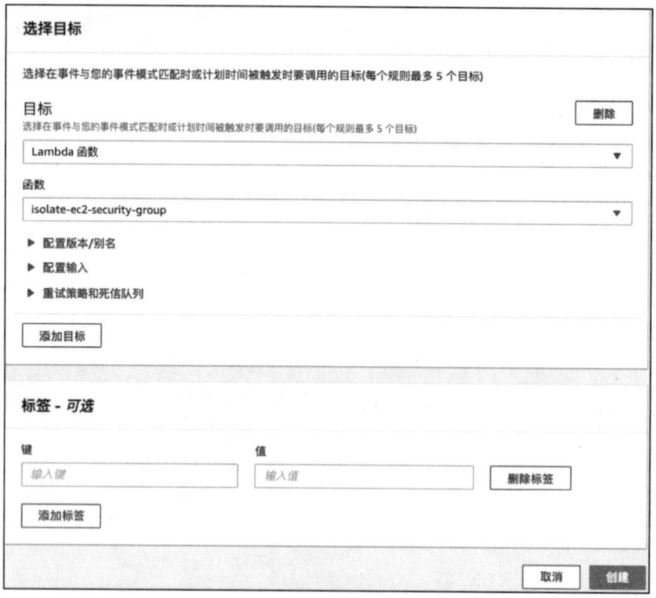

图 8-5-33

12）详细信息如图 8-5-34 所示。

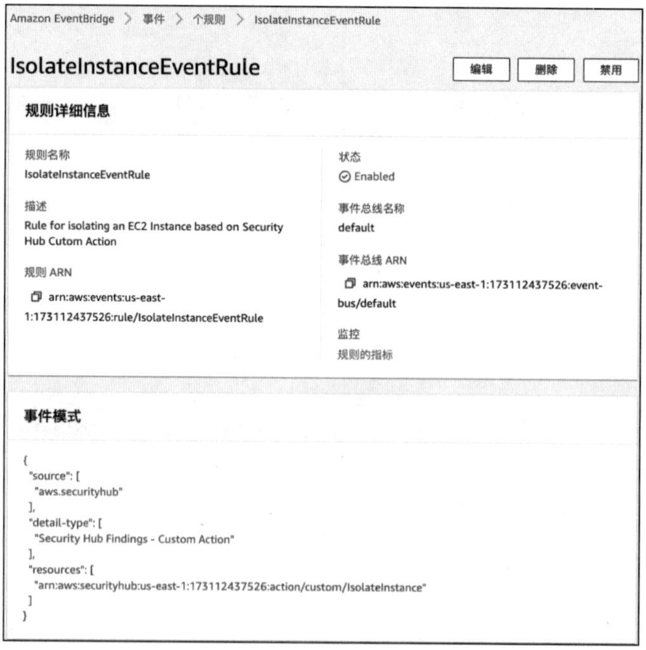

图 8-5-34

步骤 3：在 EC2 实例上隔离安全组。

下面开始从 EC2 实例的"安全发现"测试响应操作。

1）导航到"安全中心"控制面板。

2）在左侧导航窗格中，单击"Findings"。

3）为资源类型添加过滤器，然后输入"AwsEc2Instance"（区分大小写）。

4）选中此筛选列表中的任一目标，如图 8-5-35 所示。

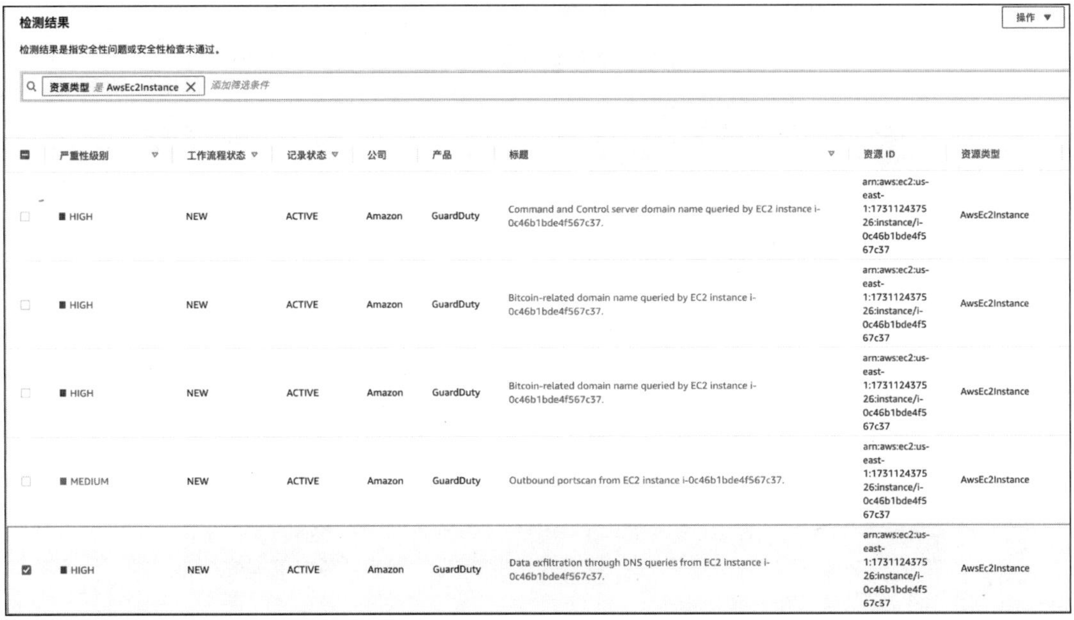

图 8-5-35

5）在"标题"下，单击此 EC2 实例的链接，如图 6-5-5-36 所示。

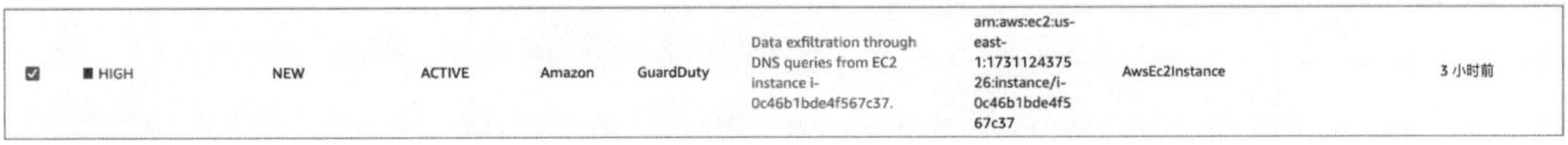

图 8-5-36

这时，EC2 控制台上的新选项卡中仅显示受影响的 EC2 实例，如图 8-5-37 所示。

7）在实例的"描述"选项卡中，记录当前安全组的名称，如图 8-5-38 所示。

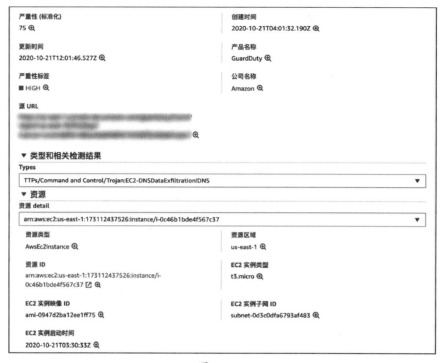

图 8-5-37

图 8-5-38

8）返回浏览器的"安全性中心"选项卡，然后选中同一个发现最左侧的复选框。

9）在"操作"的下拉列表中，选择用于隔离 EC2 实例的自定义操作的名称"Isolate Instance"，之后会在页面最上面弹出消息"已将检测结果成功发送至 Amazon CloudwatchEvents"，如图 8-5-39 所示。

第 8 章 云安全动手实验——综合篇 519

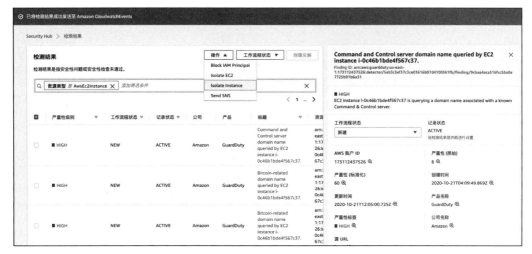

图 8-5-39

10）返回 EC2 浏览器选项卡并刷新，以验证实例上的安全组是否已被隔离，如图 8-5-40 所示。

图 8-5-40

8.5.8 实验模块 5：自动化补救与响应

本模块首先创建映射到特定发现类型的 Security Hub 自定义操作，然后为该自定义操作开发相应的 Lambda 函数，同时对这些发现实现有针对性的自动修复。你可以决定是否对特定的发现调用补救措施，还可以将这些 Lambda 函数作为不需要任何人工检查的全自动补救措施。

自动化补救与响应的架构，如图 8-5-41 所示。

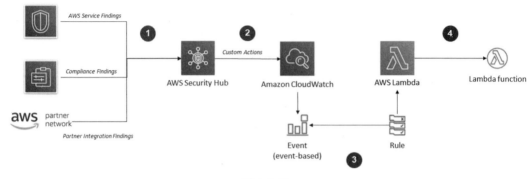

图 8-5-41

1）集成服务将其发现结果发送到 Security Hub。

2）在 Security Hub 控制台中，你需要为发现选择自定义操作，然后每个自定义操作都将作为 CloudWatch Event 被发出。

3）CloudWatch Event 规则触发 Lambda 函数，此功能根据自定义操作的 ARN 映射到自定义操作。

4）根据特定规则，调用的 Lambda 函数将代表你执行的补救操作。

步骤 1：通过 CloudFormation 部署补救手册。

1）下载自动部署模板。

2）导航到 Cloudformation 堆栈控制台。

3）单击"创建堆栈"，然后选择"使用新资源"。

4）单击"上传模板文件"。

5）单击"选择文件"并选择"SecurityHub_CISPlaybooks_CloudFormation.yaml"，然后单击"下一步"，如图 8-5-42 所示。

6）提供一个堆栈名称，如"Myfirst-Lab-SecurityHub-CISPlaybooks"，然后连续两次单击"下一步"。

7）选中"我确认，AWS CloudFormation 可能创建 IAM 资源。"，然后单击"创建堆栈"，如图 8-5-43 所示。

8）导航到 CloudFormation 堆栈的"资源"选项卡，观察为每个规则创建的资源，如图 8-5-44 所示。

第 8 章 云安全动手实验——综合篇 521

图 8-5-42

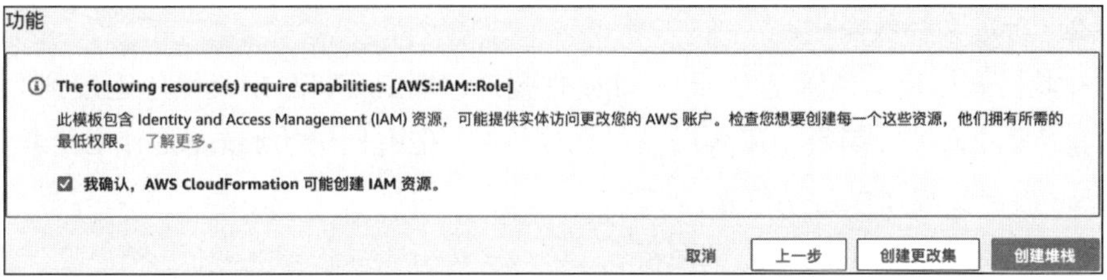

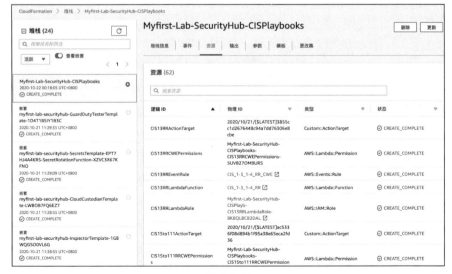

图 8-5-43

图 8-5-44

9）在搜索资源栏中输入"CIS28"，如图 8-5-45 所示。

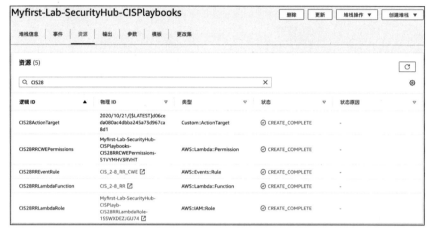

图 8-5-45

步骤 2：自定义补救操作。

为此补救措施创建的资源是 EventBridge 规则，该规则会将自定义操作连接到 Lambda 函数。IAM 角色和 Lambda 函数会采取所需操作的权限，带有代码的 Lambda 函数会执行响应及 Security Hub 自定义操作以启动修复。

1）导航到"Security Hub"控制面板。

2）在左侧导航窗格中，单击"安全性标准"。

3）在"CIS AWS Foundations 基准 v1.2.0"下，单击查看结果，如图 8-5-46 所示。

图 8-5-46

4）添加的筛选条件为"2.8"，如图 8-5-47 所示，然后单击"确保对客户创建的 CMK 启用轮换"。

AWS KMS 能够使客户旋转后备密钥，该后备密钥是存储在 AWS KMS 中的密钥材料，并与 CMK 的密钥 ID 关联，是用于执行加密操作（如加密和解密）的后备密钥。当前，自动密钥轮换会保留所有以前的后备密钥，以便可以透明地进行加密数据的解密。

因此，建议启用 CMK 密钥旋转。旋转加密密钥有助于减小密钥泄露的潜在影响，因为使用新密钥加密的数据无法使用可能已经公开的先前密钥进行访问。

图 8-5-47

5）结果如图 8-5-48 所示。

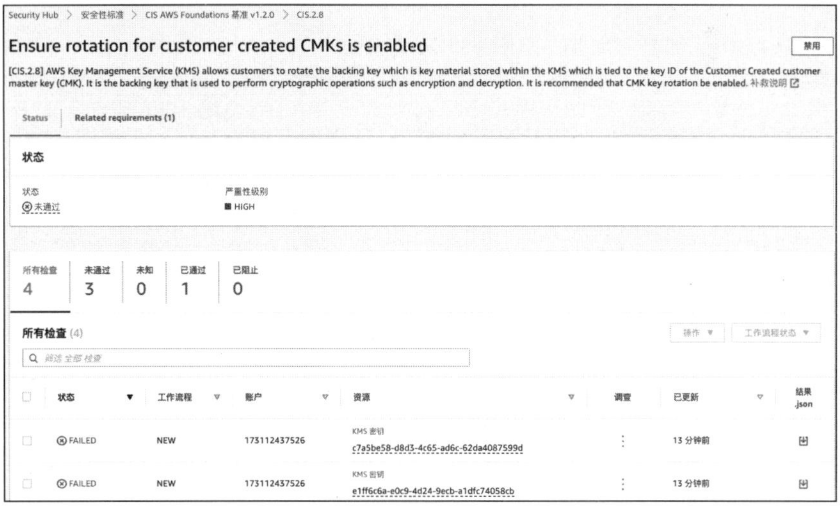

图 8-5-48

6）选中复选框以选择发现。
7）单击右侧的"操作"下拉列表，然后选择"CIS 2.8 RR"，如图 8-5-49 所示。

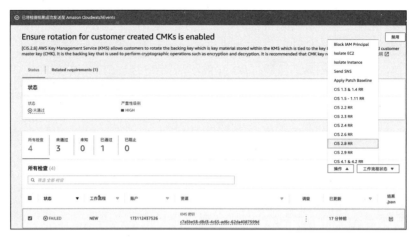

图 8-5-49

这将触发与解决 CIS 2.8 相关补救的 Lambda 函数。从模板部署为 CIS 创建的可用操作列表，此操作会将发现的副本发送到 EventBridge，然后该发现触发 EventBridge 中的匹配规则，最后启动 Lambda 函数。Lambda 函数会启用 KMS 密钥上的密钥旋转，这些密钥会被选择"安全中心"自定义操作时选择的密钥覆盖。

页面上的绿色条确认执行自定义检查后，我们需要在 Config 中手动启动重新评估，以解决 Security Hub 中的发现。

8）单击三个垂直点以展开与 Config 的关联链接。

9）单击"Config 规则"按钮，如图 8-5-50 所示。

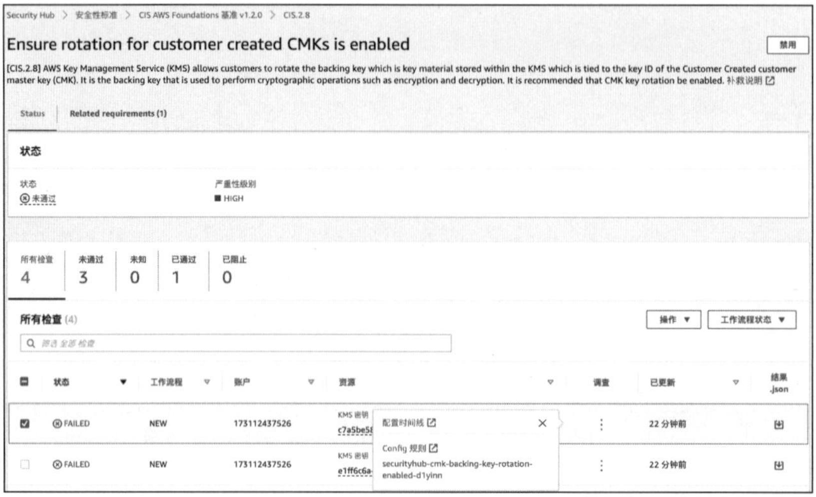

图 8-5-50

10）单击"重新评估"，如图 8-5-51 所示。

图 8-5-51

11）单击浏览器选项卡，以返回 CIS 2.8 的筛选结果，并刷新浏览器。这时，调查结果具有通过状态，如图 8-5-52 所示。

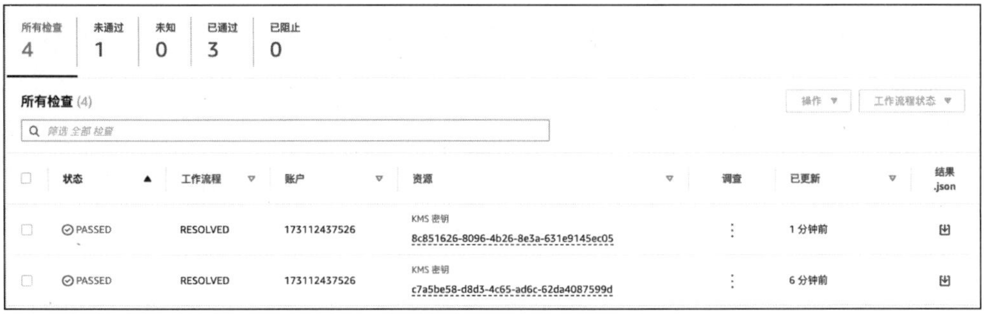

图 8-5-52

在此实验中，将 Security Hub 中的自定义操作与用于补救的自定义 Lambda 函数关联，并为 CIS 账户的基础检查部署了一系列预生成的补救措施。

8.6　Lab6：AWS WA Labs 动手实验

8.6.1　AWS WA Tool 概念

AWS WA Tool（AWS Well-Architected Tool）是云中的一项服务，可提供一致的过程供你使用 AWS 最佳实践测评架构。其在产品的整个生命周期中为你提供以下服务：

1）协助记录你做出的决策。

2）根据最佳实践提供用于改进工作负载的建议。

3）指导你如何让工作负载变得更可靠、安全、高效且经济有效。

你还可以使用 AWS 控制台中的 AWS Well-Architected Tool 来检查工作负载的状态，该工具还将计划提供有关如何使用已建立的最佳实践为云进行架构设计的功能。

8.6.2 AWS WA Tool 作用

AWS WA Tool 的主要作用是通过 AWS 框架中的最佳实践来记录和衡量你的工作负载。这些最佳实践是由 AWS 解决方案架构师根据多年的跨业务构建解决方案的丰富经验开发的。此框架为衡量架构提供了一致的方法，并提供指导来实施随时间推移根据需求变化而扩展的设计。

每天，AWS 的专家都会协助客户构建系统，以利用云中的最佳实践。随着设计的不断发展，当你的这些系统需要部署到实际环境中时，我们将了解这些系统的性能及折衷的后果。该框架为客户和合作伙伴提供了一套一致的最佳实践，以评估架构，还提供了一系列用于评估架构的一致性 AWS 最佳实践的问题。AWS 完善的框架基于五个支柱：卓越运营、安全性、可靠性、性能效率和成本优化，如表 8-6-1 所示。

表 8-6-1

名称	描述
卓越运营（Operational Excellence）	有效支持开发和运行工作负载，深入了解其操作并不断改进支持流程和过程，以提供业务价值的能力
安全性（Security）	包括保护数据、系统和资产，以利用云技术来提高安全性的能力
可靠性（Reliability）	包括在预期的情况下，工作负载正确、一致地执行其预期功能的能力，这包括整个生命周期中操作和测试工作负载的能力。本部分内容为在 AWS 上实施可靠的工作负载提供了深入的最佳实践指导
性能效率（Performance Efficiency）	有效使用计算资源以满足系统要求，以及随着需求变化和技术发展而保持效率的能力
成本优化（Cost Optimization）	运行系统以最低价格交付业务价值的能力

在 AWS 结构完善的框架中，涉及以下术语：

组件（component）是根据要求一起交付的代码、配置和 AWS 资源。组件通常是技术所有权的单位，并且与其他组件分离。

工作负载（workload）用于标识一起提供业务价值的一组组件，通常是业务和技术主管交流的详细程度。

架构（architecture）是指组件在工作负载中如何协同工作，而组件如何通信和交互通常是体系结构图的重点。

里程碑（Milestones）标记了体系结构在整个产品生命周期（设计、测试、上线和投入生产）中不断发展的关键变化。

在组织内部，技术组合（technology portfolio）是业务运营所需的工作负载的集合。

在设计工作负载时，你需要根据业务环境在各个支柱之间进行权衡，以便产生业务决策，这些业务决策可以推动你的工程优先级。你可能会进行优化以降低成本，却以开发环境中的可靠性为代价；或者对于关键任务解决方案，可能会通过增加成本来优化可靠性。在电子商务解决方案中，性能会影响收入和客户的购买倾向。安全性和卓越运营通常不能与其他支柱进行权衡。

本服务面向技术产品开发人员，如首席技术官（CTO）、架构师、开发人员和运营团队成员。AWS 客户可以使用 AWS WA Tool 记录其架构，提供产品发布管控，以及了解和管理技术组合中的风险。

8.6.3　AWS WA Labs 实验

AWS WA Labs（AWS Well-Architected Labs）实验的目的是了解 AWS WA Tool 的功能。

1. 目标

了解有关问题和最佳实践的资源位于何处。

了解随着时间的推移如何使用里程碑再次跟踪你的进度，即中高风险。

了解如何在结构完善的工具中生成报告或查看审阅结果。

2. 条件

一个 AWS 账户，其可以用于测试，而不用于生产或其他目的的测试。

具有该账户的身份和 IAM 用户或联合凭证，该用户有权使用结构良好的工具（WellArchitectedConsoleFullAccess，托管策略）。

3. 步骤

步骤 1：导航到控制台。

由于 AWS 完善的工具位于 AWS 控制台中，因此你只需要登录控制台并导航到该工具即可。

以启用了 MFA 的 IAM 用户身份或以联合角色身份登录 AWS 管理控制台，然后打开控制台。

单击"Services"以在顶部工具栏上弹出服务搜索。在搜索框中输入"Well-Architected"，然后选择"AWS Well-Architected Tool"，如图 8-6-1 所示。

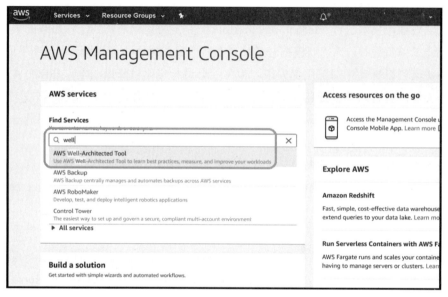

图 8-6-1

步骤 2：创建工作量。

1）单击登录页面上的"Define workload"，如图 8-6-2 所示。

图 8-6-2

2）如果你已有工作负载，则会直接进入"工作负载"列表。在此界面中，单击"Define workload"，如图 8-6-3 所示。

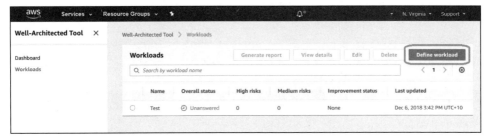

图 8-6-3

3）然后输入必要的信息，如图 8-6-4 所示。

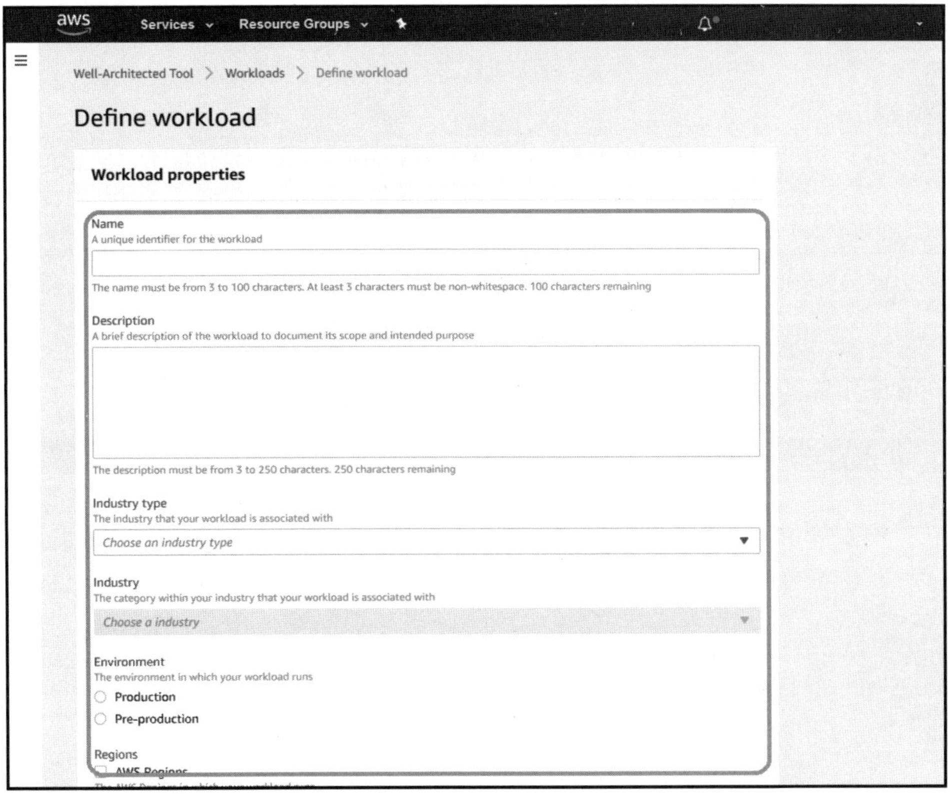

图 8-6-4

- 名称：AWS Workshop 的工作负载。
- 说明：这是 AWS Workshop 的示例。
- 行业类型：InfoTech。
- 行业：互联网。

- 环境：选择"Pre-production"。
- 区域：选择 AWS 区域。

4）单击"Define workload"按钮，如图 8-6-5 所示。

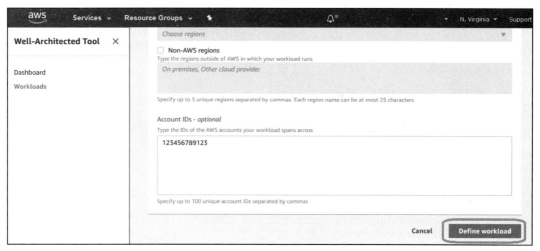

图 8-6-5

步骤 3：进行审查

1）在工作负载的详细信息页面上，单击"Srart review"，如图 8-6-6 所示。

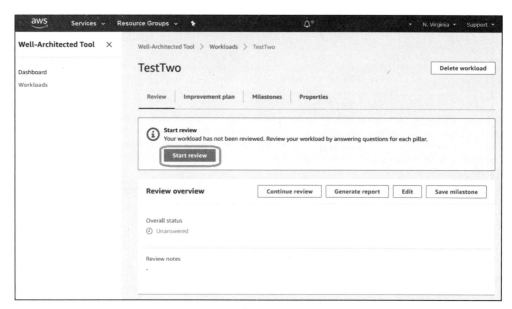

图 8-6-6

2）在本实验中，我们仅完成"可靠性支柱"问题。通过选择"Operational Excellence"左侧的折叠图标，收起卓越运营问题，如图 8-6-7 所示。

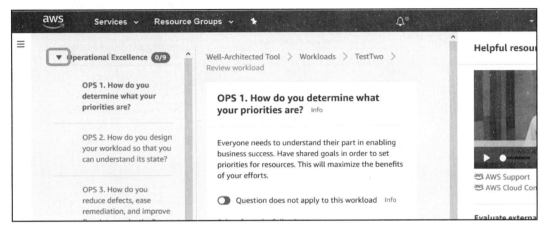

图 8-6-7

3）通过选择"Reliability"左侧的展开图标，展开"可靠性问题"，如图 8-6-8 所示。

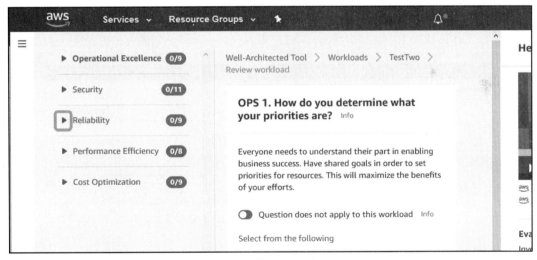

图 8-6-8

4）选择第一个问题：REL 1。你如何管理服务限制？

5）根据你自己的能力，选择回答 REL 1 至 REL 9 的问题。你可以使用"Info"链接来了解答案的含义，并观看视频以获取有关问题的更多信息，如图 8-6-9 所示。

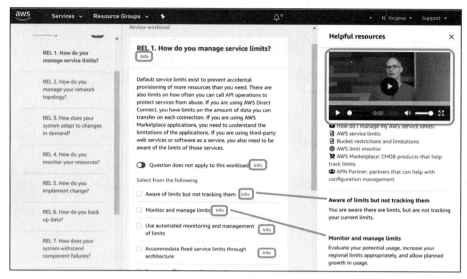

图 8-6-9

6)完成问题后,单击"Next"。

7)当你遇到最后一个可靠性问题或第一个性能支柱问题时,单击"Save"并退出。

步骤 4:保存里程碑。

1)在工作负载的详细信息页面上,单击"Save milestone",如图 8-6-10 所示。

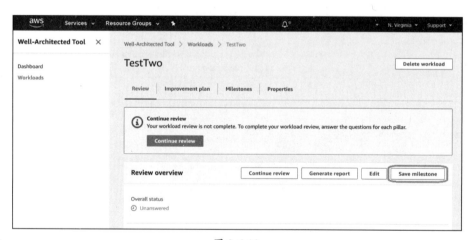

图 8-6-10

2)输入里程碑名称:AWS Workshop Milestone,然后单击"Save",如图 8-6-11 所示。

3)选择"Milestones"选项卡。

4)这时,会显示里程碑和有关的数据,如图 8-6-12 所示。

第 8 章 云安全动手实验——综合篇

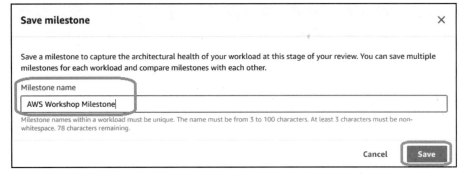

图 8-6-11

图 8-6-12

步骤 5：查看和下载报告。

1）在工作负载详细信息页面上，单击"Improvement plan"，如图 8-6-13 所示。

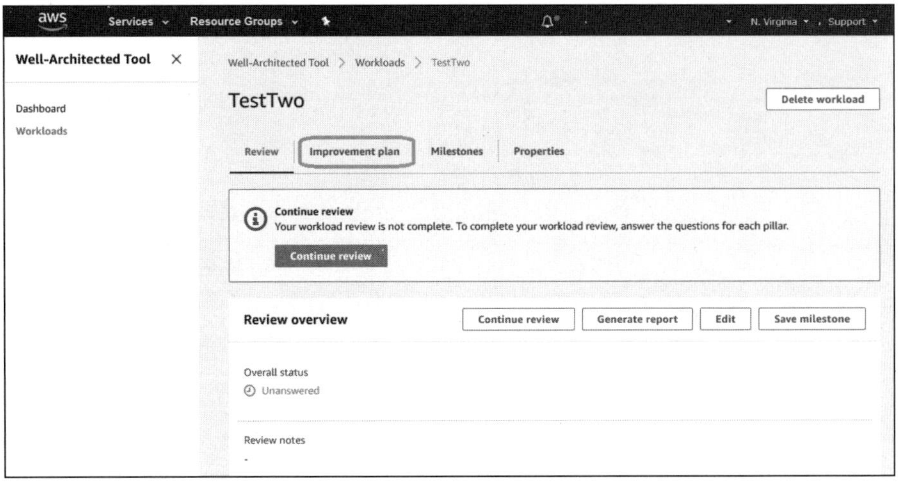

图 8-6-13

2）这时会显示高风险和中风险项目的数量，并允许你更新状态。

3）你还可以编辑改进计划配置，单击"Edit"，如图 8-6-14 所示。

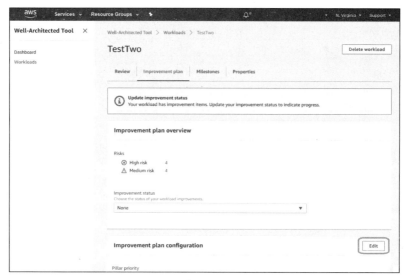

图 8-6-14

4）然后单击"Reliability"右侧向上的图标，将其上移，如图 8-6-15 所示。

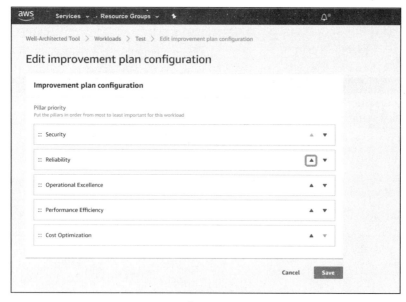

图 8-6-15

5）单击"Save"以保存此配置。

6）单击"Review"以获取下载改进计划的选项，如图 8-6-16 所示。

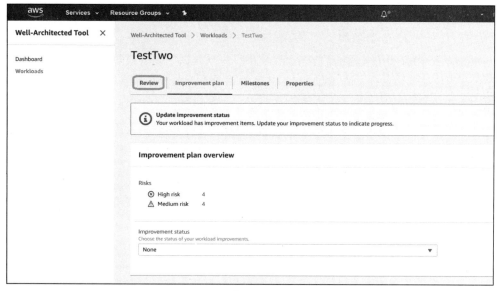

图 8-6-16

7）单击"Generate report"以生成报告并下载，如图 8-6-17 所示。

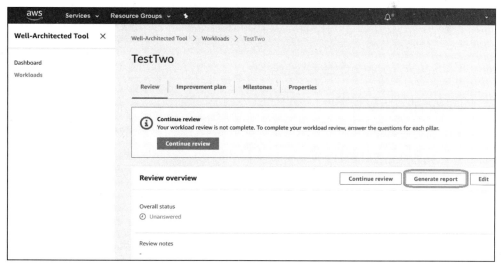

图 8-6-17

8）你可以打开文件或将其保存。

8.6.4 AWS WA Tool 使用

AWS WA Tool 符合 AWS 责任共担模型，此模型包含适用于数据保护的法规和准则。AWS 负责保护运行所有 AWS 服务的全球基础设施，并保持对此基础设施上托管的数据的控制，包括用于处理客户内容和个人数据的安全配置控制。充当数据控制者或数据处理者的 AWS 客户和 APN 合作伙伴需要对他们在 AWS 云中放置的任何个人数据承担责任。

出于对数据的保护，我们建议你保护 AWS 账户凭证并使用 AWS Identity 和 Access Management（IAM）设置单个用户账户，以便仅向每个用户提供履行其工作职责所需的权限。我们还建议你通过以下方式保护数据：

- 对每个账户使用 MFA。
- 使用 SSL/TLS 与 AWS 资源进行通信。
- 使用 AWS CloudTrail 设置 API 和用户活动日志记录。
- 使用 AWS 加密解决方案及 AWS 服务中的所有默认安全控制。
- 使用高级托管安全服务（如 Amazon Macie），其有助于发现和保护存储于 Amazon S3 中的个人数据。

建议你不要将敏感的可识别信息（如客户的账号）放入自由格式字段（如 Name 字段），包括当你使用控制台、API、AWS CLI 或 AWS 开发工具包处理 AWS WA Tool 或其他 AWS 服务时，因为你输入到 AWS WA Tool 或其他服务中的任何数据都可能被选取以包含在诊断日志中。当你向外部服务器提供 URL 时，不要在 URL 中包含凭证信息来验证你对该服务器的请求。

8.6.5 AWS WA Tool 安全最佳实践

1. 如何安全地处理工作量

为了安全地操作工作负载，你必须将总体最佳实践应用于安全性的每个领域。在组织和工作负载级别上采用你在卓越运营中定义的要求和流程，并将其应用于所有领域。随时了解 AWS 和行业建议及威胁情报，可以帮助你发展威胁模型和控制目标，而自动化的安全流程、测试和验证使你能够扩展安全操作。

最佳做法：

使用账户分离工作负载：利用功能或一组通用控件在单独的账户和组账户中组织工作负载，而不是镜像公司的报告结构。必须要考虑安全性和基础架构，以便使你的组织能够随着工作量的增长而设置通用的防护栏。

安全的 AWS 账户：如通过启用 MFA 并限制对根用户的使用来安全访问你的账户，并配置账户联系人。

识别和验证控制目标：根据你的合规性要求和从威胁模型中识别出的风险，导出并验证需要应用于工作负载的控制目标和控制措施。持续进行的控制目标和验证可以帮助你评估风险缓解的有效性。

及时了解安全威胁：通过及时了解最新的安全威胁来识别攻击源，以帮助你定义和实施适当的控制措施。

紧跟最新的安全建议：紧跟最新的 AWS 和行业安全建议，以改进工作负载的安全状况。

自动测试和验证管道中的安全控制：为构建管道和流程中经过测试和验证的安全机制建立安全基准和模板，并使用工具和自动化来连续测试和验证所有的安全控制。

使用威胁模型识别风险并确定优先级：使用威胁模型来识别和维护潜在威胁的最新记录，确定威胁的优先级并调整安全控制措施。

定期评估和实施新的安全服务和功能：AWS 和 APN 合作伙伴不断发布的新功能和服务，使你可以不断改进工作负载的安全状况。

2. 如何管理人员和机器的身份

当处理安全的 AWS 工作负载时，需要管理两种类型的身份，而了解需要管理和授予访问权限的身份类型有助于确保正确的身份在正确的条件下访问正确的资源。人类身份：你的管理员、开发人员、操作员和最终用户，以及通过 Web 浏览器、客户端应用程序或交互式命令行工具与 AWS 资源进行交互的成员都需要身份才能访问你的 AWS 环境和应用程序。他们都是你组织的成员，或者是你与之合作的外部用户。机器身份：你的服务应用程序、操作工具和工作负载都需要身份才能向 AWS 服务发出请求，如读取数据。这些身份包含在你的 AWS 环境运行的计算机中，如 Amazon EC2 实例、AWS Lambda 函数。你可以为需要访问权限的外部方管理计算机标识，此外还可能在 AWS 之外拥有需要访问 AWS 环境的计算机。

最佳做法：

使用强大的登录机制：强制设置最小密码长度，并让用户不要使用通用或重复使用的密码。同时，通过软件或硬件机制实施 MFA，以提供附加层。

使用临时凭证：利用身份动态获取临时凭证。对人类身份，要求使用 AWS Single Sign-On 或具有 IAM 角色的联合身份访问 AWS 账户。对机器身份，要求使用 IAM 角色，而不是长时间使用访问密钥。

安全地存储和使用机密：对于需要机密的人类身份和机器身份（如第三方应用程序的密码），使用最新的行业标准将其自动轮换存储在专用服务中。

依靠集中式身份提供者：对于人类身份，依靠身份提供者你可以在集中位置管理身份，这样你就可以从单个位置进行创建、管理和撤销访问，从而更轻松地管理访问。这样就减少了对多个证书的需求，并提供了与人力资源流程集成的机会。

定期审核和轮换凭证：当你不能依赖临时凭证而需要长期凭证时，需要审核凭证以确保强制执行定义的控件（如 MFA），并定期轮换以具有适当的访问级别。

利用用户组和属性：将具有共同安全要求的用户置于身份提供商定义的组中，采用适当的机制来确保可用于访问控制的用户属性（如部门或位置）正确且以更新，并使用这些组和属性（而不是单个用户）来控制访问。这样，你可以通过更改一次用户的组成员身份或属性来集中管理访问，而不必当用户访问需求发生变化时更新许多单独的策略。

3. 如何管理人和机器的权限

管理权限是指控制对需要访问 AWS 和你的工作负载的人员和机器身份的访问，即控制谁可以在什么条件下访问什么。

最佳做法：

定义访问要求：管理员、最终用户或其他组件需要访问工作负载的每个组件或资源。明确定义有权访问每个组件的人员或对象、选择适当的身份类型，以及身份验证和授权的方法。

授予最小特权访问权限：通过允许在特定条件下访问特定 AWS 资源上的特定操作，仅授予身份所需的访问权限。依靠组和身份属性动态地、大规模地设置权限，而不是为单个用户定义权限。例如，你可以允许一组开发人员具有访问权限，以便仅需要管理其项目的资源。这样，当从组中删除开发人员时，在使用该组进行访问控制的所有位置，该开发人员的访问都将被撤销，而无须更改访问策略。

建立紧急访问流程：在自动化流程或管道问题不太可能发生的情况下，该流程允许紧急访问你的工作负载。这将有助于你依赖最小特权访问，但要确保用户在需要时可以获得正确的访问级别。例如，为管理员建立一个流程来验证和批准他们的请求。

持续减少权限：随着团队和工作负载确定所需的访问权限的变化，及时删除不再使用的权限，并建立审阅流程以获取最低权限。同时，要持续监控并减少未使用的身份和权限。

为组织定义权限保护栏：建立公共控件，以限制对组织中所有身份的访问。例如，你可以限制对特定 AWS 区域的访问，或者阻止操作员删除公用资源，如用于中央安全团队的 IAM 角色。

根据生命周期管理访问：将访问控制与操作员、应用程序生命周期、集中联盟提供的程序集成在一起。例如，当用户离开组织或更改角色时，及时删除他们的访问权限。

分析公共和交叉账户访问：持续监控并突出显示公共和交叉账户访问的结果。同时，减少公共访问，并仅对需要这种访问类型的资源进行跨账户访问。

安全共享资源：管理跨账户或在 AWS 组织内共享资源的使用，监控共享资源并查看共享资源访问。

4. 如何检测和调查安全事件

从日志和指标中捕获和分析事件以获取可见性。对安全事件和潜在威胁采取行动，以保护你的工作负载。

最佳做法：

配置服务和应用程序日志记录：在整个工作负载中配置日志记录，包括应用程序日志、资源日志和 AWS 服务日志。例如，确保为组织内的所有账户启用了 AWS CloudTrail，Amazon CloudWatch Logs，Amazon GuardDuty 和 AWS Security Hub。

集中分析日志、发现和指标：应集中收集所有日志、发现和指标，并自动进行分析以检测异常和未经授权活动的指示。控制面板可以使你轻松访问有关实时运行状况的见解。例如，确保将 Amazon GuardDuty 和 Security Hub 日志发送到中央位置以进行警报和分析。

自动化事件响应：使用自动化来调查和补救事件可减少人工工作量和错误，并使你能够扩展调查功能。定期审核会帮助你调整自动化工具，并不断进行迭代。例如，通过自动化的调查自动对 Amazon GuardDuty 事件进行响应，然后进行迭代以逐渐消除人工。

实施可操作的安全事件：创建警报，该警报会发送给你的团队并可以由你的团队采取措施。同时，要确保警报包含相关信息，以供团队采取行动。例如，确保将 Amazon GuardDuty 和 AWS Security Hub 警报发送到团队，或发送给响应自动化工具，再通过自动化框架中的消息通知团队。

5. 如何保护网络资源

任何具有某种形式的网络连接的工作负载，无论是 Internet 还是专用网络，都需要多层防御，以防御来自外部和内部基于网络的威胁。

最佳做法：

创建网络层：将共享可达性要求的组件分组到层中。例如，将 VPC 中不需要 Internet 访问的数据库集群放置在子网中，而子网之间没有路由。在没有 VPC 的无服务器工作负载中，使用微服务进行类似的分层和分段也可以实现相同的目标。

在所有层控制流量：使用深度防御方法对入站和出站流量应用控件。对于 AWS Lambda，可以考虑在具有基于 VPC 控件的私有 VPC 中运行。

自动化网络保护：自动化保护机制基于威胁情报和异常检测提供自防御网络。例如，可以主动适应当前威胁并减少其影响的入侵检测和防御工具。

实施检查和保护：检查并过滤每一层的流量。例如，使用 Web 应用程序防火墙来防止应用程序网络层的意外访问。对于 Lambda 函数，第三方工具可以将应用程序层的防火墙添加到你的运行环境。

6. 如何保护计算资源

工作负载中的计算资源需要多层防御，以抵御外部和内部的威胁。计算资源包括 EC2 实例、容器、AWS Lambda 函数、数据库服务、IoT 设备等。

最佳做法：

执行漏洞管理：经常扫描和修补代码，减少依赖项和基础架构中的漏洞，以帮助防御新威胁。

减小攻击面：通过强化操作系统，最大限度地减少使用中的组件、库和外部消耗性服务，以便减小攻击面。

实施托管服务：实施管理资源的服务（如 Amazon RDS，AWS Lambda 和 Amazon ECS），以减少安全维护任务，这是共担责任模型的一部分。

自动化计算保护：自动化计算保护机制包括漏洞管理、减小攻击面和资源管理。

使人能够远距离执行操作：删除交互式访问功能可以减小人为导致的风险，并降低人工配置或管理的可能性。例如，变更管理工作流程、将基础结构作为代码来部署 EC2 实例，然后使用工具而不是直接访问或堡垒主机来管理 EC2 实例。

验证软件的完整性：实施机制（如代码签名）验证工作负载中使用的软件、代码和库的来源是否受信任并且未被篡改。

7. 如何对数据进行分类

分类提供了一种根据重要性和敏感性对数据进行归类的方法，以帮助你确定适当的保护和保留控制措施。

最佳做法：

确定工作负载中的数据：这包括数据的类型和分类及相关的业务流程。这可能包括分类，以表明该数据是被公开还是仅供内部使用，如客户的个人身份信息（PII）；或者该数据是否用于更受限的访问，如知识产权、合法特权、明显的敏感性，等等。

定义数据保护控件：根据数据的分类级别保护数据。例如，通过使用相关建议来保护归类为公开的数据，同时通过其他控件保护敏感数据。

自动识别和分类：自动对数据进行识别和分类，以减小人工交互导致的风险。

定义数据生命周期管理：你定义的生命周期策略应基于敏感性级别及法律和组织的要求。

这些方面包括保留数据的持续时间、数据销毁、数据访问管理、数据转换，并且应该考虑数据共享。

8. 如何保护静态数据

通过实施多种控制措施来保护你的静态数据，以减少未经授权的访问或处理不当的风险。

最佳做法：

实施安全密钥管理：必须通过严格的访问控制来安全地存储加密密钥，如通过使用密钥管理服务（如 AWS KMS）。考虑使用不同的密钥，并将对密钥的访问控制与 AWS IAM 和资源策略结合使用，以符合数据分类级别和隔离的要求。

强制执行静态加密：根据最新的标准和建议强制执行加密要求，以帮助你保护静态数据。

自动执行静态数据保护：使用自动化工具连续验证和强制执行静态数据保护，如验证是否只有加密的存储资源。

实施访问控制：以最小的特权和最少的机制（包括备份、隔离和版本控制）实施访问控制，以保护静态数据，防止运营商对你的数据授予公共访问权限。

使用使人远离数据的机制：在正常的运行情况下，要使所有用户远离能直接访问的敏感数据和系统。例如，提供控制面板而不是直接通过访问数据存储来运行查询。如果不使用 CI / CD 管道，则要确定需要哪些控制和过程，以充分提供通常禁用的碎玻璃访问机制。

9. 如何保护传输中的数据

通过实施多种控制措施来减少未经授权的访问或降低数据丢失的风险，从而保护你的传输数据。

最佳做法：

实施安全密钥和证书管理：安全地存储加密密钥和证书，并在应用严格的访问控制的同时按适当的时间间隔进行轮换。例如，通过使用证书管理服务（如 AWS Certificate Manager，ACM）。

强制执行传输中的加密：根据适当的标准和建议强制执行已定义的加密要求，以帮助你满足组织、法律和合规性的要求。

自动检测意外数据访问：使用 GuardDuty 等工具根据数据分类级别自动检测将数据移出定义边界的尝试。例如，检测使用 DNS 将数据复制到未知或不受信任的网络的木马协议。

10. 如何预计和响应事件并从中恢复

及时有效地调查、响应安全事件并从安全事件中恢复至关重要，这有助于最大限度地减小对组织的破坏。

最佳做法：

确定关键人员和外部资源：确定可帮助你的组织响应事件的内部和外部人员、资源和法律义务。

制订事件管理计划：创建计划以帮助你响应事件，并在事件期间进行沟通以从中恢复。例如，你可以使用最可能的工作负载和组织方案来启动事件响应计划，包括你的意愿、在内部和外部进行沟通和升级。

准备取证功能：识别并准备合适的取证调查功能，包括外部专家、工具和自动化。

自动化遏制能力：自动化事故的遏制和恢复，以减少响应时间和组织影响。

预配置访问：确保事件响应者具有预先配置到 AWS 中的正确访问，以减少从调查到恢复的时间。

部署前工具：确保安全人员已将正确的工具预先部署到 AWS 中，以减少从调查到恢复的时间。

运行游戏日：定期练习事件响应游戏日（模拟），并将汲取的教训纳入事件管理计划中，以不断改进。

第 9 章　云安全能力评估

每个企业上云的过程都不一样,为了更加安全地享受云上的各类服务,最大限度地降低企业上云后的风险,企业需要建立自己的云上安全能力和行动计划。但如何从安全管理的角度评价云的安全能力是企业在采用云服务之前必须要考虑的。本章基于 CAF 和 CSF 模型,聚焦于企业评估采用云服务时应具备的安全能力,以及如何保证云上安全建设与主流云厂商的最佳实践保持一致。本章从评估原则、范围、方法等角度出发,全面指导企业如何从实际出发评估云上安全能力、制订自己的建设计划。

9.1　云安全能力评估的原则

9.1.1　云安全能力的评估维度

1. 可见性

如果想要对云中的资产进行安全保护,则首先需要看到并了解它的安全风险,因此云上的可见性是所有企业进行安全性判断并实施管理的基础。云安全能力的首要原则就是能够充分地掌握各类资产与流量等指标信息,以确保用户可以及时了解云中正在发生的事情。

为了云上可见,除用户在利用平台原生能力和各类虚拟化工具复制与云下环境中类似的、对系统应用、资源配置等组件和参数的常规监控能力外,还需要解决的挑战之一就是网络连接和流量可见的问题。由于传统的安全监测依赖于抓取流经物理设备的流量及分析设备日志,但云中数据会在实例和应用之间移动,并不会穿过物理线路,因此传统的网络分流器或数据包代理等抓包技术就会失效。同时,当海量的数据在多个数据中心或跨云平台的环境中流动时,掌握企业网络行为和数据流向将有助于企业遵守不同安全政策地区的要求。云上可见性主要包含系统与应用可见、网络连接与流量可见、资源与配置可见等几部分。

2. 可控性

云中的安全可控性是指云中不同责任的主体能并且只能对其当下权限内的数据、资源、行为行使权力并负责的一种属性，它要求主体具有可以通过各种安全控制措施保证客体不因外界影响而变化的控制能力。具体来说，当云上的系统、应用或配置偏离预期状态时，用户需要具备管理或控制此变化的能力，并且这个能力还需要被限制在可定义的权限范围内。当在对云中资源进行系统性管控时，需要确保系统和应用等组件严格以其最初设计和配置的要求来运行。评价云上安全可控性需要从访问控制、基础设施安全、数据安全、威胁监测、响应与恢复等多个角度去综合评价用户的云上安全管理能力。

3. 可审计

云安全的审计是安全管理的重要组成部分，是任何用户进行风险治理、安全管理以及合规工作的必备条件。云上用户应该具备检查各类权限控制、操作行为、资源分配、数据处理等是否符合规范要求的能力，这个能力需要通过收集、整理和分析各类监控和留存的实时和历史日志等信息来实现。安全审计能力评估应从是否能够支持审计人员工作的角度出发，评价是否可以支持针对海量审计数据的快速提取、分析、检索、处理，是否能提供充分的数据来支撑对威胁的发现、追踪、定位源头等。云中的审计能力包含对访问控制的审计、资源与配置的审计、行为与流量的审计等。

4. 灵活性

云安全能力需要继承云服务灵活性的优势，能够按需扩展并根据安全策略的变化而实时地进行基础架构和安全能力的调整和部署。这种灵活性需要体现在，当出现安全事件问题时，应快速联动不同的云资源和第三方服务进行响应和恢复、灵活地进行配置，以支持不同场景的分析和审计的工作要求，以及帮助用户最大化地利用资源进行安全建设和运营，实现成本控制。

5. 自动化

安全管理能否最大限度地避免人工干预，准确地根据预案快速进行安全处置和响应，并形成自动化安全管理和安全运营闭环是云上安全能力的重要优势。评估自动化安全能力主要是考虑用户是否能实现云上资产和行为的全面自动化监测、响应，是否可以帮助用户从耗时、耗力的告警分析、安全监测、漏洞修复、应急响应等基础工作中解放出来，是否可以利用云的能力弥补大部分企业缺乏安全管理和运维人员平均能力的不足，在访问控制、资源配置、基础设施与数据安全、日志审计、持续检测与监控、响应恢复等方面自动化遵守云上最佳实践的要求，提升效率、降低风险。

9.1.2 安全能力等级要求

安全能力等级要求可以简单划分为三级，如表 9-1-1 所示。

表 9-1-1

安全能力等级	能力要求
基础级	能识别安全风险，具备基础防护能力，具备面对一般风险的监测和检测能力。内部具有安全事件响应和安全管理流程，并能在事件发生后进行部分恢复
提高级	能够具备全面的防护能力，能清晰识别安全风险，防护成体系，能够主动监测和检测主要安全风险，事件响应较为及时，业务能够及时恢复
增强级	能够具备全面的防护能力，能清晰识别安全风险，防护措施体系化、自动化程度高，能够及时监测和检测主要安全风险，能够进行预警和安全态势感知，内外安全信息共享和协同程度高，具备完善的安全流程、组织和人员，事件响应及时有效，业务能够实时恢复

9.2 云安全能力评估内容

9.2.1 识别与访问管理

识别和访问管理是云上安全建设的基础，在云中，必须先建立一个账户并被授予特权，然后才能进行配置或编排资源。典型的自动化架构包括权利映射、授权或审核，秘密资料管理，执行职责分离和最低特权访问，即特权管理，减少对长期凭证的依赖。识别与访问控制的评估需要从账户策略、账户通知与账单管理、凭证与密码管理、IAM 用户管理和客户身份管理等几部分进行。

1. 账户策略

账户管理是评估云上识别与访问管理能力的核心部分，企业上云的第一步就需要创建一个具有根权限的账户，由于此账户始终具有管理所有资源和服务的权限因而需要尽可能地减少使用。企业还应可以自定义针对不同场景和目的的用户和组，因此，必须为用户和组建立安全和适当的账户结构。在这些用户、组被创建后，也可能需要独立的密码或访问密钥等，这时就需要合理的策略来保护这些访问凭证。许多企业出于安全性或成本等因素的考虑往往使用多个账户，并使每个账户都与其他账户完全隔离。企业的账户策略可以通过使用账户隔离、VPC 等方式来隔离不同职能和项目的云环境。账户策略评估项如表 9-2-1 所示。

表 9-2-1

评估项	考查标准
账户结构设计	是否采用多账户策略，各个账户分隔是否合理，如主账单账户、服务共享账户（跳板机、AMIs、DNS、Active Directory）、审计账户、云直连账户（虚拟网口等）？ 是否可基于策略进行多账户集中管理，如基于不同组织策略创建账户、下发策略？此管理过程是否自动化
账户创建流程	是否有账户创建和资源预置的审批流程？ 是否可以实现管用分？ 是否以安全性和经济性原则来进行账户数量的合理性判断？ 账户和资源创建过程是否已自动化，以满足敏捷和高效的要求
根账户安全	根账户是否启用多因子认证？ 根账户的访问凭证是否被硬编码在程序中？ 多因子认证的物理设备是否被安全地保存？ 根账户密码（AK/SK）是否被安全保存，且与多因子认证设备是否分开存放
安全账户	是否设有独立的安全管理账户，集中管理安全服务，并由指定的安全员管理？ 是否设有独立审计账户集中管理审计日志，并由指定的安全审计员管理？ 是否可以在多区域、多账户环境下自动创建基于安全基线和组织权限控制的新账户？ 联合身份认证设置是否进行了多因子验证

2. 账户通知与账单管理

保持账户联系列表的更新和安全事件的及时通知对于云上租户及时了解安全事件非常重要，而这部分在实操中往往会被企业忽略或由于人员变动而导致更新不及时，从而增加了企业对事件的响应时间。另外，由于账单信息和企业员工信息具有价值性和隐私性的特点，因此访问这些信息的权限也需要被重点考虑。账户通知与账单管理评估项如表 9-2-2 所示。

表 9-2-2

评估项	考查标准
账户联系人	所有账户（计费、运营、安全等）是否都配置了准确的联络人，以保证有效性和正确性？ 是否有备用联系人，联系人更新流程是否存在、可控和自动化
联系人信息	账单信息访问的权限是否基于"知所必须"的原则对内部或外部开放
账单管理	是否有独立账户实现账单合并？ 总账单账户是否可以实现"管看分离"

3. 凭证与密码管理

由于云账户或 IAM 用户都具有唯一身份，因此它们有唯一的长期访问凭证，这些访问凭证与身份一一对应，一般包括两种类型：访问管理控制台的用户名与密码和用于调用 API 的接入 ID 和密钥。这些用户应定期更改其密码并轮换访问密钥，删除或停用不需要的凭证，对于敏感操作使用多因子验证。凭证与密码管理评估项如表 9-2-3 所示。

表 9-2-3

评估项	考查标准
密码策略	是否使用复杂密码策略？ 管理员权限用户是否开启多因子验证？ 是否强制密码轮换策略
密钥凭证策略	若存在，本地 IAM 用户的接入 ID 和密钥是否被定期更换？ 无用密钥是否被及时发现和清除？ 密钥凭证是否被硬编码到脚本、源代码或实例的用户数据中

4. IAM 用户管理

由于 IAM 访问控制管理为用户和组的资源访问权限提供了机制保证，任何与云中资源交互的用户或应用都需要提供 IAM 来进行权限分配和管理，因此需要从用户身份全生命周期的角度评估基于 IAM 身份的用户管理安全性。IAM 用户管理评估项如表 9-2-4 所示。

表 9-2-4

评估项	考查标准
用户身份生命周期管理	是否有流程支撑访问权限且跟随人员身份变动而进行实时调整？
	联合身份安全策略是否与访问云平台的身份策略保持一致
用户角色与策略管理	IAM 策略是否仅用来授予受限的、确定的访问权限？
	是否具备定期检查 IAM 策略以确保最小权限原则的机制？
	是否基于角色来分配账户权限及用于跨账户访问？
	非根权限的管理员账户是否已开启多因子认证？
	用户身份授予流程是否符合"管用分离"的原则？
	内部用户是否启用单点登录，以尽可能降低本地账户数量？
	外部用户是否可以支持基于第三方 IDP 的联合身份认证，如 SAML 协议？
	通过联合身份登录的用户是否被赋予最小权限？是否也可以进行单点登录管理？
	跨账户特权角色的管理是否受到限制？
	当资源访问其他服务时，是否是基于临时身份角色而不是使用长期密码凭证
客户身份管理	是否使用联合身份实现操作系统和应用的用户身份管理？
	操作系统、数据库系统等管理员密码凭证是否采用 AD 目录服务而不被共享

9.2.2 基础设施安全

由于安全的基础架构已成为必须承担基础性安全防御的底座，因此可以从 VPC 架构、远程网络接入安全性、入侵检测与边界防御、实例级安全控制角度评估基础设施是否暴露了过多的攻击面，以及是否遵从云上纵深防御的结构性安全设计。

1. VPC 架构

VPC 虚拟私有网络可以创建跨区域的、安全的、资源隔离的基础架构环境，可以实现账户内不同网络之间的逻辑隔离，同时也可以实现内网与互联网之间的网络层隔离。企业往往会在同一个账户中，通过 VPC 来实现对具有不同目的的环境的隔离，因此评估 VPC 模型是进行基础设施安全的第一步。VPC 模型安全评估项如表 9-2-5 所示。

表 9-2-5

评估项	考查标准
VPC 划分	是否根据业务目标、数据分类、拥有者或责任人等条件使用不同的 VPC 进行网络隔离？ 共享服务部署是否拥有独立的 VPC 或共享账户
子网设计	VPC 中的公共子网和私有子网是否被合理地设计，如把所有公有子网上非互联网访问的应用迁移到私有子网，并清除公有 IP？ 公有子网是否通过互联网网关连接互联网，公网和私网之间是否通过 NAT 进行转换？ 私有网络是否可通过加密通道，如虚拟专用网关与客户数据中心进行加密通信
访问控制与安全策略	是否可以进行子网级网络层的访问控制并管理子网间的访问？ 是否可以进行实例级的访问控制策略？ 是否避免使用缺省安全组，是否可清除不受限制 IP（0.0.0.0/0）带来的风险？ 是否可以自动发现和限制违规策略，并持续监控任何策略的变更

2. 远程网络接入安全性

在云租户创建云上逻辑隔离的环境之后便可以启动云上资源，此时有可能需要与本地数据中心进行互联。这就需要有机制来保证云到本地连接的安全性，同时保证所有远程访问行为的被管理和被审计。远程接入的安全评估项如表 9-2-6 所示。

表 9-2-6

评估项	考查标准
远程访问	是否使用堡垒机等方法保证远程访问的安全和集中访问管理？ 是否使用 SSH/RDP 等协议来实现安全的远程系统访问？ 访问对象是否被合理授权？过度授权是否能被实时发现？ 访问操作是否被精确审计
数据保护	客户本地数据中心与云端 VPC 之间的数据传输是否被加密保护
网络互通可靠性	数据中心与云的网络连接链路是否有冗余

3. 入侵检测与边界防御

云中除了利用 VPC 架构及网络访问控制和实例级安全组等手段，还需要其他的一些组件和手段来构建完整的多层次纵深防御体系，如入侵检测与边界防御。入侵检测与边界防御安全评估项如表 9-2-7 所示。

表 9-2-7

评估项	考查标准
边界防御	是否具备针对海量 DDoS 攻击的防御能力？ 是否具备针对 Web 应用层 OWASP top 10 的防御能力？ 是否具备入侵检测和防御的能力
日志审计	是否收集基于 VPC 的流日志服务并留存以进行未来的分析
安全能力	是否可以通过灵活缩放的边界安全能力来应对变化的攻击流量？ 是否具备漏洞扫描的能力来持续以系统和应用进行实时扫描

4. 实例级安全控制

云中的实例与物理主机或虚拟主机一样，以相同的方式运行并选择操作系统。根据云的共担责任模型，云上的租户需要具有自己来管理和更新操作系统补丁、确保运行时环境保持更新、配备主机杀毒等端点安全控制能力，因此我们需要对实例级别的安全能力进行评估。实例安全评估项如表 9-2-8 所示。

表 9-2-8

评估项	考查标准
主机安全	是否可以定义资源池，控制租户选择实例的类型和系统镜像？ 是否可以识别和保护实例的完整性？ 是否部署反病毒、主机防火墙等主机级安全能力
镜像加固	是否使用安全加固的镜像或方法（如 bootstrapping 脚本）
安全策略	是否存在更新安全组、访问控制列表、系统映像、脚本、数据库版本等策略和流程？ 是否有基于风险的搭建在实例上的操作系统或数据库打补丁的策略、流程、计划
日志分析	是否可收集不同系统日志并进行集中监控和关联分析

9.2.3 数据安全保护

云上最重要的环节就是重要信息数据的保护，云服务商应该提供全面的安全能力来保证整个生命周期数据的安全性。云上数据的评估可以根据重要级来进行并对工作负载的保存进行设计和标记，并通过 VPN、TLS/SSL、证书等方式来保证保存和传输中数据的安全性，这也是安全能力评估的重要组成部分。

1. 数据分级与保护策略

数据的安全分级与保护就是利用分级、加密、备份等措施,保证云中重要数据免受网络威胁的干扰和破坏、未经授权的访问等。如今,数据已成为企业最重要的核心资产之一,因此企业应该对重要数据和敏感信息进行分类分级,以业务流程、数据标准为输入,梳理场景数据,识别数据资产分布,明确不同级数据的安全管控策略和措施。对于云平台来说,数据保护分为两类:静态数据的保护和传输数据的保护。客户可以根据自己的需要来设计存放数据和使用数据的位置,在此评估中,我们主要考虑数据保护的策略,会对存放数据的所有位置进行合规性评估,但不会深入到监管部门的法律法规中。数据分级与保护策略评估项如表 9-2-9 所示。

表 9-2-9

评估项	考查标准
数据分类和管理	数据分类标准是否被明确定义? 是否有云上数据的资产清单? 是否有对数据上云或云上管理的评审流程
策略与流程	是否有对不同场景存放和传输的数据进行管理的要求、规范? 是否具有基于分类标准的云上数据加密策略、流程和工具? 访问数据的控制策略是否基于数据分级和隐私保护标准? 是否可以为不同介质中的敏感数据选择不同的加密方式
人员和组织	是否设立专门数据安全官的角色或组织,以负责数据分级和保护的策略,以及敏感数据上云后的监管

2. 静态数据保护

静态数据保护的核心是对云上的存储服务、卷级别存储块和操作系统内部等多个存放位置中的数据进行自动化加密并实施访问控制策略来增强安全性。评估静态数据安全的主要内容是判断企业是否有能力利用各类加密技术对在云中所有可能位置的数据进行保护,并可在多个可用区存储多副本或低成本的长期保存,保证数据的高可用性和灵活的存储策略。静态数据评估项如表 9-2-10 所示。

表 9-2-10

评估项	考查标准
块存储安全	块存储上的数据是否根据数据分级和保护要求进行加密
对象存储安全	对象存储上的数据是否根据数据分级和保护要求进行加密
数据库安全	数据库中的数据是否根据数据分级和保护要求进行加密
内容分发安全	若使用内容分发,网络上的缓存数据是否加密
访问权限	是否具备合适的访问策略来访问存储的数据
加密工具	是否可以对加密密钥进行集中管理? 如果需要,是否支持云中独立密钥管理模块
凭证与密钥	凭证、密码和证书是否有安全措施保护
敏感信息保护	系统镜像、日志信息、存储桶文件避免包含敏感信息
安全配置和管理	是否通过标签化等分类方式对数据加密? 是否可自动实时核查存储服务的违规配置? 是否支持对重要数据实行版本控制管理? 是否具备增强的数据安全措施(防意外删除、快照或镜像公开共享等)
可用性和备份	是否可以根据企业安全策略来定义和执行 RTO(可容忍中断时长)和 RPO(可容忍数据最大丢失量)? 是否有数据生命周期管理策略、流程、工具(包括定期归档、备份流程等)

3. 数据传输安全

数据在流转过程中的安全性包括采取一些必要的安全措施,防止数据被窃取、篡改和伪造,保证通信网络的安全。通过加密技术、数字证书、数字签名、时间戳等技术,以及 SSL/TLS 等安全通信协议来保证数据的安全性、完整性、可靠性及访问数据身份的真实性等。对传输中数据的安全性评估对于企业云中数据的泄露风险至关重要。数据传输安全评估项如表 9-2-11 所示。

表 9-2-11

评估项	考查标准
数据传输加密	重要数据在传输过程中是否被端到端加密？ 对于 Web 应用是否已使用 SSL/TLS 证书来保持对传输数据加密
Web 端验证	是否使用公有数字证书进行身份验证
管理策略	是否有文档支撑定期自动更新 TLS 证书？ 是否根据数据分级和保护要求启用不同的存储桶保护策略？ 是否使用 VPC 终端节点对存储桶进行访问

9.2.4 检测与审计（风险评估与持续监控）

云服务能够提供各类日志数据，以帮助用户监控与云平台的各种交互。典型的自动化监控与审计包括日志汇总、告警、富化、日志搜索、可视化、工作流程和工单系统等，通过评估审计、监控和日志模型，来评估是否可以形成较系统化的监测与审计闭环。

1. 审计能力

安全审计管理员在开展审计活动时，需要按照既定的安全策略，利用各类信息和行为记录来检查、审查事件的环境和活动，从而快速发现异常行为、系统漏洞等风险和问题，以改善安全能力，这就要求可见、可控的信息自动化记录内容要全面和丰富。审计安全评估项如表 9-2-12 所示。

表 9-2-12

评估项	考查标准
访问记录	是否具备管理所有账户的租户行为记录的能力，并可集中存储？ 是否可以主动监控管理员的操作行为？ 是否可以主动监控风险操作或 API 异常调用行为（如关闭日志收集功能）
漏洞扫描	是否具备对实例、应用等进行漏洞扫描、管理和告警的能力？ 是否具备在代码上线前对代码进行审计和评估的能力
渗透测试	是否具有定期开展安全渗透测试的能力
管理策略	是否启用独立审计账户存储租户行为日志？ 是否可以对日志进行完整性校验？ 是否可以对预定义的风险操作进行自动化告警

2. 检测与监控能力

检测和监控的核心是通过持续性检测和不断改进过程来及时告警恶意行为、错误配置和资源滥用等情况，同时通过降低人工参与度来自动处理海量告警的效率和准确性问题。监控安全能力评估项如表 9-2-13 所示。

表 9-2-13

评估项	考查标准
系统和应用监控	是否具备利用监控工具（自有或第三方）监控系统异常行为的能力？ 是否具备监控实例和应用性能运行状态的能力
数据库监控	是否具备对数据库异常访问行为进行监控的能力？ 是否具备对含有敏感信息数据库的活动进行监控的能力
流量监控	是否具备对实时流量的监控能力
资源和配置监控	是否具备对云资源健康程度的监控能力？ 是否具备对违反安全策略的变更和配置的监控能力？ 配置等管理类日志是否已被进行集中管理
证书监控	证书是否可自动更新或存在监控手段以监控证书有效期

3. 日志与告警能力

企业云上的各类资产会产生多类海量日志，比如网络日志、安全日志、操作系统日志、流量日志及应用程序日志等。这些日志中包含了云租户或攻击者的各类活动，因此需要在一段时期内保存以供将来调查，故日志的保存、分析和启动告警是日志与告警评估的主要内容。日志与告警评估项如表 9-2-14 所示。

表 9-2-14

评估项	考查标准
系统日志管理	是否使用集中的日志系统来存储和分析日志？ 是否可构建日志管理平台，以集中管理公有云上的所有系统和平台日志，以及各类共享服务系统的日志等
流量日志管理	负载均衡日志、VPC 流量日志和存储桶日志是否开启 重要流量日志是否可被抓取并做安全分析

续表

评估项	考查标准
其他日志	是否使用集中的日志系统来存储和分析安全日志、资源访问日志、内容分发网络日志、容器日志、DNS 日志等
日志访问控制	日志的访问控制仅授予必要使用者，如安全运营分析人员、事件响应人员及相关的项目团队

9.2.5 事件响应与恢复能力评估

事件响应和恢复能力主要是指通过制订应急响应计划快速对威胁程度进行识别、处置和恢复的能力。自动化事件响应流程可以显著提升云上服务的可靠性、响应速度，并为事后审计和分析创建更加方便的环境。评估企业响应和恢复能力主要考虑企业快速应对事件的能力，提供自动化扩展的能力，以及隔离可疑的组件、部署即时调查工具并创建工作流程形成响应和处置闭环的能力。

1. 自动化响应能力评估

事件响应是一种有效的策略，使企业能够处理网络安全事件并最大限度地减小其对运营中断的影响。同时，通过回顾还能提升对未来事件的防御水平。自动化响应能力评估项如表 9-2-15 所示。

表 9-2-15

评估项	考查标准
响应管理流程	是否具有云上事件响应处理流程？ 是否具有针对实例的紧急补丁发布流程和办法？ 事件管理文档是否根据服务变更而及时更新？ 事件响应流程是否可以进行自动化处理（脚本、代码或工具）
响应评价机制	是否可以通过跟踪指标来分析事件响应流程的有效性（如响应时间、处置时间、每个工作负载的安全事件数量、无法进行根因分析的事件比例等）
自动化应急	资源是否能够应对突发流量连接高峰的威胁？ 事件响应是否可以基于事件和目标进行自动化处理
外部支持	是否可以得到外部厂商对安全事件的紧急支持？ 是否与监管机构建立应急响应的沟通机制
应急演练	是否定期针对事件进行应急演练以检验应急响应的有效性，以及事后及时处理和改善方案

2. 可用性与恢复能力评估

云客户的可用性和恢复能力是指应对安全事件的容忍度,以及由安全事件恢复到正常状态的一系列设计、运行、维护和管理的活动和流程,对于云客户而言,大部分的托管服务都由云平台提供,可能已经实现高可用性,但仍然需要对责任共担模型中客户需要承担的部分的合理性和完备性进行评估。可用性和恢复能力评估项如表 9-2-16 所示。

表 9-2-16

评估项	考查标准
基础架构高可用设计	基础架构是否实现高可用? 可用区是否实现灾备分离、是否连接到不同的运营商
应用架构高可用设计	应用架构是否实现高可用
其他服务高可用设计	针对云上其他原生服务是否实现高可用
灾备预案	是否有云灾备预案,并定期进行测试

3. DevSecOps

DevSecOps 要求云上开发从一开始就要考虑应用和基础架构的安全性问题,同时还要让安全实现自动化,而不是成为敏捷开发的主要障碍。成功的 DevSecOps 模型可以消除企业不同组织间的孤岛,还可以促进安全团队、风险管理团队、数据团队和技术团队之间的协作。因此,必须考虑在 DevSecOps 中引入安全控制措施以保证安全性和响应能力。DevSecOps 评估项如表 9-2-17 所示。

表 9-2-17

评估项	考查标准
CI/CD 流程	安全是否是 CI/CD 流程中的组成部分(将预防性、检测性和响应式安全控制集成并自动化到 DevOps 中)
配置安全	基础平台的配置和变更以代码方式实现
管理策略	是否为云中安全策略定义了可观察和衡量的实施标准和最佳实践架构模型

第 10 章　云安全能力培训与认证体系

随着技术创新和商业竞争环境的不断变化，云计算已经发展成为企业必不可少的重要支撑平台。历史表明，只要技术发生变化，企业和组织就不得不雇佣具有相关技能的人才或培训现有员工以适应新技术的要求。云计算需求的增长迫切需要企业内部的安全相关人员要紧跟云安全的知识和技能，以帮助企业实现快速有效地安全迁移上云，并在云上构建安全能力及保持业务的合规性。企业通过培训员工，使其在更安全、可控的环境下，充分利用云计算带来的巨大优势快速建立在市场上的优势，并以更高效和更具有成本效益的方式持续发展，否则可能会成为阻碍企业云化的束缚。这就要求企业在构建云上安全能力的同时，还要思考如何制定云安全技能的培训和发展的策略。本章以 AWS 的认证体系和竞训平台为例，帮助企业了解针对不同知识储备的员工可以通过哪些课程、认证和训练平台来培养、改进和提升云计算及云安全的技能。

10.1　云安全技能认证

下面主要介绍 AWS 的云安全学习路径和技能认证，以及 AWS 如何为初学者、爱好者、安全从业者提供完整、有序的云安全学习内容和路径，以便让他们快速学习和提升在云中灵活运用安全技术和服务的能力，以及在 AWS 云中构建公司未来的安全培训体系。

10.1.1　云安全学习路径

基于 AWS 的云安全学习路径是专为负责与安全相关的活动并希望获得控制权和信心，以在 AWS 云平台中安全运行应用程序的个人设计的。为了获得最佳的学习效果，需要你具有与安全性相关的技术性 AWS Cloud 经验。

（1）云安全从业者的学习路径

云安全从业者的学习路径，如图 10-1 所示。此学习路径面向希望建立全面的 AWS 云知识结构并对知识进行检验的个人，对于使用 AWS 云工作的技术、管理、销售、采购和财务等人员都十分有用。

图 10-1

（2）云安全开发人员的学习路径

云安全开发人员的学习路径，如图 10-2 所示。此学习路径专为希望了解如何在 AWS 上开发云应用程序的软件开发人员设计。

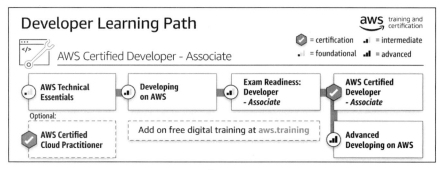

图 10-2

（3）云架构师的学习路径

云架构师的学习路径分别如图 10-3 和 10-4 所示。此学习路径专为解决方案架构师、解决方案设计工程师，以及任何想了解如何在 AWS 上设计应用程序和系统的人员设计。

（4）AWS 安全性、身份和合规性课程

本课程概述了 AWS 安全技术、用例、优势和服务，还介绍了 AWS 的安全性、身份和合规性服务类别中的各种服务。

在线|3 小时

第 10 章　云安全能力培训与认证体系

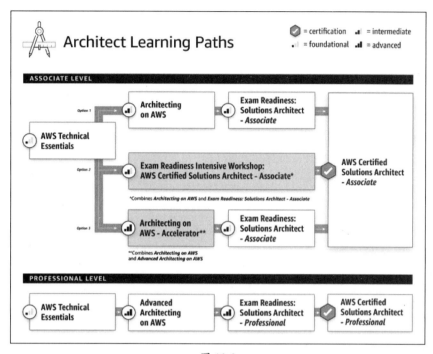

图 10-3

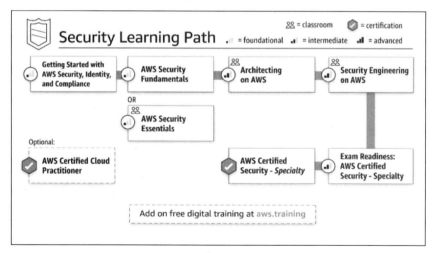

图 10-4

（5）AWS 安全基础知识

课程介绍 AWS Cloud 基本的安全概念，包括 AWS 访问控制、数据加密方法，以及如何确保对 AWS 基础架构网络访问的安全。我们将在 AWS 云和可用的各种面向安全的服务中解决你的安全责任问题。

在线 | 2 小时

（6）AWS 安全必备

获得有关在 AWS Cloud 中安全使用数据的基础知识。本课程介绍访问控制、数据加密方法，以及如何保护 AWS 基础架构的相关内容，还涵盖了 AWS 共享安全模型。学习者可以深入学习，提出问题，亲自解决，并可以获得 AWS 认可的、具有深厚技术知识讲师的反馈。

教室（虚拟或面对面）|1 天

（7）在 AWS 上进行架构设计

通过 AWS 服务如何适合基于云的解决方案来了解如何优化 AWS Cloud，探索用于在 AWS 上构建最佳 IT 解决方案的 AWS Cloud 最佳实践和设计模式，并在指导性动手活动中构建各种基础架构。

教室（虚拟或面对面）| 3 天

（8）AWS 上的安全工程

了解如何有效使用 AWS 安全服务以便在 AWS 云中保持安全。本课程重点介绍关键计算、存储、网络和数据库 AWS 服务的安全性功能。

教室（虚拟或面对面）| 3 天

（9）考试准备：AWS 认证的安全性——特殊

通过验证在 AWS 平台上保护和强化工作负载和架构的技术技能，为 AWS Certified Security-Specialty 考试做准备。它适用于具有 Cloud Practitioner 或 Associate 级 AWS 认证并且具有两年以上执行安全角色经验的人员。

教室（虚拟或面对面）| 4 个小时

（10）AWS 认证的安全性——专业

该证书适用于执行安全角色的个人。该考试主要验证考生有效证明有关保护 AWS 平台的知识和能力。

考试 | 170 分钟

10.1.2 云安全认证路径

云安全认证路径，如图 10-5 所示。AWS Certification 可验证云专业知识，帮助专业人员突出紧缺技能，还可以使用 AWS 为云计划组建有效的创新团队。根据角色和专业，帮助个人和团队在独特目标的各种认证考试中进行选择。其主要是为云从业者、架构师、开发人员和运营职位的人员打造的基于角色的认证，以及面向特定技术领域的 Specialty 认证。

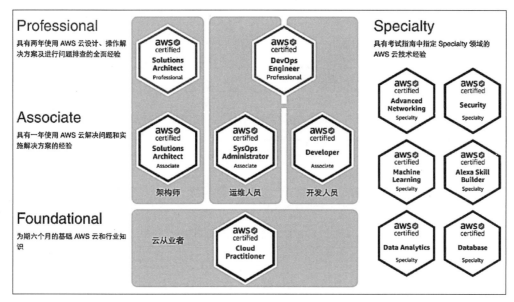

图 10-5

10.1.3 云安全认证考试

建议你在具备有关 AWS 产品和服务的动手实践经验后，再参加 AWS Certification 考试。我们会提供以下资源来补充你的经验，并帮助你备考。

（1）考试指南

查看考试指南，其中包含认证考试的内容大纲和目标受众。建议你先要进行自我评估，以便确定你在知识和技能方面存在的差距。

AWS 安全专家认证面向承担安全防护职责的个人——AWS Certified Security-Specialty（SCS-C01）。

本考试旨在检验应试者能否展示出以下能力：

- 了解专业数据分类和 AWS 数据保护机制。
- 了解数据加密方法和实施这些方法的 AWS 机制。
- 了解安全 Internet 协议和实施这些协议的 AWS 机制。
- 掌握用于提供安全生产环境的 AWS 安全服务，以及服务功能方面的实用知识。
- 使用 AWS 安全服务和功能进行生产部署，已有两年或两年以上的经验并获取了足够的能力。
- 能够根据一组应用需求，针对成本、安全性和部署复杂性进行权衡决策。
- 了解安全操作和风险。

（2）内容大纲

下表列出了考试主要内容所在的领域及其权重。

领域	权重
领域 1：事故响应	12%
领域 2：日志记录和监控	20%
领域 3：基础设施安全性	26%
领域 4：身份识别和访问管理	20%
领域 5：数据保护	22%
总计	100%

领域 1：事故响应 。

1.1 当出现 AWS 滥用通知时，评估可疑的受侵害实例或泄露的访问密钥。

1.2 验证事故响应计划是否包括相关的 AWS 服务。

1.3 评估自动报警的配置，针对与安全相关的事故和新出现的问题采取可能的修复措施。

领域 2：日志记录和监控。

2.1 设计并实施安全监控和报警。

2.2 安全监控和报警故障排除。

2.3 设计并实施日志记录解决方案。

2.4 日志记录解决方案故障排除。

领域 3：基础设施安全性。

3.1 在 AWS 上设计边缘安全措施。

3.2 设计和实施安全网络基础设施。

3.3 安全网络基础设施故障排除。

3.4 设计并实施基于主机的安全性。

领域 4：身份识别和访问管理。

4.1 设计并实施可伸缩的授权和身份验证系统以用于访问 AWS 资源。

4.2 用于访问 AWS 资源的授权和身份验证系统的故障排除。

领域 5：数据保护。

5.1 设计并实施密钥管理和使用方法。

5.2 密钥管理故障排除。

5.3 设计并实施用于静态数据和传输中数据的数据加密解决方案。

（3）考试模拟试题

AWS 认证安全——专项 AWS Certified Security – Specialty（SCS-C01）考试样题。

1）一家公司的云安全策略说明：公司 VPC 与 KMS 之间的通信必须完全在 AWS 网络中传输，不可使用公共服务终端节点。以下哪些操作的组合最符合此要求？（选择两项）

　　A）将 aws:sourceVpce 条件添加到引用公司 VPC 终端节点 ID 的 AWS KMS 密钥策略中。

　　B）从 VPC 中删除 VPC Internet 网关，并添加虚拟专用网关到 VPC，以防止直接的公共 Internet 连接。

　　C）为 AWS KMS 创建 VPC 终端节点并启用私有 DNS。

　　D）使用 KMS 导入密钥功能，通过 VPN 安全地传输 AWS KMS 密钥。

　　E）将"aws:SourceIp":"10.0.0.0/16"条件添加到 AWS KMS 密钥策略中。

2）一个应用程序团队正在设计使用两个应用程序的解决方案。该安全团队希望将捕获到的两个应用程序的日志保存在不同位置，因为其中一个应用程序会生成包含敏感数据的日志。下列哪种解决方案能够以最小的风险和工作量来满足这些要求？

　　A）使用 Amazon CloudWatch Logs 捕获所有日志，编写解析日志文件的 AWS Lambda 函数并将敏感数据移到不同日志中。

　　B）使用带有两个日志组的 Amazon CloudWatch Logs，每个日志组对应一个应用程序，并根据需要使用 AWS IAM 策略控制对日志组的访问。

　　C）将多个日志聚合到一个文件中，然后使用 Amazon CloudWatch Logs 设计两个 CloudWatch 指标筛选条件，用于从日志中筛选敏感数据。

　　D）将在 Amazon EC2 实例的本地存储上保存的敏感数据日志的逻辑添加到应用程序中，然后编写批处理脚本，以用于登录 Amazon EC2 实例并将敏感日志移到安全位置。

3）安全工程师与产品团队一起在 AWS 上构建 Web 应用程序。应用程序使用 Amazon S3 托管静态内容，使用 Amazon API Gateway 提供 RESTful 服务，将 Amazon DynamoDB 作为后端数据存储，目录中已有通过 SAML 身份提供商公开的用户。工程师应采取以下哪些操作组合允许用户通过 Web 应用程序的身份验证并调用 API？（选择三项）

　　A）使用 AWS Lambda 创建自定义授权服务。

　　B）在 Amazon Cognito 中配置 SAML 身份提供商，以将属性映射到 Amazon Cognito 用户池属性。

　　C）配置 SAML 身份提供商，添加 Amazon Cognito 用户池并将其作为信赖方。

　　D）将 Amazon Cognito 身份池配置为与社交登录提供商集成。

　　E）更新 DynamoDB 以存储用户电子邮件地址和密码。

　　F）更新 API Gateway 以使用 Amazon Cognito 用户池授权方。

4）一家公司正在 AWS 上托管 Web 应用程序，并使用 Amazon S3 存储桶存储图像，而且用户应该能够读取存储桶中的对象。安全工程师编写了以下存储桶策略来授予公开读取访问权限：

```
{ "ID":"Policy1502987489630",
"Version":"2012-10-17",
"Statement":[
{
"Sid":"Stmt1502987487640",
"Action":[
"s3:GetObject",
"s3:GetObjectVersion"
],
"Effect":"Allow",
"Resource":"arn:aws:s3:::appbucket",
"Principal":"*"
}
] }
```

当其尝试读取某个对象时，却收到错误信息："操作未应用到语句中的任何资源"。

工程师应如何修复错误：

A）通过 PutBucketPolicy 权限更改 IAM 权限。

B）验证策略的名称与存储桶名称是否相同。如果不同，则改为相同名称。

C）将 resource 部分更改为"arn:aws:s3:::appbucket/*"。

D）添加 s3:ListBucket 操作。

5）一家公司决定将数据库主机放在自己的 VPC 中，并设置 VPC 对等连接，连接到包含应用程序层和 Web 层的不同 VPC 中。如果应用程序服务器无法连接到数据库，则应该采取什么网络故障排除步骤来解决这个问题？（选择两项）

A）检查应用程序服务器是位于私有子网还是位于公有子网中。

B）检查应用程序服务器子网的路由表中指向 VPC 对等连接的路由。

C）检查数据库子网的 NACL 规则是否允许来自 Internet 的流量。

D）检查数据库安全组的规则是否允许来自应用程序服务器的流量。

E）检查数据库 VPC 是否具有 Internet 网关。

6）当测试从 Amazon DynamoDB 表中检索项目的新 AWS Lambda 函数时，安全工程师注意到函数未将任何数据记录到 Amazon CloudWatch Logs 中。以下策略已分配到 Lambda 函数代入的角色：

```
{ "Version":"2012-10-17",
"Statement":[
{
"Sid":"Dynamo-1234567",
"Action":[ "dynamodb:GetItem" ],
"Effect":"Allow",
"Resource":"*"
}
}
```

那么，添加下列哪个最小权限策略可以让此函数正确记录？

```
A) {
"Sid":"Logging-12345",
"Resource":"*",
"Action":[ "logs:*" ],
"Effect":"Allow"
}
B) {
"Sid":"Logging-12345",
"Resource":"*",
"Action":[ "logs:CreateLogStream" ],
"Effect":"Allow"
}
C) {
"Sid":"Logging-12345",
"Resource":"*",
"Action":[ "logs:CreateLogGroup", "logs:CreateLogStream",
"logs:PutLogEvents" ],
"Effect":"Allow"
}
D) {
```

```
"Sid":"Logging-12345",
"Resource":"*",
"Action":[ "logs:CreateLogGroup", "logs:CreateLogStream",
"logs:DeleteLogGroup", "logs:DeleteLogStream", "logs:getLogEvents",
"logs:PutLogEvents" ],
"Effect":"Allow"
}
```

7）一家公司正在 Amazon S3 上构建数据湖。数据由数百万个小文件组成，其中包含敏感信息。安全团队对架构提出了以下要求：

- 数据在传输过程中必须加密。
- 静态数据必须加密。
- 存储桶必须为私有，但是如果意外使存储桶公有，其中的数据则必须保持机密。下列哪些步骤的组合可以满足这些要求？（选择两项）

A）在 S3 存储桶上，通过服务器端加密，使用 Amazon S3 托管加密密钥（SSE-S3）启用 AES-256 加密。

B）在 S3 存储桶上，通过服务器端加密，使用 AWS KMS 托管加密密钥（SSE-KMS）启用默认加密。

C）添加存储桶策略，当 PutObject 请求不包含 aws:SecureTransport 时使用 deny。

D）添加具有 aws:SourceIp 的存储桶策略，仅允许从企业内网上传和下载。

E）启用 Amazon Macie 来监控对数据湖的 S3 存储桶的更改并采取相应操作。

8）安全工程师必须确保收集的所有公司账户的所有 API 调用能在线保留，且在 90 天内可供即时分析。出于合规性要求，此数据必须在 7 年内可还原。那么，采取下列哪些步骤才能以可扩展且经济高效的方式来满足数据保留的需求？

A）在所有账户上启用 AWS CloudTrail 日志记录，并记录到启用了版本控制的集中 Amazon S3 存储桶。设置生命周期策略，每天将数据移到 Amazon Glacier 并在 90 天后过期。

B）在所有账户上启用 AWS CloudTrail 日志记录并记录到 S3 存储桶。设置生命周期策略，使各个存储桶中的数据在 7 年后过期。

C）在所有账户上启用 AWS CloudTrail 日志记录并记录到 Amazon Glacier。设置生命周期策略，使数据在 7 年后过期。

D）在所有账户上启用 AWS CloudTrail 日志记录并记录到集中 Amazon S3 存储桶。设置生命周期策略，在 90 天后将数据移到 Amazon Glacier 并在 7 年后使数据过期。

9）安全工程师被告知在 GitHub 上发现了用户的访问密钥。工程师必须确保此访问密钥无法继续使用，并且必须评估该访问密钥是否已用于执行任何未经授权的操作。那么，必须采取下列哪些步骤来执行这些任务？

A）检查用户的 IAM 权限并删除任何未识别或未经授权的资源。

B）删除用户，检查所有区域中的 Amazon CloudWatch Logs 并报告滥用。

C）删除或轮换用户的密钥，检查所有区域中的 AWS CloudTrail 日志，删除任何未识别或未经授权的资源。

D）指示用户从 GitHub 提交中删除或轮换密钥，并重新部署任何已启动的实例。

答案：

1）A，C。IAM 策略可以通过"Condition":{ "StringNotEquals":{ "aws:sourceVpce":"vpce-0295a3caf8414c94a"}}条件语句，拒绝除你的 VPC 终端节点之外对 AWS KMS 的访问。如果你选择"启用私有 DNS 名称"选项，则标准 AWSKMS DNS 主机名解析为你的 VPC 终端节点。

2）B。每个应用程序的日志可以配置为将日志发送到特定 Amazon CloudWatch Logs 日志组中。

3）B，C，F。当 Amazon Cognito 接收 SAML 断言时，需要将 SAML 属性映像到用户池属性。当将 Amazon Cognito 配置为接收来自身份提供商的 SAML 断言时，你需要确保身份提供商已将 Amazon Cognito 配置为信赖方。Amazon API Gateway 需要能够了解从 Amazon Cognito 传递的授权，这是一个配置步骤。

4）C。resource 部分应该与操作的类型匹配。更改 ARN，以在结尾包含/*，因为这是对象操作。

5）B，D。你必须在各个 VPC 中配置路由表，通过对等连接彼此路由。你还必须添加规则到安全组，以使数据库接受来自其他 VPC 中应用程序服务器安全组的请求。

6）C。登录 Amazon CloudWatch Logs 所需的基本 Lambda 函数，其权限包括 CreateLogGroup，CreateLogStream 和 PutLogEvents。

7）B，C。使用 KMS 的存储桶加密可在磁盘被盗，以及存储桶提供公开访问等情况下进行保护。这是因为当用户在 AWS 之外使用 AWS KMS 密钥时，需要对该密钥授予权限。HTTPS 会保护传输中的数据。

8）D。使用生命周期策略传输到 Amazon Glacier 可以经济高效地满足所有要求。

9）C。删除密钥并核查环境中的恶意活动。

10.2 竞训平台 AWS Jam

本节主要介绍 AWS 的竞训平台 AWS Jam。它是一个真实环境的挑战平台，主要基于不同用户实践中积累的各种安全问题和场景，构建真实的挑战案例，场景类型非常丰富。挑战分为高、中、低三个级别，能为不同类型的用户提供 AWS 最佳实践的体验和演练，帮助用户进行深入地学习与实践。

10.2.1 竞训平台介绍

AWS Jam 平台的界面如图 10-6 所示，其主要是为个人和团体提供挑战不同真实场景的技术水平和解决问题的能力。所有不同主题的场景都分为简单、中等和困难三个等级。对于涉及新主题或对用户来说太难的主题的挑战，Jam 平台提供了一些线索来帮助参与者学习最佳实践。我们的公共活动旨在帮助参与者在学习新技能的同时尝试一些挑战。对于为特定客户举办的 Jam 私人活动，主要是与客户一起确定他们的预期结果，然后选择有助于实现目标的挑战。

AWS Security Jam 主要是让参考者通过组队进行游戏比赛得分的方式进行学习与竞赛，让参与者在真实场景和娱乐挑战过程中学习不同规模用户的最佳实践和典型问题场景，通过深入的动手互动快速积累丰富的实战经验，帮助他们快速提升个人的云安全技能和团队合作解决问题的能力，以及运用和创新适合自身的云安全最佳实践的能力。

图 10-6

10.2.2　AWS Jam 竞赛活动分类

目前，我们提供了几种具有不同目的和结果的公共活动。

1. AWS Security Jam

这是一个定时活动，在团队中参与者可以共同解决许多安全性、风险和合规性的问题。这能使参与者在学习新技能的同时，针对一组模拟的安全事件练习最新技能。有些挑战的结构可以容纳所有级别的 AWS 用户，并且由于它位于特定的房间内，因此我们的 AWS 专家将会帮助参与者提高安全知识。参与者只需要携带一台笔记本电脑。

2. Jam Lounge

这里提供了可以自定义进度的挑战，参与者可以在 Jam Lounge 内休息、午餐甚至过夜。这些挑战将帮助参与者学习新技能并在模拟环境中练习当前技能。新的挑战将在整个活动中出现，以推动多日活动并保持参与者的学习热情，参与者只需要携带一台笔记本电脑即可。

3. 夺旗 Capture The Flag（CTF）

其有两个部分同时运行：一个是传统的危险风格部分，另一个是"城堡防御"部分。危险风格部分允许参与者按照自己的节奏来应对许多安全挑战，以识别特定的答案（标志）。在"城堡防御"部分中，参与者会获得需要加固的生产工作负荷，然后防御整个 CTF 发生的许多安全事件。参与者在活动期间可以按照自己的节奏进行这两个部分的工作。

10.2.3　AWS Jam 平台注册

1. 注册用户

参与者和主持人的注册过程相同，都可以在 AWS Jam 平台注册。如果他们有一个预先存在的账户，则可以使用电子邮件和密码登录。

参与者登录后，就可以通过输入密钥来访问 Jam，并在所有人都能看到的地方显示密钥，或者通过电子邮件或其他方式分发密钥。

2. 加入团队或创造团队

在加入 Jam 之后，会提示参与者加入现有团队或创建新团队。当创建团队时，可以通过输入密码来使团队私有。

3. 开始挑战

在这里，你会看到有关挑战的更多信息。在准备好开始此特定挑战后，单击"Start

Challenge"按钮。

4. AWS 控制台访问或重启挑战

这里是有关你的 AWS 账户的一些其他详细信息：

如果挑战项目要求你通过 SSH 进入云上的实例，我们将在此处为你提供密钥文件。如果没有看到此消息，则意味着你不需要访问密钥文件。

5. 挑战线索

大多数挑战会包含三个线索，如果你使用所有线索，则会为你提供有关如何完成挑战的完整指南。现在，线索通常会从你的团队在特定挑战中赚取的最大积分中扣除。在团队中的某个人解开线索后，整个团队就可以看到该线索。

10.2.4　AWS Jam 平台解题示例

1. 场景挑战

如果你的应用团队刚刚部署了 Magic Jam 网站的新版本，但不幸的是，应用程序团队在上线之前"忘记"了强制性自动安全扫描和手动渗透测试，结果该网站出现一个小的跨站点脚本（XSS）漏洞。幸运的是，一个细心的客户向应用程序团队报告了跨站点脚本漏洞。当应用程序团队忙于在源代码中修复 XSS 漏洞时，你的任务是在应用程序的前面快速部署 WAF，以便在通用级别上防御 XSS。

可以通过打开以下链接自行测试该漏洞：

```
http：// [ALB-URL] /? name = 123 <script> alert ("xss-fun") </ script>
```

（将上面链接中的[ALB-URL]替换为你的负载均衡器的 DNS 名称，其可以在"输出属性"部分中找到）。如图 10-7 所示。

图 10-7

警告：该 URL 仅在 Firefox 中可用，如果你启用了 XSS-Protection Browser-Plugins，则必须为此暂时禁用它们。

第 11 章　云安全的发展趋势

11.1　世界云安全的发展趋势

11.1.1　云安全快捷、自动化的合规能力

近年来，随着云计算的快速发展，在世界范围内主流的网络安全的规范、标准和指南等都把云安全作为重要的组成部分来进行要求，如我国的等级保护标准中就明确提出了针对云计算的安全扩展要求，国家标准化组织发布的 ISO-27017 也包含特定于云环境中信息安全的条款等。

虽然安全合规只是企业安全建设的基本要求，但随着云计算的应用越来越广泛，法规制定者、行业管理机构对云安全的了解程度将会不断提升，合规标准将从一个基本要求逐渐成为企业数字化转型中安全建设的主要参考标准和重要依据。企业通过深入地了解安全相关的法律法规和标准规范，可以有效开展云上安全规划、安全建设和安全运营的工作。

在企业逐渐上云和业务不断国际化的过程中，如何符合不同国家的法律法规、如何有效地控制合规带来的组织成本等问题是企业安全工作需要格外关注的。而要解决这样的问题，就需要企业具备自动化的合规控制能力。云平台作为服务提供商，在保证自身安全合规的同时，也有义务在企业实现架构安全、云中安全能力的过程中，提供更多自动化的管理工具和安全服务来配合企业实现安全能力建设，满足合规要求。通过各类云原生自动化的安全工具，企业不必再进行频繁的手动合规性评估，便可以持续地提升企业安全管理。因此，企业无论是应用公共云、私有云，还是混合云的 IT 架构，都需要在建设时期就开始考虑如何简化合规程序，找寻替代手动控制和清单核查的方案和工具。

从风险治理的角度看，成本的经济效益是非常重要的工作，快速的持续合规能力将极大地帮助企业减小面临罚款的可能性。风险治理和合规性是一个复杂的过程，以前企业往往需要花费大量时间来手动收集证据，而随着欧洲 GDPR、美国《加利福尼亚州消费者隐私法案》

等法规的出台，对个人信息的保护规定将迫使更多数字化企业要严肃对待合规问题，企业必须努力实现自动化以符合法规要求。例如，GDPR 的 72 小时条款规定，组织必须在违规后的 72 小时内将所需的信息通知当局，而通过部署简化的自动化合规性控制，组织能够遵守此类标准。

在云服务商、安全厂商和企业的共同努力下，虽然已经逐步出现了一些针对合规的管理工具和解决方案，但在操作一致性、信息全面可见性和及时性，以及针对不同规范的可参考性方面仍然有较大的信息鸿沟需要跨越，企业想要进行快速、便捷、全面地安全合规治理，还需要产、学、研等各界的共同努力。

11.1.2　云原生安全能力重构企业安全架构

以微服务为中心，具备强移植性和自动管理能力是当今云原生应用的特点。随着企业逐渐开始利用云原生应用的优势发展业务，应用程序的设计和部署方式也将进行根本性的转变。在微服务模型下，端到端业务的可见性、安全监控和检测都会变得更加复杂。传统的安全措施、安全工具可能不再有效，仅仅将传统架构下的安全能力虚拟化复制到云上，已经无法完全解决云上的安全问题。随着对云计算的了解和熟悉，大部分企业可能要从以下几个方面来考虑重构云上的安全能力。

1）持续交付的安全性问题：在云原生环境中，随着微服务和容器替代单片和传统的多层应用程序，软件交付和部署也将变得连续，而对亚马逊自身而言，每天都会涉及几百次的部署，因此安全核查必须是轻量级的、连续的，并深度嵌套进部署工具中的，否则就有可能会被绕过。

2）服务器工作负载的保护：传统的企业安全性往往更重视对终端、分段网络和边界设备的保护。但在云原生环境中，可能无法依赖固定的路由、网关、边界和代理找到保护点，安全威胁也可能就处于云之中，因此就需要从云端的工作负载出发考虑安全建设。

3）快速和大规模地实时检测：在微服务模型中，尤其是当连续进行部署和升级时，非常需要摆脱对静态标签检测的依赖，实现动态威胁检测能力。另外，还要在不影响生产环境的性能、稳定性的同时，实现能力的实时扩展。

4）混合堆栈保护：微服务应用程序可能在虚拟机上的容器中运行，也可能在裸机上运行，但目前的安全措施对主机、虚拟化层、容器和应用程序的保护都是相互独立的，缺乏集成性，这将会影响对威胁的实时安全响应和操作，也会为安全管理工作引入不必要的麻烦。比如，是否将重要的容器部署到需要修补的实例上，如何了解实例是否需要打补丁，因此，企业需要考虑如何拥有整合的检测和管理能力。

云平台可以提供天然的安全架构和云原生的安全能力，包括高度的安全自动化能力，而传统的基于警报的安全操作已经无法跟上云原生系统的近乎无限的扩展性和动态性。因此，手动工作流将逐渐被企业淘汰，为了实现大规模的自动检测和响应，企业会更加依赖云原生安全能力。同时，云应用本质上是分布式计算的应用程序，在这样的环境中，云原生的安全能力能够执行全局安全决策，对可优先执行的程序进行优先级排序，实现快速检测、快速修复，降低影响。云原生的安全能力和架构全面赋予云上资源和账户数字化的身份、策略和配置的一致性、模板化的资源自动伸缩、细粒度防护和全面数据加密等。而且所有这些针对身份、数据、资源等重要资产的保护也都直观地显示在控制台中，以实现快速安全风控、安全开发和安全运维等工作。原生的云安全能力可以保证企业在上云过程和后续应用部署中均处于一个安全的环境下，大幅降低人为操作失误带来的重大安全风险。

11.1.3 重建云环境下安全威胁的可见和可控能力

在传统环境下，实现威胁的全面检测是一项极其损耗人力的工作。在基于传统 IT 架构的安全运营中心，检测的逻辑是基于调查、分析警报和事件日志来实现的。一个大企业的安全告警可能高达数千个，会产生 TB 级的日志量，虽然通过自动化的方法可以过滤一些常见告警，但 SOC 分析工程师可能每天还要处理几十个告警，这样的工作量是难以想象的。同时，许多 SOC 没有有效的指标来衡量运营效果和判断工程师处理告警的能力，唯一的方法就是增加人力，而这样会带来更高的成本和管理复杂性。

在云环境下，由于云中的资产快速伸缩、海量的数据不断流动、业务之前的关系也不断变化，因此提升可见性就不仅仅是针对安全数据的分析，而是关乎云上的管理工具、业务步骤、系统工作流的设计和监控、云上的安全检测和监控，它们都需要一种不同的处理方式。企业就需要从工程的角度来看云上安全检测和分析的整个问题，通过设计业务逻辑和合理地使用各类原生的管理工具，来进行自动化的持续检测和监控。比如，云上检测的一个重要方法是自动关联上下文，从各类网络日志、Active Directory、API 访问行为和威胁情报源中提取相关信息，并根据一套预设的逻辑来执行分析，有效提升检测效率并降低人员的查询时间。

将软件工程的思路应用于威胁检测是云中进行高效检测和响应威胁在思维模式上的重要改变，为了实现云环境的检测，企业所采用的安全和管理工具需要具备以下能力：

1）能够应对云架构下的安全需要，包括可以检测云环境下特有的组件，如微服务模块、容器、无服务器等，以及无缝地支持虚拟机、物理设备的检测要求。

2）有效地降低告警，并且标准化告警逻辑。由于云上工作负载的留存时间可能很短暂，因此整体的告警量可能会比传统架构中的高很多，即便是当下能力最强大的现代检测系统也无法应对，因此，在云环境中将安全警报减少和标准化为有意义的可读内容是非常重要的能力。

3）可规模化的分析能力，这一点之前已经提到。由于人工处理告警和检测逻辑无法适应云中的海量资源和复杂的环境，因此为了适应云中资源的规模和业务变化的速度，企业的分析能力要立足于可快速规模化的方案，检测的工作流程也需要能够通过实践不断地自我更新和改善，以保证可靠性和有效性。因此，对威胁检测的流程和策略本身的有效性检验能力也是非常重要的。企业需要通过持续不断地反馈循环和改进，以提升检测程序的质量和精度。

持续地改善和提升云中威胁识别、检测和响应的能力，快速、自动地分析资产和依赖关系，了解数据的流动，并将这些信息映像到检测流程和安全策略中，可以帮助企业快速发现和管理错误配置和安全威胁，从而使企业处于强势地位，因此未来的企业将更加关注如何采用管理工具来有效应对利用云的体系架构和特有服务的威胁。与此同时，企业还应该关注如何合理使用云工具和新兴的检测方案，如扩展的检测和响应解决方案，来自动收集和关联非云环境中的各类信息和数据，提升检测准确率，保证云环境的整体持续安全、持续合规。

11.1.4　人工智能持续提升安全自动化能力

我们已经看到，云环境下庞大和灵活的系统无法由安全工程师来维护，大多数的公司都会逐渐开始依赖机器学习和人工智能的能力来增强其安全团队建设和实践。除了威胁检测，在一些非常特定的安全实践中，机器学习在诸如模拟攻击、数据分类、自动推理领域也可以得到很好地应用。比如，企业使用机器学习来模拟攻击者，从多个不同角度评估安全配置或在身份授权访问领域中，利用自动推理来判断权限是否过度或宽松等。

机器学习和人工智能都可以通过类人的方式进行安全的分析和判断，从学术上讲，机器学习是 AI 的子集。它使用算法从数据中学习，且分析的数据模式越多，基于这些模式进行处理和自我调整的内容就越多，其洞察力就变得越来越有价值。在人工智能和机器学习中，有几个关键能力是提升安全能力建设的重要支撑。首先是大数据的处理能力。网络安全系统产生的海量数据已超过任何人类团队的分析能力所能承受的数量，而机器学习技术使用不断扩大的数据来分析安全事件，处理的数据越多，检测和学习到的模型就越多，然后这些模型可被用于识别正常模式流中的变化，因为这些变化更可能是网络威胁。例如，机器学习记录了一些正常的行为，包括员工何时何地登录系统、他们定期访问的内容，以及其他流量模式和用户活动，而与这些规范的偏差（如在凌晨登录）会被标记出来。反过来，这意味着可以更快地突出并处理潜在的威胁。其次，在事件预测方面，通过使用更多数据驱动的方法，人工智能可以检测和主动告警当前正在利用或将来可能被利用的漏洞和弱点，通过收集和分析进出被保护目标的数据等信息，基于已知威胁和可疑行为进行预测和分析，并通过其他来源的情报来丰富它的参考依据，找到威胁的根源，而不仅仅是在检测到攻击后控制影响范围。它还可以帮助缩短威胁检测到修复的周期，支持安全团队对威胁做出更快的反应。当发现异常时，人工智能还可以协助进行自动告警已进行下一步的处置。通过采取这些措施，会在分钟级或更短的时间内检测并阻止事件，从而关闭了潜在危险代码向网络的流动，并防止了数据泄露。虽然针对威胁或异常的告警在许多安全平台中非常常见，但是在云平台上使用人工智能技术通过分析将任务委派给机器程序，可以更加准确地降低误报和告警，这样组织可以提前确定其最突出的风险领域并据此对资源进行优先级排序和自动化处理，安全团队也可以将精力集中在更关键或更复杂的威胁上。

在云环境下，对于企业而言，幸运的是可以以相对较低的成本将大量信息存储在云中。因此，人工智能技术可以从不断增长的数据集中进行分析和"学习"。不过，这种数据过剩可能会带来新的挑战。这时，知道要捕获什么类型的信息会变得至关重要，这不仅对有效而准确地进行机器学习决策，而且对达到法规遵从性都至关重要。

11.1.5 安全访问服务边界的变化

在云和移动时代，围绕数据中心进行的传统网络安全架构是一种越来越无效且麻烦的操作。数据中心可以集中存储、处理、分发大量的数据，但当企业依靠基于云的应用程序时，它们所需的数据可能不在数据中心内。当用户只能通过企业网络或使用 VPN 访问资源时，可能还需要不同的软件代理才能完成，这样会极大地损害生产力和客户体验。

在未来，可能会不再存在分支机构的概念，其可能只是多个用户集中的地方。在这样的背景下，安全访问服务的核心就从机构位置转变为身份，用户直接连接到基于云的服务和资源中即可，而不再像传统架构中分支机构与总部数据库的连接模式。因此，无论设备位置在哪儿，访问边缘都需要将策略绑定到单个用户，而不是通过 IP 地址等来确定用户是否具有合法的身份。根据其身份需要连接到其所需的服务，为了在任何地方都能提供对用户、设备和云服务的低延迟访问，企业就需要提供具有全球性的接入点和对等关系结构的安全访问能力，这个概念在 Gartner 中被叫作 SASE（Secure Access Service Edge，安全访问服务边缘）。它需要像云一样具备伸缩性、灵活性、低延迟并且可以在全球范围内分布，企业的安全访问服务边缘需要能够进行网络整合并包含公司的所有资源。SASE 还处于早期开发阶段，虽然目前还没有哪家公司能够真正提供服务于这个概念的安全产品或方案，但若能实现，可能在未来几年内会成为主流。这主要得益于它需要具备四大优势：

第一，云上的访问将变得更简单，终端设备将不需要大量的软件代理。相反，只需要一个代理或设备，并且能自动调整正确的访问策略，而无须用户采取任何措施。

第二，成本将会更低。由于所有服务的访问都将被整合，这意味着最终用户设备上的软件代理数量，以及分支机构中的设备数量将会减少。通过采用 SASE 并统一其技术，企业可以长期节省资金。

第三，访问性能将极大提升。由于供应商具备跨全球的接入点延迟优化能力，因此数据从一点到另一点的花费时间会更少。这对于视频、团队协作或远程会议等应用程序，以及其他对延迟敏感的应用程序来讲至关重要。

第四，极大提升安全性。借助于支持内容检查以识别恶意软件和敏感数据的 SASE 技术，可以扫描所有访问会话，这会使安全策略更加一致，安全边界不再局限，而会成为企业需要的任何物理位置。在这一点上，SASE 也可以作为支撑零信任安全措施被理解和应用。

尽管安全访问边界有很多好处，但它是一种全新的转型，也是现有安全、网络等成熟产品的集成，还需要我们拭目以待。另外，对是否真正存在具备提供这种复杂场景下的安全访问边缘架构的单一供应商也存在疑问。但无论如何，未来众多厂商一定会投入资源抢夺云安全场景，这个已逐渐被接受的概念市场。

11.2 新时期云计算安全

11.2.1 新基建带来的云安全挑战

新基建作为我国数字经济相关基础设施建设的重要长期发展目标，是我国实现"数字基础设施化"和"基础设施数字化"的重要基础，其范围不仅包含信息技术的 5G 和大数据中心，也包含对交通、水利、能源等传统设施的数字化改造的新建。云计算由于它强大的资源衔接能力，能够通过虚拟化的能力为数字基础设施提供池化的资源配置和管理能力，承担起所需的技术资源、数据、开发、部署等工作，加快大数据、人工智能、区块链等新技术和新引用的创新速度，意义不言而喻。

可以看到，数字经济将加速对传统产业的融合，未来很多关乎民生的重要服务都会以数字化的方式提供，这些关键场景的持续稳定性，以及其承载的数据安全性都至关重要。比如，在卫生、生产、交通、教育等公共服务中，安全工作都不能再被看作辅助性的需求，而应该在基建的规划阶段重点考虑，同步规划。

在这个过程中，可能会面临一些新的挑战：首先，海量数据的安全问题。云端支撑信息基础设施会更广泛和更加深入服务于社会经济，价值信息、重要数据将会以指数级激增，如何在不影响效率的前提下，识别信息和隐私在不同场景下的价值和意义，保证海量数据的正确获取、合理使用、安全脱敏，是云安全建设的首要任务。其次，安全的威胁面会不断扩大。

未来的数字化系统、应用服务部署会更加开放，互操作性也会增强，重要行业与非重要行业在安全防御上不能被区分对待，安全的木桶理论会被放大到行业上，风险从单一企业扩大到社会经济整体，安全建设需要具备全局思维。同时，随着攻击面的扩大，网络威胁的影响力、隐蔽性会进一步提高，发现攻击的难度也会相应增加，这就需要全面收集云、网、边、端、物的各类数据并进行关联分析。由于边界的模糊，攻击的发生已经无法用内部和外部的方式来区分，这对访问授权、资源保护提出了更高的要求，企业也需要在复杂威胁下提供快速的恢复能力。物联网的大连接也会带来新的安全问题，在新基建中，交通数字化与能源网数字化都会要求支撑平台在全国范围内可以实现极低建设和极低时延，同时服务可用性保证也非常重要。另外，由于虚拟空间和物联网信息的双向传递，新时期的攻击不仅会影响虚拟空间的数据隐私、系统生产和服务供应，而且还可能会直接影响人们的现实生活，造成更严重的后果。

因此，新基建要求云安全建设不仅需要考虑自身架构的安全，还需要根据不同的应用场景有针对性地建设防护体系。这无论是对云平台的安全团队，还是对企业的安全管理都提出了更高的要求，需要双方建立互信，从更大范围和深度上思考威胁的变化，逐步打造高效、敏捷的协同防护机制。

11.2.2 云安全为"一带一路"保驾护航

我国的"一带一路"建设离不开基础设施的跨国互联互通、重要数据的远程传输，以及外部供应商的合作。由于海外环境、各国信息化水平的差异、人力等问题，信息基础设施上云是最经济、高效并且能保证统一管理的策略，无论是大型企业还是快速发展的创业组织都会首先考虑通过云的方式来构建自身的 IT 建设架构，而这时安全就成了企业的突出问题。如何在员工成分复杂、接入方式多样的环境下保证业务数据的安全，如何在确保跨文化沟通高效的条件下保证合作伙伴或供应商合作过程中的商业信息安全，如何在人手有限的条件下保证安全体系建设的合规，如何在跨时区时保证企业跨国安全管理的一致性等都是摆在企业管理层面前的难题，尤其是随着市场竞争带来的业务复杂度和多样性会导致暴露面不断增加，比如金融机构会提供更多移动端的服务、交通领域会实现多渠道的售票、互联网企业通过网络提供更丰富的服务、本地政府也逐渐通过网络实现电子政务甚至招投标，网络安全防范的范围也因此不断被扩大。

企业在选择海外云服务商的过程中，首先需要考虑云服务商自身的安全性，主要是云服务商基础设施的安全性问题，无论是设施的物理安全性还是数据在设施中流通的存放安全性，企业都需要选择在目标国最安全的云设施商那里进行构建，并始终随时管理、控制和加密自己拥有的数据。云平台的可用性指标也非常重要，每个云平台往往都会有多个可用区，相互之间往往物理隔离，因此保证在隔离的可用区之间实现高可用性是云服务商的重要能力。尤其需要注意的是，在云平台区域内需要提供低时延、低丢包率和较高的网络质量，这就需要云服务商拥有接近最终用户的基础设施覆盖，为需要毫秒级的应用程序或大吞吐量的业务系统提供性能支撑。由于大型企业在海外的业务往往都需要非常灵活的扩展性，因此云平台需要具有快速启动资源的能力并且能够灵活地选择在何地运行工作负载。最后，若云平台能够适应当前客户对治理的要求，则可以主动把云服务能力本地化扩展到企业已经在海外拥有的基础设施中，这可以更有效地帮助客户提供混合体验，也是成熟企业在海外建设过程中关注的部分。

在"一带一路"倡议推进中，脱离了安全的合作具有极大的风险，因此企业应该在规划阶段认真进行安全建设，根据境外业务场景建立安全规范、机制、标准和管理，利用云供应商和生态的力量构建完善的安全体系，同时要与本地各国加强交流和合作，理解当地法律法规的要求，做好网络空间治理，只有这样才能保证安全，给"一带一路"带来时代红利和价值。

11.2.3 疫情敲响云安全警钟

突如其来的新冠肺炎疫情从客观上要求更多的行业把业务从线下搬到线上，并利用远程视频、网上办公的方式来推进。很多传统企业在体会到云的弹性和高效带来的强有力支撑的同时，也注意到了伴随运营与业务调整带来的安全性挑战。

其间，最容易遭受攻击的行业主要集中在与民生、信息传递息息相关的领域，包括医疗、教育、媒体、零售等，而这些企业最大的问题是，由于业务的需要，传统的内网数据和系统与不安全的公网环境产生了连通性，因此网络形态发生了改变。考虑到行业机构服务的对象都是普通公众，并不是具备安全意识培训的企业员工，他们访问使用的设备也都不是企业配发的经过安全处理的电脑，可能是个人的手机、平板等设备，因此访问的真实性、操作的安全性和环境的可信性都面临更大的不确定性。比如，线上教育如何保证登录的人都是学生或家长，如何保证教育课件和信息不被泄露，企业如何在内部线上协同办公和外部客户签约、在供应商付款的过程中如何保证信息安全和账户安全，医疗机构在对外就医服务和疫情相关信息推送的过程中如何保证信息的真实准确，这些看似在传统线下不会发生的问题，都是企业在享受远程业务便利性的同时需要着重解决的问题。

在企业迁移到云的过程中，对供应商的情况、配置等往往没有做到充分的调查，并且以前使用的安全工具、流程、应急措施都有可能因为上云而造成信息缺失而无法发挥作用。从攻击的角度来看，攻击者往往会利用这些混乱对脆弱目标进行攻击。网络钓鱼活动是他们最常用的手段，由于疫情的影响，企业或个人都会在网上寻找一些不常使用的用品，如消毒用品、口罩等，而可能会因此访问以前未知的网站或者链接或相信一些社交媒体的信息推送，而这些链接和推送往往就会成为新的网络钓鱼或鱼叉攻击的工具。由于这些域名非常新，过时的威胁情报还来不及把它们纳入，因此组织需要最新的数据或高级的算法来装备自己。在这方面，全球部署的云平台就可以发挥它的能力，在第一时间探知威胁。由于工作方式的变化，在家工作的员工往往会通过各式各样的设备接入企业组织或服务商的网络中，无论是 PC 还是终端，这些不安全的设备还是会接入到不安全的公共网络中，这无形之间就打通了敏感数据与公共网的通路，而且由于海量的长期接入，给了攻击者足够的攻击渠道和时间来完成攻击，因此，云平台需要充分发挥零信任等新技术的优势，同时结合多因素身份验证的手段，并持续地动态授权以保证最小的安全风险。

云原生安全服务和管理工具与云上各类资源的协同性可以帮助企业获得全面的实时监控能力、及时响应和恢复的能力，并能不断降低运维的复杂程度和安全管理的成本，以应对出现的各类安全问题。

之后，云上服务会成为企业生存的必需品，云服务也会随着知识门槛的下降而不断被大众所接受，因此云上的网络安全问题必将成为像物理世界中的安全管理规章制度、门锁和消防设备一样的必需品。

11.2.4　全球隐私保护升级

随着 GDPR 等隐私保护条例的出台，隐私保护已经逐渐成为一个单独的领域。由于隐私涉及的问题不仅包含组织本身的数据，还包含客户、合作伙伴，甚至是国家的保密数据，如个人身份信息、受保护健康信息、财务与付款数据或其他机密数据。因此，云环境下的访问权限、资料共享、管理可视化等问题都亟待需要符合云安全的管理工具和安全服务来解决。

大多数云提供商都具有非常清晰、明确的责任共担模型，但客户也需要仔细考虑云平台的能力，加强自身对拥有和处理数据的保护。

企业上云需要考虑的挑战：首先是资料被窃取的问题，因为数据丢失对任何企业来说都是一场灾难。在云上，需要重视用户授权，否则有可能会因为不当的授权使访问者可以访问其他用户的数据。同样，从管理的角度看，管理员的疏忽或配置错误也会使更大范围的隐私数据受到威胁。

除了数据的保护范围，纵观各国的隐私保护要求，可以发现它们都要求本国产生的数据能够留在本国境内，这通常是云服务商所面临的挑战，因为云平台在业务上很难完全支持和保证私人数据将始终保留在该国境内或地区,尤其是在覆盖较低或本地资源较为昂贵的国家,如某些欧洲国家,但一旦本地发生故障,隐私数据有可能就会流向备用的外国数据中心的站点。更加经常发生的是,云平台在服务客户时,有可能需要访问其他地区和国家的客户数据,如果这完全依赖某国分支的服务能力则无法提供全面的服务保证。因此,即便云平台都能支持数据加密的要求,也无法满足隐私保护中数据驻留的要求。

相对于数据保护,隐私除了对数据本身的种类管理,更要注重基于个体标识对数据进行更细粒度的管理。同时,由于隐私法对数据主体一系列新的权力,如可携带权、被遗忘权,云平台需要有能力为用户提供相关隐私数据的定制化服务,有能力从海量用户数据中搜索出某一个数据主体的数据,并履行删除、携带等法律法规要求的权利。因此,基于主体身份的自动化隐私合规控制可能是云安全面临的最大挑战。相信,随着更多技术力量对这方面的重视,云安全能力将逐渐可以同法律法规的监管要求完美同频,在确保企业和个人享受前沿科技的同时,最大化减小隐私暴露带来的伤害。